长江口水生生物资源与科学利用丛书

刀鲚的遗传多样性与资源生态研究

Study on Genetic Diversity and Resource Ecology of *Coilia nasus* in the Yangtze River

唐文乔　等著

科 学 出 版 社

北 京

内 容 简 介

刀鲚是一种具有复杂生活史类型的长江重要经济鱼类,近年由于资源量的急剧下降而受到社会的普遍关注。本书从分子生物学角度阐述了刀鲚的遗传多样性及其演化过程,从全形态学水平阐明了两个生态型的鉴别方法,从种群生态学角度解析了渔业生物学特征,并介绍了人工繁殖方法,提出了资源保护的途径和策略。本书介绍了耳石分析、转座子展示、同位素分析、差异嗅觉基因筛选、多元特征的生态型判别等新方法,并从嗅觉印迹理论角度对长江刀鲚生殖洄游的定向机制作了比较深入的探索。

本书是系统研究长江刀鲚的专著,既有方法论上的先进性,又有一定的科学研究深度。可为水产学、生物学相关专业的教师、研究生提供研究借鉴,也可供渔政管理人员和环保工作者参考。

图书在版编目(CIP)数据

刀鲚的遗传多样性与资源生态研究/ 唐文乔等著.
—北京:科学出版社,2016.11
(长江口水生生物资源与科学利用丛书)
ISBN 978 - 7 - 03 - 050586 - 6

Ⅰ.①刀… Ⅱ.①唐… Ⅲ.①凤鲚-遗传多样性-研究-中国 ②凤鲚-鱼类资源-生物生态学-研究-中国
Ⅳ.①Q959.46 ②S965.227

中国版本图书馆 CIP 数据核字(2016)第 271164 号

责任编辑:许 健
责任印制:谭宏宇 / 封面设计:殷 靓

科 学 出 版 社 出版
北京东黄城根北街 16 号
邮政编码:100717
http://www.sciencep.com
南京展望文化发展有限公司排版
苏州市越洋印刷有限公司印刷
科学出版社发行 各地新华书店经销

＊

2016 年 11 月第 一 版 开本:B5(720×1000)
2016 年 11 月第一次印刷 印张:22 插页:2
字数:347 000
定价:86.00 元
(如有印装质量问题,我社负责调换)

《长江口水生生物资源与科学利用丛书》

编写委员会

《刀鲚的遗传多样性与资源生态研究》

作 者 名 单

主 著 唐文乔

副主著 郭弘艺 刘 东 杨金权 朱国利

参加编著人员（按姓氏笔画排序）

王 磊 王 聪 王晓梅 刘至治

李盈盈 李辉华 吴利红 沈林宏

张 亚 张旭光 陈浩洲 周天舒

周晓犊 郑 飞 赵振官 胡雪莲

诸廷俊 顾树信 程万秀 董文霞

魏 凯

序　言

　　发展和保护有矛盾和统一的两个方面,在经历了数百年工业文明时代的今天,其矛盾似乎更加突出。当代人肩负着一个重大的历史责任,就是要在经济发展和资源环境保护之间寻找到平衡点。必须正确处理发展和保护之间的关系,牢固树立保护资源环境就是保护生产力、改善资源环境就是发展生产力的理念,使发展和保护相得益彰。从宏观来看,自然资源是有限的,如果不当地开发利用资源,就会透支未来,损害子孙后代的生存环境,破坏生产力和可持续发展。

　　长江口地处江海交汇处,气候温和、交通便利,是当今世界经济和社会发展最快、潜力巨大的区域之一。长江口水生生物资源十分丰富,孕育了著名的"五大渔汛",出产了美味的"长江三鲜",分布着"国宝"中华鲟和"四大淡水名鱼"之一的淞江鲈等名贵珍稀物种,还提供了鳗苗、蟹苗等优质苗种支撑我国特种水产养殖业的发展。长江口是我国重要的渔业资源宝库,水生生物多样性极具特色。

　　然而,近年来长江口水生生物资源和生态环境正面临着多重威胁:水生生物的重要栖息地遭到破坏;过度捕捞使天然渔业资源快速衰退;全流域的污染物汇集于长江口,造成水质严重污染;外来物种的入侵威胁本地种的生存;全球气候变化对河口区域影响明显。水可载舟,亦可覆舟,长江口生态环境警钟要不时敲响,否则生态环境恶化和资源衰退或将成为制约该区域可持续发展的关键因子。

　　在长江流域发展与保护这一终极命题上,"共抓大保护,不搞大开发"的思想给出了明确答案。长江口区域经济社会的发展,要从中华民族长远利益考虑,走生态优先、绿色发展之路。能否实现这一目标? 长江口水生生物资源及其生态环境的历史和现状是怎样的? 未来将会怎样变化? 如何做到长江口水生生物资源可持续利用? 长江口能否为子孙后代继续发挥生态屏障的重要作用……这些都是大众十分关心的焦点问题。

针对这些问题,在国家公益性行业科研专项"长江口重要渔业资源养护与利用关键技术集成与示范(201203065)"以及其他国家和地方科研项目的支持下,中国水产科学研究院东海水产研究所、中国水产科学研究院淡水渔业研究中心、华东师范大学、上海海洋大学、复旦大学、上海市水产研究所、浙江省海洋水产研究所、江苏省海洋水产研究所等科研机构和高等院校的 100 余名科研人员团结协作,经过多年的潜心调查研究,力争能够给出一些答案。并将这些答案汇总成《长江口水生生物资源与科学利用丛书》,该丛书由 12 部专著组成,有些论述了长江口水生生物资源和生态环境的现状和发展趋势,有些描述了重要物种的生物学特性和保育措施,有些讨论了资源的可持续利用技术和策略。

衷心期待该丛书之中的科学资料和学术观点,能够在长江口生态环境保护和资源合理利用中发挥出应有的作用。期待与各界同仁共同努力,使长江口永葆生机活力。

2016 年 8 月 4 日于上海

前　言

　　作为我国最大的河口渔场,长江口曾盛产鲥鱼、刀鲚、河鲀、凤鲚、前颌间银鱼、鳗鲡、中华绒螯蟹及鳗苗、蟹苗等洄游性水产品,其中的鲥鱼、刀鲚、河鲀因肉质鲜美而被誉为"长江三鲜"。近40年来,这些珍贵水产品的种群数量已呈明显下降趋势,长江中的野生鲥鱼更是未及人工繁殖成功,即在20世纪80年代中期消失,长江洄游性水产品的命运整体堪忧。

　　除了刀鲚,短颌鲚和湖鲚也是生活在长江的刀鲚近缘种,但短颌鲚和湖鲚是低值渔品,而刀鲚历来是长江口最名贵的水产品之一,也是近年热门的人工繁育与驯养对象。然而这些种类的体形相似,度量性状相近,传统的形态鉴别性状之间存在着重复与交叉,物种的正确鉴别和种质的客观评估已成为刀鲚资源开发和繁殖保护的迫切需求。

　　20世纪70年代中后期,我国曾对长江刀鲚作过大范围的资源调查和大样本的分类学分析。但限于学科发展水平,当时的刀鲚资源调查主要基于渔业统计,没能从种群生态和渔业生物学角度去解析。分类学分析也主要限于传统的形态分类,没能从现代生物学角度得出令人信服的种质评估结论。随着生物科学的快速发展和技术进步,客观地评估刀鲚种质资源逐渐成为可能。

　　2002年起,我们在长江的靖江江段设立采样点,沿着刀鲚及其近缘种的遗传多样性、物种有效性、不同生态型的判别,以及洄游群体的年龄、生长、繁殖特性和资源动态等这一研究思路,从分子生物学、比较形态学和种群生物学等角度,比较全面地分析了刀鲚的遗传多样性及其资源生态特征。最近几年,我们又从嗅觉印迹理论角度对长江刀鲚生殖洄游的嗅觉定向机制作了比较深入地探索。这些工作得到了公益性行业(农业)科研专项(201203065)、国家自然科学基金项目(31172407、31472280)、高等学校博士学科点专项科研基金项目

（20123104110006）、青草沙水库邻近水域生态修复专项、上海市科学技术委员会重点攻关项目（08391910200）、上海市农业委员会攻关项目［2003（1－4）］等的资助。与此同时，国内许多学者也从不同角度对长江刀鲚开展研究，取得了很多研究成果。本书引用了其中的重要成果，主要包括陈文银教授、施永海研究员和徐钢春副研究员等关于性腺和胚胎发育，钟俊生教授等关于早期资源，以及张敏莹副研究员、刘恩生教授等关于资源动态等的研究成果。本书包含了本课题组及多位专家最近10余年来对长江刀鲚的多方面研究成果。

我的课题组成员杨金权副教授、刘东副教授、郭弘艺工程师、赵振官实验师和翁志毅实验师等深入地参与了这一工作，研究生朱国利、胡雪莲、周晓犊、郑飞、王聪、李盈盈、董文霞、王晓梅和吴利红等都以刀鲚作为博士或硕士学位论文的研究对象。刘至治副教授、李辉华博士、王磊博士、张旭光博士，以及博士生张亚、周天舒和宋小晶等也参加过生态调查和样本分析。江苏省靖江市渔政管理站顾树信站长、陈浩洲站长、沈林宏高级工程师和杨秀龙先生，在刀鲚样本采集和生态因子测定上提供了极大帮助。

本研究还得到了上海海洋大学王武教授、吴嘉敏教授、李家乐教授、伍汉霖教授、钟俊生教授和陈文银教授，以及上海市水产办公室主任梁伟泉先生、上海市水产研究所张根玉所长的帮助和支持。

本书的出版，还得益于公益性行业（农业）科研专项（201203065）首席科学家庄平研究员、项目组全体同仁的支持和鼓励，在此一并致以真诚的感谢！

唐文乔

2016 年 8 月 1 日

目　录

序言

前言

第 1 章　总论　　　　　　　　　　　　　　　　　　　　　　　　　　　1

　　1.1　刀鲚的古籍考证与鱼文化 / 1

　　1.2　刀鲚的经济价值 / 5

　　1.3　我国鲚属鱼类概述 / 7

第 2 章　刀鲚线粒体基因(mtDNA)多样性与演化　　　　　　　　　　14

　　2.1　鱼类线粒体基因的特点 / 14

　　2.2　鲚属鱼类线粒体 DNA 控制区结构分析 / 19

　　2.3　长江口刀鲚的线粒体控制区序列变异与遗传多样性 / 27

　　2.4　长江及其邻近水域刀鲚的种群遗传结构及种群历史 / 35

　　2.5　从线粒体控制区序列变异看短颌鲚和湖鲚的物种有效性 / 43

　　2.6　基于 DNA 条形码的中国鲚属物种有效性分析 / 51

第 3 章　核基因多样性与演化　　　　　　　　　　　　　　　　　　65

　　3.1　鱼类核基因概述 / 65

　　3.2　刀鲚微卫星分离与遗传多样性分析 / 66

　　3.3　刀鲚类 Tc1 转座子的分子特征及拷贝数变化的意义 / 82

　　3.4　逆转座子(SINE)插入对长江刀鲚种群结构的影响 / 90

3.5 刀鲚 *S7* 内含子 1 和核糖体转录间隔序列的比较进化 / 99

第 4 章 刀鲚生态型及其近缘种的形态学判别　　111

4.1 鱼类种群与生态型的形态学鉴别方法 / 111

4.2 基于传统分类特征的不同生态型判别 / 115

4.3 中国鲚属鱼类矢耳石形态解析 / 122

4.4 基于矢耳石形态特征的中国鲚属鱼类种类识别 / 130

4.5 两种耳石分析方法在鲚属种间和种群间识别效果的比较研究 / 139

4.6 基于碳氮稳定同位素特征的刀鲚生态型判别 / 147

第 5 章 长江口刀鲚的年龄、生长与繁殖　　153

5.1 鱼类年龄常用鉴定方法概述 / 153

5.2 依据耳石质量鉴定刀鲚年龄的可行性 / 154

5.3 刀鲚繁殖群体的年龄组成与生长特性 / 160

5.4 刀鲚溯河洄游过程中的年龄结构与生长特征变化 / 168

5.5 刀鲚的繁殖生物学特征概述 / 177

第 6 章 刀鲚生殖洄游的定向机制探索　　186

6.1 鱼类洄游及嗅觉定向假说 / 186

6.2 从体内脂肪的转移过程看刀鲚和凤鲚溯河产卵习性的差异性 / 188

6.3 鱼类嗅觉受体基因研究进展 / 196

6.4 刀鲚嗅觉器官的转录组测序 / 207

6.5 刀鲚犁鼻器 I 型受体基因(*V1R/ORA*)的获取与组织表达分析 / 219

第 7 章 刀鲚主嗅觉受体基因(*MOR*)的筛选与组织表达　　237

7.1 基于转录组测序的 *MOR* 筛选 / 237

7.2 *MOR−2AK2* 的克隆、序列分析及组织表达 / 240

7.3 刀鲚嗅觉受体基因 *MOR−51I2* 克隆、序列分析及组织表达 / 252

7.4 刀鲚 *MOR−4K13* 基因的克隆、序列分析及组织表达 / 263

第 8 章　长江刀鲚的资源动态 　271

8.1　长江刀鲚的资源变动情况 / 271

8.2　长江刀鲚资源量的时空分布特征 / 274

8.3　长江沿岸刀鲚幼鱼资源的生物量变化 / 283

8.4　长江刀鲚的捕捞量与环境因子的关系 / 292

第 9 章　长江刀鲚的未来 　303

9.1　刀鲚人工繁育进展 / 303

9.2　资源保护与可持续利用 / 305

后记　长江三鲜的未来展望 　313

参考文献 　315

图版 　339

第**1**章 总 论

1.1 刀鲚的古籍考证与鱼文化

1.1.1 我国古籍中刀鲚的异名

刀鲚在我国历代的文字记载上曾有多个称谓。成书于战国的我国第一部词典《尔雅》称其为"鮤、鱴刀、鮆、鮂鱼";东汉许慎的《说文解字》称"刀鱼";三国时期的《魏武食制》称"望鱼";汉唐时期的《异物志》称"鳠鱼";南朝顾野王的《玉篇》称"鮤,鮆鱼也。鮂蔑,刀鱼";明代张自烈的《正字通》称"鳠鱼、鲚鱼";明代黄省曾的《养鱼经》称"刀鲚";清代张璐的《本经逢原》称"江鲚";清朝赵其光的《本草求原》称"麻鲚";清代王士雄的《随息居饮食谱》称"仔鱼";清朝康熙时期陈梦雷编辑的《古今图书集成》称"刀鳠";清代郝懿行的《记海错》称"刀鱼、林刀鱼";清代的《元宵厅志》称"刺鱼";清代的《通州直隶州志》称"鮂鮆、黄雀鱼";清代光绪年间的《孝感县志》称"杉木屑",《黄州府志》称"聚刀鱼",《武昌县志》称"毛花鱼";民国年间的《始兴县志》称"割纸刀鱼"。

《康熙字典》解释:"鮤,音列,刀鱼也,一名鱴,今鮆鱼也。"又载:"鮂,音刀,鱴鮂,今鮆鱼也。"又记载:"鲚,音荠,与鮆同。"民国年间的《阳江县志》所称的"鲚",则是多种鱼的泛称,指"鲻鱼、追鱼、蚬鱼、蚬鲻"。

1.1.2 我国古籍对刀鲚的描述

1. 先秦时代

刀鲚因身形细长,犹如一把微弧的弯刀而得名。我国古代对刀鲚已有一定程度的认识。《山经》是我国先秦《山海经》的一部分,共有《南山经》《西山经》《北山经》《东山经》《中山经》5卷。在《南山经》中有"又东五百里,曰浮玉之山。北望具区,东望诸。有兽焉,其状如虎而牛尾,其音如吠犬,其名曰彘,是食人。

1

苕水出于其阴,北流至于具区,其中多鮆鱼。"意思是"再往东五百里,是座浮玉山,在山上向北可以望见具区泽,向东可以望见诸水,山中有一种野兽,形状像老虎却长着牛的尾巴,发出的叫声如同狗叫,名叫彘,能吃人。苕水从这座山的北麓发源,向北流入具区泽。它里面生长着很多鮆鱼。"苕水即现今的苕溪,发源于浙江天目山,向北注入太湖,可见那时的太湖生长着很多刀鲚。《北山经》亦有记载:"其中多鮆鱼,其状如口而赤麟,其音如叱,食之不骄(骄:骚,狐臭)。"

2. 汉代

西汉刘安的《淮南子》云:"鮆鱼饮而不食,鳣鲔(即鲤、鲟)食而不饮。"东汉杨孚的《异物志》云:"鳢鱼初夏从海中泝流而上,长尺余,腹下如刀,肉中细骨如毛,云是鳢鸟所化,故腹内尚有鸟肾二枚,其鸟白色,如鹭群飞,至夏鸟藏鱼出,变化无疑。然今鲚鱼亦自生子,未必尽鸟化也。"东汉许慎的《说文解字》曰:"鮆,饮而不食刀鱼也,九江有之。"生动地描述了刀鲚溯河洄游期间,只饮水而不摄食,并可以上溯到长江九江一带的生活习性。

3. 晋—宋时代

东晋郭璞的《江赋》云:"鳏鮆顺时而往还。"宋代罗愿的《尔雅翼·释鱼》云:"鮆鱼,长头而狭薄,其腹背如刀,故以为名。大者长尺余,可以为脍(脍:细切的鱼或肉。这里特指生食的鱼片)。"宋代戴侗的《六书故》记载:"鮆鱼生江河咸淡水中,春则上,侧薄类刀。一甚大者曰母鮆,宜脍。"可见,当时已了解刀鲚的洄游季节和体形特点。

4. 明代

明代屠本畯的《闽中海错疏》是我国现存最早的水产动物志,书中写道:"鮆鱼,头长而狭,腹薄而腴,多鲠,脊如刀刃,故谓之刀鮆。"明代杨慎的《异鱼图赞》记载:"望鱼,又名刀鱼。明都滏泽,望鱼之沼,形侧如刀,可以刈草。"明代黄省曾的《养鱼经》云:"鮆鱼狭薄而首大,长者盈尺,其形如刀,俗呼为刀鲚,初春而出于湖。"明代李时珍的《本草纲目·鳞部》记载:"鲚(鱭刀)生江湖中,常以三月始出,状狭而长薄,如削木片,亦如长薄尖刀形。细鳞白色,吻上有二硬须,鳃下有长鬣如麦芒,腹下有硬角刺,快利若刀,腹后近尾有短鬣,肉中多细刺。煎炙或作鲊鲖,食皆美,烹煮不如。"比较细致地描述了刀鲚的形态特征和生活习性。

5. 清代—民国

清代王士雄的《随息居饮食谱》云:"鲚鱼肥大者佳,味美而腴,亦可作鲊(即盐腌）。以温州所产有子者佳。"清代李斗的《扬州画舫录·草河录上》云："郡城（郡治的城垣，这里指扬州）居江、淮之间，南则三江营，出鲥鱼，瓜洲深港出鲚刀鱼，北则艾陵、氾社、邵伯诸湖，产鱼尤众。"清代雍正年间的《宁波府志》云："鲚鱼子多而肥，夏初曝乾，可以致远。率以三月、八月出，故曰'顺时'。"清代郝懿行的《记海错》记载："刀鱼，体长而狭薄，银色鲜明，宛成霜刃，腹下攒刺（即丛聚的刺），铦若键铓"。清代郭柏苍的《海错百一录》云："鲚出于夏，子多而肥，海人呼刀，身狭长，如弯刀，腮下有长刺，如麦芒，其鲠微弯，而利，煎炙作鲊皆美，入锅则僵。"

民国初期孙锦标的《南通方言疏证·释鳞介》引《通州物产志》："（鮆鲚）仲春由海入江，鲜白如银，长如匕首……有似篾刀（一种劈削、分层竹片的刀具）。"长江下游一带的农谚也有"春潮迷雾出刀鱼"的说法，指刀鱼是春季最早出现的时鲜鱼。

1.1.3　古代文人对刀鲚的赞美

电视剧《汉武大帝》中年轻的汉武帝觉得在皇宫中待得很郁闷，便非常潇洒地挥了挥衣袖说："走！到江南走走去！去吃长江的刀鱼！"汉武帝时期的皇宫远在长安（西安），在交通不发达的西汉能否及时吃到长江下游的刀鲚，还值得怀疑。

但同时代的司马迁在《史记·货殖列传》中写道："通邑大都，酤一岁千酿，醯酱千瓨，鲐鲚千斤（鲐即河豚，鲚即刀鱼），鮿（即小杂鱼）千石，鲍千钧（鲍即盐渍的鱼），佗杂业不中什二，则非吾财也。"意思是"在交通发达的大都市，每年酿一千瓮酒，一千缸醋，一千斤鲐鱼、鲚鱼，一千石小杂鱼，一千钧腌咸鱼，至于其他杂业，如果利润不足十分之二，那就不是我说的好的致富行业"。《史记·货殖列传》是专门记叙从事"货殖"活动的杰出人物的类传。这里的"货殖"是指谋求"滋生资货财利"以致富，即利用货物的生产与交换进行商业活动，从中生财求利。可见，早在汉代，古人已将刀鲚作为大众贸易的对象和财富的象征之一。

早在汉代，古人对刀鱼的鲜美已有所认识。刀鱼就是帝王贵胄乐于享用的江鲜，后来得到了一些大文豪的夸奖。唐代诗圣杜甫所谓"出网银鱼乱"，说的就是刀鱼。宋代文学家苏轼也有"恣看收网出银刀"的诗句。北宋诗人梅尧臣在《邵考功遗鲚鱼及鲚酱》有"已见杨花扑扑飞，鲚鱼江上正鲜肥。早知甘美胜

3

羊酪,错把莼羹定是非"的赞美诗句。苏轼的《寒芦港》曰:"还有江南风物否?桃花流水鲎鱼肥",该诗是写给他的表哥文同的,想来苏轼曾与文同一起品尝过刀鱼这道江鲜,后来风流云散,天各一方,于春回时忆及旧事,遂写信给身处江南的文同,表达对故人、对刀鱼的惦念。宋人因刀鲚"貌则清癯,身材俊美",称其为"白圭夫子"。

清代宰相刘墉写诗说:"未熟香浮鼻,河豚愧有毒,江鲈渐寡味",这是在说刀鱼还没煮熟,香气便已扑鼻。清代大戏剧家李渔誉刀鲚为"春馔妙物",说:"食鲥报鲟鳇有厌时,鲚则愈甘,至果腹而不释手。"意思也是说刀鱼百吃不厌,越吃越想吃。古代扬州有句谚语:"宁去累死宅,不弃鲎鱼额。"意思是宁愿丢掉祖宅,也不愿放弃吃刀鱼头。这么夸张的说法,从侧面证明刀鱼的珍贵和非同寻常的美味。

1.1.4 长江三鲜

刀鲚与鲥鱼(*Tenualosa reevesii*)、河鲀(*Takifugu obscurus*)(图版Ⅰ)一样,都需要在春季返回长江下游作溯河生殖洄游。由于肉质异常鲜美又具有时令性,长江下游的民间自古就将这3种鱼称为"长江三鲜"。至于这"长江三鲜"的名号出于何时,古书上并没有记载。虽然早在汉代就已有文人墨客写诗将这3种鱼赞为美味珍馐,但那时的政治和经济中心在北方。三国时期,孙权在公元229年称帝,定都建业(南京)。南京成为与曹魏的洛阳、蜀汉的成都鼎足而立的三个中心城市之一。此后的东晋,南朝的宋、齐、梁、陈均相继在南京建都,南京成为"六朝古都"。同时大量南迁移民落户长江沿岸,苏南的南京、镇江、常州,以及苏北的扬州、淮阴等城市迅速发展。此时的长江下游经济发达,商业繁华,文化也绚丽多彩。由于士大夫阶层和文人墨客的极力推崇,撰写了大量有关的诗词文章,形成品尝江鲜的狂热嗜好。我们认为,"长江三鲜"可能是在三国时期以后逐渐形成的。

唐朝孟诜(公元621~713年)所著的《食疗本草》是世界上现存最早的食疗专著,分三卷227条。该书中卷记载了包括兽类、鸟类、爬行类、两栖类、鱼类、甲壳类和贝类等动物86条,其中就包括了刀鲚、鲥鱼和河鲀。唐朝(公元618~907年)定都长安(今西安),该书作者孟诜又是河南汝州人,可见这三种鱼在唐朝初期就很有名。唐代渔业生产发达,鱼行、鱼市开始出现,人们以鱼显示豪奢,土大夫之间用鱼作为礼品相互赠送,并作为贡品上献帝皇,嗜鱼风盛行(张剑光,1996)。因此我们认为,味道鲜美而又具有时令性的刀鲚、鲥鱼和河鲀,可能在唐朝已获得了"长江三鲜"的美誉。

(唐文乔)

1.2 刀鲚的经济价值

刀鱼平常栖息在海里,到了每年的 3 月中旬,便开始吹响集结号,浩浩荡荡地游入长江口,在长江中下游产下后代,这便是谚语"春潮迷雾出刀鱼"的由来。刀鱼虽然珍贵和美味,但古代有所谓"清明前鱼骨软如绵,清明后鱼骨硬如铁"的说法。说明刀鱼的品质及价格与时节有很大关系,清明前的刀鱼最为多脂肥美。

1.2.1 刀鲚的烹饪方法

刀鱼虽然味美,但却以刺多而闻名,其体内密布的骨刺(肌间刺)细如牛毛,令人忌惮,想要一一剔除,颇为不易。《清稗类钞》里专门记有刀鱼除刺之法,"如虑刺多可先以极快之刀刮为片,用箍去其刺。"清代人吃刀鱼,是以极为锋利的快刀把鱼肉切成薄片,再用箍将刺除尽,佐以蜜酒酿和酱油一起蒸,或以火腿汤、鸡汤、笋汤煨之。若想要省事,还有一法,"先将鱼背斜切,使碎骨尽断,再下锅煎黄,加作料,食时自不觉有骨矣。"意思是用刀顺着鱼背斜切,将鱼肉里的毛刺也一道切断,再下锅煎黄,使得碎刺也被焙酥,吃起来就不觉有刺了。

清蒸是刀鲚最常见的吃法,鱼肉细嫩滑润,味道异常鲜美。取主料刀鲚 2 条(约重 500 g);配料有水发冬菇片 20 g、熟火腿片 20 g、春笋片 20 g、香菜 2 棵(3 g);调料有绍酒 15 g、精盐 3 g、葱 2 根(3 g)、味精 0.2 g、熟猪油 25 g、姜片 3 g、鸡清汤 50 g、白胡椒粉 0.1 g。① 将刀鲚去除鳃,但不刮除鳞;在鱼脐处横划一小口,割断鱼肠;用竹筷从鳃口伸入鱼腹,绞去内脏;从鳃口冲水,洗去腹内血污;提着鱼尾,放入沸水锅中略烫,去除黏液和腥味。② 将刀鲚整齐放入盘中,将火腿片、笋片、冬菇片相间排在鱼身上,加上绍酒、盐、味精、鸡清汤、葱、姜、熟猪油,上笼蒸熟取出,拣去葱、姜,撒上胡椒粉、香菜即成(图版Ⅱ)。

刀鱼面也是一种极有特色的吃法。每到刀鱼季，江南的一些面馆就有刀鱼面应市，但清明一过，就立即摘牌停售。其制法是把刀鱼放在蒸格上，锅内投入姜葱料酒，合上锅盖以猛火将汤烧沸。富含脂肪的刀鱼肉极为腴嫩，在蒸汽热力的熏蒸下，顿与骨刺分离开来，落入汤锅中，融化成为一锅鲜美的鱼汁。鱼骨则被留在了蒸格上。吃面的时候，舀一勺熬好的鱼汁作为浇头，看起来像是一碗清汤光面，但滋味鲜妙绝伦。

刀鱼幼体可以油炸，类似于五香烤子鱼的吃法。将刀鱼幼体洗净后放碗里，加酒、少许酱油、胡椒粉，腌渍几分钟。油锅烧热，放入刀鱼幼鱼炸至外香里松（需复炸）捞出，倒去油。锅留底油，放葱、姜炝锅，加黄酒、酱油、糖、汤、味精，浸入炸好的刀鱼，滴入麻油。撒上五香粉，即可出锅装盘。菜品松香鲜美，鱼表层松脆，肉质鲜嫩，入口酥脆，咸中带甜。刀鲚还有其他许多烹饪方法（图版Ⅱ）。

1.2.2　刀鲚的药用价值

刀鲚既是一种极其美味的江鲜，也是古代的一味良药。鲚鱼的药理作用在许多医药古籍中均有记载，如《本草分经》《日用本草》《本草纲目》《本经逢原》《食疗本草》《证类本草》《随息居饮食谱》等。

《中华本草》是国家中医药管理局主持编纂的一部本草专著，全面总结了中华民族2000多年来传统药学成就，是迄今收药种类最多、代表了我国当代中医药研究最高和最新水平的综合性本草著作。《中华本草》对刀鲚的药理作用总结道："【性味】味甘、性平；【归经】（即药物作用的定位）脾经；【功能主治】健脾补气、泻火解毒，主慢性胃肠功能紊乱、消化不良及疮疖痈疽；【用法用量】内服：煎汤，30～60 g；外用：适量，捣敷；【注意】不宜多食，湿邪内阻及疮疥、败疽、痔漏者慎服。"

1.2.3　刀鲚的营养价值

现代生化分析表明，长江刀鲚成体的肌肉中，水分含量(74.62±0.21)%，粗蛋白含量(16.75±0.08)%，粗脂肪含量(6.78±0.10)%，粗灰分含量(1.49±0.02)%，能量密度为(7.21±0.04)kJ/g。所检出的18种氨基酸，活性氨基酸（γ-氨基丁酸）占总量的63.50%，其中呈味氨基酸占总氨基酸的35.20%，这可能是长江刀鲚具有特殊鲜味的原因之一。18种氨基酸中包含8

种人体必需氨基酸,含量占总氨基酸的 39.56％,必需氨基酸指数达 70.53。在
测定的 18 种脂肪酸中,有饱和脂肪酸 8 种,单不饱和脂肪酸 3 种,多不饱和脂
肪酸 7 种,不饱和脂肪酸含量高达 67.16％。刀鲚肌肉中锌含量高达
7.96 mg/kg,锌铜比为 19.0,锌铁比为 1.1,高于一般淡水鱼类(闻海波等,
2008;徐东坡等,2009;李玉琪等,2015)。

(唐文乔,顾树信)

1.3　我国鲚属鱼类概述

1.3.1　世界上的鲚属鱼类

鲚属(*Coilia*)是隶属于鲱形目(Clupeiformes)鳀科(Engraulididae)的一群
中小型鱼类,分布于太平洋中西部至印度洋沿岸水域。1831 年,Gray 以印度洋
鲚 *Coilia ramcarati*(Hamilton,1822)为模式种,建立了鲚属。同时,凤鲚
Coilia mystus(Linnaeus)也被归并为鲚属鱼类。随后,有 20 多个本属新种被陆
续发表,其中 19 世纪约 14 种、20 世纪 9 种。但经异名考证,目前一般认为仅有
13 个有效种。

根据腹部棱鳞数目的多寡和上颌骨的长度,可将鲚属分为 2 群。

(1) 棱鳞数为 11～23,上颌骨没有到达鳃盖边缘。

a. 胸鳍延长丝为 5～6 根(极少为 5 根)。

杜氏鲚 *C. dussumieri* Valenciennes 分布于印度洋、泰国、印度尼西亚。

瓦氏鲚 *C. neglecta* Whitehead 分布于印度洋、印度尼西亚。

印度洋鲚 *C. ramcarati*(Hamilton,1822)分布于印度恒河。

b. 胸鳍延长丝为 10～14 根(多丝鲚为 16～19 根)。

印度尼西亚鲚 *C. borneensis* Bleeker 分布于印度尼西亚的加里曼丹。

柯氏鲚 *C. coomansi* Hardenberg 分布于印度尼西亚的加里曼丹。

多丝鲚 *C. rebentischii* Bleeker 分布于越南和印度尼西亚的加里曼丹。

雷氏鲚 *C. reynaldi* Valenciennes 分布于孟加拉湾。

(2) 棱鳞数为 34～61,上颌骨达到或超过鳃盖边缘,胸鳍延长丝 6 根(七丝
鲚为 7 根)。

短颌鲚 *C. brachygnathus* Krayenberg & Pappenheim 分布于中国长江

流域。

七丝鲚 C. grayii Richardson 分布于中国和印度南部。

林氏鲚 C. lindmani Bleeker 分布于印度尼西亚和越南。

长颌鲚 C. macrognathos Bleeker 分布于安达曼海、加里曼丹以及马来西亚的沙捞越州。

凤鲚 C. mystus(Linnaeus)分布于中国沿海。

刀鲚 C. nasus Schlegel 分布于中国、朝鲜沿海及日本有明海。

鲚属的多数种类生活在沿海,具有明显的在沿海与河口间短距离生殖洄游的习性,仅有个别种类如林氏鲚(C. lindmani)为纯淡水种。鲚属鱼类有断尾及尾鳍的再生现象,可以在断尾的脊椎骨处重新生长出尾鳍(张春光和叶思琦,1995)。

1.3.2 中国的鲚属鱼类

文献考证发现,在中国境内记载过的鲚属鱼类共有凤鲚 C. mystus、刀鲚 C. ectenes、短颌鲚 C. brachygnathus、七丝鲚 C. grayii、发光鲚 C. dussumieri、类鲱鲚 C. clupeoides、尖鼻鲚 C. nasus、伦氏鲚 C. rendahli。Whitehead 等(1988)对鲚属作了重新分类,认为只有刀鲚 C. ectenes、短颌鲚 C. brachygnathus、凤鲚 C. mystus、七丝鲚 C. grayii 和发光鲚 C. dussumieri 在中国有分布。C. rendahli 是记载错误,C. nasus、C. clupeoides 和 C. playfairii 均是刀鲚 C. ectenes 的同物异名。

但我们认为,尖鼻鲚 C. nasus 为 Schlegel 于 1846 年命名,而 C. ectenes 是 Jordan 和 Seale 于 1905 年命名的,根据物种命名的优先律,应保留 Schlegel 而非 Jordan 和 Seale 的命名。结合中国古籍记载,对应的中文名应为"刀鲚"而废弃"尖鼻鲚",因此刀鲚的拉丁学名是 Coilia nasus Temminck et Schlegel。

凤鲚 C. mystus 是 Linnaeus 根据印度洋的标本、最早于 1754 年定名为 Mystus ensiformes,1757 年 Osbeck 又将其命名为 Clupea mystus。由于这两个名称均发表于 1758 年动物命名法规出现之前,均为无效的学名。随后,Linnaeus 于 1758 在《自然系统》中将其重新命名为 C. mystus。目前研究认为,Linnaeus 1754 年命名的凤鲚实则为七丝鲚 C. grayii 的同种异名。现今,凤鲚 C. mystus 指分布在中国的东南沿海、北至韩国沿海的一个物种。袁传宓等

(1976)认为我国凤鲚有几个生态型：珠江型、闽江型和长江型。刘文斌(1995)把长江型和九龙江型提升到亚种水平。

综合之前的文献,我们认为中国境内分布的鲚属鱼类有 4 种：凤鲚 *C. mystus*、刀鲚 *C. nasus*、短颌鲚 *C. brachygnathus* 和七丝鲚 *C. grayii*。发光鲚 *C. dussumieri* 的模式标本采自印度孟买,主要分布在印度洋以及泰国和印度尼西亚,仅 1961 年在香港有一次记录(张世义,2001),但随后并未见报道,我们认为是国际贸易带来的。

总体来说,我国鲚属的体形相似,度量性状相近,种类鉴别主要依靠臀鳍条和纵列鳞等可数性状。特别是刀鲚和短颌鲚间的鉴别性状存在着重复与交叉,在物种分类上仍有分歧。另外,刀鲚与指名亚种湖鲚(*C. ectenes taihuensis* ＝ *C. nasus taihuensis*),两者在可数和可量性状上存在较大重叠,对该亚种的有效性也有争议。鲚属是我国沿海常见的经济鱼类,溯江洄游中的刀鲚是目前长江口最名贵的水产品,也是热门的人工繁育与驯养对象。弄清这些物种之间的关系已成为我国鲚属资源开发和繁殖保护的迫切需求。

1. 刀鲚的生物学特征(图 1-1)

背鳍 i,10～13;臀鳍 91～123;胸鳍 6＋11～12;腹鳍 7。纵列鳞 71～83;横列鳞 10～13。腹棱 14～26＋23～43。鳃耙 16～19＋21～27。椎骨 75～82。幽门盲囊 13～23。

图 1-1　刀鲚

体长为体高的 4.8～8.0 倍,为头长的 5.0～8.0 倍。头长为吻长的 3.3～6.1 倍,为眼径的 3.4～8.7 倍,为眼间距的 2.7～6.3 倍。

体侧扁而长,前部高,向后渐低;背缘平直,腹缘有锯齿状棱鳞。头短小,侧扁而尖。吻钝圆,突出。眼较小,近于吻端。眼间隔圆凸。鼻孔每侧 2 个,靠近眼前缘。口大,下位。口裂斜行。幼体上颌骨短,向后延伸到鳃盖附近;成体上颌骨向后伸达胸鳍基底,上颌骨下缘有小锯齿。辅上颌骨 2 块。颌骨、犁骨、腭骨均有齿,齿细小。鳃孔宽大。鳃耙细长。左右鳃盖膜相连,不与峡部相连。鳃盖条10。肛门近臀鳍起点。体被薄圆鳞,无侧线。

背鳍基前方有一小棘。臀鳍中等大,基部甚延长,与尾鳍相连。胸鳍位稍低,上缘有6游离鳍条,延长为丝状,末端伸达臀鳍基底前 1/4~1/2 处,下缘有分枝状鳍条 10~14(经常为 10 或 11)。腹鳍小,起点距鳃孔的距离近于到臀鳍起点距离。尾鳍不对称,上叶长于下叶。

体银白色,腹侧颜色较深呈青色、金黄色或青黄色。腹部色较浅,尾鳍灰色。

广泛分布于我国北起辽宁辽河,南至广东沿海及其与海相通的河流、湖泊,国外分布于朝鲜沿海及日本有明海(Whitehead et al.,1988;张世义,2001)。

洄游型鱼类,我国沿海的刀鲚每年春季2月下旬至3月初,成体由海入江河及其支流、湖泊进行产卵,孵出的幼鱼顺流而下,在河口或咸淡水中生活,次年入海生长和育肥。主要以桡足类、枝角类、轮虫等浮游动物为食。长江刀鲚最大体长可达 410 mm,体重可达 360 g。2~3 龄性成熟。寿命一般 4~5 龄,最长不超过 6 龄。另外,在长江中下游的太湖、巢湖等湖泊中,生活着一种在形态和生活习性上与洄游型刀鲚有一定差异的淡水定居型群体,即湖鲚。

日本有明海的刀鲚于5月下旬至8月上旬进行生殖洄游,在河口附近产卵,也能在河流下游和潮间带产卵,受精卵在淡水或咸淡水区孵化,适宜的繁殖盐度为 0~11.9%。

2. 短颌鲚的生物学特征

体形似刀鲚,主要区别在于上颌骨较短,向后延长不超过鳃盖的后缘;体侧纵列鳞数目较少(图 1-2)。

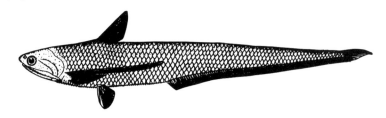

图 1-2 短颌鲚

定居性鱼类,主要分布在长江中下游,能在淡水中完成生长、发育和繁殖等整个生活史。平时游弋于水的中上层,冬季则在深水层中越冬。一般雌鱼体长 12 cm、体重 6.5 g 以上,雄鱼体长 15.3 cm、体重 13.7 g 以上即可性成熟,静水、缓流中均可产卵,生殖季节 4～5 月。成鱼主要以鱼虾和昆虫幼虫为食,幼鱼则以桡足类、枝角类等浮游动物为食。

短颌鲚是德国人 Kreyenberg 和 Pappenheim 于 1908 年依据洞庭湖的标本确立的一个物种。长期以来,由于上颌骨较短、长江中下游及湖泊等淡水性分布的特征,一直被视为一个有效物种(Whitehead et al., 1988; Munroe and Nizinski, 1999),张世义(2001)和我们的研究结果均认为该种还未分化成一个物种,是刀鲚的不同生态型。

3. 凤鲚的生物学特征(图 1-3)

背鳍 i,11～13;臀鳍 73～89;胸鳍 6+12;腹鳍 7。纵列鳞 53～67;横列鳞 9～12。胸、腹棱 14～19+23～27。鳃耙 13～17+23～27。椎骨 65～69。幽门盲囊 6～13。

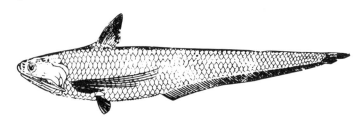

图 1-3 凤鲚

体长为体高的 4.7～6.8 倍,为头长的 5.4～6.9 倍。头长为吻长的 3.1～5.0 倍,为眼径的 3.6～6.8 倍,为眼间隔的 2.8～3.0 倍。

体延长,侧扁,向后渐细长。头短,侧扁。吻短,圆突,吻长等于或稍大于眼径。眼较大,眼间隔圆凸。鼻孔位于眼前方。口大,下位。口裂斜行。上颌骨向后伸达或超过胸鳍基底,上颌骨的下缘有细锯齿。辅上颌骨 2 块。颌骨具齿 1 行,细小,绒毛状。犁骨、腭骨均有绒毛状齿带。鳃孔宽大。鳃耙细长。左右鳃盖膜相连,与峡部分离。鳃盖条 9～10。体被薄大圆鳞,头部无鳞。腹缘具棱鳞。无侧线。

背鳍起点约与腹鳍起点相对。背鳍基前方有一短棘。臀鳍起点到吻端距离近于到尾鳍基部距离。胸鳍侧下位,上缘有 6 根游离鳍条,延长为丝状,末端向后伸达或超过臀鳍起点,下缘有 11 或 12 根胸鳍条(有时 13 或 14)。尾鳍不对称,上叶尖小,下叶短小,下叶鳍条与臀鳍条相连。

体银白色。鳃孔后部及各鳍鳍条基部金黄色。唇及鳃盖膜橘红色。

短距离洄游鱼类,平时栖息于沿海,繁殖季节洄游到河口处产卵。在渤海湾6～9 月产卵,长江口 5～8 月产卵,而在福建则 5～6 月产卵。怀卵量一般在5 000～20 000 粒,卵为漂浮性、具油球,卵径 0.9～1.0 mm。主要以浮游动物为食,食物种类和鱼体大小有关。体长 15 cm 以下时以桡足类为食;体长 15 cm 以上时以磷虾类、十足类等为食。

在长江、闽江和珠江 3 个种群中,长江型体型较小,不超过 200 mm,体色较浅,多呈银白色;闽江型体型中等,200 mm 左右,鼻端至头顶色较深,呈金黄色;珠江型体型最大,超过 200 mm,体色较深,亦呈金黄色。凤鲚是目前长江口产量最高的经济鱼类。

4. 七丝鲚的生物学特征(图 1-4)

因其胸鳍上缘有 7 根游离丝状鳍条而得名。

背鳍 i,12;臀鳍 75～90;胸鳍 7＋10～11;腹鳍 7。纵列鳞 60～65;横列鳞9～11。鳃耙 17～19＋20～29。

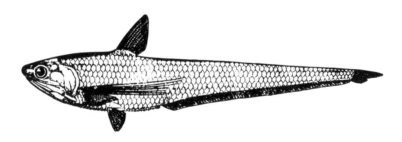

图 1-4　七丝鲚

体长为体高的 5.0～6.3 倍,为头长的 5.0～6.0 倍。头长为吻长的 3.6～5.4 倍,为眼径的 4.2～5.4 倍,为眼间隔的 2.7～3.6 倍。

体延长,前部体较高,自臀鳍起向后渐细长;背缘平直;腹缘浅弧形,具棱鳞。头较小。吻圆钝;吻长略大于眼径。眼中等大,近于吻端;眼间隔宽,中间略高。鼻孔在眼前缘。口裂稍倾斜,向后伸达眼的后下方;上颌骨向后延长,伸达胸鳍基部下方,上颌骨下缘有细锯齿;翼骨有细齿。鳃耙短,稍小于眼径。

体被薄圆鳞,易脱落;鳞片前缘圆凸,后缘整齐;胸鳍和腹鳍基部各有 1 枚宽大的腋鳞。背鳍基部较短;起点在腹鳍起点后上方;距吻端小于距尾鳍基;前方有 1 根小棘。臀鳍低而长,与尾鳍相连。胸鳍下侧位;上部有 7 根游离丝状鳍条,其中最长鳍条伸达臀鳍基部上方。腹鳍起点在背鳍前小棘的下方,距胸鳍起点小于距臀鳍起点。尾鳍小,两叶不对称,上叶尖小,下叶短小。肛门在臀鳍前方。

体背青黄色,侧腹银白色。背鳍、胸鳍、腹鳍基部淡黄色,尾鳍末端微黑。体腔中等大,腹膜浅色。胃囊状,肠短,盘曲,肠长短于体长的 1/2。

分布于东海、南海和印度洋。在我国分布于北起福建福州,南至广西近海,为我国沿海和河口常见的中上层鱼类,有时也进入淡水中。主要以甲壳类为食,随个体而有变化。幼体摄食小型甲壳动物,如桡足类、介形类、枝角类、甲壳类动物等;较大个体则食较多的大型甲壳动物,如磷虾、毛虾、多毛类。

(唐文乔)

第2章 刀鲚线粒体基因(mtDNA)多样性与演化

2.1 鱼类线粒体基因的特点

2.1.1 遗传多样性概述

广义的遗传多样性(genetic diversity)是指地球上生物所携带的各种遗传信息的总和。狭义的遗传多样性一般是指一个物种内部的遗传差异,包括种群内和种群间的遗传变异。种群是自然界物种进化的基本单位,故遗传多样性不仅包括种群内个体间遗传变异性的高低,还包括遗传变异在空间上和时间上的分布格局,即种群遗传结构(population genetic structure)。遗传多样性是物种长期进化的产物,决定着物种适应环境变化、抵御不良环境的潜力。物种遗传多样性或变异性越丰富,表明物种的进化潜力越大,对环境改变响应的进化能力也越强。对物种遗传多样性的研究,可以从本质上揭示该物种的起源、变异和进化潜力,预测物种的发展动向和利用前景。

遗传多样性都发生在分子水平,但可表现在分子、细胞、组织、性状和个体等多个层次。相应地,遗传多样性可以从形态学水平、细胞学水平、生理生化水平和分子遗传学水平等开展研究,提供有价值的信息。遗传多样性的研究首先必须找到恰当的遗传标记(genetic marker)。遗传标记是指与目标性状紧密连锁,同该性状共同分离且易于识别的可遗传的等位基因变异,它是研究遗传学、育种学、分类学、物种起源与进化等的重要技术手段。遗传标记经历了形态学标记(morphological marker)、细胞学标记(cytological genetic marker)、生物化学标记(biochemical marker)和分子标记(molecular marker)等发展阶段。

形态学标记通过表型性状来检测物种的遗传变异,方法简单直观,一直是开展生物分类、起源和进化研究的主要手段。遗传学的两个基本定律——分离定律和自由组合定律,即是孟德尔根据对豌豆茎的高矮、种子表皮光滑还是有皱纹,以及种子是黄色还是绿色等形态学性状的研究获得的。但表型性状易受环境和其他修饰基因的影响,且可度量的形态变异有限,需要生物统计学知识的严密分析。

细胞学标记是指生物个体的染色体数目和形态结构,主要包括染色体的核型和带型,以及缺失、重复、易位、倒位等。染色体是遗传物质的载体,是基因的携带者,染色体的变异必然会导致生物体发生遗传变异,是遗传变异的重要来源。但由于染色体进化保守,从染色体变异中得到的信息也非常有限。

生物化学标记是以基因的表达产物为遗传标记,主要对象是同工酶。通过同工酶的检测来间接研究基因的变异,方法简单,检测的多态性相对丰富且呈共显性遗传,所以曾被广泛应用。但同工酶最多只能检测基因的编码区,而对非编码区的变异和编码区的无义突变等则无能为力,因此所提供的遗传信息也不完整。

总的来说,形态学、细胞学和生化水平的遗传标记是研究基因转录转译后加工的产物,甚至是多基因控制的表现型的标记,可利用的信息相对较少,易受环境、发育阶段的影响,是从间接的表型角度来研究遗传多样性。

分子标记是以遗传物质——核苷酸序列变异为基础的遗传标记,是 DNA 水平遗传多态性的直接反映,研究的是遗传物质本身。它不受环境条件和发育阶段的影响,既可以测出编码区的变异,也可以检测出非编码区的变异,所检测的多态性极其丰富。鱼类等高等动物的分子标记包括核外基因和核内基因,理想的分子遗传标记应具备以下几条标准:① 具有高度多态性;② 共显性遗传;③ 能明确鉴别等位基因;④ 除特殊分子标记外,要求分子标记均匀分布于整个基因组;⑤ 选择中性;⑥ 检测手段简单、快速;⑦ 开发和使用成本低廉;⑧ 实验室内和实验室间重复性好,便于数据交流。随着分子生物学技术的发展,相继有数十种各异的分子标记技术问世,并广泛应用于脊椎动物的基因组、遗传育种、进化起源、系统发育等诸多方面,分子标记已成为遗传多样性研究与应用的主流。

2.1.2 线粒体 DNA 在鱼类种群遗传学研究中的应用

线粒体是真核生物的能量工厂,具有自己的遗传系统——线粒体基因组

(mitochondrial DNA，mtDNA)，其正常功能的运行需要与核基因组的协同作用。对线粒体 DNA 的研究除了能揭示线粒体 DNA 的结构、基因表达及其功能外，还在核质互作、分子进化规律、物种起源与分化等方面具有重要意义。

鱼类线粒体 DNA 同其他脊椎动物的 mtDNA 一样，呈共价闭合的环状，包括一条重链(H 链，G+T 含量高)和一条轻链(L 链，G+T 含量低)，是细胞核外具有自主复制、转录和翻译能力的遗传因子。鱼类 mtDNA 均由 22 个转运 RNA(tRNA)基因(编码的氨基酸自控制区按顺时针方向依次为：Pro、Thr、Glu、Leu、Ser、His、Arg、Gly、Lys、Asp、Ser、Tyr、Cys、Asn、Ala、Trp、Met、Gln、Ile、Leu、Val、Phe)，2 个核糖体 RNA(12S rRNA 和 16S rRNA)基因，1 个非编码区(控制区 Displacement loop region，D-loop)、1 个轻链复制起始区和 13 个疏水蛋白质编码基因。这些蛋白质编码基因包括：细胞色素 b(Cyt b)、2 个 ATP 合成酶的亚基(ATPase 8 和 ATPase 6)、3 个细胞色素 c(Cyt c)氧化酶的亚基(COⅠ、COⅡ 和 COⅢ)、7 个氢化辅酶Ⅰ(NADH)脱氢酶的亚基(ND1、ND2、ND3、ND4、ND4L、ND5 和 ND6)。图 2-1 展示了脊椎动物 mtDNA 的一般结构特征。每一个线粒体中都有多个 mtDNA 拷贝，每一个拷贝都包裹在由蛋白质构成的类核体中。

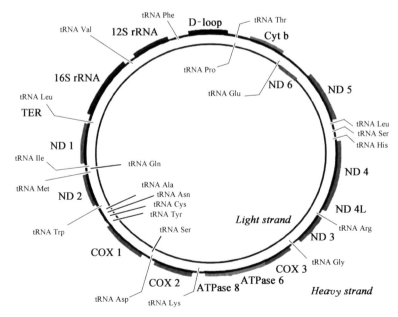

图 2-1　脊椎动物线粒体 DNA(mtDNA)的结构模式图

与核 DNA 相比,鱼类 mtDNA 具有以下特点:① 分子较小,一般为 15～20 kb,约占 DNA 总量的 1%。② 编码效率高,基因排列紧凑,两基因间几乎没有空间,除了控制区其余都为基因编码区。③ 拷贝数多,每个细胞一般有 1000～10 000 个拷贝,容易从组织中分离纯化。④ 进化速度快,突变率高于核 DNA 且修复效率低(主要因 mtDNA 复制酶 γ-多聚酶无校对功能,缺乏有效的修复机制;mtDNA 无核蛋白保护,易受诱变而突变,快速增繁也为突变提供更多机会;受到的选择压力小,突变容易固定下来)。⑤ 不同区域的进化速率不同,适合不同分类阶元的研究。⑥ 母系遗传,精子中的线粒体极少进入卵子,受精过程中也会被迅速降解,只能通过卵细胞质传递给后代,较少的样本即可代表一个群体等。正是由于这些特点,使其成为鱼类群体遗传结构、系统演化关系、分子生态学、遗传多样性及其保护生物学等研究的重要工具。

鱼类 mtDNA 的基本结构极为保守,所有鱼类几乎完全一样。mtDNA 的多态性是指 mtDNA 在同一种群体内或不同群体间表现出的变异现象,包括位点多态性和长度多态性两类。位点多态性是由于位点碱基发生突变,而长度多态性主要来源于长度不等的碱基的插入和缺失。

除了 mtDNA 全序列,还可利用其不同区域的进化速率不同,选择部分序列进行比较分析。细胞色素 b、16S rRNA、CO Ⅰ、ND5 等由于序列变异相对保守,常被用于鱼类近缘种间的比较分析。D-loop 区具有较高的核苷酸替换速率和种内多态性,是比较理想的群体遗传多样性分子标记。

虽然 mtDNA 标记有较多优点,但仍存在一些问题:① 由于 mtDNA 以一个整体遗传,缺少重组,不同的基因虽然可以揭示不同水平的变异,但不能被解释为不同的遗传座位。② 由于单倍体特性和母系遗传,其单倍型的频率在一个种群中的波动要大于核 DNA 等位基因,在小种群中的奠基者效应更加敏感。③ 由于其母系遗传特性,雄性的遗传作用难以显示,而核 DNA 可同时考虑雄性和雌性的影响(Avise et al., 1987;Avise,2000)。

2.1.3 刀鲚 mtDNA 全序列的结构

Qiao 等(2012)、Zhang 等(2014)、Zhang 和 Xiao(2014)、Zhao 等(2014)和 Wang 等(2015a)都对刀鲚 mtDNA 全序列作过测定。表 2-1 的结果显示,刀鲚的 mtDNA 分子长度在 16 828～16 896 bp,最大的比最小的多 68 bp,平均为

16 866 bp。有 37 个线粒体基因,包含 13 个蛋白质编码基因、2 个核糖体 RNA(rRNA)、22 个转运 RNA(tRNA)和 1 个控制区。其中,tRNA^{Ile}、tRNA^{Gln}、ND2、tRNA^{Trp}、tRNA^{Asp}、ATPase 6、CO Ⅲ、ND3、tRNA$^{Ser(AGY)}$、tRNA^{Pro} 等在不同的个体间具有 1~2 个碱基差异,即具有一定的长度异质性,其他基因的碱基长度都完全一致。

表 2 - 1 刀鲚线粒体基因的结构特征

结构单位	序列大小 Size/bp					平　均	所在链
文献来源	Qiao et al.，2012	Zhang et al.，2014	Zhao et al.，2014	Wang et al.，2015a	Zhang and Xian，2014		
样本采集地	未指明	宁波	鄱阳湖	赣江	长江口		
tRNA^{Phe}	69	69	69	69	69	69	H
12Sr RNA	953	953	953	953	953	953	H
tRNA^{Val}	72	72	72	72	72	72	H
16Sr RNA	1 688	1 688	1 688	1 688	1 688	1 688	H
tRNA$^{Leu(UUR)}$	75	75	75	75	75	75	H
ND1	975	975	975	975	975	975	H
tRNA^{Ile}	72	72	72	72	73	72. 2	H
tRNA^{Gln}	71	71	71	71	72	71. 2	L
tRNA^{Met}	69	69	69	69	69	69	H
ND2	1 047	1 046	1 046	1 045	1 046	1 046	H
tRNA^{Trp}	72	70	70	72	70	70. 8	H
tRNA^{Ala}	69	69	69	69	69	69	L
tRNA^{Asn}	73	73	73	73	73	73	L
tRNA^{Cys}	66	66	66	66	66	66	L
tRNA^{Tyr}	71	71	71	71	71	71	L
CO Ⅰ	1 545	1 545	1 545	1 545	1 545	1 545	L
tRNA$^{Ser(UCN)}$	71	71	71	71	71	71	L
tRNA^{Asp}	68	68	69	68	68	68. 2	H
CO Ⅱ	691	691	691	691	691	691	H
tRNA^{Lys}	73	73	73	73	73	73	H
ATPase 8	168	168	168	168	168	168	H
ATPase 6	684	683	684	684	684	683. 8	H
CO Ⅲ	786	785	785	785	786	785. 4	H
tRNA^{Gly}	71	71	71	71	71	71	H
ND3	351	349	349	349	350	349. 6	H
tRNA^{Arg}	69	69	69	69	69	69	H
ND4L	297	297	297	297	297	297	H
ND4	1 381	1 381	1 381	1 381	1 381	1 381	H
tRNA^{His}	70	70	70	70	70	70	H
tRNA$^{Ser(AGY)}$	67	67	67	67	69	67. 4	H

（续表）

结构单位	序列大小 Size/bp					平　均	所在链
tRNA$^{Leu(CUN)}$	72	72	72	72	72	72	H
ND5	1 836	1 836	1 836	1 836	1 836	1 836	H
ND6	522	522	522	522	522	522	H
tRNA^{Glu}	69	69	69	69	69	69	L
Cytb	1 141	1 141	1 141	1 141	1 141	1 141	L
tRNA^{Thr}	70	70	70	70	70	70	H
tRNA^{Pro}	71	71	71	71	70	70.8	H
Control region	1 208	1 252	1 252	1 214	1 183	1 221	L
总长度/bp	16 852	16 896	16 896	16 858	16 828	16 866	

（唐文乔）

2.2　鲚属鱼类线粒体 DNA 控制区结构分析

提要：控制区(D-loop 区)是 mtDNA 中进化速度最快的部分,被较多地应用于群体遗传学和种下系统学研究(肖武汉和张亚平,2000;王伟等,2002;刘焕章,2002;谢震宇等,2006)。本节测定了 21 尾长江口鲚属鱼类 mtDNA D-loop 区全序列,长度在 1 233~1 372 bp,其中凤鲚长达 1 372 bp,短颌鲚为 1 233 bp,刀鲚和湖鲚出现长度的异质性现象,各具有 1 271 bp 和 1 233 bp 两种类型。识别了终止序列区、中央保守区和保守区。终止序列区长 650~790 bp,包含了多个重复的 ETAS,结构为:TACATAT ———ATGTATTATAT。全序列 21 次转换中的 17 次和 9 次颠换中的 7 次都发生于该区。终止区还包含 140 个多态位点和 97 个系统发育信息位点,分别占整个 D-loop 区相应位点的 80.9% 和 78.9%。中央保守区中的 CSB-F、CSB-E、CSB-D 等保守序列分别为 CSB-F:ATGTAGTA AGAGACCACC,CSB-E:AGGGACAACTATTGTGGGGG,CSB-D:TATTCCTGGCATCTG GT,有 24 个多态位点和 18 个系统发育信息位点来自该区。在保守区识别了 CSB1、CSB2 和 CSB3,序列为 CSB1:TT-ATAGAAGA-T-ACATAA ,CSB2:AAACCCCCTTACCCCC,CSB3:TGTCAAACCCCGAAA,仅有 9 个多态位点和 8 个信息位点。研究表明 D-loop 区的序列变异主要来自终止序列区。

2.2.1 材料与方法

1. 材料

刀鲚采自长江靖江段和九段沙水域,湖鲚采自太湖的长兴水域和淀山湖水域,短颌鲚与凤鲚均采自长江靖江段。标本用95％乙醇固定,随机选取21尾用于测序。样本的采集地点和时间等信息列于表2-2。

表2-2 本研究中样本的物种名、编号、采集地、采集时间及体长

物种名及编号	采集地	采集时间	体长/cm
Coilia nasus 1	九段沙	2003年1月初	13.5
C. nasus 2	九段沙	2003年1月初	15.0
C. nasus 3	九段沙	2003年1月初	16.5
C. nasus 4	九段沙	2003年1月初	14.0
C. nasus 5	长江靖江段	2003年1月初	29.5
C. nasus 6	长江靖江段	2003年4月初	25.0
C. nasus 7	长江靖江段	2003年4月初	22.0
C. nasus 8	长江靖江段	2003年5月初	24.0
C. nasus 9	长江靖江段	2003年5月初	28.5
C. nasus taihuensis 1	太湖长兴水域	2002年1月初	21.5
C. nasus taihuensis 2	太湖长兴水域	2002年1月初	14.0
C. nasus taihuensis 3	长江靖江段	2003年1月初	12.0
C. nasus taihuensis 4	太湖长兴水域	2003年1月初	12.5
C. nasus taihuensis 5	长江靖江段	2003年1月初	15.5
C. nasus taihuensis 6	青浦淀山湖	2003年4月中旬	18.0
C. nasus taihuensis 7	青浦淀山湖	2003年4月中旬	16.0
C. nasus taihuensis 8	太湖长兴水域	2003年10月初	14.5
C. nasus taihuensis 9	太湖长兴水域	2003年10月初	18.0
C. brachygnathus	长江靖江段	2003年1月初	19.0
C. mystus 1	长江靖江段	2003年5月初	13.5
C. mystus 2	长江靖江段	2003年5月初	14.0

* *Coilia nasus* 表示刀鲚的指名亚种

2. 方法

1) DNA提取、PCR扩增、纯化及测序

总DNA提取采用传统的"酚-氯仿"法。PCR反应使用大约50 ng基因组DNA作为模板,每一扩增体系为50 μl,其中10×Buffer 5 μl,dNTPs 2 μl(浓度为2.5 mmol/L),引物各1 μl,*Taq*酶2.0 U。扩增mtDNA控制区序列的引物序列为:DL1:5$'$-ACC CCT GGC TCC ACC AGC-3$'$和DH2:5$'$-ATC TTA GCA TCT TCA GTG-3$'$,分别位于D-loop区两端的脯氨酸和苯丙氨酸的

tRNA 上。PCR 反应条件为：95℃预变性 5 min,然后 30 个循环包括：95℃变性 40 s,55℃退火 40 s,72℃延伸 1 min,最后再 72℃延伸 5 min。扩增产物用上海生工的 UNIQ－10 柱式 DNA 胶回收试剂盒进行回收,然后送上海生工生物工程股份有限公司测序。

2) 序列分析

控制区序列的对位排列(alignment)使用 Clustal X 软件(Thompson et al.,1997),并在 SEAVIEW 程序(Galtier et al.,1996)中对序列辅以手工校正。以两个 tRNA 的结束分别作为控制区的起点和终点,以 ECSB－F、CSB1 的起点分别作为终止序列区、中央保守区和保守序列区的分界线。用 MEGA 3.0(Kumar et al.,2004)软件对序列的碱基组成和转换颠换比值进行统计。

2.2.2　结果与讨论

1. D－loop 区序列长度和碱基组成

获得的 21 尾长江口鲚属鱼类 mtDNA D－loop 区全序列长度在 1 233～1 372 bp(表 2－3)。其中以凤鲚 D－Loop 的序列为最长,全长达到了 1 372 bp;短颌鲚的 D－Loop 区长度最短,为 1 233 bp。刀鲚和湖鲚的群体内均出现了长度的异质性现象,具有 1 271 bp 和 1 233 bp 两种长度类型,分别有 33%的刀鲚个体和 67%的湖鲚个体全长为 1 271 bp,而 67%的刀鲚和 33%的湖鲚个体全长为 1 233 bp。

表 2－3　三种鲚属鱼类 D－loop 区序列长度和碱基频率

物　　种	T/%	C/%	A/%	G/%	长度/bp
*Coilia nasus*1	33.6	18.7	33.3	14.4	1 271
*C. nasus*2	33.5	18.8	33.3	14.4	1 271
*C. nasus*3	33.6	18.7	33.3	14.4	1 271
*C. nasus*4	33.0	19.2	33.2	14.5	1 233
*C. nasus*5	33.1	19.2	33.3	14.4	1233
*C. nasus*6	32.9	19.3	33.3	14.4	1 233
*C. nasus*7	32.7	19.6	33.6	14.1	1 233
*C. nasus*8	33.0	19.2	33.5	14.3	1 233
*C. nasus*9	32.6	19.3	33.8	14.3	1 233
*C. nasus taihuensis*1	33.3	19.1	33.2	14.5	1 233
*C. nasus taihuensis*2	33.2	19.1	33.2	14.5	1 233
*C. nasus taihuensis*3	33.3	19.1	33.4	14.2	1 271

（续表）

物　　种	T/%	C/%	A/%	G/%	长度/bp
*C. nasus taihuensis*4	33.1	19.2	33.3	14.4	1 233
*C. nasus taihuensis*5	33.1	19.0	33.8	14.1	1 272
*C. nasus taihuensis*6	33.1	19.0	33.6	14.2	1 271
*C. nasus taihuensis*7	33.2	18.9	33.6	14.3	1 270
*C. nasus taihuensis*8	33.3	19.0	33.3	14.4	1 271
*C. nasus taihuensis*9	33.4	18.9	33.3	14.4	1 269
C. brachygnathus	33.3	19.1	33.5	14.0	1 233
*C. mystus*1	33.0	19.4	34.2	13.4	1 370
*C. mystus*2	32.9	19.5	34.3	13.3	1 372
平均	33.2	19.1	33.5	14.2	1 262

　　通常一种生物只有一种长度类型的 mtDNA，但在某些个体上也存在多种类型的 mtDNA 分子。这种异质性一般是由于 mtDNA 基因组的某一段发生突变或父本 mtDNA 的渗漏造成的，而这种突变多发生在 D - loop 区。

　　目前，从无脊椎动物的果蝇（*Drosophila mauritiana*）到脊椎动物的日本猕猴（*Macaca fuscata*）都发现有 mtDNA 的长度异质性现象，鱼类的白鲈（*Morone americana*）、溪刺鱼（*Culaea inconstans*）、大西洋鳕（*Gadus morhua*）、美洲西鲱（*Alosa sapidissima*）、小鲤（*Cyprinella spiloptera*）及鲟形目的一些种类中也发现有长度异质性现象（张四明等，1999）。王伟等（2002）报道 8 种鳅鮀亚科鱼类的 D - Loop 序列长约为 1 kb；张燕等（2003）测得 20 种鲱形目鱼类 D - Loop 全序列在 866～942 bp；刘焕章（2002）报道 3 种鳑鲏鱼类 D - Loop 全序列长度在 915～1 125 bp。因此，与国内其他研究相比，长江口鲚属鱼类的 D - Loop 区序列明显较长，但仍未超过 Lee 等（1995）研究的 1 500 bp 的上限。

　　21 条 D - loop 区全序列共检测到多态位点（variable sites）173 个，占所有位点的 13.6%；信息位点（parsimony-informative sites）123 个，占总位点数的 9.7%。平均碱基含量为 T=33.2%，C=19.1%，A=33.5%，G=14.2%；A+T（66.7%）恰好为 G+C（33.3%）的两倍（表 2 - 3）。转换（transition）共发生了 21 次，包括 12 次 T 和 C 间转换与 9 次 A 和 G 间转换。颠换（transversion）共发生了 9 次，包括 4 次 T 和 A 颠换、2 次 T 和 G 颠换与 3 次 C 和 A 颠换。转换与颠换的比值为 2.2。

2. D–loop 结构分析

D–loop 区又称控制区,是 mtDNA 的复制起始点,也是其中变化最快、最复杂的区域,因此成为 mtDNA 研究中的热点。在哺乳动物的 D–loop 区中,已识别出了众多的功能保守序列,并将控制区分为终止序列区(extended termination associated sequences,ETAS)、中央保守区(central conserved region)和保守区(conserved region)(Broughton and Dowling,1994)。刘焕章(2002)对照哺乳动物 D–loop 区的结构,在鲹鲅亚科中识别出了各功能单位,并给出了保守序列的普遍形式和不同区域的划分标志。参考已有的研究,本书在鲚属鱼类中识别了 D–loop 区的三个区域和其中的一些保守序列。

1) 终止区序列结构分析

终止区是 D–loop 区中变异最大的部分,又称高变区(hypervariable domain),它包含了与 DNA 复制终止相关的序列(termination associated sequences,TAS)。在不同的物种中 TAS 的变异较大,其主体的核心序列是 TACAT 和它的反向互补序列 ATGTA,两者可形成发夹结构(Broughton and Dowling,1994)。

长江口几种鲚属鱼类的终止区中包含有大段序列的插入和缺失,长度范围在 650~790 bp。我们在其中识别了多个重复的终止相关序列 ETAS,刀鲚和湖鲚有 5~6 个这样的重复,而凤鲚多达 8 个,变异多由这些重复序列产生。如图 2–2 中方框间的序列所示,其结构为:TACATAT——————————ATGTATTATAT,这与刘焕章(2002)在鲹鲅鱼类识别的序列有部分出入。值得注意的是,在凤鲚的重复序列中,ATGTAT 均突变为 ATGCAT,这些片段正好可形成自身互补(图 2–2 阴影部分),表现出与其他类群的较大差异。

2) 中央保守区结构分析

在整个控制区序列中,中央保守区被认为是最为保守的区域。如图 2–3 中的方框和阴影所示。在鲚属的该区域中,我们识别了如下保守序列(conserved sequence blocks,CSB):CSB–F:<u>ATGTAGTAAGAGACCACC</u>,(该序列被认为是区分终止区和中央保守区的标志);CSB–E:<u>AGGG</u>ACAACTATT<u>GTGGGGG</u>(下划线部分为识别标志);CSB–D:<u>TATTCCTGGCATCTGGT</u>,这与刘焕章(2002)描述的鱼类普遍序列有部分出入。

```
                                                                          350
短颌鲚    ————————————————————————————————————————TTATAT TACAT ATAT
刀鲚      ————————————————————————————————————————TTATAT TACAT ATAT
湖鲚      TAT TACAT ATATTATGGTACAGT TACAT ACT ATGT ATTATAT TACAT ATAT
凤鲚      TAT TACAT ATATTATGGTATAGTACAT ACT ATGCAT TATAT TACAT ATAT

                                                                          400
短颌鲚    TATGGTATAGT TACAT ACT ATGT ATTATAT TACAT ATATTATGGTATAGT TA
刀鲚      TATGGTATAGT TACAT ACT ATGT ATTATAT TACAT ATATTATGGTATAGT TA
湖鲚      TATGGTACAGT TACAT ACT ATGT ATTATAT TACAT ATATTATGGT ATGAT TA
凤鲚      TATGGTATAGTACAT ACT ATGCAT TATAT TACAT ATATTATGGT ATAGT TA

                                                                          450
短颌鲚    CATACT ATGT ATTATAT TACAT ATATTATGGTATAGT TACAT ACT ATGT AT
刀鲚      CATACT ATGT ATTATAT TACAT ATATTATGGTATAGT TACAT ACT ATGT AT
湖鲚      CATACT ATGT ATTATAT TACAT ATATTATGGTATAGT TACAT ACT ATGT AT
凤鲚      CATACT ATGCAT TATAT TACAT ATATTATGGTATAGT TACAT ACT ATGCAT

                                                                          500
短颌鲚    TATAT TACAT ATATTATGGTATAGT TACAT ACT ATGT ATTATAT TACAT AT
刀鲚      TATAT TACAT ATATTATGGTACAGT TACAT ACT ATGT ATTATAT TACAT AT
湖鲚      TATAT TACAT ATATTATGGT ATGGT TACAT ACT ATGT ATTATAT TACAT AT
凤鲚      TATAT TACAT ATATTATGGTATAGT TACAT ACT ATGCAT TATAT TACAT AT

                                                                          550
短颌鲚    ATTATGGTATAGT TACAT ATTATGCATTATAT TACAT AATATATGGTACAG
刀鲚      ATTATGGTATAGT TACAT ACT ATGCATTATAT TACAT AATATATGGTACAG
湖鲚      ATTATGGTATAGT TACAT ACT ATGCATTATAT TACAT AATATATGGTACAG
凤鲚      ATTATGGTATAGTACAT ACT ATGCATTATAT TACAT AATATATGGTACTA
```

图 2-2　鲚属三种鱼类 D-loop 终止区序列比较

TACAT 表示 ETAS 的起始序列,下划线表示 ETAS 内的核心序列;

ATGCAT 表示最后一个 ETAS 的特征序列,斜体表示凤鲚 ETAS 的突变序列

3）保守区结构分析

保守区包含有重链的复制起始点、重链和轻链的启动子,以及三个保守序列 CSB1、CSB2 和 CSB3。其中 CSB1 是区分保守区和中央保守区的标志,但变异较大,不易识别,在鱼类中仅有雅罗鱼和鳉鳉类被成功识别的报道(刘焕章,2002)。对照鳉鳉类的 CSB1,我们在位置相当处识别了一段类似序列 TT-ATAGAAGA-T-ACATAA(下划线处为与鳉鳉类 CSB1 相似部分)(图 2-4)。CSB2 与 CSB3 都比较保守,容易识别,其序列分别为:AAACCCCCTTACCCCC 和 TGTCAAACCCCGAAA。

```
                                          CSB-F                    800
短颌鲚  AACATTACTCGGTATTCCCTTATTTAATGTAGTAAGAGACCACCAACCAG
刀鲚    AACATTACTCGGTATTCCCTTATTTAATGTAGTAAGAGACCACCAACCAG
湖鲚    AACATTACTCGGTATTCCCTTATTTAATGTAGTAAGAGACCACCAACCAG
凤鲚    AACATTACTCGGTATTCCCTTATTTAATGTAGTAAGAGACCACCAACCAG
                                          CSB-E                    850
短颌鲚  TATAATTA- GCGCATATCATGAATGATAAGATCAGGGACAACTATTGTGG
刀鲚    TATAATTA- GCGCATATCATGAATGATAAGATCAGGGACAACTATTGTGG
湖鲚    TATAATTA- GCGCATATCATGAATGATAAGATCAGGGACAACTATTGTGG
凤鲚    TATAATTAAGCGCATATCATGAATGATAAGATCAGGGACAACTATTGTGG
                 CSB-D                                             900
短颌鲚  GGGTCTCACAGAATGAACTATTCCTGGCATCTGGTTCCTACTTCAGGGCC
刀鲚    GGGTCTCACAGAATGAACTATTCCTGGCATCTGGTTCCTACTTCAGGGCC
湖鲚    GGGTCTCACAGAATGAACTATTCCTGGCATCTGGTTCCTACTTCAGGGCC
凤鲚    GGGTCGCACAGAATGAACTATTCCTGGCATCTGGTTCCTACTTCAGGGCC
```

图 2-3　鲚属三种鱼类 D-loop 中央保守区序列比较

▨示中央保守区的起始序列；□示中央保守区核心序列

```
                               CSB1                    1 150
短颌鲚  TTTAATGTTCAATACTTCATCAACATTCATAGAAGAATCACATAACTGAT
刀鲚    TTTAATGTTCAATACTTCATCAACATTCATAGAAGAATTACATAACTGAT
湖鲚    TTTAATGTTCAATACTTCATCAACATTCATAGAAGAATTACATAACTGAT
凤鲚    TTAAATATCCAATACTTCATCAACATTGATAGAAGACTTACATAACTGAT
                                                       1 200
短颌鲚  ATCATGTGCATAAGGTTTTATTCCTTACTCCACAACACCCTATTATAGTG
刀鲚    ATCATGTGCATAAGGTTTTATTCCTTACTCCACAACACCCTATTATAGTG
湖鲚    ATCATGTGCATAAGGTTTTATTCCTTACTCCACAACACCCTATTATAGTG
凤鲚    ATCAAGTGCATAAGGTTTTATTCCTTACTCCACAATACCCTATTATAGTG
                                          CSB2         1 250
短颌鲚  CCCCCCCTGCCTACGAAAATTAACTTTT-CGCGCGTATAAACCCCCTTA
刀鲚    CCCCCCCTGCCTACGAAAATTAACTTTT-CGCGCGTATAAACCCCCTTA
湖鲚    CCCCCCCTGCCTACGAAAATTAACTTTT-CGCGCGTATAAACCCCCTTA
凤鲚    CCCCCCCTGCCTACGAAAATTAACTTTTTCGCGCGTATAAACCCCCTTA
                                          CSB3         1 300
短颌鲚  CCCCCTACGACCCAGACAAGTCTATTTTCATCTGTCAAACCCCGAAACCA
刀鲚    CCCCCTACGACCCAGACAAGTCTATTTTCATCTGTCAAACCCCGAAACCA
湖鲚    CCCCCTACGACCCAGACAAGTCTATTTTCATCTGTCAAACCCCGAAACCA
凤鲚    CCCCCTACGACCCAGACAAGTCTATTTTTATCTGTCAAACCCCGAAACCA
```

图 2-4　鲚属三种鱼类 D-loop 保守区序列比较

▨示保守区的起始序列；□示保守区核心序列

3. D-loop 各区域碱基组成分析

1) 终止区碱基频率

由表 2-4 可见,21 尾鲚属鱼类终止区 A+T 的平均含量高达 74.3%,其长度占了全序列的一半以上,且不同种类间序列变化幅度超过 100 bp,约占该区长度的 20%。另外,全序列 21 次转换中的 17 次和 9 次颠换中的 7 次都产生于这一区域。该区还包含了 140 个多态位点和 97 个信息位点,分别占整个 D-loop 区多态位点和信息位点的 80.9% 和 78.9%。表明终止区是 D-loop 区序列变异的主要区域。

表 2-4 D-loop 序列三个区域的平均碱基频率和序列长度

物 种	区域	T/%	C/%	A/%	G/%	长度/bp
C. nasus		34.9	14.2	39.4	11.5	657/695
C. nasus taihuensis	ETAS	35.0	14.2	39.3	11.5	657/695
C. brachygnathus		35.6	13.9	39.9	10.6	657
C. mystus		34.4	15.5	39.9	10.2	793/794
C. nasus		31.6	23.8	25.2	19.4	340/341
C. nasus taihuensis	CCR	31.7	23.8	25.2	19.3	341/342
C. brachygnathus		31.4	24.0	24.9	19.7	341
C. mystus		30.7	24.9	25.4	19.0	342
C. nasus		29.1	26.7	28.7	15.4	247
C. nasus taihuensis	CR	29.1	26.7	28.7	15.4	247
C. brachygnathus		28.7	27.1	28.7	15.4	247
C. mystus		30.1	25.5	28.7	15.8	247/248

2) 中央保守区和保守区碱基频率

由表 2-4 可以看出,与终止区相比,A+T 的含量在这 2 个区中明显下降,而 A 的下降幅度最大,由终止区的 39.9% 降到中央保守区的 25.2%。在中央保守区中,产生了 24 个多态位点和 18 个信息位点,分别占整个 D-loop 区多态位点和信息位点的 13.9% 和 14.6%。而在保守区中,多态位点和信息位点分别只有 9 个和 8 个,仅占整个 D-loop 区相应位点的 5.2% 和 6.5%。由此可见,在长江口的鲚属鱼类中,保守区的碱基序列似乎比中央保守区更为保守。

3) 碱基组成与序列变异

根据 DNA 碱基配对原则,A 与 T 配对形成两个氢键,G 与 C 配对形成三个氢键,所以 GC 之间的连接较为稳定。在测得的 21 尾 D－loop 序列中,A＋T 的平均含量为 66.7%。在产生大部分变异的终止区,A＋T 的含量高达 74%;而在相对保守的中央保守区和保守区,这一比值降到了 56.7% 和 57.9%。所以,A＋T 的含量可以反映出序列的变异性,具有高比例的 A＋T 可能是 D－loop 序列变异较快的原因之一。刀鲚与湖鲚个体间的碱基含量几乎一致,没有差别。在 18 尾刀鲚和湖鲚中共产生了 8 次转换,2 次颠换。而将短颌鲚统计在内,转换共有 9 次,颠换仍为 2 次。若将凤鲚也统计在内,则转换共为 21 次,颠换为 9 次。可见,凤鲚与刀鲚间的遗传距离要大于短颌鲚与刀鲚间的遗传距离,而湖鲚与刀鲚间的遗传距离比另两者间更小,我们在后面构筑的分子系统发育树中也显示出相同的关系。

(诸廷俊,杨金权,唐文乔)

2.3　长江口刀鲚的线粒体控制区序列变异与遗传多样性

提要:种群的遗传多样性能体现物种对环境变化的适应能力,遗传多样性较低的珍稀物种一般具有较低的种群恢复潜力(Frankham et al.,2002)。了解物种的遗传多样性水平有助于阐述物种的进化历史和种群恢复潜力,是物种保护和利用需要了解的重要内容。mtDNA 控制区(D－loop)因缺乏编码的选择压力而比其他线粒体基因的进化速率更快,在近缘物种、快速形成物种间的系统进化研究及种群遗传多样性研究方面应用颇为广泛(Verheyen et al.,2003;Bowen et al.,2006)。本节旨在分析刀鲚 mtDNA 控制区全序列的变异和种群遗传结构,为制定该物种的资源保护和利用策略提供依据。

经过克隆测序获得了采自长江口九段沙、钱塘江口、舟山 3 个地点 35 尾刀鲚(*Coilia nasus*)的 mtDNA 控制区全序列,分析了控制区序列的变异和遗传结构。结果显示,长江口邻近水域刀鲚的 mtDNA 控制区序列具有长度多态性,全长为 1 214～1 291 bp,主要是在第 358 位点处有以"CTA TGT ATT ATA TTA CAT ATA TTA TGG TAT AGT ACA TA"38 bp 为单位的 1～2 次片段重复。种群遗传结构分析显示,长江口邻近水域刀鲚的平均单倍型多样性(h)为 0.998 3,3 个群体的平均核苷酸多样性(π)为 0.026 2(表 2－5),表现出丰富的遗传多样性和较高的进化潜力。3 个刀鲚群体间的分化指数 F_{ST} 仅为 0.012～0.053,而基因交流值 N_m 却达 9.90～40.62。群体间 K 2 - P 遗传距离与 AMOVA 分析结果也表明长江口及毗邻地区的刀鲚没有发生地理分化。以线粒体控制区全序列构建的 NJ 树揭示,3 个群体的个体组成了 2 个谱系,但这 2 个谱系与地理分群并不相关。依据分子钟理论,推测这两个谱系的分化发生在更新世末期。

2.3.1 材料与方法

1. 样本采集

研究所用标本分别于 2006 年 4 月采自浙江钱塘江口(简写为 QT)、2006 年 5 月采自浙江舟山(简写为 ZS)和 2005 年 10 月采自上海九段沙(简写为 JJ)。标本均直接购自水上作业的渔船,每种标本每一采集地的采集量均在 30 尾以上,标本用 95％乙醇或 10％的甲醛溶液固定后带回实验室鉴定。实验材料取自 95％乙醇固定的全鱼或肌肉,取过样的标本保存在上海水产大学鱼类标本室。分析所用样本均为上颌骨长度明显超过鳃盖骨的 2 龄个体,具体的采集地点、样本数、单倍型数等信息见表 2 - 5。

表 2 - 5　3 个刀鲚群体的采集地、样本数、单倍型多样性(h)、核苷酸多样性(π)

采集地	标本数	单倍型数	单倍型多样性($h\pm$SD)	核苷酸多样性($\pi\%\pm$SD％)
九段沙(JJ)	16	16	1.000 0±0.022 1	2.61±1.34
钱塘江(QT)	12	11	0.984 8±0.040 3	3.63±1.91
舟山(ZS)	7	7	1.000 0±0.076 4	0.89±0.53
总计	35	34	0.998 3±0.007 4	2.62±1.30

2. 基因组总 DNA 提取、PCR 扩增及目标 DNA 的纯化

总 DNA 提取采用传统的"酚-氯仿"抽提法(Kocher et al. , 1989)。PCR 反应体系为:10×buffer 5 μl, 2.5 mmol/L dNTPs 2 μl,引物各 1.0 $\mu mol/L$,Taq 酶 2.0 U,以及模板 DNA 约 100 ng,加灭菌双蒸水至 50 μl。扩增 mtDNA 控制区序列的引物序列同唐文乔等(2007)。PCR 反应条件为:95℃预变性 5 min;然后进行 95℃变性 40 s,55℃退火 40 s 和 72℃延伸 1 min,共 30 个循环;最后 72℃延伸 5 min。扩增产物经琼脂糖凝胶电泳后用上海生工的 UNIQ - 10 柱式 DNA 回收试剂盒回收。

3. 目的基因片段的克隆和测序

用购自 Promega 公司的连接试剂盒(pGEM® - T Vector System Ⅰ)将经纯化回收的目的基因片段与载体进行连接。将重组子转化至 DH5α 感受态细胞中,涂布于 LB 抗性平板,经 37℃ 过夜培养后,挑取明显的白斑进行 PCR 验证,引物仍为控制区序列的扩增引物。对确认含有目的基因片段的重组质粒进行扩大培养,之后每个个体挑选一个克隆送生物公司正反向测序。

4. 数据分析

控制区序列的对位排列(alignment)使用 Clustal X 软件(Thompson et al. , 1997),并在 SEAVIEW 程序(Galtier et al. , 1996)中对序列辅以手工校正。遗传变异分析采用 MEGA 3.1 软件(Kumar et al. , 2004)。刀鲚各单倍型间系统发育关系的重建采用邻接法(neighbor-joining, NJ),以凤鲚(*C. mystus*)和七丝鲚(*C. grayii*)(GenBank 序列号分别为 EF419800 和 EF419828)为外类群,以 Kimura 双参数法(kimura 2 - parameter, K 2 - P)为替代模型,采用 MEGA 3.1 软件进行分析,系统树分支的置信度采用自引导法(bootstrap analysis, BP)重复检测,设置为 1 000 次重复。

Arlequin Ver. 3.01 软件(Excoffier et al. , 2005)用于统计种群核苷酸多样度[nucleotide diversity(π)、单倍型多样度 haplotype diversity(h)及其标准误(SE)]。采用分子变异分析方法(analysis of molecular variance, AMOVA)以 10 000 次重复随机抽样单倍型重排后进行显著性检验,用于估计刀鲚种群遗传结构及不同地理种群遗传变异的分布。群体间分化指数(F_{ST})和基因交流值(N_m)利用 DnaSP Ver. 4.10 软件(Rozas et al. , 2003)分析。

2.3.2　结果

1. 序列变异分析

经克隆后的单向测序反应可以获得 900 bp 以上清晰可读的碱基,双向测序后的序列拼接有 400~600 bp 的重叠部分,可提高控制区全序列的准确性。总共新获得了 27 尾长江口邻近水域刀鲚 mtDNA 控制区序列的 26 个单倍型,GenBank 序列号为 EU084006~EU084032,与唐文乔等(2007)采自长江口的 8 尾洄游型刀鲚序列一起分析(GenBank 序列号为 EF419805、EF419807~EF419809、EF419817、EF419818、EF419820、EF419824)。序列同源比对显示,刀鲚 mtDNA 控制区序列的全长为 1 214～1 291 bp,其中 4 尾为 1 214 bp,占 11.4%;24 尾为 1 252 bp(或有 1～2 bp 的插入或缺失),占 68.6%;7 尾为 1 291 bp(或有 1～2 bp 的插入或缺失),占 20%。序列共发生了 7 次 1～4 bp 的小片段插入或缺失,而序列的长度多态性主要发生在第 358 位点处有以"CTA TGT ATT ATA TTA CAT ATA TTA TGG TAT AGT ACA TA"38 bp 为单位的 1～2 次片段重复。此外钱塘江口的 1 尾个体在 38 bp 片段重复后有一长 34 bp 的片段缺失(图 2 - 5)。

长江口邻近水域刀鲚的平均 A、T、G、C 碱基含量分别为 33.3%、33.2%、19.3%和 14.2%。其中 G+C 的含量仅为 33.5%,表现出显著的碱基组成偏向性。在 1295 个序列位点中,有 99 个多态位点,其中 36 个为简约性信息位点。所有序列间转换数为 11 个,颠换数 2 个,平均转换与颠换比(Ti/Tv 值)为 5.3。3 个群体内的平均 Kimura 双参数遗传距离(kimura 2 - parameter,K 2 - P)为 0.009～0.012,群体间的平均 K 2 - P 遗传距离为 0.009～0.011,与群体内基本一致(表 2 - 6)。

表 2 - 6 3 个刀鲚群体群体内与群体间的平均 K 2 - P 遗传距离

种　　群	钱塘江(QT)	舟山(ZS)	九段沙(JJ)
钱塘江(QT)	0.012*		
舟山(ZS)	0.010	0.009*	
九段沙(JJ)	0.012	0.010	0.011*

* 指种内的平均 K 2 - P 遗传距离

2. 种群遗传结构分析

分析表明,35 个样本的平均单倍型多样性(h)为 0.998 3,3 个群体的平均核苷酸多样性(π)为 0.026 2。其中,QT 与 ZS 群体分别呈现出最高与最低的核苷酸多样性(0.036 3 与 0.008 9)(表 2 - 5)。利用 DnaSP 软件估算的 3 个群体间的分化指数(F_{ST})和基因交流值(N_m)表明,QT 和 ZS 群体间有较高的分化指数和较低的基因交流值(F_{ST} 和 N_m 分别为 0.053 和 9.90),JJ 和 ZS 群体间具有很低的分化指数和很高的基因交流值(F_{ST} 和 N_m 分别为 0.013 和 40.62)(表 2 - 7)。AMOVA 分析结果显示,几乎 100%的变异发生在群体内($P>0.05$),表明 3 个群体间并没有发生显著的遗传分化。

```
355                                                              470
                        ac
QT1   ata cta tgt att ata tta cat ata tta tgg tat agt aca ta— ————————————— —tt atg cat tat att aca taa tat atg gta cag tat ac
QT2   ata cta tgt att ata tta cat ata tta tgg tat agt aca ta— —tt atg cat tat att aca taa tat atg gta cag tat ac
QT4   ata tta tgc att ata tta cat ata tta tgg tat agt agt a— —t ac
QT5   ata cta tgt att ata tta cat ata tta tgg tat agt aca ta— —ct atg cat tat att aca cat tat ggt ata tat tac cat tat—— —tt atg cat tat att aca taa tat atg gta cag tat ac
QT6   ata cta tgt att ata tta cat ata tta tgg tat agt aca ta— —tt atg cat tat att aca taa tat atg gta cag tat ac
QT8   ata cta tgt att ata tta cat ata tta tgg tat agt aca ta— —tt atg cat tat att aca taa tat atg gta cag tat ac
QT9   ata cta tgt att ata tta cat ata tta tgg tat agt aca ta— —tt atg cat tat att aca taa tat atg gta cag tat ac
QT10  ata —— —tt atg cat tat att aca taa tat atg gta cag tat ac
QT11  ata cta tgt att ata tta cat ata tta tgg tat agt aca ta— —tt atg cat tat att aca taa tat atg gta cag tat ac
QT12  ata cta tgt att ata tta cat ata tta tgg tat agt aca ta— —tt atg cat tat att aca taa tat atg gta cag tat ac
ZS1   ata cta tgt att ata tta cat ata tta tgg tat agt aca ta— —tt atg cat tat att aca taa tat atg gta cag tat ac
ZS3   ata cta tgt att ata tta cat ata tta tgg tat agt aca ta— —ct atg cat tat att aca taa tat atg gta cag tat ac
ZS4   ata cta tgt att ata tta cat ata tta tgg tat agt aca ta— —tt atg cat tat att aca taa tat atg gta cag tat ac
ZS6   ata cta tgt att ata tta cat ata tta tgg tat agt aca ta— —ct atg cat —a tta cat ata taa tat atg gta cag tat ac
ZS7   ata cta tgt att ata tta cat ata tta tgg tat agt aca ta— —tt atg cat tat att aca taa tat atg gta cag tat ac
JJ1   ata cta tgt att ata tta cat ata tta tgg tat agt aca ta— —tt atg cat tat att aca taa tat atg gta cag tat ac
JJ2   ata cta tgt att ata tta cat ata tta tgg tat agt aca ta— —tt atg cat tat att aca taa tat atg gta cag tat ac
JJ3   ata cta tgt att —— —tt atg cat tat att aca taa tat atg gta cag tat ac
JJ4   ata —— —tt atg cat tat att aca taa tat atg gta cag tat ac
JJ5   ata cta tgt att ata tta cat ata tta tgg tat agt aca ta— —tt atg cat tat att aca taa tat atg gta cag tat ac
JJ6   ata cta tgt att ata tta cat ata tta tgg tat agt aca ta— —tt atg cat tat att aca taa tat ggt ata tat tac cat tat—— —tt atg cat tat att aca taa tat atg gta cag tat ac
JJ7   ata tta tgt att ata tta cat ata tta tgg tat agt aca ta— —tt atg cat tat att aca taa tat ggt ata tat tac cat tat—— —tt atg cat tat att aca taa tat atg gta cag tat ac
JJ8   ata cta tgt att ata tta cat ata tta tgg tat agt aca ta— —tt atg cat tat att aca taa tat atg gta cag tat ac
JJ10  ata cta tgt att ata tta cat ata tta tgg tat agt aca ta— —tt atg cat tat att aca taa tat atg gta cag tat ac
JJ11  ata cta tgt att ata tta cat ata tta tgg tat agt aca ta— —tt atg cat tat att aca taa tat atg gta cag tat ac
JJ13  ata cta tgt att ata tta cat ata tta tgg tat agt aca ta— —tt atg cat tat att aca taa tat atg gta cag tat ac
JJ14  ata cta tgt att ata tta cat ata tta tgg tat agt aca ta— —ct atg cat tat att aca taa tat atg gta cag tat ac
JJ15  ata cta tgt att ata tta cat ata tta tgg tat agt aca ta— —tt atg cat tat att aca taa tat atg gta taa aa ac
JJ16  ata —— —tt atg cat tat att aca taa tat atg gta cag tat ac
```

图 2 − 5　3 个刀鲚群体线粒体控制区重复序列区段的排序结果

其中第一行一行的两个数字表示选区区段核苷酸序列中的位置;"—"表示碱基缺失或插入

表 2 − 7 3 个刀鲚群体的种群基因交流值(N_m)(对角线上方)与
种群分化指数(F_{ST})(对角线下方)

群　　体	钱塘江(QT)	舟山(ZS)	九段沙(JJ)
钱塘江(QT)		9.90	27.07
舟山(ZS)	0.053		40.62
九段沙(JJ)	0.019	0.012	

　　以邻接法(Neighbor-Joining，NJ)构建的系统发育树显示,长江口及邻近水域的 3 个刀鲚群体可以分为两个谱系(lineage)和多个支系(图 2 − 6),尽管两

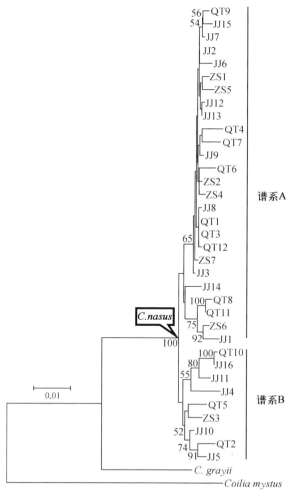

图 2 − 6 基于线粒体控制区序列变异构建的 3 个刀鲚群体系统发育树

节点处的数值为 1 000 次 bootstrap 检验的支持率(仅显示支持率大于 50%)

个谱系的单系支持率均未超过 50%。这两个谱系并非以 3 个群体分别聚类,而是每个谱系都包括了 3 个群体的部分个体。从图 2-6 可见,这一水域以谱系 A 为优势谱系,在所分析的 35 尾个体中有 26 尾,比例为 74.3%,而谱系 B 仅占 25.7% 的比例。为了检验两个谱系间是否存在着显著分化,我们对这两个谱系间的 K 2-P 遗传距离、F_{ST} 和 N_m 进行了估算,并作了 AMOVA 分析。结果显示,两个谱系间的 K 2-P 遗传距离为 1.4%、F_{ST} 为 0.273、N_m 值为 0.67,谱系间的变异为 28.86%,谱系内变异为 71.14%($P<0.05$),表明这两个谱系间发生了显著的分化。

2.3.3　讨论

1. 刀鲚种群遗传多样性

mtDNA 控制区序列因插入、缺失、串联重复等变异常常导致序列长度的多态性(刘焕章,2002)。本研究获得的刀鲚个体间的控制区序列差异,主要源于以 38 bp 为基本单位的 1~2 次片段重复,这一结果与唐文乔等(2007)报道的基本一致,差异主要在于片段的重复次数,这与本研究未包括短颌鲚(*C. brachygnathus*)和湖鲚(*C. nasus taihuensis*)等淡水定居种群有关。序列的这种片段重复可产生快速变异,从而造成不同类群间整个 mtDNA 控制区的巨大差异。这种差异不但可以弥补由于遗传漂变和选择造成的遗传多样性丧失,也可能是某些鱼类增加遗传变异的一种方式,对维持物种的生存有一定的作用(刘焕章,2002;张四明等,1999)。因此,刀鲚可能也是通过这种方式在一定程度上增加其遗传多样性,从而提高对环境变化的适应能力。以前的研究已证实,分布于长江水系的短颌鲚和湖鲚均是刀鲚适应淡水定居生活的生态型,也表明刀鲚具有较高的适应能力和进化潜力(刘文斌,1995;程起群和韩金娣,2004;程起群等,2006;唐文乔等,2007)。

遗传多样性不仅是形成生物多样性的基础,也是物种进化潜能的保证。遗传多样性的降低或丧失,对于生活在多变环境中的野生群体是一个极大的威胁。本研究测定的 35 个刀鲚样本中共获得了 34 个单倍型,除钱塘江口的 2 尾个体共享一个单倍型外,其余 33 个样本均一一对应其唯一的单倍型,单倍型多样度(h)达 0.998 3,核苷酸多样度(π)为 0.026 2,表现出非常丰富的遗传多样性。这与大多数的海洋鱼类所表现的较低的核苷酸多样性这一特性并不相符

(Grant and Bowen，1998)。即使与同一目的沙丁鱼类(*Sardines*)和鳀属(*Engraulis*)的一些种类相比，长江口邻近水域的刀鲚核苷酸多样性也较高(Grant and Bowen，1998；Zhu et al.，1994)、比东海和黄海的日本鳀($E.$ *japonicus*)($h=0.958$，$\pi=0.0064$)也高(Yu et al.，2005)。这一结果表明，虽然由于环境污染、过渡捕捞及水利设施兴建等人为因素造成了长江口邻近水域刀鲚种群数量的减少(袁传宓，1988；张敏莹等，2005；唐文乔等，2007)，但其遗传多样性仍很丰富。

2. 群体分化状况

种群分化指数(F_{ST})常用来表示两个种群间的遗传分化程度，在0~1的范围内，F_{ST}值越大，两种群间的分化程度越高。而种群基因交流值(N_m)则用来表示种群间的基因交流程度。若N_m值大于1，表明种群基因漂变不足以造成基因分化(Slatkin，1985)。但若N_m大于4时，表明种群之间是一随机交配的群体(Hartl and Clark，1989)。若该值很小($N_m<1$)，则有可能预示着隔离的产生(Neigel，2002)。在本研究中，3个群体之间的种群分化指数(F_{ST})都很小(0.012~0.053)，而基因交流值(N_m)均远大于4(9.90~40.62)。从序列的变异来看，3个群体间的平均K 2-P遗传距离也与种群内的平均遗传距离处于同一水平上。AMOVA分析的结果也显示，变异全部分布在群体内，而群体之间无变异。这些结果均表明，长江口邻近水域的刀鲚3个群体基因交流频繁，并未发生种群的分化，这与Yu等(2005)对黄海和东海日本鳀($E.$ *japonicus*)种群遗传结构的研究结果类似。长江口邻近水域刀鲚作为一个大种群，其个体可能没有固定的繁殖地点，长江、钱塘江等都是其随机的产卵场所。

以邻接法构建的刀鲚单倍型系统发育关系表明，长江口邻近水域的刀鲚聚为两个谱系及多个支系。但这两个谱系与地理分布并不相关，表明刀鲚正处于谱系排序(lineage sorting)状态，而且谱系A为长江口及邻近区域的优势群体。至于引起两个谱系群体大小差异的原因，尚且需要通过更深入的研究种群的历史去解释。种群分化指数(F_{ST})、种群基因交流值(N_m)和AMOVA分析均表明，这两谱系发生了一定程度的分化和基因交流阻隔，但两者在形态上并没有出现显著差异，遗传差异的出现可能源于产卵过程中存在的某种隔离机制。Bowen和Grant(1997)认为(15%~20%)/百万年的线粒体控制区进化速率比较适合于沙丁鱼。如果将该进化速率应用于近缘的刀鲚,那么长江口邻近水域刀鲚两个谱系间的分化时间为 3.5 万～4.7 万年前,可能是由于更新世晚期海平面的升降导致了这两个谱系的隔离与分化。

(杨金权,胡雪莲,唐文乔)

2.4　长江及其邻近水域刀鲚的种群遗传结构及种群历史

提要:本节旨在进一步利用 mtDNA 控制区全序列,分析长江及其南部邻近水域刀鲚的群体遗传结构,探究该物种的种群发展历史。经克隆测序获得的采自长江附属湖泊鄱阳湖、太湖、长江口九段沙、钱塘江口、舟山等 5 个地点 55 尾刀鲚的 mtDNA 控制区全序列,分析了这些种群的遗传结构及其演化历史。种群遗传结构分析显示,刀鲚种群具有丰富的遗传多样性($h = 0.999\,3$,$\pi = 0.042\,0$),表明刀鲚具有较高的环境适应能力和进化潜力。5 个群体间的种群分化指数(F_{ST})和基因交流值(N_m)分别为 $0.013\sim0.426$ 和 $0.67\sim40.14$,协同各群体间的 K 2 - P 遗传距离与 AMOVA 分析结果均表明,长江及其南部邻近水域的刀鲚没有发生明显的地理分化。以线粒体控制区全序列构建的 NJ 树揭示,5 个群体的个体组成了 2 个谱系,但这 2 个谱系与地理分布并不相关。中性检验和网络亲缘关系分析皆表明,刀鲚群体有过种群的扩张历史,扩张时间在更新世末期的 0.17 百万～0.13 百万年前,受到更新世末期海平面升降的影响。

2.4.1　材料与方法

1. 样本采集

研究标本采自上海九段沙(简写为 JJ)、江苏太湖(简写为 TH)、江西鄱阳湖(简写为 PY)、浙江慈溪的钱塘江口(简写为 QT)、浙江舟山(简写为 ZS)。标本均直接购自水上作业的渔船,每种标本每一采集地的采集量均在 30 尾以上,标本用 95% 乙醇或 10% 甲醛溶液固定后带回实验室鉴定。实验材料取自 95% 乙醇固定的全鱼或肌肉。分析所用样本的采集地点、样本数等信息见表 2 - 8。

表 2－8　样本采集地、样本数、单倍型多样性(*h*)、核苷酸多样性(*π*)、Tajima's *D* 和 Fu's *Fs* 中性检验结果

采集地	样本数	单倍型数	单倍型多样性(*h*)	核苷酸多样性(*π*)	Tajima's *D*	Fu's *Fs*
钱塘江(QT)	12	11	0.984 8±0.040 3	0.036 3±0.019 1	－1.254	0.636
舟山(ZS)	7	7	1.000 0±0.076 4	0.008 9±0.005 3	－0.940	－1.371
九段沙(JJ)	16	16	1.000 0±0.022 1	0.027 5±0.014 1	－1.117	－2.923
太湖(TH)	12	12	1.000 0±0.034 0	0.049 1±0.025 7	－0.846	－0.351
鄱阳湖(PY)	8	8	1.000 0±0.062 5	0.033 4±0.018 5	－1.345	0.124
总计	55	53	0.999 3±0.003 6	0.042 0±0.020 4	－1.730*	－16.051**

＊表示 $P<0.05$；＊＊表示 $P<0.01$

2. 基因组总 DNA 提取、PCR 扩增及目标 DNA 的纯化

总 DNA 提取采用传统的"酚－氯仿"法并略有修改。PCR 反应体系为：$10×$buffer 5 μl，2.5 mmol/L dNTPs 2 μl，引物各 1.0 μmol/L，*Taq* 酶 2.0 U，以及模板 DNA 约 100 ng，加灭菌双蒸水至 50 μl。扩增 mtDNA 控制区序列的引物序列同文献(唐文乔等，2007)。PCR 反应条件为：95℃预变性 5 min；然后进行 95℃变性 40 s，55℃退火 40 s 和 72℃延伸 1 min，共 30 个循环；最后 72℃延伸 5 min。扩增产物经琼脂糖凝胶电泳后用上海生工的 UNIQ－10 柱式 DNA 回收试剂盒回收。

3. 目的基因片段的克隆和测序

用购自 Promega 公司的连接试剂盒(pGEM®－T Vector System I)将经纯化回收的目的基因片段与载体进行连接。将重组子转化至 DH5α 感受态细胞中，涂布于 LB 抗性平板，经 37℃过夜培养后，挑取明显的白斑菌落进行 PCR 验证，引物仍为控制区序列的扩增引物。对确认含有目的基因片段的重组质粒进行扩大培养，之后每个个体挑选一个克隆送上海生工生物工程有限公司正反向测序。

4. 数据分析

控制区序列的对位排列(alignment)使用 Clustal X 软件(Thompson et al.，1997)，并在 SEAVIEW 程序(Galtier et al.，1996)中辅以手工校正。遗传变异分析采用 Mega 4.0 软件(Kumar et al.，2004)。刀鲚各单倍型间系统发育关系的重建采用邻接法(Neighbor-Joining，NJ)，以凤鲚(*C. mystus*)和七丝鲚(*C. grayii*)mtDNA 控制区序列(GenBank 序列号分别为 EF419800 和 EF419828)为外类群，以 Kimura 双参数法(kimura 2－parameter，K 2－P)为替

代模型,采用 MEGA 4.0 软件进行分析,系统树分支的置信度采用自引导法
(bootstrap analysis,BP)重复检测,设置为 1 000 次重复。

以 Arlequin Ver. 3.01 软件(Excoffier et al.,2005)统计种群核苷酸多样
性(nucleotide diversity,π)、单倍型多样性(haplotype diversity,h)及其标准差
(SD)。采用分子变异分析方法(analysis of molecular variance,AMOVA)以
10 000 次重复随机抽样单倍型重排后进行显著性检验,估计刀鲚种群遗传结构
及不同地理种群遗传变异的分布。群体间分化指数(F_{ST})和基因交流值(N_m)
利用 DnaSP Ver. 4.10 软件(Rozas et al.,2006)分析。

为了解刀鲚的种群历史,以 Arlequin Ver. 3.01 软件进行 Tajima's D 和
Fu's Fs 中性检验。以 MINSPNET 软件(Excoffier and Smouse,1994)建立网
络亲缘关系(network)。

2.4.2 结果

1. 序列变异分析

经克隆后的单向测序反应可以获得 900 bp 以上清晰可读的碱基,双向测序后
的序列拼接有 400~600 bp 的重叠部分,提高了控制区全序列的准确性。总共获得
了 55 尾刀鲚 mtDNA 控制区序列的 53 个单倍型,GenBank 序列号为 EF419804~
EF419827、EU084006~EU084032。经同源比对显示,鲚属具有较长且长度变异较
大的控制区序列(1 214~1 442 bp)。其中,1 214 bp 的 7 尾,占 12.7%;1 252 bp 的
34 尾,占 61.8%;1 290 bp 的 11 尾,占 20%;1328 bp 的 2 尾,占 3.6%;1 442 bp 的
1 尾,占 1.8%(这些序列类型中或有 1~3 bp 的缺失或插入)。序列共发生了 7 次
1~4 bp 的小片段插入或缺失,而序列的长度多态性主要是在第 358 位点处有以
"CTA TGT ATT ATA TTA CAT ATA TTA TGG TAT AGT ACA TA"38 bp 为
单位的 1~3 次片段重复。序列长度多态性主要发生在鄱阳湖和太湖的个体间,
而 1 尾太湖的个体,其序列出现了多达 6 次的大片段重复。

长江及其南部邻近水域刀鲚的平均 A、T、G、C 碱基含量分别为 33.3%、
33.3%、19.2%、14.2%,表现出显著的碱基组成偏倚性。在 1 442 个序列位点
中,有 148 个多态位点,其中 63 个为简约性信息位点。所有序列间转换数为 13
个,颠换数 4 个,平均转换与颠换比 Ti/Tv 值为 3.25。5 个群体种群内 Kimura
双参数遗传距离(K 2-P)为 0.009~0.012。QT、ZS、JJ、TH 4 个群体间 K 2-

P 遗传距离为 0.010～0.013,与群体内的一致;而 PY 与其他 4 个群体间的 K 2-P 遗传距离为 0.017～0.018,略高于其群体内遗传距离(表 2-9)。

表 2-9　5 个刀鲚群体群体内与群体间的 K 2-P 遗传距离

群　体	QT	ZS	JJ	TH	PY
QT	0.012*				
ZS	0.010	0.009*			
JJ	0.012	0.010	0.011*		
YH	0.013	0.011	0.012	0.012*	
PY	0.018	0.017	0.017	0.018	0.012*

* 指种群内的平均 K 2-P 遗传距离

2. 种群遗传结构分析

55 个样本的平均单倍型多样性(h)为 0.999 3,5 个群体的平均核苷酸多样性(π)为 0.042 0,其中,TH 与 ZS 群体分别呈现出最高与最低的核苷酸多样性(0.049 1 与 0.008 9)(表 2-8)。利用 DnaSP 软件估算 5 个群体间的分化指数(F_{ST})和基因交流值(N_m),结果表明 PY 和 ZS 群体间有最高的分化指数和最低的基因交流值(F_{ST} 和 N_m 分别为 0.426 和 0.67),JJ 和 ZS 群体间具有最低的分化指数和最高的基因交流值(F_{ST} 和 N_m 分别为 0.013 和 40.14)(表 2-10)。分子变异分析(AMOVA)的结果显示,大部分(67.2%)变异分布在种群内,存在于种群间的变异较少,为 32.8%。

表 2-10　刀鲚群体间的基因交流值 N_m(对角线上方)与
种群分化指数 F_{ST}(对角线下方)

	钱塘江(QT)	舟山(ZS)	九段沙(JJ)	太湖(TH)	鄱阳湖(PY)
钱塘江(QT)		9.53	25.13	14.30	0.86
舟山(ZS)	0.055		40.14	5.95	0.67
九段沙(JJ)	0.020	0.013		15.40	1.04
太湖(TH)	0.036	0.077	0.031		0.98
鄱阳湖(PY)	0.368	0.426	0.326	0.339	

以邻接法(NJ)构建的系统发育树显示,刀鲚 5 个群体可以分为两个大谱系(lineage)和多个支系(图 2-7)。这两个谱系的单系支持率并不高,其中谱系 A 的支持率还未超过 50%。但这两个谱系并非以 5 个群体分别聚类,而是每个谱系都包括了 5 个群体的部分个体。

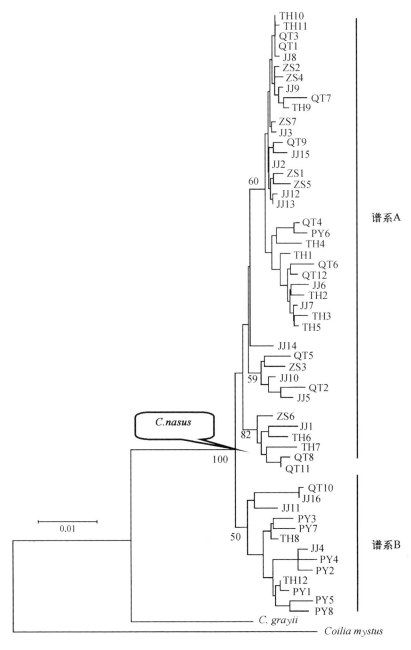

图 2-7　基于线粒体控制区序列变异构建的 5 个刀鲚群体系统发育树

节点处的数值为 1 000 次 bootstrap 检验的支持率(仅显示支持率大于 50%)

3. 种群历史

利用 Arlequin 3.01 软件,对 5 个群体的序列位点变异分别进行 Tajima's D 与 Fu's Fs 中性检验。鉴于所有个体均不能按种群独立构成单系群,这里将全部序列混合一起,作为一个整体,进行同样方法的检验以推断它们的种内差异和种群历史变化。检验表明,各种群的 Tajima's D 值均为负($-1.345 \sim -0.846$),但种群间的差异均未达到显著水平($P > 0.10$);若将所有个体作为一个整体进行分析,Tajima's D 值依然为负(-1.730)且差异显著($0.01 < P < 0.05$)。Fu's Fs 值的情况与 Tajima's D 值相类似,有 2 个种群的 Fu's Fs 值为正,所有种群的 Fu's Fs 值差异均不显著,但作为一个整体,Fu's Fs 值依然为负(-16.051),且差异极显著($P < 0.01$)(表 2-8)。Tajima's D 与 Fu's Fs 检验的结果均显示,刀鲚作为一个整体曾经经历过种群扩张(population expansion)。Network 分析结果显示,刀鲚 5 个种群的单倍型没有形成单一分支(clade),每一分支均由多个种群的单倍型组成,所有单倍型的网络进化关系整体上呈非典型星状(图 2-8),也说明刀鲚在历史上有过种群扩张。

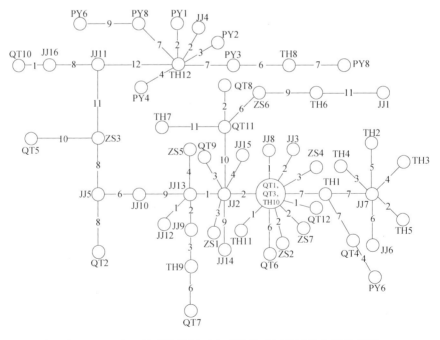

图 2-8 5 个刀鲚群体控制区序列单倍型间的网状亲缘关系图

圆圈内或圆圈旁的字符为单倍型编号,连接两个圆圈线段上的数字为变异步数

用公式 $\tau = 2ut$ 估算种群扩张的时间 T。其中 t 表示种群扩张至今所经历的代数；τ 是错配分布的模型，可由 Arlequin 3.01 软件分析获得，在这里，$\tau = 7.5$；u 是 D - loop 序列的变异率。u 用公式 $u = 2\mu K$ 计算。其中，K 是序列中核苷酸的数量，本研究中 $K = 1\ 442$；μ 是每个核苷酸的变异率。Bowen 等认为 $(15\% \sim 20\%)$/百万年的线粒体控制区进化速率比较适合于沙丁鱼。如果将该进化速率应用于近缘物种刀鲚，代入求得，$t = 0.085 \sim 0.065$（百万年）。$T = t \times$ 代时，由于刀鲚通常在 2 龄达到性成熟，这里取代时为 2，计算可得 $T = 0.17 \sim 0.13$（百万年）。表明刀鲚群体的扩张时间约为更新世晚期。

2.4.3　讨论

1. 刀鲚种群的遗传结构

本研究获得的刀鲚个体间的控制区序列差异，主要源于以 38 bp 为基本单位的片段重复，序列的这种片段重复可产生快速变异，从而造成不同类群间的巨大差异。这种差异不仅可以弥补由于遗传漂变和选择造成的遗传多样性丧失，也可能是某些鱼类增加遗传变异的一种方式，对维持物种的生存有一定的作用（唐文乔等，2007；刘焕章，2002；张四明等，1999）。因此，刀鲚可能也是通过这种方式在一定程度上增加其遗传多样性，从而提高对环境变化的适应能力。另外，线粒体 DNA 控制区全序列为分子特征构建的 NJ 树揭示，5 个不同群体的刀鲚均不能按地理分布构成单系群，而是相互混杂在一起，形成两大谱系和多个支系。虽然大部分鄱阳湖的个体聚在一起，但也只是与其他种群个体一起组成的单系群中的一个分支，其本身并不能独立构成单系群，表明刀鲚正处于谱系重排阶段(lineage sorting stage)。

从控制区序列的变异来看，除鄱阳湖群体以外，其他 4 个群体间 K 2 - P 遗传距离为 $0.010 \sim 0.013$，与各群体内一致（平均 0.011）。而鄱阳湖群体与其他 4 个群体间的 K 2 - P 遗传距离为 $0.017 \sim 0.018$，略高于其种群内的遗传距离（0.012），但这一数值仍远低于刀鲚与属内其他物种间的 K 2 - P 遗传距离值（唐文乔等，2007）。这可能是由于鄱阳湖群体与其他群体间存在着长距离的隔离所致。分子变异分析（AMOVA）的结果也显示，大部分变异分布在种群内，约为 67.2%，存在于种群间的变异较少，约为 32.8%。表明作为一个定居于长江中下游淡水湖泊中的生态类群，鄱阳湖群体虽然已经积累了一定量的遗传变异,但尚未达到独立成物种的标准,这与唐文乔等(2007)的结论一致。

种群分化指数(F_{ST})常用来表示两个种群间的遗传分化程度,在 0~1 的范围内,F_{ST} 值越大,两种群的分化程度越高。由表 2 - 10 可见,鄱阳湖群体的 F_{ST} 值较高(0.326~0.426),而其他 4 个群体间的 F_{ST} 值都很低(0.013~0.077),说明鄱阳湖群体与其他群体之间已有了一定的分化,这种分化是随着鄱阳湖群体与其他 4 个群体间的地理距离增加而递增的(PY<JJ<TH<QT<ZS)。基因交流值 N_m 可用来表示种群间的基因交流程度,N_m 值大于 1,说明两个种群间有基因交流,反之,若 N_m 值小于 1,则有可能预示着隔离的产生。表 2 - 10 所显示的 N_m 值结果与 F_{ST} 值类似,QT、ZS、JJ、TH 4 个群体之间的基因交流值 N_m 均远大于 1(5.95~40.14),表明这 4 个群体的基因交流频繁。而它们与鄱阳湖群体间具有较小的基因交流值(0.67~1.04),但是长江口的太湖和九段沙的刀鲚群体与鄱阳湖群体仍有基因交流(N_m 为 0.98 和 1.04),这可能与它们之间隔离时间短或是因为溯江生殖洄游的刀鲚可以到达这里,并与之发生一定的基因交流有关。

2. 种群历史

物种的遗传多样性高低与其环境适应能力、种群维持力和进化潜力密切相关。遗传多样性的降低可能导致物种对环境的适应能力和生存能力降低,物种退化,极端情况下甚至威胁物种生存(Frankham et al.,2002)。在已研究的海洋鱼类中,物种的遗传多样性降低是一种普遍现象,尽管不乏这样的物种仍能长期生存的例子,但物种遗传多样性的匮乏必定带来种种遗传健康问题(Bowen and Grant,1997)。核苷酸多样性(π)是表示每个群体内,各个单倍型的两两配对差异的平均值,因此是一个判断种群遗传多样性的极好指标。本研究结果显示,刀鲚不但具有较高的单倍型多样性($h=0.999\ 3$),也具较高的核苷酸多样性($\pi=0.042\ 0$)。这与大多数的海洋鱼类所表现的较低的核苷酸多样性这一特性并不相符。即使与同一目的沙丁鱼类(Sardines)和鳀属(*Engraulis*)的一些种类相比,刀鲚的核苷酸多样性也较高[日本鳀(*E. japonicus*)的 $h=0.958$,$\pi=0.006\ 4$](Grant and Bowen,1998;Bowen and Grant,1997;Yu et al.,2005)。这表明,虽然刀鲚种群数量减少,但其仍具有丰富的遗传多样性,存在着较高的进化潜力。

Tajima's D 与 Fu's Fs 中性检验常用以推测种群曾经历的历史事件。如果 D 值与 Fs 值呈负值,且在统计学上达到显著差异,则说明序列中含有比中性进化模型中更多的核苷酸位点变化,可能预示着该种群曾经有过扩张的历史。在本研究中,若单独计算各刀鲚种群的 D 值与 Fs 值,统计学上都达不到显著差异;但若将所有个体混合计算,则发现 D 值与 Fs 值都为负且差异显著。这表明刀鲚在历史上呈现种群扩张。而样本数量较少或中间单倍型的灭绝则有可能造成各种群在单独进行中性检验时呈现不显著的原因。Network 分析结果同样支持刀鲚在历史上有过种群的扩张。

我们估计的刀鲚种群扩张时期在 0.17 百万～0.13 百万年前,处于更新世的晚期。许多研究结果也表明,海洋鱼类的种群扩张大多处于这一时期(Grant and Bowen,1998)。第四纪末期的几次冰期与间冰期旋回,曾引起海平面的剧烈升降,最剧烈时海平面下降达 120～140 m,现生海洋生物物种的分布及其种群遗传的结构大多受到这种冰期旋回的影响,因此,刀鲚可能经历了同样的种群进化历史。在冰期期间由于海平面的大幅降低和气候的恶劣,刀鲚种群数量衰减,而且被隔离在两个不同的水域,而后还经历过数次隔离。而在间冰期,随着海平面上升和气候转暖,曾经分割的海域又重新连通,刀鲚群体又经历快速扩张和扩散,导致现今刀鲚存在着不同谱系但又在各水域相互混杂的局面。

(杨金权,胡雪莲,唐文乔)

2.5　从线粒体控制区序列变异看短颌鲚和湖鲚的物种有效性

提要:我国的鲚属鱼类体形相似,度量性状相近,在物种分类上存在着分歧(Whitehead et al.,1988;袁传宓等,1980;刘文斌,1995;张世义,2001;Cheng et al.,2005)。另外,刀鲚虽为溯河洄游性鱼类,但在太湖、巢湖等长江中下游淡水湖泊中还分布有一种命名为湖鲚的陆封型亚种,对该亚种的有效性也有争议(刘文斌,1990;程起群等,2003)。本节旨在通过对 mtDNA 控制区全序列的分析,探讨我国 4 种鲚属鱼类的物种有效性。

经克隆测序获得七丝鲚、凤鲚、刀鲚、短颌鲚及太湖湖鲚等 32 尾个体的 mtDNA D-loop 区全序列,以 *Engraulis japonicus* 和 *E. ringens* 为外类群构建了分子系统发育树,并讨论了短颌鲚和湖鲚的物种有效性。结果显示,七丝鲚、凤鲚、刀鲚和短颌鲚的 D-loop 区全序列长分别为 1 208 bp、1 279～

1 361 bp、1 252～1 290 bp、1 214～1 252 bp 和湖鲚 1 252～1 442 bp,除七丝鲚外均表现出种内个体间序列长度的多态性。短颌鲚、刀鲚和湖鲚三者间的平均 K 2－P 遗传距离仅为 0.011～0.020,明显小于它们与凤鲚、七丝鲚及外类群间的遗传距离(0.051～0.355)。以邻接法和最大简约法构建的系统发育树表明,刀鲚、短颌鲚及湖鲚均未各自构成单系,而共同构成一个单系群,三者并未发生显著分化。研究表明,短颌鲚和湖鲚为刀鲚的淡水生态型种群,并非有效物种。系统发育分析表明,中国鲚属 3 个有效物种间以凤鲚最为原始,刀鲚和七丝鲚为姐妹群,处于较进化的位置。推测凤鲚可能是鲚属祖先种最早从起源中心扩散到西北太平洋的后裔,而刀鲚和七丝鲚则是凤鲚在演化过程中分别适应寒冷和温暖气候而分化出的物种。

2.5.1 材料与方法

1. 样本采集

实验材料取自 95％乙醇固定的全鱼或肌肉。短颌鲚、刀鲚和湖鲚的鉴别主要依据传统的上颌骨长度特征,即短颌鲚的上颌骨后延不超越鳃盖骨,而后两者的上颌骨后延达胸鳍基部。湖鲚与刀鲚依据生态习性鉴别,即定居在太湖和青浦淀山湖(太湖的子湖)的为湖鲚,洄游期间采自长江的为刀鲚。具体物种名、采集地点、样本数、单倍型数等信息见表 2－11。

表 2－11 样本采集地点、标本数、单倍型数

物 种 名	采集地点	简 写	标本数	单倍型数
刀鲚	九段沙	JDS	5	8
	靖江	JJ	3	
	太湖	TH	6	8
		DSH	2	
短颌鲚	鄱阳湖	PYH	8	8
七丝鲚	福建福鼎	—	4	4
凤鲚	舟山定海	—	4	4

2. 基因组总 DNA 提取,PCR 扩增及纯化

总 DNA 提取采用传统的"酚-氯仿"法。PCR 反应使用大约 50 ng 基因组 DNA 作为模板,每一扩增体系为 50 μl,其中 10×Buffer 5 μl,dNTPs 2 μl(各 2.5 mmol/L),引物各 1 μl,Tag 酶 2.0 U。扩增 mtDNA 控制区序列的引物序

列为：DF1：5′- CTA ACT CCC AAA GCT AGA ATT CT - 3′和 DR2：5′-
ATC TTA GCA TCT TCA GTG - 3′。PCR 反应条件为：95℃预变性 5 min；
然后进行的 30 个循环包括：95℃变性 40 s，55℃退火 40 s 和 72℃延伸 1 min；最
后再作 72℃延伸 5 min。扩增产物用上海生工的 UNIQ - 10 柱式 DNA 胶回收
试剂盒进行回收。

3. 目的基因片段的克隆和测序

用购自 Promega 公司的连接试剂盒(pGEM® - T Vector System Ⅰ)将经
纯化回收的目的基因片段与载体进行连接。将重组子转化至 DH5α 感受态细
胞中，涂布于 LB 抗性平板，经 37℃过夜培养后，挑取明显的白斑进行 PCR 验证。
对确认含有目的基因片段的重组质粒进行扩大培养，之后送生物公司测序。

4. 数据分析

控制区序列的对位排列(alignment)使用 Clustal X 软件(Thompson et
al.，1997)，并在 SEAVIEW 程序(Galtier et al.，1996)中对序列辅以手工校
正。遗传变异分析采用 MEGA 3.1(Kumar et al.，2004)软件。采用最大简约
法(maximum parsimony，MP)和邻接法(neighbor-joining，NJ)分别构建分子系
统发育树。所有序列均做无序特征处理。通过 Modeltest 3.06(Posada and
Crandall，1998)软件选择最适合的碱基替代模型用于 NJ 法分析。MP、NJ 分
析在 PAUP* 4.0b10 软件中进行。

Modeltest 程序分析结果表明，最适合的替代模型为 HKY + G($a =$
0.337 1)，以此模型进行 NJ 树的构建。NJ 树、MP 树采用启发式搜索(heuristic
search)，树二等分再连接(tree-bisection-reconnection，TBR)的分支交换法。
对于 MP 分析，采用逐步加入算法(stepwise addition tree)，random-addition
sequences 设置为 10 次，转换(transition，Ti)和颠换(transversion，Tv)设置为
相同的权重。MP 和 NJ 系统树分支的置信度采用自引导法(bootstrap
analysis，BP)重复检测，设置为 1 000 次重复。

2.5.2　结果

1. 序列变异

经克隆后的单向测序反应可以获得 900 bp 以上清晰可读的碱基长度，双向
测序后的序列拼接有约 400～600 bp 的重叠部分，可保证控制区全序列的准确

性。总共获得了 32 尾鲚属 mtDNA 控制区序列的 32 个单倍型,GenBank 序列号为 EF419800～EF419831。由于鳀属(*Engraulis*)是鲱形目鳀科中最为原始的类群(Romer,1966),为便于系统发育分析,我们从 GenBank 中下载 *Engraulis japonicus* 和 *E. ringens* 为外类群一起进行序列比对分析。GenBank 序列号分别为 AB040676 和 AY184229。

经同源比对显示,鲚属具有较长且长度变异较大的控制区序列,其中七丝鲚的控制区全序列长为 1 208 bp,凤鲚为 1 279～1 361 bp,刀鲚为 1 252～1 290 bp,短颌鲚为 1 214～1 252 bp,湖鲚为 1 252～1 442 bp,比外类群(1024～1029 bp)的相应序列长。与七丝鲚相比,凤鲚总共发生了 3 次 1～2 bp 的碱基缺失,18 次插入,其中在第 136 位点有一段 16 bp 的插入,在第 333 位点有一段 42 bp 的重复序列插入,在第 383 位点有一长 38 bp 或 78 bp 的长片段重复序列插入。而刀鲚、湖鲚和短颌鲚与七丝鲚相比,有 2 次缺失,5 次插入,其中在第 333 位点有一段长 37 bp 或 75 bp 的重复序列插入,在第 383 位点有一段长 38 bp 或 152 bp 的重复序列插入。在 22 尾刀鲚、湖鲚和短颌鲚个体之间,序列差异主要由于大片段的重复,其中 20 尾个体的序列出现以 38 bp(偶有 1～3 bp 的缺失或插入)为单位的 1～4 次重复,而其中湖鲚的 1 尾个体重复达 6 次。

由 32 条序列组成的内类群的碱基 A、T、G、C 含量分别为 33.5%、33.2%、19.2% 和 14.1%。其中 G+C 的含量为 33.3%,表现出显著的碱基组成偏倚性。在 1 442 个序列位点中,有 478 个多态位点,其中 281 个为简约性信息位点。所有序列间转换数为 33 个,颠换数 13 个,平均转换与颠换比 Ti/Tv 值为 2.5。鲚属所有个体间的 Kimura 双参数遗传距离(kimura 2 - parameter distance,K 2 - P)为 0.002～0.024,种间的平均 K 2 - P 遗传距离见表 2 - 12。可见,鲚属各种与外类群间的平均遗传距离达 0.330 以上。内群之间,以湖鲚、刀鲚和短颌鲚三者之间的遗传距离最小,在 0.011～0.020;而这三者与其他种类及其他种类之间,这一遗传距离为 0.051～0.098(表 2 - 12)。

表 2 - 12　中国鲚属鱼类间的平均 K 2 - P 遗传距离

	湖　鲚	短颌鲚	刀　鲚	七丝鲚	凤　鲚
湖　鲚					
短颌鲚	0.020				
刀　鲚	0.011	0.017			

（续表）

	湖 鲚	短颌鲚	刀 鲚	七丝鲚	凤 鲚
七丝鲚	0.051	0.054	0.052		
凤鲚	0.095	0.098	0.095	0.098	
外类群	0.342	0.349	0.343	0.340	0.355

2. 分子系统树

以 *E. japonicus* 和 *E. ringens* 为外类群,用控制区全序列构建的邻接树显示,凤鲚较为原始,七丝鲚与刀鲚、短颌鲚和湖鲚一起构成姐妹群,处于较进化的位置,支持率为99%。刀鲚、短颌鲚和湖鲚各自没有聚为单系群,相互间不能明确区分,但三者共同构成的单系谱系支持率高达100%(图2-9)。

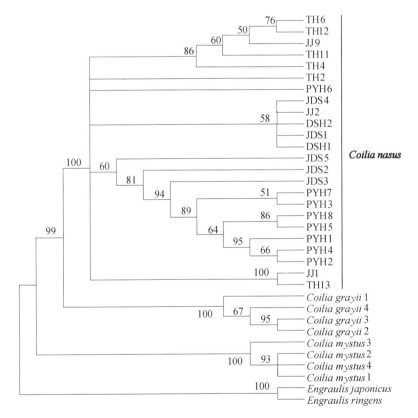

图 2-9　基于线粒体控制区序列变异的中国鲚属鱼类邻接树

节点处数字为 1 000 次 bootstrap 检验的支持率

　　以相同权重、用最大简约法分析得到同等简约的最大简约树有 2 176 棵,其树长(TL)674 步,一致性指数(CI)0.842 7,留存指数(RI)0.889 4。自展分析后所获得的 50％多数一致树(图 2 - 10)与上述邻接树的结果基本相同。刀鲚、短颌鲚和湖鲚之间构成多岐分支,不能相互区分,三者各自没有聚为单系群,但一起构成的单系群,支持率达 99％。与邻接树不同的是,长江口刀鲚的一尾样本与太湖湖鲚的一尾样本构成一个分支,与其余刀鲚、短颌鲚和湖鲚组成姐妹群关系,支持率为 71％。

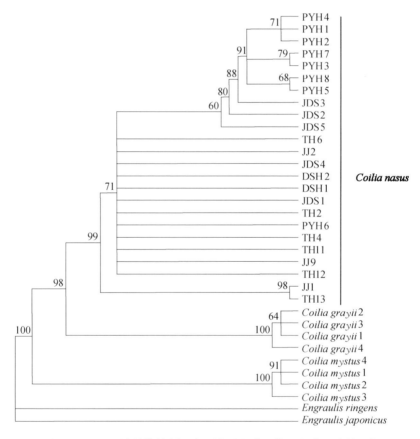

图 2 - 10　基于线粒体控制区序列变异的中国鲚属鱼类最大简约树

节点处数字为 1 000 次 bootstrap 检验的支持率

　　由于控制区序列的中止序列区(ETAS)为高变区,序列变异较大。在删除了中止序列区,用相同方法以中央保守区(CD)和保守序列区(CSB)分别构建了 NJ 树和 MP 树,其结果分别与以控制区全序列构建的 NJ 树、MP 树也基本一致,仅部分节点的支持率有所不同。

2.5.3　讨论

1. 湖鲚的亚种有效性

在长江中下游的太湖、巢湖等湖泊中,生活着一种在形态和生态上与洄游型刀鲚有些差异的淡水定居型群体,袁传宓等(1976)将其定名为湖鲚,作为刀鲚的一个亚种。但刘文斌(1990)通过同工酶分析和形态特性比较,认为湖鲚尚未达到亚种的水平。程起群和李思发(2004)对外形特征进行了主成分分析和逐步判别分析,也认为湖鲚并未达到亚种级分化。郭弘艺等(2007)通过对湖鲚和刀鲚的矢耳石形态性状的多变量分析,同样认为湖鲚仍属于刀鲚的种内群体差异。但 Cheng 等(2005)根据 19 个外形性状对长江、珠江口的凤鲚,以及长江口刀鲚和太湖湖鲚所作的框架分析表明,太湖湖鲚和长江口凤鲚的关系比较接近。

以线粒体 DNA 控制区全序列为分子特征构建的 NJ 树和 MP 树均显示,采自太湖及其子湖(淀山湖)的 8 尾定居型湖鲚在系统发育上并不具有单系性,而与 16 尾洄游型刀鲚和短颌鲚共同构成一个单系。从控制区序列的变异来看,湖鲚与刀鲚间的平均遗传距离仅为 0.011,介于两个群体内部各自的变异范围,明显小于湖鲚与凤鲚和七丝鲚的平均遗传距离。因此,湖鲚应看成是刀鲚的一个不同生态型种群,而不是一个亚种。

2. 短颌鲚的物种有效性

短颌鲚(*C. brachygnathus*)是 1908 年德国人 Kreyenberg 和 Pappenheim 依据洞庭湖的标本确立的一个物种。长期以来,由于上颌骨较短和长江中下游及其附属大型湖泊等淡水性分布而一直被视为一个有别于刀鲚的有效物种(Whitehead et al.,1988;Munroe and Nizinski,1999)。但随着刀鲚淡水定居型种群在巢湖、太湖等通江湖泊的发现,模糊了短颌鲚与刀鲚在生态学上的差异,使得两者的鉴别主要依据上颌骨长度等界限不甚清晰的形态特征,从而引发短颌鲚物种的有效性问题(张世义,2001;倪勇和伍汉霖,2006)。

用线粒体 DNA 控制区全序列所构建的邻接树和最大简约树显示,大部分短颌鲚个体虽然能聚在一起,但也仅是与刀鲚和湖鲚等一起组成的单系群中的一个分支,短颌鲚本身并不能独立构成单系群。从控制区序列的变异来看,短颌鲚与刀鲚和湖鲚间的平均遗传距离(0.017 和 0.020)要明显小于与凤鲚和七丝鲚的平均遗传距离(0.098 和 0.054)。另外,通过我们近几年在长江口连续多年的采样,也发现一些成熟洄游型刀鲚个体的上颌骨长度也有较大差异,表明刀鲚的上颌骨长度并不是一种稳定的特征。因此,短颌鲚也应是刀鲚在长江的一个淡水生态型种群,而不是一个独立的物种,其分布地可以远至长江中游及其洞庭湖和鄱阳湖等大型湖泊。

3. 中国鲚属鱼类 mtDNA 控制区序列变异及其系统发育关系

mtDNA 控制区序列由于不编码蛋白质,在进化上受到的选择压力较小而变异较快。在同一物种内因重复片段的存在,常表现出个体间序列长度的多态性。目前,从果蝇(*Drosophila mauritiana*)到日本猕猴(*Macaca fuscata*)都发现有控制区序列长度的异质性现象,鱼类的白鲈(*Morone americana*)、溪刺鱼(*Culaea inconstans*)、大西洋鳕(*Gadus morhua*)、小鲤(*Cyprinella spiloptera*)及鲱形目的一些种类也有这种异质性(张四明等,1999)。重复片段一般介于几十到 300 bp,但美洲西鲱(*Alosa sapidisima*)的这种重复片段竟长达 1.5 kb 以上(Bentze et al.,1988)。本研究获得的短颌鲚、刀鲚和湖鲚的线粒体控制区序列差异,主要源于以 38 bp 为基本单位的不同次数的片段重复。造成这种长度异质性的原因目前有几种,即分子间和分子内的重组、滑动错配(Slipped mispairing)、非正常延长(illegitimate elogation)或转座(transposition)(张四明等,1999)。异质性可以弥补由于遗传漂变和选择造成的遗传多样性丧失,也可能是鲚属鱼类增加遗传变异的一种方式,对维持物种的生存有一定的作用。

本研究测定的 22 个样本的刀鲚、湖鲚及短颌鲚的控制区全序列中,没有发现共享单倍型的存在,说明刀鲚虽然资源量减少,但仍具有较高的遗传多样性。邻接法构建的系统发育树还揭示,刀鲚群体构成了 5 个谱系,这可能与刀鲚具有较强的环境适应能力及产卵时存在着某种隔离机制有关(袁传宓和秦安舲,1984;袁传宓,1988;朱栋良,1992;张敏莹等,2005)。

控制区序列不仅用于近缘种间的系统发育关系,以其全序列探讨鱼类高级分类单元的系统发育关系也颇有应用(Gilles et al.,2001;Liu et al.,2002)。本研究以控制区全序列与保守区段序列分别构建的系统发育树一致,皆表明 3 种有效中国鲚属鱼类中以凤鲚最为原始,刀鲚与七丝鲚为较特化的姐妹群,这与刘文斌(1995)依据生化和形态特征推断的凤鲚和七丝鲚、刀鲚和短颌鲚为两大姐妹群的结果并不矛盾。

3 种中国鲚属鱼类的系统发育关系与其分布格局较为相符。鲚属集中分布于西太平洋和印度洋,而以印度尼西亚及其邻近海域分布的种类最多,可能是其起源中心。与刀鲚和七丝鲚相比,凤鲚拥有最大的分布范围,南至泰国、越南,北到朝鲜半岛附近,东达日本西南海域,凤鲚可能是鲚属祖先最早从起源中心扩散到西北太平洋的后裔。刀鲚分布于珠江口至黄海海域,而七丝鲚仅局限于从福建近海至海南岛邻近的海域。刀鲚和七丝鲚可能是凤鲚在演化过程中分别适应寒冷和温暖气候而分化出的物种。

（唐文乔,胡雪莲,杨金权）

2.6 基于 DNA 条形码的中国鲚属物种有效性分析

提要:DNA 条形码(DNA barcode)是利用基因组中一段标准的短序列来进行物种鉴定的分子生物学新技术(陈念和付晓燕,2008)。线粒体 *COI* 基因能有效鉴定动物物种,被认为是合适的 DNA 条形码。本节通过种内和种间 *COI* 部分基因序列的比对和系统发育分析,探讨 DNA 条形码作为我国鲚属种类鉴定的可行性。

分析了 150 尾刀鲚、湖鲚、短颌鲚、七丝鲚及凤鲚的 *COI* 基因 DNA 条形码序列变异。结果显示,150 条 *COI* 基因条形码序列包含 63 种单倍型,单突变位点主要集中在 100 bp 和 600 bp 附近。刀鲚、短颌鲚和湖鲚群体间的遗传距离在 $0.253\%\sim0.557\%$,显著低于 *COI* 基因 DNA 条形码鉴别不同物种 2% 的遗传距离阈值,表明这 3 个群体应为同一物种。但是凤鲚两群体间的遗传距离为 5.080%,大于 2% 的鉴别阈值,显示凤鲚两群体可能达到了种或亚种级差异水平。以日本鳀(*Engraulis japonicus*)为外群,用邻接法、最大简约法和最大似然法构建了分子系统树显示,刀鲚、湖鲚和短颌鲚群体聚在一起,未能各自形成单系;凤鲚根据地理分布聚为两支;七丝鲚则聚成单系。研究表明 *COI* 基因条形码技术可用于我国鲚属物种的鉴定。

2.6.1 材料与方法

1. 样品采集

采集了 4 种鲚属鱼类 6 个地理群体的 150 尾个体,采集地点、时间和个体数量见表2－13。样本均购自水上作业的渔船或码头附近的水产市场,用冰块保存,运回实验室后打好标签,取下少量背鳍和背部肌肉,95％乙醇固定。剩余部分用10％甲醛溶液固定,存放于上海海洋大学鱼类标本馆备查。

表2－13　样本的采集地点、时间和数量

群体名称	缩　写	采集地点	采集时间	采集数量
刀鲚	JJ	江苏靖江	2009年5月	30
湖鲚	CX	浙江长兴	2009年9月	30
短颌鲚	HK	江西湖口	2009年11月	30
凤鲚1	CJ	长江口	2009年5月	15
凤鲚2	ZJ	珠江口	2009年6月	15
七丝鲚	ZJK	珠江口	2009年5月	30

2. 基因组总DNA提取、PCR扩增及目的片段测序

利用酚-氯仿抽提法提取基因组DNA。PCR扩增的目的片段是 *COI* 基因靠近5′端的长度约为652 bp的序列。用Premier 3.0软件设计扩增和测序引物,序列为：BARCODE－1(5′－TGG CAA TYA CAC GTT GAT TYT－3′)和BARCODE－2(5′－TTH CCB GCR TRR TAR GCT ACR A－3′)。PCR反应体系为50 μl,其中包括ddH$_2$O 32 μl,10×buffer 5 μl,dNTPs 5 μl(1 mmol/L),引物各2 μl(10 μmol/L),*Taq* 酶2.0 U,DNA模板2 μl。PCR反应条件为：94℃预变性5 min;94℃变性45 s,56℃退火1 min,72℃延伸1 min,35个循环;最后72℃延伸5 min,4℃冰箱保存PCR产物。扩增产物经1.0％的琼脂糖凝胶电泳检测后进行双向测序。

3. 数据分析

测序得到的序列用Bioedit软件进行比对拼接,同时用SEAVIEW程序对序列进行排序并辅以手工校正;使用MEGA 4.0计算所得序列的碱基组成、群体内、群体间的遗传距离。用DnaSP Ver. 4.10软件分析群体核苷酸多样性(nucleotide diversity, π)、单倍型多样性(haplotype diversity, h)、单突变位点分布(analysis of singleton sites)。以日本鳀(*Engraulis japonicus*)的线粒体 *COI* 条形码序列(登录号为EF607370.1)作为外类群,采用邻接法(NJ)、最大简约法(MP)、最大似然法(ML)分别构建单倍型的系统进化树。NJ树以Kimura双参数法(kimura 2-parameter)为替代模型,采用MEGA 4.0软件进行重建。ModelTest 3.06程序分

析结果表明,最适合的替代模型为 HKY+G(α=0.261 7),TRatio=2.898 3,A=25.980%,C=26.890%,G=17.790%,T=29.340%,以此模型构建 ML 树。MP、ML 分析在 PAUP* 4.0b10(Swofford,2002)软件中进行。分析时所有序列均做无序特征处理,序列间隔(gaps)处理成缺失性状,采用启发式搜索(heuristic searches)、树二等分再连接(tree-bisection-reconnection,TBR)的分支交换法。根据 ModelTest 的分析结果,我们将转换(transition,Ti)和颠换(transversion,Tv)设置为 1∶1 和 2∶1 两种加权分别进行 MP 树的构建。MP 分析采用逐步加入算法(stepwise addition tree),random-addition sequences 设置为 10 次。系统树分支的置信度均采用自展法(bootstrap analysis,BP)重复检测,其中 ML 分析设置为 100 次重复,NJ 和 MP 分析皆为 1 000 次重复。

2.6.2　结果

1. *COI* 条形码基因的序列特征

获得了 6 个群体共 150 个个体的线粒体 *COI* 基因条形码序列。该序列是 *COI* 基因 5′端一段长度为 652 bp 的片段,编码 217 个氨基酸。在所有的 150 条序列中,存在变异位点 117 个,占 17.94%(其中简约信息位点 91 个,占 13.96%;单突变位点 26 个,占 3.99%);不变位点 535 个,约占 82.06%。碱基组成上,A、T、C 和 G 的平均含量分别为 27.2%、27.8%、27.4%和 17.6%,G+C 含量(45.0%)明显低于 A+T 含量(55.0%)(表 2-14),表现出了明显的碱基偏倚性。其中以第 1 密码子位点的 G+C 含量最高,第 2 密码子位点次之,第 3 密码子位点最低(表 2-15)。群体间碱基组成的差异并不显著。

表 2-14　鲚属 6 个群体不同密码子位点的 GC 含量分布

群　体	数　量	平均 GC 含量/%			
		全部位点	第一位点	第二位点	第三位点
刀鲚	30	45.5	55.8	42.8	37.8
湖鲚	30	45.5	58.8	42.9	37.8
短颌鲚	30	45.7	55.7	42.9	38.4
凤鲚 1	15	44.5	55.6	42.8	34.9
凤鲚 2	15	44.2	56.2	42.8	33.4
七丝鲚	30	44.9	55.2	42.9	36.7
所有个体	150	45.2	55.7	42.8	36.9

表 2-15　鲚属 6 群体 150 个体的 *COI* 序列各密码子位点的碱基变异情况

	可变位点	简约信息位点	单突变位点
第一密码子位点	20	13	6
第二密码子位点	15	6	10
第三密码子位点	82	72	10
全部位点	117	91	26

2. 单倍型及其分布状况

DnaSP 4.0 软件检测发现,在 150 个个体中有 63 种单倍型(H1~H63)(表 2-16)。每一群体拥有 4~16 种单倍型,单倍型多样性(h)为(0.556 3±0.107 2)~(0.933 3±0.054 5),平均值为 0.927 9±0.015 5,表现出较高的多态水平;而核苷酸多样性(π)仅为(0.002 1±0.001 8)~(0.004 6±0.002 6)(表 2-16)。刀鲚(JJ)、湖鲚(CX)和短颌鲚(HK)群体间出现了单倍型的共享现象,其中 JJ、CX、HK 三群体间共享单倍型 H1,共出现 35 尾,占 3 个群体总数的 38.9%。

表 2-16　63 个单倍型(H1~H63)的分布频率及群体 *COI* 基因的遗传多样性

群体	单倍型数	单　倍　型	单倍型多样性(h)	核苷酸多样性(π)
刀鲚	8	**H1**(20)、H2(2)、H3(1)、H4(2)、H5(1)、H6(2)、H7(1)、**H8**(1)	0.556 3±0.107 2	0.002 1±0.002 2
湖鲚	14	**H1**(14)、**H8**(4)、**H9**(1)、H10(1)、H11(2)、H12(1)、H13(1)、H14(1)、H15(1)、H16(2)、H17(1)、H18(2)、H19(1)、H20(1)	0.783 9±0.078 3	0.002 1±0.001 8
短颌鲚	14	**H1**(1)、**H9**(12)、H21(2)、H22(1)、H23(2)、H24(3)、H25(1)、H26(1)、H27(1)、H28(1)、H29(1)、H30(2)、H31(1)、H32(1)	0.834 5±0.064 4	0.004 1±0.002 8
凤鲚 1	11	H33(1)、H34(2)、H35(4)、H36(1)、H37(1)、H38(1)、H39(1)、H40(1)、H41(1)、H42(1)、H43(1)	0.933 3±0.054 5	0.004 6±0.002 6
凤鲚 2	4	H44(8)、H45(3)、H46(2)、H47(2)	0.687 5±0.104 5	0.003 3±0.007 5
七丝鲚	16	H48(13)、H49(1)、H50(1)、H51(1)、H52(1)、H53(2)、H54(1)、H55(2)、H56(1)、H57(1)、H58(1)、H59(1)、H60(1)、H61(1)、H62(1)、H63(1)	0.816 1±0.073 3	0.003 4±0.002 0
合计	63		0.927 9±0.015 5	0.014 2±0.012 1

括号内数字表示在每个采样地点该单元型的样本数,粗体字表示共享单元型

利用滑动窗口模型分析了不同窗口长度下单突变位点数目的分布情况,结果发现在 50 bp 和 70 bp 两种窗口长度下呈现出相似的分布规律(图 2-11),即在 100 bp 和 600 bp 附近存在的单突变位点数较多,而在 250~500 bp 出现的单突变位点较少。表明虽然在整个序列上均存在单突变位点,但突变位点数的分布频率在不同的区域存在着较大的差异。

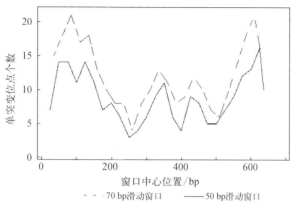

图 2-11　序列单突变位点的滑动窗口分析

3. 遗传距离与系统进化树

分析表明(表 2-17),6 个群体内的遗传距离处于 0.002 07~0.004 71,其中凤鲚 1 群体的最大,为 0.004 71,刀鲚群体最小,为 0.002 07。群体间的遗传距离则处于 0.002 53~0.072 87,其中刀鲚、短颌鲚、湖鲚 3 个群体之间遗传距离分别为 0.002 53、0.005 19、0.005 57,均小于 0.01,而凤鲚两个群体间的遗传距离却高达 0.050 80,其他群体间的平均遗传距离也显著大于 0.02(表 2-17)。值得注意的是刀鲚、短颌鲚、湖鲚群体间两两的平均遗传距离(0.004 43)显著小于他们与另外 3 个群体之间的平均遗传距离(0.051 31)。

表 2-17　鲚属 6 个群体内、群体间的 K 2-P 遗传距离

群　体	刀　鲚	湖　鲚	短颌鲚	凤鲚 1	凤鲚 2	七丝鲚
刀鲚	0.002 07*					
湖鲚	0.002 53	0.002 91*				
短颌鲚	0.005 19	0.005 57	0.004 14*			
凤鲚 1	0.060 72	0.061 36	0.061 66	0.004 71*		
凤鲚 2	0.065 00	0.065 34	0.065 65	0.050 80	0.002 38*	
七丝鲚	0.026 57	0.026 57	0.029 53	0.068 22	0.072 87	0.003 39*

*指种内的平均 K 2-P 遗传距离

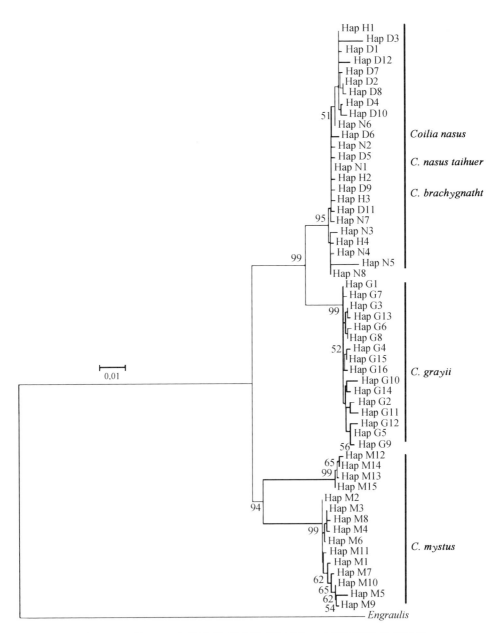

图 2-12　基于 DNA 条形码 *COI* 序列构建的 6 个鲚属群体的邻接树

节点处的数值为 bootstrap 检验的支持率（仅显示支持率大于 50%），N 代表的单倍型来自刀鲚群体，H 来自湖鲚群体，D 来自短颌鲚群体，G 来自七丝鲚群体，M 来自凤鲚群体（其中数字≤15 的来自长江群体、>15 的来自珠江群体）

以同属于鳀科的日本鳀作为外类群,依据邻接法(NJ)、最大似然法(ML)和最大简约法(MP)模型构建的 63 个单倍型间的系统发育关系,显示了相似的拓扑结构。以邻接树为例(图 2-12),6 个群体可分为两大谱系(lineage),其中一个支系由刀鲚、短颌鲚和湖鲚的 3 个群体及七丝鲚群体共同构成,两者又各自形成单系,但刀鲚、短颌鲚和湖鲚群体没能各自聚类在一起。另一支由凤鲚的 2 个群体构成,位于进化树的基部。可见,刀鲚等 3 个群体、凤鲚 2 个群体和七丝鲚群体的聚集趋势显著,相应分支的支持值均超过 90%。

4. 刀鲚、湖鲚和短颌鲚间的遗传距离

确立了湖鲚、短颌鲚仅为刀鲚的不同生态群体后,我们进一步对 4 个刀鲚群体[舟山(ZS)24 尾、靖江(JJ)30 尾、九段沙(JD)24 尾、日本有明海(AR)16 尾]和湖鲚(TH)30 尾、短颌鲚(PYH)30 尾个体共 6 个群体的遗传结构和种群历史进行了分析。6 个群体间的 K 2-P 遗传距离处于 0.001 229～0.005 654,均值 0.003 20,差异并不显著(P＞0.05)(表 2-18)。最大值出现在 PYH 与 JD 群体间,为 0.005 654,最小值出现在 AR 与 ZS 群体间,为 0.001 229。但 PYH 群体与其余群体间的遗传距离均值为 0.005 231,相对较大。

表 2-18　刀鲚 6 个群体间的 K 2-P 遗传距离(对角线下)和标准差(对角线上)

	ZS	JD	TH	JJ	AR	PYH
ZS		0.000 488	0.000 481	0.000 509	0.000 705	0.001 763
JD	0.002 162		0.000 537	0.000 590	0.000 752	0.001 741
TH	0.001 964	0.003 155		0.000 548	0.000 773	0.001 772
JJ	0.001 520	0.002 688	0.002 535		0.000 759	0.001 770
AR	0.001 229	0.002 462	0.002 264	0.001 855		0.001 901
PYH	0.004 678	0.005 654	0.005 578	0.005 194	0.005 053	

以日本鳀作为外类群,依据邻接法、最大似然法和最大简约法构建的单倍型间的系统发育关系,均显示出了相同的拓扑结构。以邻接树为例(图 2-13),6 个群体未分出较为明显的支系。尽管 PYH 群体的大部分个体聚在一起,但也有其他种群的个体加入其中,本身并不能单独构成单系。Network 分析结果也显示,所有单倍型的网络进化关系整体上呈非典型星状(图 2-14),聚类趋势并不明显。6 个群体刀鲚形成了 3 个进化支(clade),进化支之间的变异步数在 2 步或 2 步以下,进化关系非常接近。每个进化支均由多个种群的单倍型组成,

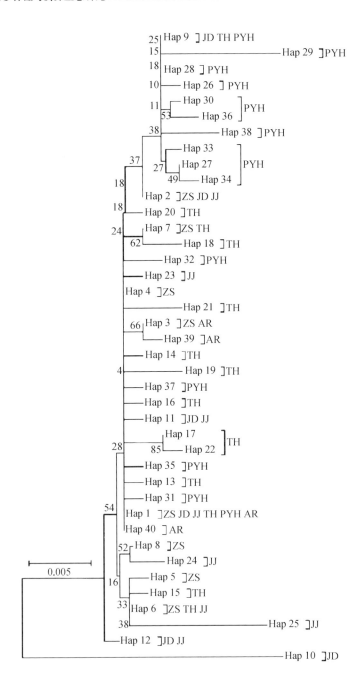

图 2 - 13　基于线粒体 *COI* 基因 DNA 条形码单倍型
序列构建的刀鲚 6 群体邻接树

多个群体名称标注的单倍型为共享单倍型

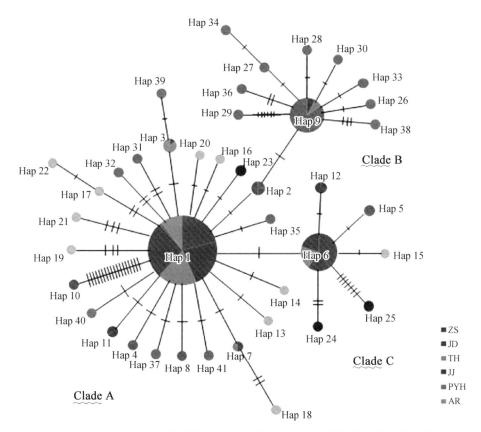

图 2 - 14　基于刀鲚 6 群体线粒体 *COI* 基因 DNA 条形码单倍型序列构建的最小生成无根树,饼状图中的比例表示单倍型的频率。垂直横线表示核苷酸取代的步数

其中 Clade A 以 Hap1 为中心,所包含的单倍型最多;而 Clade B 单倍型所对应的群体较为单一,主要由 PYH 群体构成,这与系统发育树(NJ)的结果类似。

5. 刀鲚、湖鲚和短颌鲚间的遗传分化程度

种群分化指数(F_{ST})常用来表示两个种群间的遗传分化程度,F_{ST}值越大,两种群的分化程度越高。由表 2 - 19 可见,PYH 和 AR 群体的 F_{ST} 值较高,分别为 0.366～0.481 和 0.115～0.481,而其他 4 个群体间的 F_{ST} 值相对较低(0.001 7～0.016 0),说明 PYH 群体、AR 群体与其他群体之间已有了一定的分化,这种分化除了与地理距离相关外,还与群体所处的生态环境有关,有明海作为日本唯一的刀鲚栖息地,由于受到东海的阻隔,难以与分布在中国的刀鲚群体进行基因交流,因而逐渐产生了分化。基因交流值 N_m 可用来表示种群间

的基因交流程度，N_m 值大于 1，说明两个种群间有基因交流，反之则预示着隔离的产生。N_m 值结果与 F_{ST} 值类似，ZS、JD、JJ、TH 四个群体之间的基因交流值 N_m 均远大于 1(30.79～288.00)，表明这 4 个群体存在频繁的基因交流。而它们与 AR 和 PYH 群体间具有较小的 N_m 值，分别为(2.17～3.84)和(0.61～0.98)，这可能与它们之间存在隔离但是时间短或是溯江生殖洄游的刀鲚可以到达这里有关。

表 2 - 19 6 个群刀鲚体间的分化指数 F_{ST} (对角线下)基因交流值 N_m (对角线上)

种群	ZS	JD	TH	JJ	AR	PYH
ZS		288.00	104.12	53.68	2.17	0.61
JD	0.001 74		55.79	77.79	3.84	0.98
TH	0.004 78	0.008 88		30.79	3.36	0.87
JJ	0.009 40	0.006 47	0.015 98		2.58	0.75
AR	0.187 50	0.115 13	0.129 47	0.162 29		0.54
PYH	0.449 97	0.338 15	0.366 04	0.400 55	0.480 69	

6. 刀鲚群体的分子变异分析

为了探究变异的来源，我们对刀鲚 6 个群体进行了 SAMOVA(表 2 - 20)与 AMOVA(表 2 - 21)分析。其中基于线粒体 *COI* 条形码数据的 SAMOVA 分析中，当 PYH 群体独自成组，剩余的群体构成第二组时，变异显著性最强。变异主要来自分组间和群体内个体间，分别占总变异的 43.55% 和 55.04%，变异程度均达到极显著水平。在 AMOVA 分析中，分组按照地理分布进行，即长江下游及河口的洄游群体 JJ、JD、ZS 为一组，淡水定居群体 PYH、TH 为第二组，日本 AR 群体为第三组。可是结果表现出的差异组间和群体间的差异较小，而且显著性不高。可见合理的分组模式更倾向于 SAMOVA 的结果，表明 PYH 群体由于长期陆封，缺乏群体间的交流从而与其他群体间产生了较为明显的分化。

表 2 - 20 基于刀鲚群体线粒体 *COI* 的分子变异分析
(分 2 组，ZS，JD，TH，JJ，AR：PYH)

变 异 来 源	变 异 成 分	变异百分比
组间	0.660 54	43.55 ***
组内群体间	0.021 39	1.41
群体间	0.834 74	55.04 ***

*** $P<0.001$

表 2 - 21　基于刀鲚不同地理群体的分子变异分析
(分 3 组,ZS,JD,JJ: TH,PYH: AR)

变 异 来 源	变 异 成 分	变异百分比
地理组群间	0.045 43	4.05
地理组群内群体间	0.240 11	21.43
群体间	0.834 74	74.51

对每个群体及整体的序列位点变异进行 Tajima's D 与 Fu's Fs 中性检验(表 2 - 22),结果表明各种群的 Tajima's D 值均为负($-2.344\,01 \sim -0.413\,95$),除了 AR 群体外,5 个种群的差异均达到显著或极显著水平($P<0.05$ 或 $P<0.01$);若将所有个体作为一个整体进行分析,Tajima's D 值依然为负($-2.594\,17$)且差异极显著($P<0.001$)。Fu's Fs 值的情况与 Tajima's D 值相类似,所有群体的 Fu's Fs 值均为负且 ZS、TH、JJ、PYH 群体差异已达极显著水平,同样,6 个群体整体的 Fu's Fs 值依然为负(-36.624),差异同样极显著($P<0.001$)。

表 2 - 22　基于刀鲚群体线粒体 COI 序列的
Tajima's D 和 Fu's Fs 检测结果

	ZS	JD	TH	JJ	PYH	AR	total
Tajima's D	$-1.810\,40^*$	$-2.344\,01^{**}$	$-2.181\,71^{**}$	$-2.071\,52^*$	$-1.900\,51^*$	$-0.413\,95$	$-2.594\,17^{***}$
Fu's Fs	-4.911^{***}	-0.638	-8.914^{***}	-2.751^{**}	-6.187^{***}	-0.822	-34.624^{***}

$P<0.05$,$^{**}P<0.01$,$^{***}P<0.001$

在以往的研究中,Tajima's D 与 Fu's Fs 的检验结果为负和星芒状的 Network 结构均表明着群体曾经历过扩张,这一点在基于瞬态扩张模型下的刀鲚群体 COI 单倍型观测分化(节点)与期望错配分布图中也得到了很好的证实,图中显著的单峰形态预示着群体扩张的存在(图 2 - 15)。另外,基于贝叶斯 skyline plot 的结果更加准确地估计出了群体扩张的时间,距今 0.025 百万～0.030 百万年(图 2 - 16),因此可以推断刀鲚群体的扩张时间大约在更新世末期。

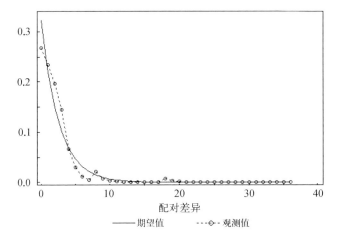

图 2-15 基丁瞬态扩张模型下的刀鲚群体 *COI* 单倍型
观测分化(节点)与期望错配分布

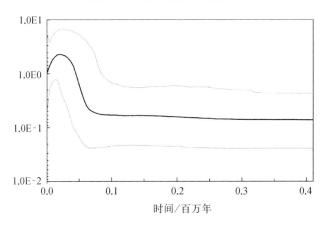

图 2-16 群体内基于贝叶斯 skyline plot 在时间轴上
有效群体大小的变化

注:中间黑实线指有效种群大小;上下的细线表示 95% 置信度区间

2.6.3 讨论

1. 我国鲚属鱼类的物种有效性

刀鲚是洄游鱼类,分布于中国、日本和朝鲜的沿海及其通海河流。但在长江中下游的太湖、巢湖等湖泊中,生活着一种在形态和生活习性上与洄游型刀鲚有一定差异的淡水定居型群体,袁传宓等(1976)将其定名为湖鲚 *C. nasus taihuensis*,作为刀鲚的一个亚种。但刘文斌(1995)通过同工酶、程起群等

(2006,2008)通过 *cyt b* 基因、杨金权等(2008)及唐文乔等(2007)通过 mtDNA
控制区序列的分析,均认为湖鲚尚未达到亚种水平。

短颌鲚是依据洞庭湖标本确立的物种,由于上颌骨较短和淡水性分布,一
直被视为有别于刀鲚的有效物种(袁传宓等,1980;Whitehead et al.,1988;刘
文斌,1995)。但随着刀鲚淡水型种群的发现,短颌鲚与刀鲚在生态上的差异变
得模糊。张世义(2001)、倪勇和伍汉霖(2006)及郭弘艺等(2010)均认为短颌鲚
也是刀鲚的一个淡水型种群。这一结果也被 mtDNA 控制区和 *cyt b* 基因构建
的系统发育树所证实(唐文乔等,2007;许志强等,2009)。

Hebert 等(2003a)经过对 13 320 个动物物种的分析认为,物种内 *COI* 序列
的遗传距离一般小于 1%,很少有大于 2% 的。并提出利用 *COI* 序列进行物种
鉴别的主要依据是种间遗传距离大于种内遗传距离,且这种差异需达约 10 倍。
本研究显示,6 个鲚属群体内遗传距离均很小,平均值为 0.327%,最大值仅为
0.414%。但是刀鲚、短颌鲚和湖鲚群体间的遗传距离却与上述 6 个群体内的
遗传距离相近,仅为 0.253%~0.557%,平均值为 0.443%,远小于这 3 个群体
与七丝鲚、凤鲚群体间的遗传距离(2.652%~6.565%)。另外,凤鲚的 2 个群
体间的遗传距离也出现了异常,高达 5.08%,超过了 *COI* 基因 DNA 条形码鉴
别不同物种 2% 的遗传距离阈值,显示凤鲚的长江群体和珠江群体发生了明显
的分化,认为两个群体的分化可能已经达到了亚种水平,这与阎雪岚等(2009)、
程起群等(2008)得出的结论是相同的。以日本鳗为外类群所构建的单倍型间
系统发育树也显示,所有七丝鲚、凤鲚单倍型均能单独地聚类在一起,凤鲚则按
照地理分布形成两支;而刀鲚、短颌鲚和湖鲚也间杂地聚在一起,但各自不能形
成单系,三者所共享的单倍型 H1 占了 3 个群体总数的 38.9%。因此,从 *COI*
序列分析看,也可证实短颌鲚、湖鲚与刀鲚是同一物种,即前两者是后者的同物
异名,凤鲚的分化程度可能已达到亚种水平。因此,我国鲚属仅有刀鲚、七丝鲚
和凤鲚 3 种。

2. DNA 条形码技术的改进

上述研究表明,尽管 652 bp 片段的 *COI* 基因能有效地鉴别我国 3 种鲚属
鱼类,但由于需要双向测序,鉴定的成本较高。另外,较长片段的 DNA 测序对
分析样品的要求较高,且可能出现序列拼接的错误,特别是长时间保存的馆藏
标本一般难以满足这样长片段测序的样品要求。已有许多研究表明,选择一些

可变位点数较多的 *COI* 短片段序列也能获得与全序列基本一致的分析结果（Janzen et al.，2005；Hajibabaei et al.，2006）。本研究利用滑动窗口模型所作的分析显示，在 100 bp 和 600 bp 附近出现的单突变位点数较多，可设计相应的短片段扩增和测序引物，利用这些区域多变的特征序列进行我国鲚属鱼类的种类鉴定。这样不仅可以大大降低物种鉴定的成本，也可能扩大到馆藏标本的鉴定并提高鉴定准确率。

（周晓犊，杨金权，唐文乔）

第3章 核基因多样性与演化

3.1 鱼类核基因概述

鱼类除了细胞质中的线粒体基因之外,细胞核内染色体上具有大量的基因,通过"中心法则"使遗传信息由 DNA 传递到蛋白质,控制生物的生长、发育和衰老。核基因经过半保留复制,保持遗传信息的稳定性。内在的或外在的因素,能够诱导核基因发生突变,这种低频的突变,历经自然选择,在物种或种群中以一定的频率出现,为生物检测的遗传标记奠定了基础。

细胞核包含了大量的遗传信息,斑马鱼($Danio\ rerio$)的全基因组大小 1.41 Gb,发现有 26 000 个蛋白质编码基因(Howe et al.,2013)。矛尾鱼($Latimeria\ chalumnae$)的全基因组大小 2.86 Gb(Amemiya et al.,2013)。我国学者研究发现,鲤鱼的染色体有 100 条,其全基因组大小达 1.83 Gb,含有 52 610 个功能基因,为多数硬骨鱼类基因数目的两倍(Xu et al.,2014)。大黄鱼($Larimichthys\ crocea$)基因组为 728 Mb,具有 19 362 个蛋白质编码基因(Wu et al.,2014)。滇池金线鲃($Sinocyclocheilus\ grahami$)、犀角金线鲃($Sinocyclocheilus\ rhinocerous$)和安水金线鲃($Sinocyclocheilus\ anshuiensis$)的全基因组大小分别为 1.75 Gb、1.73 Gb 和 1.68 Gb(Yang et al.,2016)。雌性草鱼($Ctenopharyngodon\ idellus$)的全基因组大小 0.9 Gb、雄性草鱼的全基因组大小 1.07 Gb(Wang et al.,2015b)。

采用核基因研究鱼类遗传多样性,需要寻找合适的遗传标记。理想的分子标记应具有大量可检测的变异位点、共显性遗传、符合孟德尔遗传规律,并密集地分布于整个基因组中。常用的分子标记有几类,一类是功能基因的多态性分析,如 S7 核糖体蛋白基因(ribosomal protein S7 gene,$rpS7$)、重组活化基因 2(the recombination activating genes 2,RAG)等,或序列表达标签(expressed sequence tag，EST）。另一类是以 PCR 和限制性内切酶为基础，获得大量不同长度的 DNA 片段，再进行片段长度的多态性分析。如随机扩增多态性 DNA（random amplified polymorphism DNA，RAPD）、限制性内切酶片段长度多态性（restriction fragment length polymorphism，RFLP）、扩增片段长度多态性（amplified fragment length polymorphism，AFLP）、简单重复序列（simple sequence repeat，SSR）等方法。

（唐文乔）

3.2　刀鲚微卫星分离与遗传多样性分析

提要：微卫星（microsatellite）DNA 是近十几年来发展起来的一种新型的分子标记，由 1~6 个核苷酸为单位多次串联重复而构成，又称简单序列重复（simple sequence repeat，SSR）。微卫星在核基因组中是随机分布的，由于重复单位的重复次数在不同个体间呈高度变异性并且数量丰富，有着非常高的多态性和共显性，在种群结构的研究上较其他的标记具有更高的敏感性，在群体遗传学、分子生态、家系鉴定、基因组作图和系统进化等领域有广泛的应用。

微卫星分子标记的研究，首先需要开发出多态性比较好的 SSR 引物。如果基因组序列已知，可根据全基因组序列或 EST 序列，用 SSR‐hunter 软件扫描得到微卫星序列；如果基因组序列未知，可采用磁珠富集等方法，对微卫星序列进行富集、克隆、测序，得到微卫星序列。然后根据微卫星 DNA 两端序列设计引物，经 PCR 扩增、电泳分析，因重复次数不同，显示出不同基因型个体间的长度多态性和特异性，进行大样本的微卫星分析，得到每个群体个体的基因型。

目前，未知基因组序列的微卫星分离主要方法有：① 基于锚定 PCR 的方法；② 单引物延伸富集法；③ 选择杂交富集法等。随机扩增微卫星分离法（PCR isolation of microsatellite arrays，PIMA）是以 RAPD 为基础的微卫星位点筛选法，其基本原理是将基因组 DNA 的部分 RAPD 扩增片段转移至载体上，通过克隆技术进行扩大培养，再与特殊的微卫星探针进行 PCR 反应，获得阳性克隆后对菌液测序，从而得到微卫星位点信息。由于分离步骤比较简便，被大量应用在多态微卫星位点的开发上。

本节采用 PIMA 法对刀鲚的微卫星位点进行分离，探讨刀鲚群体的遗传结构和种群分化历史,以及地质事件对于其分布格局的影响。

3.2.1　材料与方法

1. 实验材料

本节所用实验材料见表 3 - 1,采用传统的"酚-氯仿"法提取总 DNA。

表 3 - 1　刀鲚样本的采集地点、时间和数量

群 体 名 称	采 集 地 点	采 集 时 间	采 集 数 量
舟山	浙江舟山	2009 年 5 月	30
太湖	浙江长兴	2009 年 9 月	30
九段沙	上海九段沙	2009 年 11 月	30
靖江	江苏靖江	2009 年 5 月	30
鄱阳湖	江西九江	2009 年 6 月	30
有明海	日本有明海	2008 年 6 月	16

2. 微卫星引物开发

1) PIMA 法微卫星分离

(1) RAPD 反应:选取 10～20 对 RAPD 引物,对刀鲚的 DNA 模板进行 RAPD 反应。PCR 反应体系体积 50 μl:包括基因组 DNA 模板 2 μl;2×Taq PCR Master Mix(带染料)25 μl、RAPD 随机引物 4 μl、ddH$_2$O 19 μl。PCR 反应条件:94℃预变性 5 min;92℃变性 45 s,36℃退火 75 s,72℃延伸 90 s,35 个循环;最后 72℃延伸 10 min。

(2) 割胶回收:配制 1.5% 的琼脂糖凝胶对 RAPD 产物进行分离,通过 Marker V 指示,割下 500～1 000 bp 的胶块于 DNA 胶回收纯化试剂盒纯化,最后在 1% 的琼脂糖凝胶中电泳检测纯化效果后 4℃保存。

(3) 连接:将胶回收的片段导入至 T 载体(T - Vector),反应体系总体积 10 μl,包括 pMD19 - T Vector 1 μl、Solution 5 μl、回收片段 3 μl、ddH$_2$O 1 μl。整个操作在冰盒上进行,连接液在 4℃冰箱内保存。

(4) 转化:将过夜反应的 10 μl 连接液加入 50 μl 的感受态细胞内,冰浴 1 h 后转移到 42℃的水浴中,反应时间 90 s,之后迅速放回冰浴中反应 10 min 以上。上述过程需保持体系不受到机械震荡的影响,以提高转导效率。最后将 60 μl 转导液加入 1 ml 含有氨苄青霉素(100 mg/ml)的液体培养基中,在摇床上 37℃

培养 1~1.5 h。

（5）克隆培养：在超净台中，吸取培养完的菌液 100~200 μl，均匀涂布于固体培养基上，培养基涂布前需涂布氨苄青霉素（100 mg/mL）、2%IPTG 40 μl 和 20%X - Gal 7 μl，经 18 h 37℃恒温培养后，用灭菌牙签挑取单个较大的白色菌斑，置于 1 mL 的液体氨苄培养基中，再次 37℃恒温震荡培养 18 h。

（6）验证：用载体通用引物 M13F/M13R 及微卫星(GC)7/(AC)7 探针，两两组合构成 4 对引物，分别对每个菌液进行 PCR 扩增反应。反应体系体积 15 μl，包括菌液 DNA 模板 0.5 μl、2×Taq PCR Master Mix（带染料）7.5 μl、上下游引物各 0.5 μl(10 μl)、ddH$_2$O 6 μl。PCR 反应条件为：94℃预变性 10 min；94℃变性 30 s，56℃退火 30 s，72℃延伸 1 min，30 个循环；最后 72℃延伸 10 min。选取 PCR 产物单一，条带清晰、明亮，并且片段大小在 500~1 000 bp 的菌液，进行测序。

2) 引物设计

（1）除载体序列：由于测序结果中除了克隆片段，还带有载体本身的一段序列，因此需在 NCBI 的 vecscreen(http://blast. ncbi. nlm. nih. gov/Blast. cgi) 中找到载体序列并切除，得到克隆片段序列。

（2）利用 SSR Hunter 对克隆片段进行扫描，寻找重复序列。一般重复次数少于 5 次的微卫星位点多样性较低，因而选择重复次数大于等于 8 次的序列进行后期的引物设计。并根据重复单元的结构分为：混合型(C)、非完美型(I) 和完美型(P)三种。

（3）利用 Primer 5.0 在重复序列两侧保守区域设计微卫星引物，并结合 Oligo 6 对引物进行评价。参考依据：① 上下游引物长度在 18~28 bp 且彼此差距不大于 2 bp；② 退火温度接近，差值不大于 2℃；③ GC 含量在 40%~60% 且彼此尽可能相近；④ 引物 3′端尽可能为 C 或 G，避免 A 或 T；⑤ 避免引物内、间二级结构和错配位点的出现。

（4）引物设计完毕后，进行合成。

3) 引物筛选

（1）将合成的引物逐个对 6 个刀鲚群体的部分个体进行 PCR 反应。反应体系体积 15 μl，包括 DNA 模板 0.5 μl、2×Taq PCR Master Mix（带染料） 7.5 μl、上下游引物各 0.5 μl(10 $\mu m/\mu l$)，ddH$_2$O 6 μl。PCR 反应条件为：94℃

预变性 5 min;94℃变性 45 s,退火 20 s(位点退火温度),72℃延伸 30 s,30 个循环;最后 72℃延伸 5 min。

（2）对 PCR 产物进行琼脂糖电泳检测,未能扩增出产物或产生非特异性扩增的引物需通过改变退火温度的方式进行二次扩增,调整后无效的需重新设计引物或舍弃该位点;筛选出能够扩增出单一、清晰、明亮条带的引物,需对产物进一步进行聚丙烯酰胺凝胶电泳分离,检测其多态性。

（3）电泳结束后,银染,观察结果,选择多态性丰富的引物进行毛细管电泳,以获得精确的条带数据。

4）毛细管电泳分离

毛细管电泳拥有更好的分离效果和分辨能力,能够精确区分一个碱基的差异,因而大量运用在近缘种的遗传多样性分析上。本研究采用的 QIAxcel Gel Cartridge(凝胶卡夹)一次能够完成 96 个样本的检测,耗时不到 3 h,分辨率能够达到 1 bp。具体实验步骤如下:

（1）在 96 孔 PCR 板上进行引物扩增反应,每个引物做 48 个个体,总体系仍为 15 μl。为了便于后期的片段比对,每块 96 孔板需有 1 孔为 pBR322 Marker 作为该块板的标准分子质量。

（2）将 96 孔板快速转移至 QIAxcel 全自动毛细管核酸分析仪中,点击仪器自带软件 BioCalculator 中 change buffer,将 Alignment Marker(包含 15 bp、500 bp 标准带)、Intensity Cartridge Marker 加入分析仪自带的排管中,更换 DNA Washing Solution 和 Separation Buffer Solution。之后小心插入凝胶卡夹,开启液氮确保卡夹固定完毕。

（3）运行 BioCalculator 中的 Cal 程序对其进行浓度校正,设定样本名称(sample)、起始位置(pos)、循环数(runs)、是否依次加样(inc)等参数,运行 OM1000.mtd 程序。

（4）分离结束后,导出微卫星数据,以待后续分析。

5）数据分析

利用 GENEPOP 4.0(Rousset,2008)统计每个群体在每个位点上的等位基因数(number of Allele,A)和等位基因频率(allele frequencies),检测每个位点在每个群体的 Hardy - Weinberg 平衡,以及群体间的分化指数 F_{ST} 和基因流 N_m;利用 Botstein 等(1980)计算微卫星位点多态信息含量(polymorphism

information content，*PIC*)；用 Fstat(Goudet，2001)计算等位基因丰富度指数
(allelic richness，*AR*)和群体近交系数 Fis；用 ARLEQUIN 3.1(Posada and
Crandall，1998)计算位点的观测杂合度(observed heterozygosity，*HO*)和期望
杂合度(expected heterozygosity，*HE*)(Nei，1978)；对于偏离 Hardy -
Weinberg 平衡位点，利用 Micro - checker(Van et al.，2004)进行无义等位基
因(null allele)检测，显著性标准经 Bonferroni 法校正(*P*<0.05 和 *P*<0.005)。

　　PIC 定义为后代的某个等位基因来自它亲代的同一个等位基因的可能性，
公式为

$$PIC = 1 - \sum_i X_i^2 - 2\sum_i \sum_j X_i^2 X_j^2$$

X_i、X_j 分别是该群体等位基因 i 和 j 的频率。以每个微卫星座位各等位基因的
频率作为输入文件，使用 CERVUS 2.0(Cornuet and Luikart，1996)计算各微
卫星座位的 PIC(Marshall，1998)。平均 *PIC* 是衡量等位基因片段多态性的理
想指标。当 *PIC*>0.5 时，该基因座为高度多态基因座；当 0.25<*PIC*<
0.5 时，为中度多态基因座；当 *PIC*<0.25 时，则为低度多态基因座。

　　期望杂合度(Nei，1978)定义为

$$HE = \frac{2n}{2n-1}\left(1 - \sum_{i=1}^{1} X_i^2\right)$$

其中，X_i 为等位基因 i 在群体中的频率；l 是等位基因个数；n 代表等位基因数。

　　观测杂合度直接定义为某群体内的该微卫星座位的杂合个体数占群体样
本总数的百分比。

3.2.2　结果

1. 微卫星引物分离

　　利用 50 条 RAPD 引物对刀鲚微卫星引物进行分离，挑取 1 200 个克隆，经
微卫星探针检测，将阳性克隆进行测序。利用 SSR Hunter 搜索获得 5 次以上
的微卫星重复序列共 102 条，其中符合引物设计理论的序列 48 条。序列合成
后对其适用性进行检测评估，经过反复摸索 PCR 反应退火温度、循环数等条
件，结果有 21 对引物(表 3 - 2)能够扩增出清晰、明亮的条带。在这 21 对引物
中，按照重复单元的类型，有完美型(P)有 11 对，占总数的 52.4%，非完美型和

混合型有 6 对和 4 对,分别占 28.6% 和 19.0%。从重复单元上看,以 AC/GT 为主。从重复次数上看,30 次以上的高度重复序列只有 3 条,且均为非完美性,大多数序列的重复次数集中在 8～20 次。微卫星片段大小分布范围为 152～340 bp,主要集中在 180～220 bp(图 3-1)。

表 3-2　21 对微卫星引物筛选结果及其特性

引物序列(5'→3')	位　点	重复单元	温度/℃	重复类型	片段大小/bp
AACTTGCTGCACTCCTGCATGGAAG	Micro66	$(TTTC)_{30}(CT)_{13}$		C	220
GTGTGCTGTGTGATTTTGCCCATACTG			60		
TGATCGCAGTTACGACGAGT	Micro93	$(CA)_{19}$		P	198
AGTTGCAGAGGGTCATGCTAA			56		
CAGTTACACCACAAGATCCAGAGCAC	Micro103(2)	$(AC)_9N(GA)_{35}$		C	340
CAGTAACAGGAGGGGTTTTGTGCCAT			60		
GCTAACAGTGGTGTGGAAAGTGCC	Micro108	$(CT)_9N(CT)_3N(CT)_6$		I	307
CATAACACAACGACAATGACGGAGAAG			60		
GGACAGTCTTGTTCGCCTCATA	Micro114(2)	$(AC)_8$		P	212
TGTTTAATTTCGGCATGACCAG			59		
AGCCGTCATTGTGGGACT	Micro125	$(CT)_5N(CT)_7$		I	210
GATTGTGATCGCAGGAAA			56		
CCGGAGCTGTAGGTTGTTAGAATAAC	Micro127	$(CT)_5N(CT)_7N(CT)_7$		I	206
GATTGTGATCGCAGGAAAAGAGAGA			60		
ACCACCAACCCAGCCTAC	Micro135	$(AC)_7$		P	207
CCAGCCAAGGTTCTCGTA			58		
AGGAAGAAATAGGAGGCT	Micro406	$(TG)_{15}GGA(GT)_5$		C	282
ACCCGTACTTACACTTACAC			56		
GGGGAAGCAGAGAGGAAAAT	Micro408(1)	$(GA)_5N(GA)_{30}$		I	269
CCTCTCTGTTGCTTGCACCT			60		
AAGAAGGTGCAAGCAACAGAGAGGA	Micro408(2)	$(AG)_{19}$		P	240
CTTCCACTTCTGTCTGACAGCAAGC			61		
TGTAGACCCGTGAGACTGTGA	Micro639	$(TG)_{17}$		P	199
TCCCTCTCACCTCATTGGAT			59		
TTCTTTAGACACCGTTTACC	Micro128	$(CA)_8$		P	206
GATGAGTATTGCTTTCTTGC			55		
TCAAACAGCAAAATCAAC	Micro441	$(AC)_8$		P	152
CAAGCACCATGTGTAAAC			53		
CCAGAAGAATGGAAGGCAAC	Micro513	$(TG)_{12}$		P	198
GAGATTAATGGCGCAGACAC			58		
GGCAGGCATGACAACAGCAC	Micro518	$(GT)_5N(GT)_5$ $N(GT)_5N(GT)11$		I	258
CGTATCGCAGGTTTGATCGC			60		
CAAGTCCAGCATCGTGTG	Micro111	$(GT)_8$		P	190

(续表)

引物序列(5'→3')	位　点	重复单元	温度/℃	重复类型	片段大小/bp
CTCCAGGTGAATGTCAGTTT			56		
TGATAAGGGACCAAATCG	Micro112	$(CT)_{24}ACTGCA(TG)_8$		C	196
TCCGCAGTTACACTACAAGA			55		
CTCCACCTCCTCCCAACTAA	Micro116	$(GT)_8$		P	190
GGGGGACATAACACAACGAC			60		
TCCCTTCCTTCCTTCACAGA	Micro408(3)	$(GT)_8$		P	205
CCCACCACACTCACTCACAC			61		
AATGGTCTTAATTACCTGGGCAATG	Micro629	$(TG)_{15}GGA(GT)_5$		I	186
TTGTAGACCCGTACTTACACTTAC			60		

C. 混合型;I. 非完美型;P. 完美型

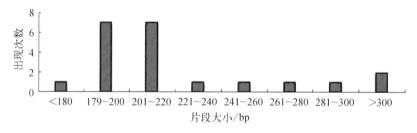

图 3-1　微卫星片段大小分布图

我们统计了这 21 对引物的等位基因数、观测杂合度(HO)和期望杂合度(HE),并进行 PIC 计算,筛选出 11 对平均等位基因数大于 2,PIC 值大于 0.5,HE>0.5 的微卫星引物(表 3-3)作为有效的遗传标记,分析刀鲚群体之间遗传多样性和系统关系。

2. 群体遗传多样性

11 对微卫星引物在 6 个刀鲚群体中得到了较好的扩增。各位点等位基因数(A)、等位基因丰富指数(AR)、观测杂合度(HO)、期望杂合度(HE)及座位多态信息含量(PIC)见表 3-3。

从微卫星位点上看,11 个微卫星的等位基因数 A 在 5~14,等位基因丰富度 AR 在 4 014~10 431;多态信息含量 PIC 在 0.571 2~0.888 2。14 号、13 号、12 号微卫星显示出较高的多态性;micro66、micro103(2)、micro408(1)三个位点的 A、AR、PIC 值较其他几个位点都高,显示出较高的多态性。

表 3 - 3　11 对微卫星座位在 6 个刀鲚群体中的等位基因数、杂合度、F 值和 PIC

种群	项目	micro66	micro93	micro103(2)	micro108	micro114(2)	micro125	micro135	micro406	micro408(1)	micro408(2)	micro639	total
舟山	N_A	11	7	12	4	5	5	6	5	6	7	9	79
	AR	9.371 0	5.616 0	9.929 0	3.926 0	4.962 0	4.304 0	4.653 0	4.719 0	7.685 0	6.147 0	8.058 0	
	HO	0.966 7	0.900 0*	0.866 7	0.600 0	0.666 7*	0.500 0	0.866 7*	0.620 7	0.821 4*	0.933 3	0.866 7	0.782 6
	HE	0.884 8	0.759 3	0.867 8	0.671 8	0.776 3	0.614 7	0.683 6	0.646 1	0.868 2	0.805 7	0.835 0	0.765 6
	PIC	0.856 4	0.703 6	0.839 3	0.605 1	0.726 3	0.546 1	0.615 0	0.595 7	0.835 2	0.761 5	0.809 4	0.717 6
	Fis	−0.094 0	−0.189 0	0.001 0	0.108 0	0.143 0	0.189 0	−0.274 0	0.040 0	0.055 0	−0.162 0	−0.028 0	
九段	N_A	11	6	11	5	5	5	5	6	12	6	8	81
	AR	9.630 0	5.185 0	9.028 0	4.846 0	4.464 0	4.684 0	5.186 0	5.429 0	9.646 0	5.682 0	7.533 0	
	HO	1.000*	0.933 3	0.925 9	0.566 7*	0.633 3	0.633 3	0.933 3	0.800 0*	0.800 0	0.966 7	0.866 7	0.823 6
	HE	0.900 0	0.772 4	0.867 9	0.762 2	0.720 9	0.650 9	0.778 5	0.728 3	0.860 5	0.803 4	0.858 2	0.791 2
	PIC	0.873 7	0.719 0	0.835 2	0.706 0	0.663 3	0.594 5	0.725 9	0.670 0	0.829 9	0.757 7	0.824 6	0.745 4
	Fis	−0.113 0	−0.213 0	−0.068 0	0.260 0	0.123 0	0.027 0	−0.203 0	−0.100 0	0.071 0	−0.207 0	−0.010 0	
太湖	N_A	12	6	11	3	5	4	6	6	11	7	8	79
	AR	10.885 0	5.005 0	9.248 0	2.991 0	4.917 0	3.451 0	4.896 0	5.869 0	10.003 0	6.421 0	7.021 0	
	HO	0.966 67*	0.700 0*	0.888 9	0.666 7	0.700 0	0.413 8	0.900 0*	0.700 0	0.966 7	0.733 3*	0.766 7	0.763 9
	HE	0.920 3	0.642 9	0.855 4	0.606 2	0.767 2	0.464 5	0.740 1	0.784 2	0.875 1	0.798 9	0.826 6	0.752 9
	PIC	0.896 9	0.576 3	0.822 7	0.509 5	0.713 0	0.412 3	0.678 8	0.738 3	0.748 1	0.754 4	0.788 2	0.730 5
	Fis	−0.051 0	−0.090 0	−0.040 0	−0.102 0	0.089 0	0.111 0	−0.221 0	0.109 0	−0.107 0	0.083 0	0.074 0	

（续表）

种群	项目	micro66	micro93	micro103 (2)	micro108	micro114 (2)	micro125	micro135	micro406	micro408 (1)	micro408 (2)	micro639	total
靖江	N_A	11	6	10	4	6	4	6	6	10	6	8	77
	AR	9.006 0	5.390 0	9.014 0	3.465 0	5.921 0	3.709 0	5.362 0	5.604 0	8.278 0	5.150 0	7.380 0	
	HO	0.966 7	0.833 3	0.851 9**	0.666 7	0.600 0**	0.333*	0.766 7	0.766 7*	0.933 3	0.866 7	0.866 7	0.768 4
	HE	0.862 7	0.750 9	0.852 6	0.626 6	0.805 1	0.480 8	0.709 6	0.726 6	0.860 5	0.749 2	0.847 5	0.752 0
	PIC	0.831 5	0.702 2	0.820 8	0.544 1	0.763 1	0.435 6	0.650 2	0.670 0	0.827 5	0.690 4	0.813 5	0.704 4
	F_{is}	−0.123	−0.112 0	0.001 0	−0.065 0	0.258 0	0.310 0	−0.082 0	−0.056 0	−0.086 0	−0.160 0	−0.023 0	
鄱阳湖	N_A	12	3	7	3	6	3	6	4	7	4	3	58
	AR	10.493 0	2.999 0	6.319 0	3.000 0	5.830 0	2.999 0	5.604 0	3.720 0	6.184 0	3.716 0	2.716 0	
	HO	0.766 7*	0.708 3	0.833 3	0.633 3	0.633 3**	0.758 6	0.733 3	0.733 3	0.700 0	0.533 3**	0.333 0	0.669 7
	HE	0.902 3	0.589 5	0.790 0	0.594 9	0.795 5	0.629 2	0.686 4	0.681 9	0.652 0	0.576 3	0.291 5	0.654 1
	PIC	0.876 9	0.506 3	0.751 4	0.520 2	0.749 9	0.541 9	0.641 8	0.605 1	0.615 7	0.511 1	0.260 5	0.598 3
	F_{is}	0.152 0	−0.207 0	−0.048 0	−0.066 0	0.207 0	−0.210 0	−0.070 0	−0.077 0	−0.075 0	0.076 0	−0.146 0	
有明海	N_A	11	6	5	4	5	3	5	4	8	4	5	60
	AR	10.813 0	6.000 0	4.873 0	3.987 0	4.749 0	3.000 0	4.875 0	3.988 0	7.612 0	3.988 8	4.987 0	
	HO	0.937 5	0.571 4*	0.625 0	0.750 0	0.250 0*	0.562 5	0.875 0	0.687 5	0.812 5	1.625 0	0.750 0	0.676 9
	HE	0.915 3	0.687 8	0.637 1	0.590 7	0.471 8	0.491 9	0.772 2	0.602 8	0.808 5	0.651 2	0.731 0	0.669 2
	PIC	0.876 1	0.633 0	0.573 1	0.517 5	0.429 3	0.427 5	0.704 9	0.537 0	0.752 6	0.577 7	0.661 3	0.608 2
	F_{is}	−0.025 0	0.175 0	0.020 0	−0.281 0	0.478 0	−0.149 0	−0.138 0	−0.146 0	−0.005 0	0.042 0	−0.026 0	
toal	N_A	14	8	13	5	6	6	6	7	12	7	9	93
	PIC	0.888 2	0.795 6	0.817 3	0.604 5	0.751 0	0.571 2	0.704 0	0.735 2	0.826 8	0.723 3	0.812 9	0.748 5

从群体上看,平均等位基因数从大小顺序为：九段沙＞舟山＞太湖＞靖江＞日本有明海＞鄱阳湖,其中日本有明海、鄱阳湖群体的平均等位基因数(分别为 5.273 和 5.455)显著低于其余 4 个群体的平均值(7.128)。

等位基因杂合度是衡量群体遗传多样性高低的一个重要指标,而观测杂合度与期望杂合度相比,更易受样本大小等因素的影响。期望杂合度是假定各基因座位符合 Hardy‐Weinberg 平衡的前提下算得的杂合度。多个座位期望杂合度的平均值即为平均期望杂合度,又称群体基因多样性。它受样本取样的影响较小,常用它来度量群体的遗传多样性,其高低可反映群体的遗传一致性程度。平均期望杂合度值越高,反映群体的遗传一致性就越低,其遗传多样性也就越丰富。

九段沙、舟山群体拥有较高的 HE 和 HO 值,靖江和太湖群体次之,而鄱阳湖群体和日本有明海群体则较低。但即使是鄱阳湖和有明海群体,其观测杂合度也都在 0.6 左右,这表明刀鲚仍具有丰富的遗传多样性,存在着较高的进化潜力。

3. Hardy‐Weinberg 平衡

Hardy‐Weinberg 平衡是指在一个完全随机交配、基因型无选择、迁移和突变对基因频率影响可忽略、规模无限大、基因分离遵循孟德尔遗传规律的群体中,等位基因的频率将趋于一个恒定值,而且 HE 与 HO 也保持相对稳定。它是表征群体期望杂合度 HE 与观测杂合度 HO 相互关系的一个参数。本实验对所有位点的 HE 和 HO 进行了 Hardy‐Weinberg 平衡检验,显著性标准经 Bonferroni 法校正($P<0.05$ 和 $P<0.005$)。

从微卫星位点上看,11 个微卫星位点除了 micro639 位点外,均不同程度地偏离 Hardy‐Weinberg 平衡,其中 micro66 位点在 3 个群体内出现极显著偏离 Hardy‐Weinberg 平衡($P<0.005$),micro114(2) 位点则在 2 个群体中出现极显著偏离 Hardy‐Weinberg 平衡($P<0.005$)。

从群体上看,舟山、九段沙、太湖、靖江、鄱阳湖、日本有明海群体偏离 Hardy‐Weinberg 平衡的位点个数分别为 4、3、4、4、4、1。值得注意的是,日本有明海群体偏离平衡的位点个数显著少于其他群体。

尽管自然环境下完全符合 Hardy‐Weinberg 平衡的理想群体是不存在的,但是群体偏离 Hardy‐Weinberg 平衡也应该在一个有限的范围内,否则就可能导致群体出现衰退。许多研究中出现的群体显著偏离 Hardy - Weinberg 平衡现象通常是由于群体受到来自群体内部和外部环境的影响所致。偏离 Hardy - Weinberg 的原因可归为三类：第一类是人为因素，包括采样群体数目少于 30，采样时将多个群体合并在一起研究形成 Wahlund 效应；第二类是由于微卫星位点在群体间缺乏足够的通用性，PCR 扩增失败进而导致无效等位基因（null allele）的出现；第三类是群体本身存在非随机交配、等位基因自然选择及群体过小等。

Micro - Checker 常被用来检测是否存在无效等位基因从而验证引物的通用性。无效等位基因是指由于引物结合区，在不同的个体间发生了突变，使引物无法结合进而导致 PCR 扩增失败。若二倍体中只有一个等位基因的引物结合区发生突变，则易出现纯和过剩的现象；若两个等位基因都发生突变，则无 PCR 产物生成，两种情况会引起观测杂合度与期望杂合度发生偏差。本研究中偏离 Hardy - Weinberg 平衡的微卫星位点较多，因而为了弄清偏离 Hardy - Weinberg 平衡是否是由于微卫星位点本身所致，我们利用 Micro - Checker 对偏离 Hardy - Weinberg 平衡的位点进行了检测，结果显示在 99％置信区间范围内未发现无效等位基因和基因丢失现象，这说明位点本身并不存在导致偏离 Hardy - Weinberg 平衡的因素，这些微卫星位点在群体间具有较好的通用性。因而，结合上述分析，可推测本研究中刀鲚群体偏离 Hardy - Weinberg 平衡是由第三类原因所致，即群体本身存在非随机交配、等位基因自然选择及群体过小等。

4. 瓶颈效应

瓶颈效应是指有效群体数（Ne）由于某些原因大幅减少，使群体数量规模削减至群体形成初期数量的一小部分。长期的瓶颈效应会导致群体遗传多样性降低，而随机性遗传漂变的发生率则会随之升高，易导致物种走向濒危甚至灭绝。因而有必要对刀鲚群体进行瓶颈效应的检测。

基于无限等位基因模型（infinite allele model，IAM）、双相突变模型（two-phase model，TPM）和逐步突变模型（strict one-step stepwise mutation model，SMM）3 种假设对刀鲚群体进行的瓶颈效应分析（表 3 - 4），能够看出所有群体中杂合过剩位点多于杂合缺失位点。其中在 IAM 假设下，舟山、九段沙、太湖、靖江群体在符号检测和 Wilcoxon 秩次检验中显著或极显著偏离突变-漂移平衡;鄱阳湖群体只在 Wilcoxon 秩次检验中才表现为极显著偏离突变-漂移平衡。在 TPM 模型下,舟山、九段沙、靖江群体在符号检测和 Wilcoxon 秩次检验中显著或极显著偏离突变-漂移平衡;鄱阳湖、太湖群体只在 Wilcoxon 秩次检验中显著偏离突变-漂移平衡。而在 SMM 假设下,所有群体偏离突变-漂移平衡的趋势并不显著。值得注意的是基于 3 种假设,日本有明海群体的偏离突变-漂移平衡程度均不显著。

表 3‑4　刀鲚 6 群体的突变-漂移平衡分析

| | Sign 检验 | | | | | | Wilcoxon 检验 | | |
| | IAM | | TPM | | SMM | | IAM | TPM | SMM |
群体	HE/HD	P	HE/HD	P	HE/HD	P	P	P	P
舟山	11/0	0.003 19**	10/1	0.028 46*	6/5	0.499 31	0.000 49**	0.001 46**	0.898 44
九段沙	11/0	0.003 23**	11/0	0.003 17**	7/4	0.517 47	0.000 49**	0.000 49**	0.174 80
太湖	10/1	0.026 37*	9/2	0.109 65	8/3	0.276 00	0.000 98**	0.004 88**	0.577 15
靖江	11/0	0.002 98**	10/1	0.027 83*	6/5	0.489 54	0.000 49**	0.001 46**	1.000 00
鄱阳湖	9/2	0.076 96	9/2	0.099 18	7/4	0.531 27	0.002 44**	0.016 11*	0.831 05
有明海	9/2	0.099 10	8/3	0.288 08	6/5	0.103 35	0.021 00	0.413 09	0.320 31

HE/HD 表示杂合过剩位点/杂合缺失位点
* 表示 $P<0.05$,** 表示 $P<0.01$
IAM. 无限等位基因模型;TPM. 双相突变模型;SMM. 逐步突变模型

　　杂合过剩作为群体数量下降的瞬态效应,只是在 IAM 进化模式下得到证实,而在 SMM 进化模式下并不一定都能观察到,也只有少数微卫星位点完全符合一步的逐步突变模型(Cornuet and Luikart,1996)。因此本研究中的微卫星数据使用 IAM 和 TPM 2 种进化模式相对比较合适。另外,一般认为 Wilcoxon 秩次检验比符号检验的统计效率相对较高,并可用于 4 个位点以上任意样本数群体的分析。因而结合上述两个标准,我们能够看出除了日本有明海群体外,其余 5 个群体都不同程度地偏离了突变-漂移平衡,表明它们都曾经历瓶颈效应,但是鄱阳湖群体经历瓶颈效应的可能性较前三者低。

　　5. 刀鲚的群体结构

　　分析表明(表 3‑5),6 个群体间的分化指数(F_{ST})介于 0.003 9～0.141 1,其中最小值出现在舟山与九段沙群体间,为 0.003 9,最大值出现在舟山与有明海群体间,为 0.141 1;值得注意的是,舟山、九段沙、太湖、靖江 4 个群体平均值为 0.009 7,而鄱阳湖、有明海群体平均值 0.127 1。相应的,6 个群体间的基因交流(N_m)程度也存在较大差异,其中舟山、九段沙、太湖、靖江群体均值为 29.98。而有明海、鄱阳湖群体均值仅为 1.72。根据 Wright(1978)的研究,遗传分化指数 F_{ST} 若在 0~0.05 则分化较弱,在 0.05~0.15 为中度分化,0.15~0.25 为高度分化。关于基因流 N_m,Slatkin(1985)和 Hamrick 等(1995)认为 $N_m > 1$ 就能一定程度上抵制遗传漂变的作用,进而阻碍种群分化的发生;若 $N_m < 1$,有限的基因流可能促使群体发生遗传分化。因而从遗传分化指数(F_{ST})结果中能够看出,舟山、九段沙、太湖、靖江群体间基因交流较为频繁,分化程度微弱,形成一个亲缘关系较为紧密的整体;而鄱阳湖和有明海群体则孤立于前四者形成的整体,它们之间及它们与其他 4 个群体间基因交流较少,分化接近中等程度。

表 3 - 5　刀鲚群体间 F 统计量(F_{ST},对角线下)和基因流(N_m,对角线上)

	舟　山	九段沙	太　湖	靖　江	鄱阳湖	有明海
舟山		63.525 5	18.186 6	21.546 0	1.801 0	1.522 3
九段沙	0.003 9		22.313 2	29.024 0	1.810 5	1.675 2
太湖	0.013 6	0.011 1		25.286 3	1.734 9	1.763 7
靖江	0.011 5	0.008 5	0.009 8		1.936 8	1.656 4
鄱阳湖	0.121 9	0.121 3	0.126 0	0.114 3		1.613 4
有明海	0.141 1	0.129 9	0.124 2	0.131 1	0.134 2	

AMOVA 分析(表 3 - 6)对于变异的来源进行了剖析,结果表明群体间遗传变异仅占总变异量的 7.99%,而群体内个体间变异占到总变异的 91.61%,为变异的主要来源。Structure 软件的运行原理是将所有个体的微卫星数据的特征进行整理后,依据聚类参数 K 将特征进行一定数量的划分并形成不同的色块,再根据每个个体中所含有的特征量将其所对应的色块分配到个体中,最终以不同颜色的柱状图显现出来。实验对聚类参数 K 进行了模拟(图 3 - 2),K 的取值范围在 2~9。结果发现当 $K = 2$ 时,最大似然度的自然对数值最大,这表明 6 个群体最可能聚成 2 大分支,其中有明海群体和鄱阳湖群体呈现出绿色,因具有与周围群体不同的色块而聚为一支;而其他的四个群体大多由红色色块构成,因而聚为第二大支。以上的结果均表明群体的分化迹象微弱,而不同群体的个体间存在一定程度的混杂。

表 3 - 6　刀鲚群体的分子变异分析

种　　群	变异组成	变异率/%
种群间	0.322 22	7.99
种群内	0.123 85	3.07***
种群内个体间	−0.107 78	−2.67
个体内	3.692 77	91.61***

注：*** 表示 $P < 0.01$

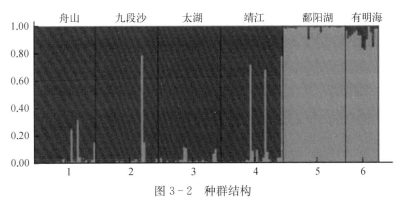

图 3 - 2　种群结构

利用 Structure 软件对刀鲚群体的 11 个微卫星位点数据进行的贝叶斯分析。图中每一个竖条表示一个个体，每个个体由 K 种颜色片段构成，以此推测个体最可能所处的类群。在 1～9 的取值范围中，$K=2$ 时似然度为最高

3.2.3　讨论

1. Hardy - Weinberg 平衡偏离的原因

近年来，长江流域特别是中下游流域的渔业捕捞强度和水利工程建设不断加大，阻碍了洄游刀鲚群体回溯到长江中上游进行产卵繁殖；同时鳗苗定置网的大量使用还对刀鲚仔稚鱼的资源产生毁灭性的打击。这些原因不仅导致刀鲚群体数量的下降，还诱导产生了群体定向迁移，提高了不同群体间的混杂程度，也增加了群体近交的可能。有研究表明，人工选择（育）、无效等位基因、迁移与近交等现象均能导致 Hardy - Weinberg 平衡指数偏离，而杂合度缺失与群体的自交比例高及存在无效等位基因等有关（廖小林等，2005）。但是至今未见刀鲚人工选育的相关报道，Micro - Checker 分析也未检测到无效等位基因，因而对于本研究所分析的长江流域刀鲚群体而言，群体迁移与近交可能是 Hardy - Weinberg 平衡指数偏离的主要原因。

反观日本有明海刀鲚群体，其偏离 Hardy - Weinberg 平衡指数的位点显著

少于其他群体,这可能与有明海的特殊环境和受人为因素影响小有关。有明海最大的内陆径流筑后川源源不断地向有明海注入大量淡水,因而在河口地带形成了咸淡水的充分混合的区域,为刀鲚的生存繁衍提供了良好的环境;同时,由于刀鲚在有明海的分布数量不占优势,沿岸渔民未将刀鲚作为主要捕捞对象,因而使得刀鲚群体基本未受人为因素的影响而产生定向迁移、近交等现象,从而较好地保持了 Hardy - Weinberg 平衡。

2. 中国刀鲚群体遗传结构及地理分化

研究表明,在末次盛冰期,长江河口段(今镇江以下河段)经历了多次海平面先下降再上升的过程,最大的一次下降幅度达到 160～170 m,现今渤海、黄海和东海的广大水域那时一度成为陆地,河床相发生剧烈的变化(曹光杰等,2006)。另外,太湖从形成至今仅 6 500 年,陆封时间较短,期间湖面面积、水深、水体中物质成分随着气候发生的变化不大。有一种假设:现生海洋生物物种的分布及其种群遗传的结构可能受到第四纪末期的几次冰期与间冰期旋回的影响。结合之前线粒体 COI 标记中的 Tajima's D 与 Fu's Fs 中性检验分析结果与本研究的瓶颈效应分析结果,我们推测在盛冰期期间,长江下游的舟山、九段沙、太湖、靖江群体由于受海平面的大幅降低和恶劣气候的影响,种群数量严重衰减,而且被隔离在多个不同的水域,群体之间的基因交流减弱并逐渐产生隔离和分化,种群经历强烈的瓶颈效应;而在间冰期,随着海平面上升和气候转暖,曾经分割的海域又重新连通,海洋初级生产力的提高带动饵料生物量的快速增加,刀鲚群体数量逐渐恢复,群体间的基因交流也日趋频繁,群体经历快速的扩张。因而,反复经历这样的过程可能是导致了现今长江下游刀鲚存在着不同谱系但又在各水域相互混杂的原因。

长江中下游的鄱阳湖由于形成时间较长,陆封程度较太湖强,另外距离海岸较远,因而受海平面升降的影响可能较小,定居在鄱阳湖的刀鲚群体长期以来主要受湖泊自身变化的影响,逐渐与下游的群体形成了隔离。有报道称(施汶好等,2010),过去 10 000 年以来,鄱阳湖经历了 4 次较大的湖泊扩张,与之相对应,气候也经历了 4 次暖湿与凉干相互交替的变化过程。而在最近的 2 000 年中,鄱阳湖总体呈不断扩张趋势,期间存在若干次湖面的涨缩交替过程,但是程度较弱、范围较小,这可能是鄱阳湖刀鲚群体经历的瓶颈效应弱于长江下游群体的原因,同样,在群体扩张时基因交流程度及遗传多样性恢复不如下游群体也可能是由此所致。

本研究的结果与线粒体 *COI* 标记的结果相同,因而更加明确了鄱阳湖群体与下游刀鲚群体存在较大的差异,这一方面既肯定了以往人们将所谓的短颌鲚作为有别于刀鲚的有效物种事出有因,另一方面也从分子生物学的角度否定其成为有效物种的论断,而只能推断这种分化正在随着鄱阳湖的陆封而不断深化。

　　3. 日本有明海刀鲚群体的形成

　　有明海刀鲚是刀鲚在日本唯一有分布的区域,这可能是因为有明海筑后川河口与我国的长江口都是咸淡水交汇区域,在水文状况上存在一定的相似性。但是,有明海无论在年流量、流域面积、支流数量上都无法与长江相比,同时水文状况、生境特征也较为单一,这些特点均不利于该地的刀鲚群体维持较高水平的遗传多样性,这一点在本研究中的微卫星位点的多态信息含量(PIC)及杂合度 HE 和 HO 上都有较为显著的表现。

　　结合先前的线粒体 *COI* 标记中的 Tajima's D 与 Fu's Fs 中性检验分析结果,本研究瓶颈效应分析发现,同为西北太平洋的中国和日本沿岸,同一时期下分布于中国的刀鲚群体经历了不同程度的瓶颈效应和扩张效应,而日本有明海刀鲚群体却未受其影响。两个遗传标记得到类似的结果,这可能并不只是由于样本数量较少或中间单倍型的绝灭而使得中性检时结果不显著,而应该与种群本身经历的历史有关。

　　日本有明海的面积(1 700 km²)还不及长江附属湖泊太湖大(2 250 km²),平均水深仅为 20 m。从我国长江口到日本有明海的 800 km 距离的广阔海域内,约有 600 km 的平均深度在 150 m 以下,仅在日本九州岛南部和西南部的小范围内存在深度为 200～800 m 的海沟。根据这些数据,结合末次盛冰期的情况我们再次推断:当间冰期海平面下降到极限深度 160～170 m 时,我国长江口到日本有明海之间大约 600 km 的范围内海床完全暴露,原本在这些区域中生活的鱼类被分割在中国内陆众多小型湖泊和日本九州岛沿岸的深水区内。由于九州岛附近的水深较深,海平面下降对这一区域的鱼类生存产生的影响远小于中国内陆;当间冰期到来时,气温升高,冰川融化,海平面迅速上升,台湾暖流逐步形成并不断加强,这股暖流正好处于长江口和日本九州岛之间,成为一道天然屏障,将分布于两地的鱼类隔开使其难以进行交流。刀鲚群体可能也经历着类似的事件。有明海沿岸区域的深水环境能够提供刀鲚庇护的场所,因而海平面下降对该区域刀鲚的种群数量影响不大,瓶颈效应不显著;另外由于暖流阻隔的作用,使得日本有明海附近的刀鲚群体难以与我国长江口附件的刀鲚群体发生基因交流,因而无法使得群体通过交流而得到扩张,久而久之逐渐产生了隔离和分化,但是相对于鄱阳湖群体,有明海刀鲚群体未经历陆封,群体形成的时间也较短,因而分化程度不如鄱阳湖群体。

(周晓犊,杨金权,唐文乔)

3.3 刀鲚类 Tc1 转座子的分子特征及拷贝数变化的意义

提要:真核生物基因组中,除编码蛋白质序列和调控序列外,还有许多功能未知的散布重复序列和串联重复序列。转座子(transposable element; transposon)是一种能够迁移的散布重复序列,广泛存在于生物的基因组中,其转座酶基因是自然界中最普遍、最丰富的一种基因。McClintock(1950)在研究玉米自交后代的染色体结构变化时,发现 9 号染色体上具有一个可转座的断裂位点(dissociation,Ds),Ds 从原位点解裂后转入种子生色等位基因的邻近位点,改变了种子生色基因的表达,当 Ds 从邻近位点转出后,种子生色基因恢复正常表达,由此提出 Ds 是转座元件的概念。在染色体间,"跳跃"的转座元件以一种精准的方式调控基因的表达,因此被称为控制因子(controlling elements)或转座子(McClintock,1984)。转座子具有两个主要特征:一是能从染色体的一个位点迁移(转座)到另一个位点,引起生物基因组或基因的重组和变异,加速生物多样性和进化速率;二是能在生物基因组中大量扩增拷贝,是一类"自私基因"(selfish gene)。McClintock(1984)创立的转座子理论,改变了遗传物质是固定排列在染色体上的旧观念。转座子被视为生物基因组进化的内在驱动。转座子理论历经 30 余年才被遗传学界所接受,现已成为生命科学研究的一个热点(刘东等,2011)。

根据转座机制,转座子分为两类:由 RNA 介导的依靠反转座酶实现转座的 I 类转座子,或称反转座子(retransposon);以 DNA 形式的转座酶催化转座的 II 类转座子,又称 DNA 转座子。自然界最普遍的 DNA 转座子是线虫(*Caenorhabditis elegans*)中发现的 Tc1 和果蝇(*Drosophila*)中发现的 Mariner。比较分析线虫、昆虫、涡虫(*Planaria*)和鱼类的类 Tc1 和类 Mariner,

发现它们具有共同特征,起源于同一祖先,可构成 1 个 Tc1 - Mariner 超家族。基于转座子序列和结构的相似性,真核生物的 DNA 转座子至少可分为 12 个超家族。细菌 DNA 转座子(称为插入序列,IS)IS630 与 Tc1 - Mariner 具有相似的转座酶催化中心,插入位点均为“TA”双核苷酸,由此组成了 1 个 IS630 - Tc1 - Mariner(ITM)超家族。最近,按照一种基于转座酶催化中心结构特点的新命名,ITM 超家族可分为包括 Tc1、Mariner 和 maT 在内的 7 个家族(Benjamin et al. , 2007),其中 Tc1 家族种类最多、分布最广(刘东等,2011)。

为了探讨刀鲚 2 种不同生态型的遗传结构差异及成因,本节利用分子克隆及转座子展示技术,从刀鲚基因组中分离、鉴定出一类新的、命名为 Cn - Tc1 的转座子。该转座子全长 1 896 bp,为鳀科鱼类第一类被挖掘的 Tc1 转座子。Cn - Tc1 自身包含另一个长度为 1 040 bp 的类 Tc1,表明 Cn - Tc1 在基因组内的转座经历过多次迸发。Cn - Tc1 的 5′端和 3′端反向重复序列长分别为 64 bp 和 83 bp,转座插入位点具有“TATA”基序。预测的 Cn - Tc1 转座酶具有与 DNA 结合的保守结构,提示其仍具有转座潜能。Cn - Tc1 插入位点侧翼序列的 GC 含量呈不均匀分布,均值低于 AT 含量。运用荧光定量 PCR 方法,估算了江苏靖江、浙江象山、湖南洞庭湖、江西鄱阳湖、江苏太湖及上海崇明等水域刀鲚种群基因组中 Cn - Tc1 拷贝数(个),分别为 3.140×10^3 个、2.992×10^3 个、6.876×10^3 个、5.205×10^3 个、5.531×10^3 个和 3.046×10^3 个。单因素方差分析发现,象山、崇明、靖江种群间的拷贝数差异性不显著,而与其他种群的差异性均显著;鄱阳湖、太湖和洞庭湖种群之间差异性亦不显著,但与其他种群均呈显著性差异。研究结果揭示,Cn - Tc1 促进了遗传结构的改变,为刀鲚种群的适应性进化提供了自然选择的基础。

3.3.1　材料与方法

1. 实验材料和 DNA 提取

刀鲚样本采自长江江苏靖江段和上海崇明段、浙江象山渔港、洞庭湖、鄱阳湖和太湖。除浙江象山港的样本从渔港的渔市购买外,其余样本均采用渔网直接捕捞,新鲜样本用 95%的乙醇保存后带回实验室。样本经形态鉴定确认后,剪取背部肌肉 30 mg 并充分研磨,参照上海生工试剂盒 DNA 提取方法进行总 DNA 的提取。1%琼脂糖凝胶电泳、EB 染色检测 DNA 的质量,紫外分光光度计测定 DNA 的浓度。

2. 类 Tc1 转座子的克隆

参照鱼类已知的类 Tc1 转座子序列（Pocwierz-Kotus et al.，2007），利用 Primer premier 6.0 软件（Lalitha，2000），设计寡核苷酸引物 IR（表 3-7）。以刀鲚 DNA 为模板，IR PCR 扩增程序：94℃预变性 4 min；94℃ 30 s，60℃ 30 s，72℃ 2 min，共 35 个循环；最后 72℃延伸 10 min。20 μl 的反应体系包含：10 $\mu mol/L$ 的 IR 引物 1 μl，Taq 聚合酶 0.5 μl（5U/μl），0.2 $\mu mol/L$ 的 dNTP 1 μl，10×PCR buffer 2 μl，DNA 200 ng。PCR 扩增产物采用 1%琼脂糖凝胶电泳分离，EB 染色观察，参照上海生工的胶回收试剂盒说明书进行回收和纯化目的片段，目的片段与 pMD19-T 载体（TaKaRa）连接，转化至大肠杆菌 DH5α，蓝白斑筛选，随机选择阳性克隆测序。

表 3-7　引物及接头序列信息

引物和接头			序列(5′→3′)	退火温度/℃
IR 引物			TACAGTGCCTTGCATAAGTATTCACC	60
泡状接头		up	CTCTCCCTTCTCGAATCGTAACCGTTCGTA CGAGAATCGCTGTCCTCCTTG	
		down	CGCAAGGAGAGGACGCTGTCTGTCGAAGG TAAGGAACGGACGAGAGAAGGGAGAG	
接头引物		Ad1	CGAATCGTAACCGTTCGTACGAGAATCGCT	
		Ad2	GTACGAGAATCGCTGTCCTC	
Tc1 特异引物	5′	GSL1	CCTGTGTGGCAATTTGATCAGTGG	60
		GSL2	GTCATTGTTGTAACCAGAGGGCAC	59
	3′	GSR1	GAAGGTGGTGGCAGCATCAATCAT	60
		GSR2	ACAGCAAGACAATGACCCAAAGC	59
荧光定量 PCR 引物		UF	CCACCAGGACACCTCTGACTACTC	55
		FR	GATTGATGCTGCCACCACCTTCTT	55

3. 类 Tc1 两端反向重复及侧翼序列的克隆

依据 IR PCR 克隆、测序获得的刀鲚类 Tc1 转座子序列，利用 Primer premier 6.0 软件（Lalitha，2000），设计刀鲚类 Tc1 转座子的 5′端特异引物 GSL1 和 GSL2，以及 3′端特异引物 GSR1 和 GSR2（表 3-7）。运用转座子展示技术（TE displayer）（Va et al.，1998），即限制性内切酶 Hinp1I（TaKaRa）酶

切基因组 DNA,酶切产物纯化回收;纯化后的 DNA 片段,在 T4 DNA 连接酶 (TaKaRa)的作用下,两端加上泡状接头(表 3 - 7);具接头的 DNA 片段为模板,利用巢式 PCR 扩增,第 1 次以接头引物 Ad1 与 GSL1/GSR1 进行 PCR 扩增,20 μl 的反应体系同上;扩增程序:94℃ 预变性 3 min;94℃ 30 s,60℃ 30 s,72℃ 2 min,共 25 个循环;最后 72℃ 延伸 10 min;PCR 产物稀释 1 000 倍作为模板,第 2 次以接头引物 Ad2 与 GSL2/GSR2 进行 PCR 扩增,20 μl 的反应体系同上;扩增程序:94℃ 预变性 3 min;94℃ 30 s,59℃ 30 s,72℃ 2 min,共 35 个循环;最后 72℃ 延伸 10 min。PCR 产物的检测、回收、克隆和测序同上。

4. 荧光定量 PCR 测定类 Tc1 的拷贝数

运用 qRT - PCR(Real-time quantitative PCR)的方法,计算刀鲚基因组中类 Tc1 的拷贝数。构建刀鲚类 Tc1 的 pMD19 - T 的重组质粒并作为参照样品,刀鲚种群基因组 DNA 为检测样品,样品梯度稀释后作为模板,qRT - PCR 的引物为 UF 和 FR(表 3 - 7),20 μl 反应体系:10 μl Master Mix,2 μl DNA 模板,引物各为 0.5 μl。反应程序:95℃ 预变性 5 min;95℃ 10 s,55℃ 20 s,72℃ 30 s,共 30 个循环。实验重复 3 次。使用 SPSS 17.0 软件的单因素方差分析种群间拷贝数差异的显著性。

5. 数据分析和蛋白结构预测

用 Jellyfish 2.0 软件对测序后的序列进行拼接和分析,Clustal X 1.83 软件进行多序列比对。序列经 Blast 程序在 NCBI 数据库(www. ncbi. nlm. nih. gov)进行同源性分析。SWISS - MODEL 程序(http://swissmodel. expasy. org)在线预测氨基酸序列的三级结构,PSORT Ⅱ 程序(http://psort. ims. utokyo. ac. jp)预测转座酶的核算定位信号。

3.3.2　结果

1. 类 Tc1 转座子的序列特征

通过 IR PCR 扩增,获得的重组克隆序列长度为 1 768~1 771 bp,经 Blast N 程序在 NCBI 数据库中搜索,发现与河鲈(*Perca fluviatilis*)的类 Tc1 (DQ778529)具有 81% 的相似性(592/734 bp,$E=2e^{-149}$)。根据命名规则,新的类 Tc1 转座子命名为 Cn - Tc1,其各元件(Access No. KJ534286 - 89、KJ634676 - 77)

与一致性序列的变异为 0.4%～0.7%,变异位点 39 个,插入和缺失突变各为 7.6%,碱基替换为 84.8%。69.2%的变异位点分布在 Cn-Tc1 的转座酶基因内,10.2%分布在两端 100 bp 区间,21.6%分布在基因与反向重复的间隔区。

通过巢式 PCR,经序列拼接,获得 Cn-Tc1 的末端(反向重复,ITR)及侧翼序列。Cn-Tc1 的全长序列为 1 896 bp,末端具"TA"结构,5′-ITR 及 3′-ITR 分别为 83 bp 和 64 bp,序列相似性为 64.4%(图 3-3)。生物信息学分析发现,Cn-Tc1 的内部插入了一个新的类 Tc1,全长 1 040 bp,两端反复重复均为 47 bp,末端具"TA"结构(图 3-3)。插入的类 Tc1 与黑口新鰕虎鱼(*Neogobius melanostomus*)的类 Tc1 转座子序列(DQ778518.1)具有高度相似性(81%),表明插入的类 Tc1 在物种间发生了水平转移。

TA<u>TAAAAAAGTATTCACCCCCTTGGATGTTCTACTGTTTTATTGCTTTTATAAATCAATCATGCTCAACATAATTAGTTT</u>
<u>TTTTT</u>AAAACCAAAATGCAGATAACAGATAACAGATAAAACAGATAACAGATAAAAGCTGAAATATAATTTTGCTTATTA
CAGTGCCCTCTGGTTACAACAAATGACACCAAATTCATGGGGCTTATTCACAATGTTGTCTTGTATCATATGACCAAAT
TTGGTAATGATGTGTTAAAGTGTTGCCAAGATATAAGCTTACAAACACTTCCACTGATCAAATTGCCACACAGGTTCCT
GTATAAGGCTTGTTCTGAAGATTATATTTACCAAGTTGCGGGAAGTTTGGGCAAAATTTGTGACCTTTTTCACGTTTGT
GAAAATGTAGTTTCACTTTATTTTGAAAATGGCGGGAACATTTTCCACCCATAAATTGACGTCATAGAGTTAATTGAAC
TCGGCTTGATCCAAGGATTCCAAGTTTTTGAAAATTGGATGTACGGATCAAAAGTTACGTAGACATGAAACTTCACACT
GTCCTGAGTCAGTGTGCAAAATTTCAAAACGTTTTACCAATTGGTTCTATGGGCTGTCATAGACTCCCATGGAGGAAAA
ATAAAATAAAGAAGAATAATACAAAAGCTAGAAACACAATGGGTGCCTTCGCAGCTTTCCTGCTTGGCCCCCAATAATGA
TTTCAACAAAGTAGACAAATAAA***TA***<u>AAAAATATGTAATATAAAATAAGTGATTGCATAACTATTCACCCCCTT</u>//<u>AAGAC</u>
<u>GGTGAATACTTATGCAATTACTCATTTTATGTTGTAGACTTT</u>***TA***TTCATTGACATTAAATGAAATTGGTTTTCAATTT
GACATTAAAGAGGATTTTTTGTC<u>AAAAAAGCCTAATTGTGTGTGGGACATGATTGTATAAAAGCAAATGAAGGTGAGTAT</u>
<u>TTTTTC</u>**TA**

图 3-3 刀鲚 Cn-Tc1 转座子的序列特征(5′-3′)

单、双下划线分别表示 Cn-Tc1 及其内部的类 Tc1 的末端反向重复;黑体和斜黑体"TA"分别表示 Cn-Tc1 和类 Tc1 的靶位点;"//"表示省略的核苷酸序列

2. Cn-Tc1 转座酶氨基酸序列分析

除去内部 16 个终止子,Cn-Tc1 转座酶基因预测编码 237 个氨基酸。PSORT Ⅱ分析发现,序列的第 3 位点(RKKR)和第 4 位点(KKRH)分别有 1 个 pat4-type 核酸定位信号。氨基端 DNA 结合域(Lalitha,2000)的 42～112 区间具"螺旋-转角-螺旋(HTH)"的保守结构;羧基端未发现具催化作用的 "DD34E"结构。Cn-Tc1 与鲽(*Pleuronectes platessa*)的具活性的 PPTN 转座

酶(CAC28060)的相似性为 56％,HTH 结构也高度相似(图 3－4),表明 Cn－Tcl 转座酶具有转座潜能,在其他催化性转座酶辅助的情况下,可能会促使Cn－Tcl 转座。

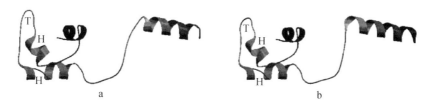

图 3－4　刀鲚 Cn－Tc1 预测的转座酶(a)与鲽 PPTN 转座酶(b)序列的三级结构

3. Cn－Tcl 位点侧翼序列分析

分析 Cn－Tcl 的侧翼序列发现,以插入位点为 0 记数,其－188 bp 位点处具有一个非完整型的微卫星$(GT)_{16}(GA)_{16}$,＋154 bp 位点处具有一个完整型的微卫星$(GA)_7$。两侧翼的 GC 含量分析,以每 10 个碱基为单位,在 50 bp 的长度范围内,近插入位点均具有最高的 GC 含量,随后左侧翼的 GC 含量波动分布(图 3－5A),右侧翼先下降后趋向平稳(图 3－5B),表明 Cn－Tcl 在刀鲚基因组内为随机分布。这种插入位点侧翼序列 GC 含量的分布特点,使转座子易被宿主同化,为生物提供新的遗传物质。

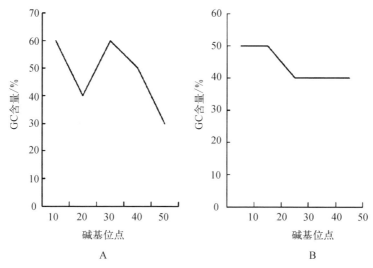

图 3－5　刀鲚 Cn－Tc1 插入位点的左侧翼(A)和
右侧翼(B)序列的 GC 含量

4. Cn－Tc1 拷贝数的多态性分析

Cn－Tc1 的重组质粒作为标准样,以 10 倍递次稀释,3 个终浓度进行 qRT－PCR 分析。拷贝数的对数值为横坐标,阈值循环数(threshold cycles)为纵坐标,构建标准曲线。结果显示,Cn－Tc1 的质粒标准样的扩增效率为 92.4%,拟合标准曲线方程:$y=-3.519X+61.80$,相关系数 0.965,扩增效率和相关系数符合 qRT－PCR 绝对定量要求。通过标准曲线方程,以刀鲚基因组大小 3.534 pg 为依据,刀鲚的江苏靖江、浙江象山、洞庭湖、鄱阳湖、太湖及上海崇明等种群的 Cn－Tc1 拷贝数分别约为 3.140×10^3 个、2.992×10^3 个、6.876×10^3 个、5.205×10^3 个、5.531×10^3 个 和 3.046×10^3 个(图 3－6)。种群间拷贝数的方差分析表明,靖江、象山、崇明种群之间的差异均不显著($P>0.05$),混合这 3 个种群为一群后,与其他种群的差异显著($P<0.05$)。洞庭湖、鄱阳湖与太湖种群之间的差异也不显著($P>0.05$),混合后与其他种群均呈显著性差异($P<0.05$)。

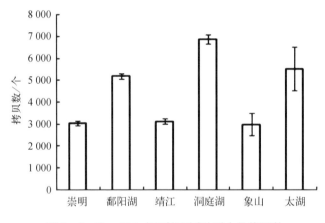

图 3－6　Cn－Tc1 在刀鲚不同种群中的拷贝数

3.3.3　讨论

类 Tc1 转座子是 DNA 转座子超级家族中最丰富、最普遍的一类,在真菌、植物、原生动物、鱼类、蛙类和哺乳类基因组中均有发现(Plasterk et al.,1999)。其结构特征表现为两侧具有 ITR 结构,中间为转座酶编码基因。本研究利用寡核苷酸 IR 引物,扩增出具有类 Tc1 家族典型特征的 Cn－Tc1,为鳀科鱼类中首个克隆的类 Tc1 转座子。Cn－Tc1 两端具有较为完整的 ITR 结构,以及侧翼"TA"双核苷酸序列的特点,表明其遵循类 Tc1 转座子的"剪切-粘贴"机制进行转座和插入,在插入基因组的过程中,以"TATA"为受体位点(刘东等,2011)。本研究发现,Cn‑Tc1 自身的"TATA"序列可作为受体位点,被类 Tc1 从其他物种水平转移后插入(Pocwierz‑Kotus et al. ,2007),导致 Cn‑Tc1 转座失活,有利于成为新的遗传物质。有研究证实,类 Tc1 插入的受体位点的侧翼序列,具有核苷酸组成和物理特征,但其 DNA 结构非特异性的碱基配对决定了受体位点的选择性(Vigdal et al. ,2002)。本研究通过对 Cn‑Tc1 的侧翼序列前 50 个碱基 GC 含量的统计分析,发现 GC 含量局部的变化幅度较大,总体含量偏低,而 AT 含量偏高。这表明除了上述选择性,类 Tc1 插入靶位点还具有富含 AT 区域的偏好性。

相关研究表明,转座子入侵宿主的历史越长,宿主基因组内的拷贝数就越多,如 Tdr1 在斑马鱼基因组内具 3 000 个拷贝(Izsvak et al. ,1995)。宿主对入侵的转座子存在一种选择的机制,保留无害插入而清除有害插入。通过选择作用,宿主维持了基因组内转座子的"新增-丢失"的平衡(Le Rouzic and Deceliere,2005)。另外,转座子演化进程中,随着时间的推移,其各个拷贝间的序列趋异性越高。例如,斑马鱼 Tdr1 转座子元件序列差异为 4%~6%(Izsvak et al. ,1995),湖红点鲑(*Salvelinus namaycush*)Tsn1 元件序列差异为 7.8%~10%(Reed,1999),而河鳟(*Salmo trutta fario*)的类 Tc1 歧化为两型转座子(郭秀明等,2014)。转座子入侵后,进化过程中序列发生了突变,导致拷贝间序列的差异。本研究的 Cn‑Tc1 序列差异为 0.3%~0.7%,明显低于 Tdr1 和 Tsn1,可能的原因在于 Cn‑Tc1 入侵刀鲚基因组的时间较晚。

mtDNA 的中央控制区全序列分析显示,长江及其邻近水域的刀鲚具有 2 个谱系及多个支系,其分化可能发生于 3.5 万~4.7 万年前的更新世末期,目前正处于谱系排序状态(杨金权等,2008b)。刀鲚的核糖体蛋白 S7 基因和核糖体转录间隔的序列分析发现,不同的种群曾发生一定的基因交流阻隔,造成种群间核苷酸替换速率的变化(Liu et al. ,2012)。Gao 等(2014)认为西太平洋沿岸分布的刀鲚,因不同海域的盐度差异,隔离了刀鲚种群间的基因交流,促进了种群分化。长江刀鲚与黄河刀鲚在形态学已有显著差别(王丹婷等,2012)。最近研究发现,长江刀鲚的不同生态型之间具有相互混杂的现象(姜涛等,2013;徐

钢春等,2014),表明刀鲚正处在种群分化的阶段。本研究结果显示,Cn - Tc1
转座子在洞庭湖、鄱阳湖和太湖等定居型种群的拷贝数显著高于崇明、靖江和
象山等洄游型种群。这可能由于洄游型种群在适应淡水环境的过程中,迫于环
境压力,转座子迸发活性,Cn - Tc1 进行了大量的"剪切-粘贴",从而拷贝数显
著增多。大量转座子的插入,可引起生物基因组发生大量的染色体重排,导致
刀鲚基因组发生分化。这种类 Tc1 转座子的活动为研究长江刀鲚不同生态型
分化的原因提供了新思路。

(刘东,李盈盈,唐文乔)

3.4　逆转座子(SINE)插入对长江刀鲚种群结构的影响

提要：短散在重复(short interspersed element,SINE)元件是一类逆转座
子,通过逆转录 RNA,可从基因组的一个位点产生多个拷贝,插入基因组的新
位点。在检测生物种群分化的历程时,由于 SINE 具有插入的随机性和不可逆
的特点,可作为一种极好的分子标记。SINE 标记的等位点本质上是非同质性,
能够准确地"记录"物种的进化历程。比较其他分子标记,如线粒体、微卫星等,
SINE 作为遗传标记更具优势。但利用 SINE 作为分子标记应用于群体遗传学
的分析,目前仅局限于基因组已知的物种,如人、猿类、鲸类和少数鱼类,很少涉
及基因组未知的物种。主要是因为很难从基因组未知的、特定的物种中分离、
鉴定大量的、多态性的 SINE 位点。本研究基于已从刀鲚基因组中分离、鉴定的
一类 tRNA 起源的 Cn - SINE,作为分子标记,以七丝鲚和凤鲚作为外群,研究了
长江刀鲚 6 个采样点种群遗传的多样性,以期利用 SINE 插入的多态性分析长江
刀鲚的种群分化的机制,为刀鲚的种质评价和资源保护提供有价值的信息。

3.4.1　材料和方法

1. 实验样本

刀鲚样本来自 6 个采样点：长江中下游的 4 个位点分别是鄱阳湖,江苏靖
江,太湖,上海九段沙。另外 2 个位点是东海沿岸的钱塘江入海口和舟山。6 个
地点的样本,代表了刀鲚所有的生态型种群,特别是靖江和九段沙的样本代表
溯河洄游型种群,鄱阳湖样本代表淡水定居型种群,太湖样本代表陆封型种群,

钱塘江和舟山样本代表海洋型种群。每个采样点随机选择 8 尾样本。七丝鲚和凤鲚样本分别采自广东西江和福建闽江,每个物种随机选择 3 尾样本。

2. DNA 提取和引物设计

采用基因组试剂盒提取基因组 DNA。首先,乙醇保存的肌肉组织进行复水和剪碎,放入裂解液中,加入蛋白酶 K,55℃水浴 2~3 h,然后按照试剂盒说明书进行操作,提取的 DNA 保存于−20℃的冰箱中备用。我们曾采用 PCR 联合磁珠靶位捕获的方法,从洄游型的刀鲚基因组中分离、鉴定了一类 Cn‒SINE 家族元件。在此基础上,我们利用已获得的 Cn‒SINE 元件及其侧翼序列(GenBank 登录号: JQ083280~JQ083297),使用 Primer3 设计 SINE 插入位点的引物,上、下游引物序列分别对应于 SINE 序列及其侧翼序列。引物采用插入位点的名称,序列见表 3‒8。PCR 扩增体系:94℃变性 3 min;随后 94℃变性 30 s,52~60℃退火 30 s,72℃延伸 1 min,共 30 个循环;最后 72℃延伸 10 min。PCR 扩增产物经 2‰的琼脂糖凝胶电泳,EB 染色观察,目的条带进行切割后纯化回收。

表 3‒8　Cn‒SINE 插入位点引物的退火温度和预计 PCR 产物大小

位点	正向引物(F)/反向引物(R)	引物序列(5′→3′)	退火温度/℃	产物大小/bp
G2	F	CGAATCCCGCCCTACCCAT	57	443
	R	TTTTCCGCCCCTTTGCAAC		
AH2	F	TCTAACTCCACACTGCTCCAG	52	289
	R	TGCGAAACATTTTTGTCTCAT		
AH4	F	TGGTTAGGGATTTGGTCTTGC	58	577
	R	GTCACTGTGGTTTATGTGGGA		
AF1	F	GAGCAAGGCATCTAACCCCAC	56	720
	R	CATCATCGCAACATTCAGCAA		
AF7	F	GCCTCGCAATCGGAAGG	59	661
	R	GCAGGAGACGCAAACGG		
T31	F	AGGGAGTTGGTCTTGGGATCG	58	409
	R	GGTAATTTGCTAAAGGGGCTG		
T32	F	ATTCTGGCAGCTGTGGTCTAGC	58	346
	R	TCCCGTGTCATCAGTGTGTTTA		
T41	F	ACACACACACCAACACCAACG	60	335
	R	CCACACCTCCAGGCAGAAATC		

位点	正向引物(F)/反向引物(R)	引物序列(5′→3′)	退火温度/℃	产物大小/bp
T49	F	GGTTAGGTAGCTGGTCTTGGGA	56	380
	R	TAATGAGTTTTTAGAGGGGGTC		
T87	F	AGAATGTGAGTGGGGGAGTGA	58	171
	R	TGCTGGCATATTGTAAGGAGG		
T178	F	CAAGGCATCTAACCCCACACT	56	279
	R	ACAACTTCCCAACATCGACAA		
T210	F	AAAAATGGGGATGGGGGAGTA	58	265
	R	GCAACAGAGGAAAATGGAGAC		

正向引物序列对应于 Cn-SINE,反向引物特异于侧翼序列

3. Cn-SINE 插入的多态性和测序

刀鲚基因组中成功扩增出目的条带的引物,用于检测七丝鲚和凤鲚基因组的 SINE 插入位点的分布情况,通过 SINE 目的条带在基因组中有或无,确定刀鲚基因组中 Cn-SINE 的进化起源。物种中 PCR 扩增出预计大小的条带,表明存在 Cn-SINE 插入;反之,如果缺乏预计大小的条带,表明该位点缺失 Cn-SINE 插入,或 Cn-SINE 与引物匹配的序列发生了突变,导致 PCR 扩增失败。倘若样本中 SINE 插入位点,PCR 扩增产生多条带,则每条带都回收,然后测序,明确这些条带是否由 SINE 插入所致。PCR 产物测序之后,经 Blast 搜索 NCBI 数据库(www.ncbi.nlm.nih.gov)的同源序列。Clustal X 2 软件进行多序列比对。使用 RepeatMasker(www.repeatmasker.org)鉴定序列重复元件。

3.4.2　结果

1. Cn-SINE 插入的种内多态性

我们之前的研究,已从刀鲚基因组中分离、鉴定出 18 个 Cn-SINE 插入位点。每个插入位点设计 1 对引物:一个引物对应 Cn-SINE 序列,另一个引物对应插入位点的侧翼序列(作为不同的检测位点,序列之间差异需要达到 50% 以上),进行基因组 PCR 扩增,结果检测出 12 个位点能有效扩增出目的条带。其中 7 个位点(AF7、T31、T32、T49、T87、T178 和 T210)扩增出预计大小的单一条带(表 3-8),表明这些位点在 6 个种群中为直系同源。4 个位点(G2、AH2、AH4 和 T41)在样本间表现出插入的多态性,这些位点可用于刀鲚种群

结构分析(图 3-7)。例如,位点 G2 预期的 Cn-SINE 插入条带,PCR 扩增证实在鄱阳湖、靖江和九段沙的样本,以及钱塘江(3/8)和舟山(4/8)的部分样本中存在;而在太湖样本完全缺失。同样,位点 AH2 预期的 Cn-SINE 插入,证实在太湖、钱塘江、九段沙和舟山样本,以及靖江的部分样本中(6/8)存在,而鄱阳湖样本缺失。结果表明,刀鲚种群 SINE 的插入通过随机丢失机制,导致了种内遗传多样性。值得提及的是,位点 AH4 预期的 SINE 插入,随机分布在一些样本中(12/48),这些 SINE 插入的样本不能归并特定种群。其他 5 个位点(G2、AH2、AH4、T41 和 AF1)也观察到 Cn-SINE 插入与种群的非相关性,这些位点的 SINE 插入或缺失没有局限于特定种群,表明刀鲚 SINE 插入的位点具有高度的异质性。位点 AH4 经 PCR 扩增出的大、小条带,测序后序列比较发现,大条带较小条带多了一个 389 bp 的 SINE 插入(GenBank 登录号:KF007213)。位点 T41 经 PCR 扩增发现,预期大小的条带在一些种群样本中存在,而鄱阳湖及其他一些种群样本中缺失;序列分析发现,Cn-SINE 插入的 5′端具有一个微卫星区,由完整的 $(GACA)_{12}$ 重复及一个非完整的 $(TG)_{53}$ 重复组成;此外,所有种群样本中均扩增出了一条大带;序列比较发现,大条带较之小条带在微卫星区插入了一个 SINE 元件(GenBank 登录号:KF007214、KF007215)。

位点 AF1 在刀鲚样本中 PCR 扩增出 3~7 条不同大小的条带(图 3-7)。为了确认是否由于 SINE 的插入,产生了的多态性条带,对各条带进行克隆和测序。从该位点共获得 3 条不同大小的序列,分别为 190 bp、450 bp 和 600 bp(GenBank 登录号:KF007216、KF007217,<200 bp 的序列未递交)。序列比对分析发现,这些序列均具有 Cn-SINE 结构的一部分,也即引物对应的 tRNA 非相关区及尾部区的序列,但彼此的侧翼序列差异显著(图 3-8A)。位点 AF1 的序列包含的 Cn-SINE,其 3′端尾部大约 60 bp,与鳗鲡基因组中逆转座子 LINE 的尾部具有高度相似性。Cn-SINE 和 LINE 的尾部序列所具的一个(TGTAA)重复结构(图 3-8B),位点 AF1 引物 PCR 扩增的 AF1-720 的条带,其中 Cn-SINE 元件的(TGTAA)重复高达 6 次,为 SINE 逆转座必不可少的结构之一。位点 AF1 的 SINE 插入尽管缺乏种群特异性,但 SINE 插入多态性的结果表明,刀鲚基因组中的一个区段,而非同一插入点,经历了多次 SINE 的插入。

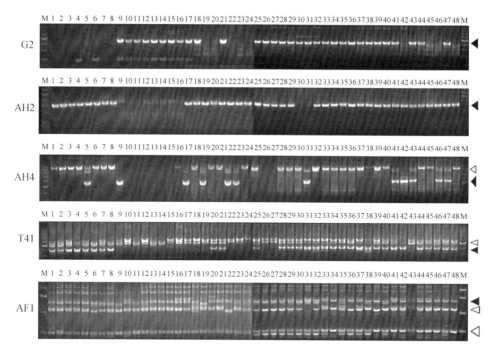

图 3-7　刀鲚基因组 5 个 SINEs 位点的 PCR 扩增图谱

DNA 样本，1～8. 太湖；9～16. 鄱阳湖；17～24. 钱塘江；25～32. 靖江；33～40. 九段沙；41～48. 舟山；M. 标准分子质量。黑箭头表示期望条带，白箭头表示非期望条带

A

```
AF1-720  GAGCAAGGCATCTAACCCCACACTGCTCCAGGGACTGTAACTGAAACCCTGTAAATATCTGTAAGTCGCTCTGGATAAGAGCGTCAGCTAAGTGTAATGT 100
AF1-450  .....................................................................GC..................T...........G..
AF1-190  .....................................................................A--....TA..A....---..G................
AF1-600  .....................................................................GG..A.....T..............A.C

AF1-720  AATGTAAATAATGTAATGTAAATAATTTCCTAGAC-------AAAGTCA-----CCTTCACCAATTGTCAAGTTACAGCCATTTGAGTTGGCATCC 200
AF1-450  .-----..........A.GC.G.....A.GGGGTACA.GG.GTG----C.AGCG...GT...ACATTG.......AG.AC--G..G.C..T.A.A
AF1-190  .G...TGTT.AG....CTGTGTGCC.TT...GGCTGGCACG.T.T.T.-----AAAAA.GTG...ATG..G..A...TTGC.GAAT...GC.ATGATG
AF1-600  ....C.TGT-CA.G..A.GA.GGA..GC.A..AACTAAC...G.TGCTAT.AA.C...GT.GTG.--GG..GTT...T.CA.C.AAG.TA
```

B

```
AF1    1  TGTAAGTCGCTCTGGATAAGAGCGTCAGCTAAGTGTAATGTAATGTAAATAATGTAATGTAA  62
          |||| |||||| ||||||||||||| || || |||||||||||  ||||||||||
UnaL2  1  TGTACGTCGCTTTGGATAAAAGCGTCTGCGAAATA-AATGTAATGTAA----TGTAATGTAA  57
```

图 3-8　刀鲚基因组位点 AF1 的 Cn-sINEs 插入序列及日本鳗鲡 UnaL2 的序列比对

A. 位点 AF1 引物 PCR 扩增的 Cn-SINE 插入的多序列比对。B. 位点 AF1 的 Cn-SINE 和鳗鲡的 UnaL2(GenBank 登录号：AB1796240)尾部 60 bp 的序列比对。短横线表示相同碱基，破折号表示碱基缺失，断点表示 SINE 元件的 tRNA 非相关区的部分序列，粗下划线表示 SINE 与 UnaL2 具有相同的尾部序列，双下划线表示(TGTAA)重复结构区，细下划线表示 SINE 插入的侧翼序列，垂直线表示相同的碱基

2. Cn-SINE 插入的种间多态性

我们检测了鲚属另外 2 个物种，七丝鲚和凤鲚基因组中 Cn-SINE 的分布情况，推定刀鲚特有的 Cn-SINE 插入的时序。SINE 插入的 12 个位点中，鲚

属鱼类共享了 4 个位点(T31、T49、T178、T210),这些位点均具有预期的 Cn-SINE 插入(以 T31 为例,图 3-9)。刀鲚中 SINE 插入的位点 G2 和 AH2,在七丝鲚和凤鲚中缺失(图 3-9 的 G2 和 AH2),表明这 2 个位点为刀鲚特有的 SINE 插入。刀鲚和七丝鲚共有的 SINE 插入位点 T87(图 3-9 的 T87),位点序列相似性高达 99%。对于位点 AH4、AF1、AF7、T41,通过 PCR 扩增,每个位点能够产生 1~4 个条带,在物种之间表现出 SINE 插入的多态性。目的条带测序后发现,由于 Cn-SINE 不在同一点的反复插入,导致 PCR 扩增了不同长度的片段(以位点 AF7 为例进行了测序,GenBank 登录号: KF007218、KF007219)。据此推定,Cn-SINE 最初插入为一种多态性,在随后的鲚属物种快速形成过程中,这种还未完全分化的多态性位点,进入了不同物种基因组中,导致物种间具有相似的 SINE 插入模式。位点 T32 经 PCR 扩增产生 2 条带,刀鲚和七丝鲚共享一条大带,凤鲚特具一条小带(图 3-9 的 T32)。条带经克隆和测序,序列比对发现,刀鲚与七丝鲚具有高度的相似性(98%),而与凤鲚的相似性较低(68%)(GenBank 登录号: KF007220、KF007220)。凤鲚中位点 T32 的

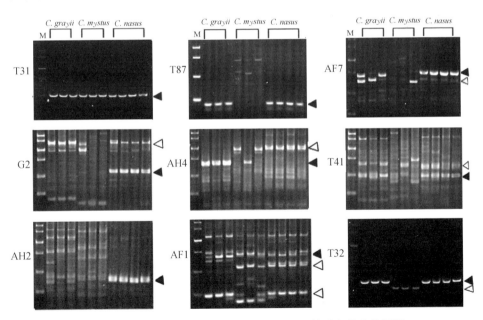

图 3-9　Cn-SINE 的 9 个插入位点的 PCR 扩增产物电泳图谱

左侧为位点名称,上方为样本来源,分别为七丝鲚(*C. grayii*)、凤鲚(*C. mystus*)和刀鲚(*C. nasus*)。M 表示标准分子质量,黑箭头表示预期的条带,白箭头表示非预期条带

Cn‐SINE 缺失包括盒 B 在内的一段 17 bp 的片段,表明在鲚属物种快速进化的过程中,Cn‐SINE 片段的缺失,导致了种间插入的多态性。

3.4.3 讨论

1. 刀鲚的遗传多样性

关于刀鲚不同地理种群遗传多样性的研究,有报道指出,太湖、钱塘江、舟山和靖江等 4 个种群之间的遗传距离(0.010~0.013)小于鄱阳湖与这 4 种群之间的遗传距离(0.017~0.018)(杨金权等,2008a)。同样,线粒体数据表明,长江下游的 3 种群安徽安庆、上海三甲港、太湖之间的遗传距离(0.006 2~0.007 3)小于鄱阳湖与这 3 种群之间的遗传距离(0.008 7~0.009 4)(Ma et al.,2012)。此外,线粒体控制区全序列的研究发现,鄱阳湖种群样本分别处于系统树的不同分支,表明鄱阳湖的样本不是一个完全隔离的种群(杨金权等,2008b)。虽然鄱阳种群与刀鲚其他种群之间的遗传距离较大,但未能找到鄱阳湖种群特有的线粒体标记。而且,鄱阳湖也存在来自其他种群的个体(姜涛等,2013),使得很难用线粒体标记鉴定鄱阳湖的种群。我们曾以核基因标记,确认刀鲚种群间存在基因流(Liu et al.,2012)。迄今为止,未见有报道用于识别刀鲚种群的线粒体或微卫星的标记。比较而言,依据形态特征,如颌长、脊椎骨数等,刀鲚的靖江、九段沙、太湖、鄱阳湖等种群,除靖江和九段沙之外,种群之间均具有显著差异(程万秀和唐文乔,2011)。依据种群的生活史特征,现已厘清,靖江和九段沙的种群属溯河洄游型生态类群,而太湖和鄱阳湖的种群属于淡水定居型生态类群(图 3‐10)。

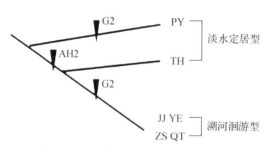

图 3‐10　刀鲚具有形态差异的 4 种群
归并为 2 类生态型的图谱

垂直箭头表示 Cn‐SINE 插入分支(位点 G2 和 AH2 的数据)

PY. 鄱阳湖;TH. 太湖;JJ. 靖江;YE. 上海九段沙;ZS. 舟山;QT. 钱塘江

本研究中,我们成功地鉴定了 2 个刀鲚特异的 Cn‐SINE 插入位点:G2 和 AH2。有趣的是,位点 G2 在太湖种群中缺失,而位点 AH2 在鄱阳湖种群中缺失,表明刀鲚种群间具有 SINE 插入的遗传异质性。这两个 SINE 插入位点可用于长江刀鲚种群识别的分子标记。位点 AH2 在鄱阳湖种群中表现为缺失的证据,从分子水平上支持了形态学的证据:鄱阳湖种群与其他种群存在明显的形态差异,应作为刀鲚的一个地理种群。形态学上,鄱阳湖种群作为一种淡水定居型类群,其上颌骨长度较其他种群明显短,依据这一关键的特征,能用于区别鄱阳湖与其他种群的样本。类似地,位点 G2 和 T41,尽管 T41 在钱塘江的部分样本中缺失(5/8,图 3 - 7),但它们均在太湖样本中缺失,可推定太湖种群也是一地理种群。刀鲚不同种群表现的形态和分子的差异,或许是该物种在快速适应性扩散过程中,为了适应独特的环境产生并存留下来的证据,Cn - SINE 插入的多态性(图 3 - 7),可作为不同地理种群进化的物质基础。有研究(Takahashi et al.,2001)指出,坦噶尼喀湖的丽鱼科的物种来自适应性扩散,在物种分化的过程中,展现了大量的、还未完全分离的 SINE 插入/缺失的等位位点。在本研究中,位点 AF1 在扩增区中进行了多次插入,表明 SINE 元件助推了刀鲚的遗传多样性。

2. Cn - SINE 插入导致的遗传多样性

运用 SINE 插入的方法分析种群遗传结构,仅限于人类和少数一些基因组已知的物种,而很少涉及基因组未测序的物种。在大马哈鱼和细磷大马哈鱼中,分别发现 6 个和 4 个物种特异的 SINE 插入标记(Takasaki et al.,1997)。鲑科鱼类历经不同 SINE 家族的扩增和随机插入,塑造和重塑了其基因组,形成了现今鲑科鱼类基因组的多样性(Kido et al.,1991)。由于物种 SINE 插入或缺失,"记载"了物种的系谱,可广泛用于研究各类生物类群的系统进化。通常根据 SINE 插入位点的侧翼序列设计引物,用于 PCR 检测各类群的进化关系(Ray et al.,2005;Nikaido et al.,2007)。也会因为引物对应的侧翼序列发生突变,从而导致 PCR 扩增失败。本研究中,我们利用 Cn - SINE 序列及其侧翼序列设计引物。Cn - SINE 序列设计的引物,有效地对刀鲚种内和种间的插入位点进行了 PCR 扩增。由此,对鲚属鱼类的 SINE 插入的遗传异质性总结如下:

(1) 位点 G2、AH2、AH4、AF 和 T41 获得的 Cn - SINE 序列,与 LINE 具有相似的 3′尾,并在刀鲚种群表现为插入多态性。这种多态性的插入,推测 Cn - SINE 依靠 LINE 编码的逆转座酶发生多次转座,造成种群间的遗传异质性。我们以前的研究表明,Cn - SINE 的 3′端尾部序列具有与 LINE 的 3′端尾部的序列相似。现有实验证明(Kajikawa and Okada,2002),鳗鲡基因组中 SINE,依靠与 LINE 相同的 3′端尾部的(TGTAA)重复结构,能够发生转座行为。

(2) 位点 AH4 在刀鲚样本中的插入多态性,是由于 PCR 扩增区间 SINE 的反复插入,导致刀鲚种群内和种群间的遗传异质性。这种扩增区发生的、所谓 SINE 的二次插入现象,也见他人报道(Ray et al.,2005)。

(3) Cn - SINE 插入到微卫星区,导致了刀鲚遗传多样性,这种插入并没有破坏基因的功能。因此,逆转座子与宿主基因组协同存在。例如,位点 T42 的序列分析发现,SINE 插入一个微卫星富集区,导致了种群的遗传差异。有报道水稻基因组中也存在 SINE 插入微卫星区的现象(Akagi et al.,2001)。

(4) 物种累积的遗传突变,除插入/缺失之外,也包括 Cn - SINE 自身序列的变异,导致物种水平上的遗传变异。Cn - SINE 由三部分构成:5′端的 tRNA 相关区、tRNA 非相关区、3′端尾部区。Cn - SINE 的 5′端部区具有的保守盒 A 和 B,是 poly Ⅲ 转录 SINE - DNA 的内部启动子。本研究以位点 T32 的引物 PCR 扩增凤鲚、刀鲚、七丝鲚基因组,获得位点的 Cn - SINE 序列,比较发现,凤鲚的 Cn - SINE 序列缺失了盒 B,导致其丧失转座活性。有报道(Feschotte et al.,2007)指出,失活的 SINE 元件可被宿主利用,成为新的遗传物质。我们的研究成果,为鲚属物种间的遗传多样性提供了更为直接的证据。

3. Cn - SINE 的进化起源

据推测,SINE 最初来自个体基因组,通过两性繁殖的方式扩散到群体基因组中。假如两个物种分化之前具有一个 SINE 插入位点,随着物种分化,该位点便进入了两个物种的基因组。如果 SINE 插入发生在物种分化之后,该位点即为物种特异的插入(Takasaki et al.,1997)。为了研究刀鲚特异的 Cn - SINE 插入位点,我们使用了鲚属的凤鲚、七丝鲚和刀鲚 3 物种进行比较分析。鲚属物种分布于中国从南到北的沿海;七丝鲚分布的最北部为福建福州;凤鲚分布于中国整个沿海水域。鲚属的另一物种——发光鲚(*C. dussumieri*)仅分布于中国香港,本研究中没有采集到标本而未作比较研究。基于他人述及的 3 个物

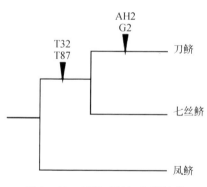

图 3 - 11 刀鲚、凤鲚、七丝鲚的
系统进化树

垂直箭头表示 Cn - SINE 插入分支
(位点 T32、T87、AH2 和 G2)

种的系统进化关系的研究结果(图 3 - 11)(唐文乔等,2007;周晓犊等,2010;Yang et al.,2010),本研究用于评价 Cn - SINE 的进化起源。

本研究中,4 个位点(T31、T49、T178、T210)SINE 插入的多态性,表明 SINE 插入位点在凤鲚、七丝鲚和刀鲚这 3 个物种分化之前就已出现。位点 T87 经 PCR 扩增,在刀鲚和七丝鲚存在、凤鲚没有的一条带,表明凤鲚最先经历了物种化。假设该插入位点曾出现在凤鲚基因组中,随后经随机丢失从基因组中去除。由此,我们检测了鳀科其他物种,但均没有发现该插入位点。AH4 和 AF7,这 2 个位点在凤鲚和七丝鲚的种内具有插入多态性;在刀鲚中,AH4 表现为多态性的插入,但 AF7 仅为一条带,表明鲚属物种经历了快速的物种分化,对于大多数 SINE 插入位点而言,没有足够的时间分化为物种特异的插入位点。例如,检测 12 个位点,仅发现 2 个位点(AH2 和 G2)为刀鲚所特有的插入位点。很少有诸如此类的 SINE 插入多态性的报道,多数已知的 SINE 在特定的物种中均已缺乏多态性的插入。位点 T32 和 T87 的 PCR 扩增条带分布模式,表明刀鲚与七丝鲚具有较近的亲缘关系,而与凤鲚关系较远。有报道(Cheng et al.,2008)基于线粒体细胞色素 b、12S rRNA、16S rRNA 等联合数据认为,刀鲚与凤鲚的关系较近,两者的差异处于亚种水平。但多数作者基于线粒体(唐文乔等,2007;周晓犊等,2010)或 AFLP(Yang et al.,2010)的数据,推演鲚属物种进化关系表明,刀鲚与七丝鲚的亲缘关系较近,我们的研究结果支持这一结论(图 3 - 11)。本研究中,我们发现位点 AH2 和 G2 为刀鲚特有的插入位点,并在种群间表现为插入多态性,使得该位点可作为一个有效的分子标记,用于研究刀鲚的遗传多样性,从而动态地监测刀鲚种群资源情况,为渔业管理提供基本数据,保证这一名贵鱼类资源的可持续发展。

(刘东,唐文乔,刘至治)

3.5　刀鲚 *S7* 内含子 1 和核糖体转录间隔序列的比较进化

提要:核糖体蛋白基因(简称 *S7*)是目前普遍使用的、用于近缘种或不同地理种群间识别和系统演化研究的核基因标记。*S7* 由 6 个内含子、7 个外显子构成。第一、第二内含子序列进化速率快、碱基组成没有偏好性、转换/颠换值相对较低率。第二内含子相比第一内含子,进化信息更为丰富。在生物基因组中,*S7* 是一种单拷贝基因,可通过 *S7* 保守的外显子序列设计引物,扩增高度变异的内含子序列。*S7* 与其他核基因或者线粒体基因标记联合使用,能够有效地用于各种生物的分子系统发育的研究。有报道指出,基于 *S7* 的数据,虽然不能解决镖鲈属种间的亲缘关系,但能在种内水平上阐明各种群的关系(Keck and Near,2008)。鳜种内水平上 *S7* 基因的研究结果也表明,*S7* 较线粒体细胞色素基因 *b* 具有更多的信息位点(Guo and Chen,2010)。

核糖体 RNA(rRNA)基因的第一个转录间隔区(*ITS1*)为另一种广泛使用的核基因分子标记。基因组中 rRNA 具有 100～500 个拷贝,串联呈簇状排列在染色体上,每个转录单元由 18S rRNA 编码区- *ITS1* 区- 5.8S rRNA 编码区-*ITS2* 区- 28S rRNA 编码区组成(Baffi and Ceron,2002)。ITS1 区的序列是基因组内进化速率最快的区域之一,但其两侧的 rRNA 区的序列高度保守,由此可通过保守序列的比对来确定 *ITS1* 的序列。因此,*ITS1* 合适于近缘物种的系统进化研究。各种生物的 *ITS1* 的数据分析表明(Bower et al.,2008;Vogler and DeSalle,1994),rRNA 基因拷贝之间以协同进化的方式共存基因组内,也即通过染色体内或染色体间的核糖体 DNA 同源重组或非同源重组,各拷贝的序列趋向同质化,由此 *ITS1* 序列在种内相似而种间相异的结果。

本节测定了刀鲚 7 个地理种群的 37 例样本,在种内水平上分析了 *S7* 和 *ITS1* 的序列多样性,比较了这两种核基因提供的进化信息特征。同时,利用线粒体 *COI* 基因序列,即"DNA 条形码"作为评估序列核苷酸的转换/颠换值的参考。研究结果表明,*S7* 序列存在大量的种内变异信息位点,而 *ITS1* 序列的变异主要来自重复单元的数量的差异,这些重复单元位于推定的 *ITS1* 二级结构的内环。基于 *S7* 数据构建的系统树较 *ITS1* 能提供更为丰富的系统进化信号。

3.5.1 材料和方法

1. 实验样本

标本采自长江中下游 5 个地点:长江口、江苏靖江、安徽芜湖、鄱阳湖、太湖,以及浙江象山石浦渔港和日本有明海。这 7 个采样点,包括了刀鲚所有的生态型种群,每个采样地点随机选择 5～6 个样本,剪取样本肌肉组织,95%的乙醇保存。

2. DNA 提取、PCR 扩增、克隆和测序

肌肉组织放入裂解缓冲液,加入蛋白酶 K,55℃水浴 2～3 h,采用组织

DNA 提取试剂盒提取总 DNA。扩增 *S7*、*ITS1* 和 *COI* 的基因引物序列见表 3 - 9。PCR 反应混合液为 50 μl 总体积,包含 100 ng DNA,引物各为 0.2 μl,dNTP 各为 50 μl,2 μl 的 *Taq* 酶。PCR 扩增条件:94℃变性 3 min;94℃变性 30 s,58℃退火 30 s(*ITS1* 为 52℃、*COI* 为 56℃),72℃延伸 1 min,共 30 个循环;最后 72℃延伸 10 min。扩增产物进行分离、纯化、转化至大肠杆菌 DH5α 细胞。*COI* 纯化产物直接测序。每个样本随机挑选 3~6 个克隆测序,为了保证序列的准确性,对每个克隆进行双向测序。

表 3 - 9　核基因和线粒体基因标记的引物信息

引　物	基　因	序列(5′→3′)	来　源
S7RPEX1F	rpS7 - 1	TGGCC TCTTCCTTGGCCGTC	Chow 和 Hazama,1998
S7RPEX2R	rpS7 - 1	AACTCGTCTGGCTTTTCGCC	
ITS1F	ITS1	AGGTGAACC TGCGGAAGG	本研究
ITS2R	ITS1	TGATCCACCGCTAAGAGTTGTA	本研究
COIBF	COI	TGGCAATYACACGTTGATTYT	本研究
COIBR	COI	TTHCCBGCRTRRTAR GCTACRA	本研究

3. 数据分析

基于 NCBI 数据库已有的序列,通过序列比对确认实验获得的序列。多序列比对采用 Clustal X 2 软件,Mfold 预测 *ITS1* 的二级结构。确定各部分结构之后,经过序列比对明确二级结构补偿碱基的变化。DnaSP 软件计算碱基组成、变异位点、重组位点、单倍体数及单倍体多样性;MEGA 软件的最大似然法计算遗传距离、Id 参数检测序列组成的同质性、K 2 - P 距离、核苷酸替换相对速率。分子方差分析评价群体遗传结构。DAMBE 软件采用核苷酸替换数目与最大似然距离的比值法,计算碱基替换饱和性。采用 Tajima's *D* 和 Fu's *Fs* 统计检验群体遗传变异的中性值。MEGA 软件的最大似然法构建系统聚类树,分支的置信度采用自展法重复检测,其中 ML 分析设置为 1 000 次重复。

3.5.2　结果

1. *S7* 内含子 1 的序列组成和变异

对 37 个刀鲚样本的 115 个 *S7* 克隆进行了测序,结果显示,*S7* 序列长度为 741~743 bp,总计 29 个单倍型,序列递交到 GenBank 数据库,登录号为:

JN394513～JN394541。29 个单倍型频率、核苷酸组成,以及变异信息见表 3－10。单倍型 H29 由 6 个采样点(TH、YE、XS、JJ、WH 和 AS)的 8 个克隆(TH5a、YE3a、XS1a、XS2a、XS3、JJ6a、WH3 和 AS)共享;3 种单倍型(H12、H13 和 H28)具有 2 个相同的克隆序列(PY3b－YE4、PY－YE3b、JJ6b－WH4)。37 个样本中,10 个样本具有 2 种单倍型,变异位点数为 3～16 个。样本 PY3、TH6、YE3 均具 1 bp 缺失(indel),样本 TH1、XS1、XS2 具有 2 bp 插入缺失,样本 JJ5 具有 1～2 bp 插入缺失(表 3－10)。

表 3－10　刀鲚 rpS7 基因序列比对,频率及单倍型分析

编码	序列 0000000001111111112222222223333334444444444455555555555556666666667777 5555577880015568990113459934566912233668890000112334569001133448122345 2567856171930927561485444627616220556057938346907548233347461801121943	频率	单倍型
JJ1a	TGTGGATTTTACTTCGACTTGTTAATTTACCCAAGATATACATTAGGATTGCTCTATACTAAACACTTGA	2	H1
JJ1b	AA....C....A..T.........C....C.G.....G.A.......A..C.........G..C.	3	H2
JJ2a	......C.........C..G..................C..............G..CC.	1	H3
JJ2b	........................G.............C..G..GT..C.	2	H4
JJ3	......C.....A....T...CC..........CT...G...C.	3	H5
JJ4	AA....C....A..T.........C.G....G.A—.....T.......TG...C.	2	H6
JJ5a	A...T....A.T.........C.G....G.G.A............CG	2	H7
JJ5b	AA....C....A..T.........C.G....G.A—..C...T.......TG...C.	2	H8
PY1	A...T....A.T.........C.G....G.G.A..........C...G..C.	3	H9
PY2	AA....C...A..AA..T....CC..C.C.G........CG........G..C.	2	H10
PY3a	A...T....A...........C.G....G.CG.A...........—.C.....C.	2	H11
PY3b	A...T....A...........C.G....G.G.A.............G..C.	5	H12
PY4	A...C....A.......C....C.G....G.G.A....A..C...G..C.	6	H13
TH1a	..—..............A....................C...G..C.	2	H14
TH1b	....G..........................T...C..G...G..C.	1	H15
TH2	................................G..C.C..	3	H16
TH3	.......G....................C..G..C.	3	H17
TH4	..—.........C................C.	5	H18
TH5b	....C.G....T.........GT..............C.	2	H19
TH6a	................C...............CT...G..C.	3	H20
TH6b	..............A.......CT...G..C.	2	H21
YE1	AA....C.....A..T.........C.G....C.G.....G.A......XS......G..C.	3	H22

（续表）

编码	序列 0000000001111111112222222223333333444444444455555555555556666666667777755555577880015568990113459934566912233668899000011233456900113344812234 25678561719309275614854446276162205560579383469075482333474618011211943	频率	单倍型
YE2	AA.....C.....AA.T...........C...G.......C.G......G.A.........C..........G...C.	3	H23
XS1b	A.........A.....—.....C.....G..C.....................C...........	2	H24
XS2b	AA.....C...A.T...........C.G.....G.A—....T.........TG.C.C.	2	H25
WH1	AA.....C......A.........G.C.G......G...........G...C.	3	H26
WH2	AA.....C...A.T.............TC.G......G...........G...C.	3	H27
WH4	A.........A.....—.........................G...C.	6	H28
AS	...................................C...G...C.	15	H29

JJ. 江苏靖江；PY. 鄱阳湖；TH. 太湖；YE. 长江口；XS. 浙江象山石浦渔港；WH. 安徽芜湖；AS. 日本有明海。"."相同碱基；"—"缺乏碱基。缩写随后的数字表示样本数，小写字母表示同一样本的不同克隆

4 个样本的同一位点具有 2 种等位位点，可能为种内不同种群的交配结果（表 3-11）。例如，位点 52 是一个假定父母等位位点，其理由是：① T 碱基存在于太湖的 5 个样本的 21 个克隆，为同质位点；② A 碱基存在鄱阳湖的 6 个样本的 25 个克隆，也为同质位点；③ 靖江和浙江象山样本中，均有这两个碱基的异质位点。然而，种内水平的分子变异的研究，可能与 PCR 扩增反应时 Taq 酶的保真性有关，PCR 扩增类似于生物 DNA 复制过程，在DNA 延伸时也会出现碱基错配。本研究结果不可能因由碱基错配造成的结果，因为在 AS 的 5 个样本的 15 个克隆中，该位点的核苷酸均无变化。有明海种群与其他 6 个种群是一个地理隔离的种群，可被视作为祖先种群（表 3-11）。

表 3-11　$S7$ 基因推测的 4 个异质等位位点及其可能的祖先位点

	位　　点		52	113	296	435
父本	有明海(5)*		T	C	T	A
	太湖(5)*		T	C	T	A
子代	靖江1	a	T	C	T	A
		b	A	A	C	C
	靖江6	a	T	C	T	A
		b	A	A	C	C

（续表）

		位　点	52	113	296	435
子代	象山 1	a	T	C	T	A
		b	A	A	C	C
	象山 2	a	T	C	T	A
		b	A	A	C	C
父本	鄱阳湖(6)*		A	A	C	C

＊括号表示样本数，小写字母代表同一样本不同的克隆

检测核苷酸重组发现 3 个重组位点($R_m=3$)，核苷酸异质性分析表明 3 个克隆(JJ1a、PY2、TH1a)的序列可能参与了重组($P<0.05$)，在其后的分析中排除了这些重组克隆。对刀鲚的整个种群而言，平均 ML 遗传距离为 0.014。4 个种群（靖江、长江口、象山、芜湖）的样本，传统上代表刀鲚的指名物种，作为一个复合群体(CP)，鄱阳湖与太湖或有明海的 ML 遗传距离分别为 0.016 和 0.014，而 CP 与太湖之间具有最高的遗传距离值 0.017，太湖与有明海之间的遗传距离最低 0.004。结果表明，太湖与有明海种群可能是一个完全独立的地理种群。种群的核苷酸多样性分析表明，靖江与太湖之间具有最高的多样性，鄱阳湖与太湖之间的多样性最低（表 3-12）。S7 的中性统计检测，Tajima's 值为 -1.328，Fu's Fs 值为 -2.377，两者虽偏高，但没有达到显著差异水平($P>0.1$)。AMOVA 中性检测、核苷酸替换速率见表 3-12。核苷酸替换的转换大于颠换，替换的相对速率为 2.8（表 3-12）。以转换和颠换值对遗传距离作图表明，核苷酸替换饱和指数(ISS)为 0.017 3，ISS<ISS.C(标准值为 0.7474)，两者差异显著，表明 S7 核苷酸替换速率未到达饱和程度，因此，S7 基因数据可用于构建刀鲚种群的系统演化。

表 3-12　刀鲚 *S7*、*ITSI* 和 *COI* 数据统计

	核苷酸组成/%		变异位点			单倍型		分子方差/%	
	A+T	G+C	single	parsi	indel	H	Hd	among	within
S7	56.5	43.5	35	26	9	29	0.76	29.9	70.1
ITSI	31.8	68.2	21	2	18	29	0.69	10.3	89.7
COI	55.5	45.5	4	6	0	9	0.68	1.9	98.1

	核苷酸多样性		转换 s/颠换 v			中性检测			
	种群间	种群内	s	v	s/v	Tajima's D	P*	Fu's Fs	P*
S7	0.013~0.017	0.013	45	16	2.8	-1.328	N	-2.377	N

（续表）

	核苷酸多样性		转换 s/颠换 v			中性检测			
	种群间	种群内	s	v	s/v	Tajima's D	P^*	Fu's F_s	P^*
ITS1	0.003～0.009	0.006	16	9	1.8	-2.263	Y	-2.377	N
COI	0.001～0.005	0.003	8	2	4.0	-1.070	N	-1.018	N

P^* 显著性水平

2. *ITS1* 序列组成信息

37 个刀鲚样本中，每个样本随机挑选 3～6 个克隆，共计 122 个克隆完成了测序，获得 29 种单倍型。序列递交 GenBank 数据库，登录号 JN394484～JN394512。一个单倍型为 7 种群共享（单倍型频率为 29.5%）。去除 rRNA 编码区，*ITS1* 序列长度为 334～348 bp。总体而言，*ITS1* 序列的变异位点数目相对较低（表 3-12）。PY3 和 WH1 样本之间或之内发现 2 个简约信息位点（75：T/C；76：T/G）。一些样本获得 2～4 个不同的克隆序列，至少存在一个位点的碱基差异。*ITS1* 序列具有 2 种短串联重复，一种为"CT"2 bp 重复，一种为"CCAAA"5 bp 重复（表 3-12），该重复结构在样本内和样本间存在重复数目的差异，导致了不同长度的 *ITS1* 序列。碱基同质性检测表明，*ITS1* 序列核苷酸构成呈均一性，不具碱基偏好性。*ITS1* 序列的碱基组成、位点变异、转换和颠换值等结果见表 3-12。核苷酸替换相对速率为 2.1。AMOVA 分析表明，刀鲚种群内（89.7%）显著高于种群间的核苷酸多样性（10.3%）（表 3-12）。

ITS1 的 RNA 二级结构具有 8 个"茎-环"结构，1 个外侧环，6 个内侧环（简写为 IL，记为 IL-1～IL-6），"茎-环"结构中最短茎具 4 bp 碱基，最长茎具 22 bp 碱基。大约 80% 的 *ITS1* 的核苷酸参与了"茎-环"结构。通过 ITS 的二级结构与其序列的比较分析，多数插入/缺失变异位点发生在 IL-2 及 IL-4 区。这些插入/缺失导致了 *ITS1* 的长度变化。23 个变异位点中，有 15 个发生于环区（包括发夹环、外侧环及内侧环），8 个发生于茎区，其中 4 个是碱基补偿（CBC）。茎区对应的序列变异没有破坏茎内的碱基对，表明在茎区的 CBC 可能具有维持二级结构功能的作用。

3. *S7* 基因的系统进化分析

通过完整的线粒体控制区序列分析发现，在刀鲚、七丝鲚和凤鲚 3 个有效物种中,七丝鲚与刀鲚的亲缘关系最近,为姐妹群;凤鲚在系统演化中最为原始,位于系统树的根部。由此,选择七丝鲚作为外群,利用 $S7$ 数据,通过 MEGA 5.0 软件的 ML 法,构建了刀鲚的系统进化树(图 3 - 12)。树分支的置信度大于 50%,$S7$ 的单倍型组成 A 和 B 这 2 个主要分支。A 支分为 2 个亚分支,较大的亚分支包括了来自洄游种群(靖江)和陆封种群(太湖)的单倍型。B 支由 2 个亚分支构成,一个亚分支由来自淡水定居种群(鄱阳湖)和洄游种群(靖江)的单倍型构成,另一亚分支为多种群的混合(象山、长江口、靖江及芜湖)。值得关注的是,XS1b 和 WH4 组成了一个亚分支。根据 2 个理由,① WH4 和 JJ6b 分享一个单倍型 H28(表 3 - 10),② XS1 和 JJ6 存在 4 个差异

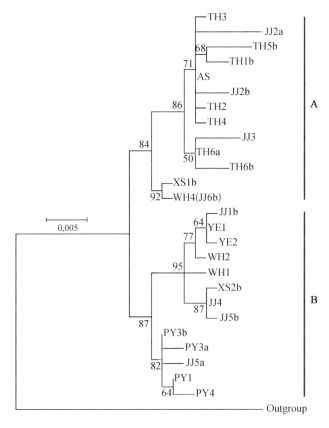

图 3 - 12 基于 $S7$ 序列构建的系统进化树

节点数字代表 1 000 次重复的贝叶斯置信度。JJ. 江苏靖江;PY. 鄱阳湖;TH. 太湖;YE. 长江口;XS. 浙江象山;WH. 安徽芜湖;AS. 日本有明海。缩写随后的数字表示样本数,小写字母表示同一样本的不同克隆

位点(表 3-10),推测这一亚分支表现了 *S7* 系统树能够检测刀鲚种群间的基因流。

4. 线粒体 *COI* 的分子变异

线粒体条形码 *COI* 作为 DNA 序列多样性的标准参考,*COI* 标记已被广泛地用于物种的鉴定。刀鲚 37 个样本的 *COI* 长度为 652 bp,总计 9 种单倍型,这些序列已递交到 GenBank,登录号 JN394472~JN394480。*COI* 诸如碱基组成等信息见表 3-12。基于 *COI* 的 K 2-P 模型计算,刀鲚种群内遗传距离为 0.2%~0.4%,种群间遗传距离为 0.1%~0.5%。若参照以前形态分类标准,刀鲚样本分为所谓的“短颌鲚”和“太湖湖鲚”,则 K 2-P 的平均遗传距离:种内为0.2%~0.4%,种间为 0.3%~0.6%。结果表明,“短颌鲚”和“太湖湖鲚”的 *COI* 序列差异远未达鱼类中姐妹种 2%的标准(Hebert et al.,2003b)。比较分析刀鲚 *COI*、*ITS1*、*S7* 数据,前两者的简约信息位点数(分别为 6 和 2)明显低于后者(26);*COI* 的核苷酸多样性(0.003)与 *ITS1* 大致相等(0.006),两者均明显低于 *S7*(0.013);比较碱基替换相对速率(转换/颠换值),*ITS1* 显著低于 *S7*,也明显低于 *COI*(图 3-13)。结果表明,*S7* 较之 *ITS1* 或 *COI* 具有更高的序列多样性,*S7* 标记能够用于构建种内水平的系统进化关系。

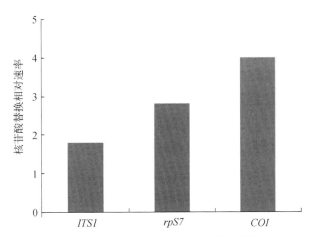

图 3-13　刀鲚核基因和线粒体基因的核苷酸替换相对速率

3.5.3　讨论

在刀鲚的自然分布区,存在多种表型和生态的不同地理种群。这些种群样本,在种内水平上为研究 *S7* 和 *ITS1* 的序列比较进化提供了契机。根据我们曾在长江中下游采集的 812 尾样本的形态测量的研究结果表明,能够依据形态特征,诸如颌长、脊椎骨数、臀鳍条数等,尽管这些特征在一些样本上具有重叠现象,鉴别刀鲚不同的地理种群(程万秀和唐文乔,2011)。648 bp 长的 *COI*,作为生物的条形码,广泛地用于物种鉴定,当前已鉴定了 5 000 余隐性物种(Ward et al.,2009)。刀鲚的 *COI* 序列表明,该物种的分子差异未超过物种划分 2% 的标准值。因此,刀鲚 7 种群的代表性样本,可用于 *S7* 和 *ITS1* 的序列在种内水平上的比较进化研究。

刀鲚 *S7* 的长度大约为 700 bp,与其他已报道的鱼类如鳜相似(Guo and Chen,2010)。刀鲚的 *ITS1* 长度大约 350 bp,要比已报道的鱼类短,如红点鲑 596 bp(Pleyte et al.,1992)、河鳟 582 bp(Presa et al.,2002),*ITS1* 的简约信息位点数(2)低于 *S7*(26),表明这两种核基因具有不同的序列分化速率。而且,核苷酸多样性分析及转换/颠换值也支持了 *S7* 和 *TS1* 具有不同的进化速率(表 3 - 12)。有研究报道,电鳗 40 个物种中,*S7* 第一内含子长为 719 bp,具有 168 个简约信息位点(Lavoue et al.,2003);鲑科红点鲑属 6 物种的 *ITS1* 长为 595 bp,6 个序列的比对发现 45 个简约信息位点(Pleyte et al.,1992);但在虹鳟 86 个样本中,*ITS1* 仅发现 16 个简约信息位点(Presa et al.,2002)。

单拷贝的核基因 *S7* 具有以双亲遗传的进化特征,通过简约信息位点可以检测出的杂交位点。在我们的研究中,*S7* 已检测到了这种杂合位点。例如,JJ1、JJ6、XS1、XS2 在 4 个位点具有多态性,而父母本(太湖和鄱阳湖)在该位点仅具 1 个位点差异(表 3 - 11)。样本的形态数据显示,这种具有杂合位点的样本的上颌骨长度,居于太湖和鄱阳湖(上颌骨较短)样本之间。此外,太湖和有明海样本,代表了 2 种祖先的父母本,可能因为更新世冰期的气候振荡,使具有相同的单倍型的种群,隔离成现今 2 个地理种群。此外,一些环境因素,例如,太湖邻近长江,其他种群的个体偶尔会因为洪水泛滥而进入太湖,导致太湖种群混杂了其他种群的个体;鄱阳湖与长江相连通,有助于长江不同地理种群个体迁移,进而发生交配。本研究使用了 *S7* 标记,检测到了这类交配事件。*S7* 序列在个体内和个体间的差异程度,与刀鲚的地理种群表型相一致。不同种群之间的个体相互迁移,交配,导致 *S7* 由于重组而产生了序列变异,有文献报道,重组较突变能产生更多的序列变异。本研究基于核苷酸序列的研究表明,*S7* 可作为刀鲚种群的一种有效的分子标记。

相反,本研究表明,*ITS1* 基因拷贝序列遵照协同进化,致使拷贝间序列在种间分化、种内相似的一种结果(Bower et al.,2008)。依据基因的同质/异质性,可检测基因是否遵循协同进化。在我们的研究中,*ITS1* 序列差异程度明显低,表现了协同进化。*ITS1* 由于短重复结构数目的变化导致了长度差异(334~348 bp)。对于龙虾种群水平上的研究表明,*ITS1* 的短重复序列数目的变化,能够导致一种不明朗的系统发育关系(Harris and Crandall,2000)。然而,斑蝥(*Cicindela dorsalis*)的研究表明,依据 12 个物种的 50 个克隆序列分析发现,样本内和物种间,*ITS1* 均表现高度序列变异(Vogler and DeSalle,1994)。也有研究表明,*ITS1* 能在种内和种间水平上,作为珊瑚(*Scleractinian corals*)和海绵的一个有效的遗传标记(Van et al.,2000)。用 *ITS1* 作为分子标记,研究褐鳟(*Brown trout*)的系统地理时,与线粒体标记的结果一致(Presa et al.,2002)。由此,依据已公开发表的数据,很难断定 *ITS1* 的序列适合或不适合种内水平上物种的进化分析。

S7 在种内和种间的序列变异,主要是核苷酸转换和颠换,而 *ITS1* 是由于插入或缺失数目的多寡造成的序列变异(表 3 - 12)。*S7* 序列的核苷酸替换相对速率略高于 *ITS1*,但明显地低于 *COI*。相似的,鳜中 *S7* 的转换和颠换值低于线粒体 *cyt b*(Guo and Chen,2010)。刀鲚种群比较发现,*ITS1* 的分子变异(10.3%)较 *S7* 低 2/3(29.9%)(表 3 - 11),证明了 *ITS1* 以协同进化的方式存在刀鲚基因组中。在褐鳟和刺孢地菇(*Terfezia terfezioides*)中,*ITS1* 序列进化速率也较低(Presa et al.,2002;Kovacs et al.,2001)。刀鲚的样本内和样本间,因短序列重复的数目差异,导致 *ITS1* 序列变异,但这些重复结构位于二级结构的单链状内部环上,转录时由于滑动链错配机制,单链序列的重复结构易发生插入和缺失。比较已报道的数据(Bower et al.,2008;Harris and Crandall,2000),我们在内部环区发现了一类新的"CT"重复结构,这种重复结构数目的差异,不会破坏二级结构的功能。

依据 *S7* 数据,采用 ML 方法构建的系统发育树,与以前报道的依据 mtDNA 数据构建的系统树基本一致(杨金权等,2008b)。4 个采样点(PY、JJ、TH、XS)的样本组成 2 个主要分支,处于分支上的样本与 mtDNA 构建的系谱图没有对应关系。相反,在解决种群亲缘关系方面,*S7* 要优于 mtDNA。例如,*S7* 数据构建的系统树上,尽管 2 个主要分支均为种群混合组成,但太湖种群的所有样本,能够完好地处于一个亚分支上,鄱阳湖样本能够处于另一个亚分支上。而且,这 2 个主要分支的分支置信度(84%)显著高于 mtDNA(50%)。有趣的是,由 XS1b 和 WH4 单倍型各自代表了一种独自的基因型,组成了一个亚分支,展示了刀鲚种群间的杂合等位位点,表明刀鲚的不同生态型之间发生了基因流,为全面理解刀鲚的基因组进化过程提供了一种新思路。

(刘东,唐文乔)

第4章 刀鲚生态型及其近缘种的形态学判别

4.1 鱼类种群与生态型的形态学鉴别方法

4.1.1 种群与生态型概念

1. 种群

种群(population)是指在一个特定的时间里,占据一定空间的同一个物种的所有个体的集合。同一种群内的个体彼此可以交配,并通过繁殖将各自的基因传给后代,共同构成了一个基因库。不同种群之间可能由于地理上的障碍出现地理隔离,阻碍个体的自由迁移和交配,使得种群间不能发生基因交流,形成独立的种群。

传统的种群概念通常假设一个种群的所有个体都生活在一个同质(homogeneous)的环境中,个体之间的交互作用是相等的。但一个独立的种群内经常存在着一些相对独立的局域种群(local population),各局域种群之间通过一定程度的个体迁移而成为整体,这类"一个种群的种群"(a population of populations)称为集合种群或异质种群(metapopulation)。集合种群的核心是将空间看成是由栖息地斑块(habitat patch)所构成的网络,而在这些斑块网络中栖息的各局域种群之间,可通过个体的灭绝与再定殖、或迁入与迁出等发生种群空间结构上的动态变化。

2. 生态型

生态型(ecotype)或生态宗(ecological race)是指同一物种内因适应不同的生境而表现出来的、具有一定结构或功能差异的不同类群,是遗传变异和自然选择的结果。

固着不动的植物为了适应不同的诸如气候、土壤、生物因素或人为引种等生态因子,往往会在形态、营养和代谢等方面表现出差异,形成不同的生态型,因此生态型概念在植物学上用得较多。动物由于可以运动和迁移,能主动适应生态因子的不同变化而较少出现不同的生态型。但运动能力比较弱或活动受到限制的一些动物类群,如某些昆虫、寄生性动物和水生动物等也常出现不同的生态型。如我国的东方蜜蜂(*Apis cerana*)和赤眼蜂属(*Trichogramma*)的某些种类等昆虫都有多个生态型。寄生于四川康定贡嘎山区冬虫夏草菌的贡嘎蝠蛾(*Hepialus gonggaensis*),因栖息环境的海拔、温度和湿度、冻土时间长短、光照强弱等的不同,形成了在体型大小、繁殖活动时间、生活周期等均有显著性差异的 3 种生态型(黄天福等,1996)。小金蝠蛾(*Hepialus xiaojinensis*)是四川小金县冬虫夏草产区主要的寄主昆虫之一,有两个生态型,一类为体表有褐色绒毛、翅脉上斑纹山褐色绒毛所覆盖,另一类体表仅有黑白斑纹(张德利和涂永勤,2015)。

有些在淡水中生长、需要降海作生殖洄游的过河口性洄游鱼类,由于在繁殖季节无法返回到大海中而形成了陆封型(landlocked),如鲑形目的大西洋鲑(*Salmo salar*)、胡瓜鱼(*Osmerus mordax*)、香鱼(*Plecoglossus altivelis*)、美洲红点鲑(*Salvelinus fontinalis*)和刺鱼目的三刺鱼(*Gasterosteus aculeatus*)等都有陆封型和洄游型生态型(陈强等,2014;李文祥和王桂堂,2014;张玉玲,1988;梁兆川等,1989;姜志强等,2001;鲁延付等,2009;董崇智和王维坤,1997)。某些哺乳动物如黄鼬东北亚种(*Mustela sibirica manchurica*)也有森林型和平原型等生态型(张伟,2015)。

物种(species)是由互交繁殖的相同生物个体形成的自然群体,是生物分类系统中最基本的一个阶元,有自己相对稳定的明确界限,可以与别的物种相区别。同一个物种形态相似(形态学标准),一般与其他物种间生殖隔离(生物学或遗传学标准),并在自然界占据一定的生态位(生态学标准)。但同一物种的不同个体之间往往也有差异。分类学上将种内两个异域分布的自然种群彼此间互有差异,而其差异个体至少达到种群总体的 75%,即种群 A 中有 75% 的个体不同于种群 B 中的全部个体,则可认为这两个种群已分化成不同的亚种(subspecies)。亚种作为种下分类阶元,也是国际命名法承认的种下唯一的分类阶元,但人工选育的动物种下分类单位一般称为品种。

不同生态型之间的差异类似于自然种群之间的差异。种群和生态型都是物种之下的概念,其差异性也不足以作为亚种的分类标志。一般认为,种群概念侧重于空间和地理的分隔,生态型概念则更侧重于生理功能或行为上的差异性。

4.1.2　鱼类种群与生态型的形态学鉴别方法

1. 形态学性状的特点

形态学方法是最基本、简便、直观,也是目前最常用的鱼类分类方法。形态是基因型(genotype)的表型(phenotype)之一,能在一定程度上反映生物体的遗传构成。由于表型和基因型之间存在着基因表达、调控和个体发育等复杂的中间环节,要确定某一表型性状与基因型之间的对应关系尚有难度。只有符合孟德尔遗传规律的单基因性状一般与基因型才有确定的关系,但大多数性状由多基因决定,需要采用严密的数量遗传学方法才可能对应于所研究的遗传变异。基因型相同的个体,在不同的环境条件下,可以显示出不同的表现型。反之,基因型不同的个体,也可以呈现出相同的表现型。

与分子标记相比,可利用的形态学标记数量往往有限,受环境因素的影响又较大,仅用形态学方法不能客观度量遗传变异的大小。但利用性状来研究遗传变异,特别是需要在短时间内对遗传变异有所了解,形态学方法仍不失为一种既简单易行又经济快速的方法。

2. 常用外部性状的测量与分析

鱼类形态分类常用的外形性状,可分为定量(quantity)和定性(qualification)两类,定量性状又可分为可数性状(count character)和可量性状(measurable character)两类。

1) 可数性状

可数性状即可以计数的性状,包括鳍条(背鳍、臀鳍、胸鳍、腹鳍、尾鳍、小鳍等)、鳞片(侧线鳞、侧线上鳞、侧线下鳞、腹部棱鳞、围尾柄鳞等)、须(口角须、吻须、颏须等)、鳃耙、颌齿、咽喉齿、脊椎骨和肋骨等的数目。

2) 可量性状

可量性状即可以测量和计算大小(size)的性状,诸如体长、体高、体宽、头长、吻长、口宽、眼径、眼间距、尾柄长、尾柄高等。性状大小的差异在一维空间中表现为矢量长度的不同,二维空间中表现为面积、周长等信息,而三维空间中则表现为体积和容量上的特征。

形态学分析需要随机取样和足够多的样品数量,只有满足统计学的样本需求,才能保证群体形态的同质性(homogeneity)。统计学上,样本需要量的计算公式为:N 为样本量、Z 为统计量(当置信度为 95% 时,$Z=1.96$)、P 为目标总体占总体的比例、E 为误差值。一般来说,研究的现象越复杂,个体差异越大,所得结果的精度要求越高时,样本量就越大。在渔业研究中,作为选种培育和种质鉴定等研究的样本量要大一些,珍稀的濒危物种和一般的探索性研究等的样本量可以小一些。除了样品数量,还要分析尽量多的性状指标,这样才能更全面地描述研究对象的形态差异。

(1) 鱼类同源点(传统)形态测量方法:是沿着从头到尾的纵轴,选择吻端、鳃孔后缘、背鳍起点、肛门、尾柄基部等标志性形态位点,测量长度、高度等特征值,获得的比值数据主要集中在体轴及头部和尾部,其理论依据是同源点(homologous point)之间的比较(图 4-1a)。

(2) 同源坐标点(框架)测量方法:几何学(geometry)在鱼类形态学中的应用,使得地标形态学(landmark morphology,也称框架形态学)应运而生。地标形态学的依据是轮廓法(outline method)比较,方法是从鱼体上选取 10~15 个解剖学同源坐标点(homologous landmark point),两两坐标点间连接成线,将鱼体分成若干单元区。测量的数据包括纵向、横向和斜向的多维空间距离,用框架结构(truss network)来度量鱼体的外部形态(图 4-1b)。得到的测量数据通过体长比值法(body length ratio)或对数标准化法(logarithm standardization)进行校正后,利用单因素方差分析、判别分析、主成分分析和聚类分析等多元统计分析方法进行比较分析(Bookstein,1996)。近年多将上述两种形态学方法结合使用,以便更全面地反映鱼体形态之间的差异,获得更加准确的研究结果(刘汉生等,2008)。

定性性状,一般表现为性状的有无、大小、形状和色泽等,如体形、体色、腹

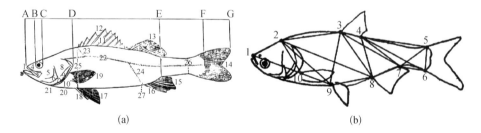

(a)　　　　　　　　　　　　　　　　(b)

图 4-1　同源点(传统 a)与同源坐标点(框架 b)测量方法的比较

棱和腋鳞的有无,以及鳍、须、齿的位置和形状等。形状可以看作去除大小特征后所保留的特征,也就是在缩放(scaling)、平移(translation)、旋转(rotation)和映射(reflection)中保持不变的形态信息。

　　3) 其他性状

　　一般能遗传、具有稳定数量及形态结构、又可在同种生物中表现出不同形式的内部性状,可作为鉴别鱼类种群与生态型的依据。如头骨形态和耳石形态、脊椎骨和幽门盲囊数量、肝脏大小等。徐岁南等(1978)发现可用中国上棒鲺颚(*Epiolavella chinensis*)、简单异尖线虫(*Anisakis simplex*)的幼虫和河蚌(*Anodonta woodiana pacifica*)的钩介幼虫等 3 种寄生虫的寄生状况,作为"生物指标"来判定刀鲚的洄游型与定居型。近年来,耳石的元素组成由于具有代谢惰性,常作为重建鱼类生活史或揭示特定生活史阶段的"元素指纹"。鱼体肌肉中的碳氮同位素组成也能反映其所处的营养生态位,因此稳定同位素分析技术也被用于研究索饵场及洄游状况等生物学问题(Lebreton et al., 2011)。

　　通常情况下,有空间或地理分隔的独立种群比较容易鉴别,而个体迁移和交流比较频繁的局域种群之间较难鉴别。如果生态型之间有功能或行为上的明显差异性,如洄游与定居生态型之间,则相对更容易鉴别。

(唐文乔)

4.2　基于传统分类特征的不同生态型判别

　　提要:袁传宓等(1980)认为洄游型刀鲚有长江型、钱塘江型和太湖湖鲚 3 个生态型,定居型刀鲚(短颌鲚)有江湖型和池沼型 2 个生态型。上颌骨长和臀鳍条数一直被认为是区别长江刀鲚不同生态型的主要特征(袁传宓等,1976,1980;Whitehead et al.,1988;张世义,2001),但以前并没有作过大样本的统计学比较和分析。本节依据近年采集的大量标本,采用数码 X 光拍照手段,分析了 4 个种群 906 尾样本的脊椎骨数、臀鳍条数和上颌骨长,以明晰不同生态型间的这些表型差异,为生态型鉴别提供形态学依据。

　　结果表明,即使是同一种群内的脊椎骨数和臀鳍条数变幅也较大,但均以靖江和九段沙种群的均值较多,分别为 80.7、80.2 和 108.1、107.2;太湖和鄱阳湖种群的均值较少,分别为 76.7、74.9 和 105.2、98.2。上颌骨长/头长也以靖

江和九段沙种群的较大,均值为 1.067 和 1.063;太湖和鄱阳湖种群则分别为
1.014 和 0.831。单因素方差分析表明,除了靖江与九段沙种群之间,其他种群
间的脊椎骨和上颌骨长/头长的平均值均有显著或极显著差异;而臀鳍条平均
值均不具有显著的种群差异。洄游型(包含靖江和九段沙)、太湖和鄱阳湖种群
的 Bayes 判别成功率分别达 92.9%、92.8%和 99.5%,表明现有研究虽已认同
短颌鲚(*C. brachygnathus*)和湖鲚(*C. nasus taihuensis*)同属于刀鲚,但三者之
间还可以依据某些形态特征的有机组合进行区分。

4.2.1 材料与方法

1. 标本采集及测量

刀鲚的长江洄游型即靖江和九段沙样本在溯河产卵途中的 4 月采集,定居
型即太湖和鄱阳湖样本则在秋季的捕捞季节采集。所有标本均直接采自正在
捕捞作业的渔船,共计 906 尾。采样时间、地点及尾数等信息见表 4-1。标本
经冰鲜保存后带回实验室,称量体长和体重,用游标卡尺测量头长及同侧(左
侧)上颌骨的长度(精确到 0.01 mm)。测量后的标本用 95%乙醇固定,中间更
换乙醇 2~3 次,最后用 75%乙醇保存。

表 4-1 4个刀鲚种群的采样地点、采样时间、尾数、体长和体重

生态型	地理种群	采样点	采样时间(年-月)	尾数	体长/cm	体重/g
洄游	靖江	江苏靖江	2009-04	239	22.7±4.7	46.14±29.20
	九段沙	上海九段沙	2009-04	184	23.7±3.5	55.01±25.50
定居	太湖	浙江长兴	2009-09	263	20.9±2.8	38.04±18.59
	鄱阳湖	江西湖口	2009-11	220	20.6±4.2	35.20±20.50

2. X 光图片拍摄及计数

标本在 KODAK DXS 4000 数码 X 光机上拍摄。拍摄后的 X 光图片导入
Photoshop 11.0 软件,用其计数器功能对臀鳍鳍条及脊椎骨进行分段标记,人
工计数。

3. 数据处理

直接测量的数据称长度性状,包括体长、头长、上颌骨长,与体重一起作为
可量性状。直接读出的数据称为可数性状,包括脊椎骨数和臀鳍鳍条数。对长
度性状除以相应的体长(BL)等处理后的比例性状,用于逐步判别分析

(stepwise discriminant analysis，SDA)。选择欧氏距离(euclidean distance)和组间连接法(between-groups linkage)进行种群聚类，用树形图显示种群间的亲疏程度。数据用 Excel 2003、Statistica 11.0 和 SPSS 16.0 软件处理。

4.2.2　结果

1. 脊椎骨数

所分析的 906 尾刀鲚标本均获得了清晰可辨的脊椎骨和臀鳍条 X 光图片。在 4 个种群中，以靖江和九段沙种群的脊椎骨数最多，分别为 76～84(均值 80.7±0.1)和 76～84(80.2±0.1)；太湖种群次之，为 74～79(76.7±0.1)；鄱阳湖种群的最少，为 72～77(74.9±0.1)。进一步分析表明，各个种群的脊椎骨数大致呈正态分布(图 4-2)。其中，靖江和九段沙种群的重叠明显，太湖和鄱阳湖种群也有一定程度的重叠，但前后两者之间的区别较大。

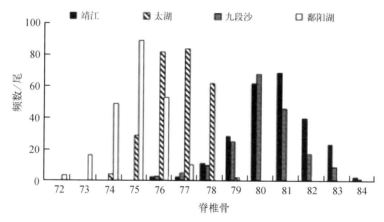

图 4-2　4 个刀鲚种群脊椎骨数的分布比较($n=906$ 尾)

单因素方差分析表明，靖江与九段沙种群的脊椎骨平均值差异不显著($P=0.291>0.05$)，但与太湖、鄱阳湖种群的差异极显著($P<0.001$)。九段沙与太湖种群的差异显著($P=0.017<0.05$)，与鄱阳湖种群的差异极显著($P<0.001$)。太湖与鄱阳湖种群的差异不显著($P=0.291<0.05$)。

2. 臀鳍鳍条数

与脊椎骨数一样，臀鳍鳍条数也表现出靖江和九段沙种群的最多，分别为 95～121(均值 108.1±0.3)和 94～117(107.2±0.3)，太湖和鄱阳湖种群的较少，分别为 93～112(105.2±0.2)和 88～108(98.2±0.2)。4 个种群的臀鳍鳍条数也基本呈现出中间高、两侧低的正态型分布现象(图4-3)。其中,靖江和九段沙种群、太湖和鄱阳湖种群的重叠较多,而两者之间的差异较大。但单因素方差分析显示,4个种群的平均臀鳍鳍条数并不具有显著性的差异($P=0.201\sim0.577$)。

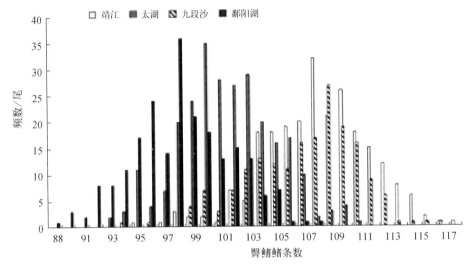

图4-3　4个刀鲚种群臀鳍条数的分布比较($n=906$尾)

3. 上颌骨长

1) 体长对上颌骨长的影响

Pearson相关分析显示,906尾个体的上颌骨长与体长的相关系数为0.847,两者相关性极显著($P<0.001$);而上颌骨长/体长、上颌骨长/头长与体长的相关性系数仅为0.066和0.044,两者与体长都不呈显著性相关($P=0.286$和0.195)。表明上颌骨长会随着体长的增长而变长,但上颌骨长/体长和上颌骨长/头长则为稳定性状,不随着鱼体的生长而变化。

2) 上颌骨长/头长

4个种群的上颌骨长/头长见表4-2,可见,靖江种群的上颌骨长/头长均值最大,为1.067;九段沙和太湖种群次之,均值分别为1.063和1.014;鄱阳湖种群最小,均值仅为0.831。单因素方差分析表明,仅靖江与九段沙种群的差异不显著($P=0.324$),但其与太湖、鄱阳湖种群之间的差异极显著($P<0.001$)。

表 4-2　4 个地理种群的上颌骨长/头长、头长/体长的比较

群　体	样本数 (n)	上颌骨长/头长		头长/体长	
		变化幅度	平均值±标准差	变化幅度	平均值±标准差
靖江	239	0.895~1.206	1.067±0.043	0.156~0.165	0.161±0.002
九段沙	184	0.872~1.196	1.063±0.033	0.149~0.152	0.150±0.001
太湖	263	0.752~1.097	1.014±0.036	0.155~0.156	0.155±0.001
鄱阳湖	220	0.807~0.890	0.831±0.019	0.154~0.157	0.155±0.001

3）头长/体长

4 个种群中,以靖江的头长/体长均值最大,为 0.161;太湖、鄱阳群体的次之,均为 0.155;九段沙群体的最小,为 0.150(表 4-2)。单因素方差分析显示,除九段沙与太湖、鄱阳湖群体的差异不显著($P=0.412$ 和 0.530)外,其他群体间的差异均极显著($P<0.000$)。

4. 性状的聚类分析

选取脊椎骨数、臀鳍条数、头长/体长、上颌骨长/体长、上颌骨长/头长等 5 个性状,所得的欧氏平方距离见表 4-3。可见在 4 个地理种群中,靖江与九段沙、太湖与鄱阳湖之间的欧氏平方距离都较近,而两者之间的欧氏平方距离则较远。图 4-4 是所得的聚类结果,可见靖江与九段沙,以及太湖与鄱阳湖分别可合为一个组群,而 2 个组群间的关系较远。

表 4-3　4 个不同地理种群的欧氏平方距离

地理种群	欧氏平方距离			
	靖　江	九段沙	太　湖	鄱阳湖
靖江	0.000	0.222	16.081	33.235
九段沙	0.222	0.000	12.534	28.055
太湖	16.081	12.534	0.000	3.108
鄱阳湖	33.235	28.055	3.108	0.000

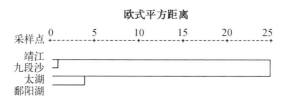

图 4-4　4 个不同地理种群的聚类分析图

5. 性状的判别分析

用上述 5 个性状建立 Bayes 判别函数(系数见表 4-4),可获得如下判别方程:

表 4-4　形态性状的判别方程系数

性　　状	方程 1 靖江	方程 2 九段沙	方程 3 太湖	方程 4 鄱阳湖
脊椎骨数	58.758	58.339	55.880	54.573
上颌骨长/体长	136.343	133.224	130.650	126.985
上颌骨长/头长	300.722	306.239	292.512	240.364
常数	-2.639×10^3	-2.606×10^3	-2.395×10^3	-2.242×10^3

靖江:$F1=$脊椎骨数$\times58.758+$上颌骨长/体长$\times136.343+$上颌骨长/头长$\times300.722-2.639\times10^3$

九段沙:$F2=$脊椎骨数$\times58.339+$上颌骨长/体长$\times133.224+$上颌骨长/头长$\times306.239-2.606\times10^3$

太湖:$F3=$脊椎骨数$\times55.880+$上颌骨长/体长$\times130.650+$上颌骨长/头长$\times292.512-2.395\times10^3$

鄱阳湖:$F4=$脊椎骨数$\times54.573+$上颌骨长/体长$\times126.985+$上颌骨长/头长$\times240.364-2.242\times10^3$

逐步判别的结果见表 4-5。可见在 4 个种群的 906 尾个体中,有 195 尾被错误地判别为其他种群,总体错判率高达 21.5%,也即判别成功率仅为 78.5%。但这些错判主要发生在靖江与九段沙种群之间,有 144 尾被错判,而其他种群被错判的仅 51 尾。

表 4-5　基于形态性状的 4 个地理种群逐步判别结果

种　　群		判别种群				总　　计
		靖　江	九段沙	太　湖	鄱阳湖	
逐步判别结果/尾	靖江	160	66	13	0	239
	九段沙	78	87	19	0	184
	太湖	0	4	245	14	263
	鄱阳湖	0	0	1	219	220
逐步判别结果/%	靖江	66.9	27.6	5.4	0.0	100.0
	九段沙	42.4	47.3	10.3	0.0	100.0
	太湖	0.0	1.5	93.2	5.3	100.0
	鄱阳湖	0.0	0.0	0.5	99.5	100.0

如果将靖江和九段沙合并为一个洄游型种群，而与太湖和鄱阳湖种群再作判别，判别方程系数和判别结果见表 4-6 和表 4-7。可见，在 906 尾个体中，仅有 50 尾被错判，错判率降至 5.5%，也即判别成功率达 94.5%。其中，423 尾洄游种群的判别成功率为 92.9%，263 尾太湖种群的判别成功率为 92.8%，220 尾鄱阳湖种群的判别成功率达 99.5%。

表 4-6　形态性状的判别方程系数

性　　状	方程 1 洄游型	方程 2 太湖	方程 3 鄱阳湖
脊椎骨数	55.851	53.216	51.886
上颌骨长/体长	79.233	75.519	71.729
上颌骨长/头长	183.951	178.230	132.072
常数	-2.411×10^3	-2.193×10^3	-2.044×10^3

表 4-7　基于形态性状的 3 个地理种群逐步判别和交互验证结果

	种　群	判别种群			总　计
		洄游型	太　湖	鄱阳湖	
逐步判别/尾	洄游型	393	30	0	423
	太湖	5	244	14	263
	鄱阳湖	0	1	219	220
逐步判别/%	洄游型	92.9	7.1	0.0	100.0
	太湖	1.9	92.8	5.3	100.0
	鄱阳湖	0.0	0.5	99.5	100.0
交互验证/尾	洄游型	391	32	0	423
	太湖	6	243	14	263
	鄱阳湖	0	3	217	220
交互验证/%	洄游型	92.4	7.6	0.0	100.0
	太湖	2.3	92.4	5.3	100.0
	鄱阳湖	0.0	1.4	98.6	100.0

4.2.3　讨论

分布于长江的刀鲚是 Jorden 等于 1905 年根据上海标本命名的一个物种，但 Whitehead 等(1988)认为其与 1846 年 Temminck 依据日本标本命名的 *C. nasus* 是同一物种。同时，在长江中下游的太湖、巢湖等湖泊中，还生活着一种在形态和生活习性上有一定差异的淡水定居型种群，袁传宓等(1976)将其定名为湖鲚(*C. nasus taihuensis*),作为刀鲚的一个亚种。刘文斌(1995)通过同工酶和形态特征的比较分析,认为湖鲚尚未达到亚种水平。通过外形、矢耳石形态、mtDNA 控制区和 cyt *b* 序列所作的分析,同样认为湖鲚是刀鲚的一个地理种群(Cheng et al.,2005;Liu et al.,2005;程起群等,2006;Ma et al.,2010;唐文乔等,2007;许志强等,2009;郭弘艺等,2010)。

短颌鲚是 1908 年由 Kreyenberg 等依据洞庭湖标本确立的物种,由于上颌骨较短和淡水性分布,一直被视为有别于刀鲚的有效物种(Whitehead et al.,1988;张世义,2001)。但随着刀鲚淡水定居型种群在太湖等水域的发现,两者在生态上的差异变得模糊,但张世义(2001)认为短颌鲚也是刀鲚的一个淡水型种群。这一结果也被 mtDNA 控制区和 cyt *b* 基因构建的系统发育树所证实(Liu et al.,2005;程起群等,2006;Ma et al.,2010,唐文乔等,2007;许志强等,2009)。

本研究表明,虽然脊椎骨数和臀鳍条数的变动幅度较大,不同种群间有一定程度的重叠,但除了靖江与九段沙种群之间,其他种群间的脊椎骨平均值却有显著性或极显著性差异,而臀鳍鳍条平均数并不具有显著性的种群差异。同时发现,上颌骨长本身会随着体长的增长而变长,其与体长或头长的比值则是稳定的性状,而上颌骨长/头长也表现出与脊椎骨平均值基本一致的种群差异。因此,原先将臀鳍条数和上颌骨的本身长度作为短颌鲚区别于刀鲚的主要特征是不太适合的,而脊椎骨数和上颌骨长/头长却确实在两者间存在着差异。

如果将靖江和九段沙合并为一个洄游种群,而与太湖和鄱阳湖种群作Bayes 判别,则洄游种群、太湖种群和鄱阳湖种群的判别成功率分别可达92.9%、92.8%和 99.5%,这与郭弘艺等利用矢耳石形态特征所作的分析结果类似(程起群和李思发,2004;郭弘艺等,2007,2010)。表明,尽管现有研究已基本认同短颌鲚和湖鲚同属于刀鲚,但这三者之间还可以依据某些形态特征些的有机组合,利用多元分析进行可靠区分。

(程万秀,唐文乔,李辉华)

4.3　中国鲚属鱼类矢耳石形态解析

提要:硬骨鱼类的耳石是一种硬组织,存在于内耳的膜迷路内,共 3 对,即矢耳石（sagittal）、微耳石（lapillus）和星耳石（asteriscus），担当着平衡器官和听觉器官的功能。耳石是一种主要由碳酸钙等组成的矿化组织，耳石内没有髓腔和血管、神经分布，其形态和组成比骨骼更为稳定。因每种鱼的耳石都具有特征性的形态特征，故被用于物种鉴定和近缘种鉴别（Assis，2003；Campana，2005）。耳石在鱼的一生中持续生长，形态保守，元素成分一旦沉积也很稳定（Campana，1999；宋昭彬和曹文宣，2001），这些保守和稳定性特征已被用于鱼类的近缘种鉴别、群体识别和年龄鉴定（Messieh，1972；Campana and Casselman，1993；Friedland and Reddin，1994；沈建忠等，2002；Begg et al.，2005）。随着耳石材料的不断积累，耳石分析已经成为某些区域食鱼哺乳动物（如海豹、海狮等）和鸟类等食性分析，以及肉食性鱼类食性分析及仔幼鱼被捕食危害分析的有效方法之一（Fitch and Brownell，1968；Pierce and Boyle，1991；Bowen，2000；Campana，2004）。由于矢耳石在 3 对耳石中最大，易于观察，常用于物种特征的形态学分析。

本节详细测量了 205 尾 4 种中国的 2 龄鲚属鱼类的矢耳石，解析了其形态特征。结果显示，这 4 种鱼类的矢耳石都具有翼叶和基叶，但无后基叶和副基叶，中央突也不明显。背侧有脊突，叶形晶状突呈小三角形，仅限于腹侧。主凹槽明显，直管状，后端封闭。4 种鱼矢耳石长轴长为体长的 1.68%～2.82%，矢耳石重为体重的 0.26‰～1.71‰；不管绝对质量还是面积，均以七丝鲚和凤鲚的最大，刀鲚的次之，短颌鲚的最小，显现出与在海水中生活的时间呈正相关性。刀鲚和短颌鲚的矢耳石较轻薄，单位面积均重 1.22～1.40 mg/mm²；七丝鲚和凤鲚的较厚重，单位面积均重约 1.86 mg/mm²。矢耳石的长轴、短轴和单位质量等的变异系数，均要小于其体长特别是体重的变异系数，矢耳石形态的稳定性显著优于其身体形态的稳定性。

4.3.1　材料与方法

1. 材料

所用材料均为 2 龄新鲜标本，基本情况见表 4-8。年龄由体侧鳞片和矢耳石磨片共同鉴定。成对 t 检验显示，左右矢耳石之间的质量无显著差异或一致性偏差（$P>0.05$），统一选用左耳石作为研究材料。

123

表 4-8　鲚属鱼类的采集地、采集时间、数目、体长和体重

种　类	采　样　点	采样时间(年-月)	尾数	体长/mm	体重/g
凤鲚	上海长兴岛	2005-4	109	148.1±19.4	10.76±4.14
七丝鲚	福建宁德	2005-10	13	213.6±14.2	32.82±6.93
短颌鲚	江苏靖江	2005-4	50	148.1±29.4	8.16±4.52
刀鲚	上海九段沙	2005-4	33	234.8±35.5	55.51±25.28

2. 耳石磨片及测量方法

去除矢耳石包膜和黏液,清洗后在60℃的烤箱中烘烤24 h,于干燥器中冷却后用电子天平称量,精确到0.01 mg。将耳石外侧面向上,内侧面向下,置于解剖镜下拍摄耳石整体形态,使用Motic Images advanced 3.0软件计算耳石外侧面面积(以下简称耳石面积),精确到0.01 mm²。

用2 000目的金砂纸平行于长轴即轴垂直于短轴两面打磨耳石,至能显出较为清晰的耳石中心为止。耳石磨片洗净后置于载玻片上,在显微镜下观察耳石显微结构,并测量耳石的各性状(图4-5),精确到0.01 mm。

耳石形态及年轮特征分析图片采用Nikon DC 950数码相机摄制,用Photoshop 5.0软件对图文进行了诸如年轮标记加注、标尺、文字等处理。变异系数=标准差/平均值×100%。所有数据处理均使用Excel 2000、Statistica 6.0软件。

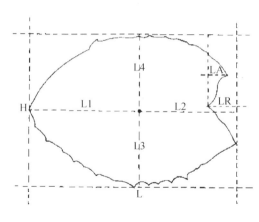

图4-5　鲚属矢耳石测量示意

L. 耳石的长轴;H. 耳石的短轴;L1. 耳石中心到最后端的垂直距离;L2. 耳石中心到最前端的垂直距离;L3. 耳石中心到耳石腹面的垂直距离;L4. 耳石中心到耳石背面的垂直距离;LR. 耳石基叶的长度;LA. 耳石翼叶的长度

3. 耳石描述术语

国际上迄今还没有一套公认的耳石形态描述术语。本节参考Messieh(1972)、Gaemers(1984)和郑文莲(1981)等的研究,结合鲚属的形态特征使用如下术语(图4-6):

基叶(rostrum):位于腹侧前端的叶状突起。

翼叶(antirostrum)：为背侧向前延伸的叶状突起。

主间沟(excisural notch)：位于基叶与翼叶之间的凹槽。

主凹槽(sulcus)：从主间沟开始，沿耳石中轴延伸的凹槽。

脊突(knob)：背侧表面的脊状突起。

叶形晶状突(leafed aragonite crystal)：耳石边缘的叶片状突起。

中央突(central protrusion)：基叶和翼叶之间的突起。

辐射状条纹(radiate stripe)：耳石侧面表面的辐射状条纹。

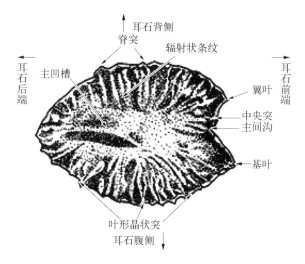

图 4-6　鲚属矢耳石形态与术语(近轴面)

4.3.2　结果

1. 矢耳石的形态特征

鲚属鱼类的矢耳石呈现不规则的扁椭球形，通常前端略膨大，后端较尖细。在低倍解剖镜下，可观察到南瓜籽形的外侧面，前端有 3 个叶状突起。其中，位于腹部的基叶较长，背部的翼叶不明显(刀鲚除外)，中央突一般不发达。整个外侧面分布着 9~31 条呈辐射状排列的条纹，其中，位于腹缘的条纹在耳石腹侧向外突出，形成细小的叶形晶状突，但背缘的辐射状条纹突出不明显。背侧表面还有一些零星的细小脊突。将矢耳石内侧面置于解剖镜下，除了可观察到外侧面所具有的各个表面特征外，还可观察到 1 条从主间沟起始，沿耳石中轴延伸至耳石后端，贯穿整个耳石内侧面的狭长主凹槽(图 4-6)。

矢耳石磨片后,将磨片的外侧面朝上,在低倍显微镜下,可观察到较为清晰的耳石中心和环同心圆排列、明暗相间的粗环纹;但将内侧面朝上,则耳石中心和轮纹均不易看清。环纹由较宽的透光带(translucent zone)和较窄的遮光带(opaque zone)组成(图版Ⅰ:1)。一条透光带和一条遮光带共同组成一个年轮标志。磨片表面有多条暗色的辐射状条纹,将年轮割开。

在高倍显微镜下,耳石磨片的中心为一个圆形或椭圆形的核(core),直径为$50.0 \sim 80.0 \, \mu m$,平均为$(61.9 \pm 8.6) \mu m$。核的中心为一个暗黑色的圆点,即耳石原基(primordium),其直径为$9.0 \sim 20.0 \, \mu m$,平均为$(12.3 \pm 3.9) \mu m$。有些种类环绕核的周围分布有多条明暗相间的窄纹,直至年轮第一个遮光带的外缘。通常前10余条轮纹间距较窄,环纹为圆形;之后轮纹间距变宽,环纹也呈长圆形,表现在环纹在耳石长轴上排列较疏,短轴上较密(图版Ⅰ:2)。但这些轮纹是否为日龄标志,尚有待于验证。

1) 七丝鲚

外侧面隆起,侧缘略呈圆盘状。平均体长213.6 mm的标本,耳石长轴平均5.04 mm,短轴4.03 mm,长轴长是短轴长的1.25倍(1.17～1.30倍)。基叶发达,为长轴长的0.19倍(0.15～0.22倍)。翼叶很小,不明显;中央突小,略长于翼叶。耳石腹缘分布12～17个细小的叶形晶状突(图版Ⅰ:3)。耳石磨片可见清晰的中心核,但核周围未见有明暗相间的窄纹。

2) 凤鲚

形态类似于七丝鲚。平均体长148.1 mm的凤鲚,耳石长轴平均4.15 mm,短轴3.21 mm,长轴长是短轴长的1.30倍(1.14～1.40倍)。基叶发达,为长轴长的0.20倍(0.17～0.26倍)。翼叶和中央突极小,不明显。腹缘分布8～19个细小的叶形晶状突(图版Ⅰ:4)。中心核清晰,但核周围可观察到的窄纹数少且不清晰。

3) 刀鲚

扁平,外侧面不膨大,略呈南瓜籽形。平均体长234.8 mm的刀鲚,耳石长轴平均仅3.89 mm,短轴2.93 mm,长轴长是短轴长的1.34倍(1.23～1.46倍)。基叶较发达,为长轴长的0.14倍(0.08～0.17倍)。翼叶很发达,明显长于中央突;基叶长为翼叶长的1.79倍(1.07～3.4倍)。腹缘分布有9～17个叶形晶状突,呈小三角形(图版Ⅰ:5)。中心核清晰,并可见其周围27～41条明暗相间的窄纹。

4）短颌鲚

形态似刀鲚。平均体长 148.1 mm 的短颌鲚，耳石长轴平均 3.27 mm，短轴 2.56 mm，长轴长是短轴长的 1.28 倍（1.16～1.46 倍）。基叶较发达，为长轴长的 0.13 倍（0.05～0.18 倍）；不具翼叶或翼叶很小。中央突较小。腹缘分布有 8～17 个细小的叶形晶状突（图版 Ⅰ：6）。耳石磨片可见较为清晰的中心核及其周围 15～40 条窄纹。

4 种鲚属鱼类矢耳石的一些度量性状及其比例见表 4-9。

表 4-9　矢耳石的度量性状及其比例

种 类	耳石长轴 L1/mm	耳石短轴 H2/mm	基叶长 LR/mm	L/H	L1/L2	L3/L4	LR/L
凤鲚	4.15±0.38	3.21±0.32	0.81±0.12	1.30±0.03	1.19±0.07	0.93±0.05	0.20±0.03
七丝鲚	5.04±0.24	4.03±0.19	1.03±0.16	1.25±0.03	1.11±0.07	1.00±0.04	0.19±0.03
短颌鲚	3.27±0.29	2.56±0.24	0.42±0.11	1.28±0.04	0.94±0.07	1.11±0.07	0.13±0.03
刀鲚	3.89±0.30	2.93±0.23	0.55±0.09	1.34±0.03	0.98±0.07	1.07±0.06	0.14±0.02

2. 耳石的称量特征

鲚属鱼类矢耳石的平均重量及其单位面积质量等见表 4-10。由表 4-10 可见，在 2 龄鱼类中，虽然以刀鲚的体长和体重最大，七丝鲚次之，凤鲚和短颌鲚较小；但以七丝鲚的矢耳石重和面积最大，凤鲚次之，刀鲚较小，短颌鲚最小，反映出鲚属鱼类的种类间矢耳石增长与体长和体重的增长并不同步。

表 4-10　矢耳石重（Wo）、面积和单位面积质量

种 类	耳石长轴长与体长之比 L/BL/%	耳石重 Wo/mg	耳石重与体重之比 Wo/W/10^{-3}	耳石面积 /mm^2	耳石单位面积质量/（mg/mm^2）
凤鲚	2.82	17.06±4.46	1.71±0.40	10.06±1.65	1.85±0.24
七丝鲚	2.37	26.84±2.74	0.84±0.13	14.39±1.08	1.86±0.08
短颌鲚	2.24	7.20±1.87	0.97±0.36	5.96±1.04	1.22±0.14
刀鲚	1.68	10.95±2.79	0.26±0.16	8.13±1.41	1.40±0.19

矢耳石的平均单位面积质量也以凤鲚和七丝鲚的较大，刀鲚的较小，短颌鲚的最小。这与所观察的凤鲚与七丝鲚的耳石外侧面膨大，刀鲚与短颌鲚耳石外侧面扁平的形态结果相一致。可见，七丝鲚和凤鲚的矢耳石较厚重，刀鲚和短颌鲚的较轻薄。

3. 耳石形态和质量的稳定性

表 4 - 11 列出了 4 种鲚属鱼类的体长、体重和一些矢耳石度量性状的变异系数。可见,这 4 种鲚属鱼类的矢耳石重和单位质量的变异系数要明显小于其体重的变异系数,而矢耳石的长轴长和短轴长的变异系数也要显著小于其体长的变异系数。表明在这些种类的个体间,矢耳石重都较其体重稳定,矢耳石的形态也都较其体长稳定。

表 4 - 11　体长和矢耳石各度量性状的变异系数的比较

种 类	变异系数/%						
	体长	体重	矢耳石重	矢耳石长轴	矢耳石短轴	矢耳石面积	矢耳石单位质量
凤鲚	13.11	38.48	26.14	9.16	9.97	16.40	13.05
七丝鲚	6.67	21.12	10.21	4.76	4.71	7.51	4.30
短颌鲚	15.12	55.39	25.97	8.87	9.38	17.45	11.48
刀鲚	15.12	45.54	25.48	7.68	7.85	17.34	14.12

4.3.3　讨论

1. 中国鲚属鱼类矢耳石的形态特征

鱼类都有特征性的形态特征(Campana,2005)。弄清鱼类的形态特征,不仅可以为传统的形态分类提供更多的佐证(Assis,2003),也可以为食鱼哺乳动物(如海豹、海狮等)、海洋鸟类和凶猛性鱼类的食性分析提供有效的材料和方法(Pierce and Boyle,1991;Fitch and Brownell,1968)。

中国 4 种鲚属鱼类的矢耳石都具有翼叶和基叶,但无后基叶和副基叶(FABOSA,2002;郑文莲,1981),中央突也不明显。背侧有脊突,叶形晶状突呈小三角形,仅限于腹侧。主凹槽明显,直管状,后端封闭,从主间沟起一直延伸至耳石后端。这与欧洲鳀的矢耳石基本相同,但后者的主凹槽并不延伸到耳石后端(郑文莲,1981)。与大西洋鲱相比,后者的矢耳石背侧和腹侧均有波纹状晶状突。与欧洲鳗相比,后者的矢耳石有后基叶和副基叶。大菱鲆、长吻丝鲹、眼镜鱼和乌鲳的矢耳石也有后基叶和副基叶,但大菱鲆和眼镜鱼耳石的腹侧均无明显的叶形晶状突,长吻丝鲹和乌鲳主凹槽后端开口,且乌鲳的耳石背侧和腹侧均有扇形波纹状叶形晶状突。军曹鱼、乳香鱼和羽鳃鲐耳石腹侧均较光滑,无明显叶形晶状突,且主凹槽形状呈 Y 字形或蝌蚪状,这些都与鲚属鱼类不同(表 4 - 12)。

表 4‑12　中国 4 种鲚属鱼类矢耳石与其他鱼类的比较

种　类	后基叶和副基叶	背侧突起	腹侧突起	L/BL/%	L/H	文献来源
长吻丝鲹（Alectis indica）	有	不明显	有波状或锯齿状叶形晶状突	2.1	2.1	
乌鲳（Formio niger）	有	有扇形波纹状叶形晶状突	有扇形波纹状叶形晶状突	3.16	2.45	郑文莲，1981
军曹鱼（Rachycentron canadum）	无	无	无	1.20	2.59	
眼镜鱼（Mene maculata）	有	有脊突	无	2.06	1.65	
乳香鱼（Lactarius actarius）	无	无	无	5.64	1.39	
羽鳃鲐（Rastrelliger kanagurta）	无	无	无	2.27	2.04	
大西洋鳕（Gadus morhua）	无	有波纹状叶形晶状突	有波纹状叶形晶状突	—	—	
欧洲鳗（Anguilla anguilla）	有	无	有波纹状叶形晶状突	—	—	FABOSA，2002
大菱鲆（Scophthalmus maximus）	有	无	不明显	—	—	
欧洲鳀（Engraulis encrasicolus）	无	有脊突	有小三角形叶形晶状突	—	—	
鲚属鱼类（Coilia）	无	有脊突	有小三角形叶形晶状突	1.68～2.82	1.25～1.34	本节

　　4 种鲚属鱼类的矢耳石长为体长的 1.68%～2.82%，这一比例与几种中小型鲈形目鱼类的矢耳石接近，而比军曹鱼等大型鲈形目鱼类的矢耳石要大（郑文莲，1981）。鲚属鱼类的矢耳石长度（长轴）与高度（短轴）之比在 1.25～1.34，与眼镜鱼和乳香鱼接近，但比长吻丝鲹、乌鲳、眼镜鱼和羽鳃鲐等要小，表明这 4 种鲚属鱼类的矢耳石要比后 4 种鱼的矢耳石粗短（表 4‑12）。

　　2. 中国鲚属鱼类间的矢耳石形态差异

　　在 2 龄的 4 种鲚属鱼类中，刀鲚和短颌鲚的矢耳石较轻薄，七丝鲚和凤鲚的较厚重，耳石单位均重前者仅约为后者的 70%。表现在前者的矢耳石外侧面较平扁，而后者的外侧面隆起。七丝鲚与凤鲚耳石的后端较圆钝，前端的基叶较长，翼叶不明显；而刀鲚和短颌鲚矢耳石的后端较尖细，基叶较短，刀鲚的翼叶虽较发达，但短颌鲚的翼叶也较小。

　　七丝鲚和凤鲚的矢耳石原基偏向耳石几何中心的右侧，耳石磨片中心核周围的轮纹不清晰;刀鲚和短颌鲚的矢耳石原基偏向耳石几何中心的左侧,耳石磨片中心核周围的轮纹清晰。

3. 耳石大小与生活习性的关系

在同龄的 4 种中国鲚属鱼类中,不论是矢耳石的绝对质量、面积,还是单位面积质量(表 4-10),均以在沿海生活、短距离溯河洄游至河口产卵的七丝鲚和凤鲚最大;在沿海生活、长距离溯河洄游至河流中下游产卵的刀鲚次之;完全生活于淡水的短颌鲚为最小。这表明在近缘种之间,海水种类或在海水中生活时间较长的种类的矢耳石,要明显大于淡水种类或在海水中生活时间较短的种类的矢耳石,也即在海水生活阶段的矢耳石的沉积速度要明显大于在淡水生活阶段。

耳石是一种主要由 $CaCO_3$ 组成的钙化组织,鳃是钙等亲骨性核素沉积的主要途径(Campana,1999)。由于淡水中钙等亲骨性核素的含量通常要比海水中少,因此在鱼类近缘种之间,海水种类比淡水种类的矢耳石要大一些可能是一个普遍现象。

4. 用矢耳石形态作近缘种种类识别的可能性

框架图分析方法由于利用了鱼类体形的多重立体结构,比仅仅利用体形的有偏覆盖(biased coverage of body form)(Strauss and Bookstein,1982)的传统分类手段有了一定的改进,因此成为近年鱼类近缘种判别或种群识别的重要工具(杨军山和陈毅峰,2004)。但鱼类体形本身的一些度量特征容易受到鱼体的发育阶段、营养状况、环境条件和病害等因素的影响,影响分析结果的可靠性(Bookstein,1996)。变异性分析表明(表 4-11),矢耳石的长轴、短轴和单位面积质量等的变异系数,均要小于其体长特别是体重的变异系数。因此,仅从特征的稳定性角度判断,用矢耳石形态的某些特征作为中国鲚属鱼类种间的判别可能要优于体形的立体结构。

(郭弘艺,唐文乔,魏凯)

4.4 基于矢耳石形态特征的中国鲚属鱼类种类识别

提要:在前一节对矢耳石形态特征比较研究的基础上,本节尝试用耳石的形态度量学特征,鉴别我国的鲚属种类,为刀鲚近缘种鉴别提供更多的形态学佐证。分析了中国鲚属鱼类七丝鲚、凤鲚、刀鲚和短颌鲚共 4 个种 205 尾 2 龄鱼矢耳石的 32 个形态特征。对 9 个长度性状的主成分分析表明,反映矢耳石体积和基叶大小的第一主成分,以及与反映翼叶大小的第二主成分共同解释了总变异的 91.2%,是种类判别的主要依据。对 10 个标准化性状的逐步判别显示,4 个种的平均正判率达 95.6%,但交互验证结果却显示,刀鲚与短颌鲚间存在着 20.1% 的误判率,表现出与传统的依据外部形态分类和线粒体 DNA 控制区全序列分析的相似结果。这表明,短颌鲚并非有效种,而是刀鲚的淡水生态型种群,也预示着耳石形态分析在近缘种判别方面的良好应用前景。

4.4.1　材料与方法

1. 材料

标本均直接采自正在捕捞作业的渔船,采样时间、地点及尾数等信息见表 4-13。刀鲚和短颌鲚的鉴别主要依据传统的上颌骨长度特征,即短颌鲚的上颌骨后延不超越鳃盖骨,而后两者的上颌骨后延达胸鳍基部。七丝鲚和凤鲚的物种鉴定依据文献(Whitehead et al.,1988;张世义,2001)进行。新鲜标本进行常规的生物学测定后,由体侧鳞片和矢耳石磨片进行年龄鉴定,所用材料均为 2 龄。

表 4-13　鲚属鱼类的采集地点、采集时间、数目、体长和体重

种　类	采 集 地 点	采样时间(年-月)	尾数	体长/mm	体重/g
凤鲚	上海长兴岛	2005-4	109	148.1±19.4	10.76±4.14
七丝鲚	福建宁德	2005-10	13	213.6±14.2	32.82±6.93
短颌鲚	江苏靖江	2005-4	50	148.1±29.4	8.16±4.52
刀鲚	上海九段沙	2005-4	33	234.8±35.5	55.51±25.28

2. 耳石磨片及测量方法

从两侧耳囊中取出一对矢耳石,去除矢耳石表面包膜和黏液,清洗后在 60℃ 的烤箱中烘烤 24 h,于干燥器中冷却后用电子天平称量,精确到 0.01 mg。将耳石外侧面向上,内侧面向下,置于解剖镜下拍摄矢耳石整体形态(图 4-7),测量矢耳石的长轴(L)和短轴(H)。

耳石磨片制备同本章 4.2 节。耳石磨片用去离子水洗净后置于载玻片上,在显微镜下测量各形态度量学性状(精确到 0.01 mm),并拍照存档(图 4-5,图 4-6)。

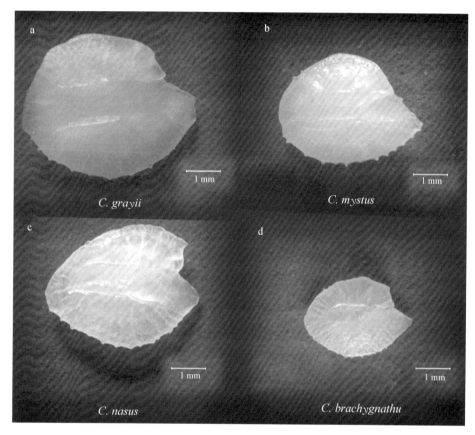

图 4 - 7　4 种鲚属鱼类左矢耳石内侧面

a. 七丝鲚；b. 凤鲚；c. 刀鲚；d. 短颌鲚

直接测量的数据称长度性状（length character），用于主成分分析（principal component analysis，PCA）。除以相应的体长、耳石长轴长或耳石短轴长等处理后的数据称标准化性状（standardization character），用于逐步判别分析（stepwise discriminant analysis，SDA）（表 4 - 14）。

用左、右矢耳石各个长度性状进行成对 t 检验，以检验左、右耳石间的差异性。用 Pearson 相关分析矢耳石的长度性状与体长之间的相关关系。

采用 Nikon DC 950 数码相机摄制耳石形态及年轮特征分析图片。用 Photoshop 5.0 软件对图片进行了诸如年轮标记加注、标尺、文字等处理。所有数据均使用 Excel 2000、Statistica 6.0 和 SPSS 11.0 软件处理。

表 4 - 14　列入多变量分析的矢耳石性状

长度性状	体长标准化性状	耳石长轴标准化性状	耳石短轴标准化性状	其他标准化性状
Wo	L/BL	H/L	L1/H	LR/L1
L	H/BL	L1/L	L2/H	LR/L2
H	L1/BL	L2/L	L3/H	LR/L3
L1	L2/BL	L3/L	L4/H	LR/L4
L2	L3/BL	L4/L	LR/H	LA/LR
L3	L4/BL	LR/L		
L4	LR/BL			
LR				
LA				

4.4.2　结果

1. 刀鲚左右矢耳石间的差异

表 4 - 15 为刀鲚左、右矢耳石之间成对 t 检验的分析结果,可见在 $P < 0.05$ 水平上,左、右矢耳石之间的所有性状都无显著性差异或一致性偏差。

表 4 - 15　刀鲚左、右矢耳石性状之间的方差分析

性状	SS Effect	df Effect	MS Efect	SS Error	df Error	MS Error	F	P
L	9.28×10^{-5}	1	9.28×10^{-5}	0.107 98	32	0.003 085	0.030 068	0.863 336
H	0.005 266	1	0.005 266	0.058 276	32	0.001 619	3.253 386	0.079 65
L1	0.000 483	1	0.000 483	0.017 046	32	0.000 487	0.991 93	0.326 107
L2	8.58×10^{-6}	1	8.58×10^{-6}	0.029 923	32	0.000 855	0.010 032	0.920 789
L3	0.000 33	1	0.000 33	0.025 086	32	0.000 717	0.461 058	0.501 596
L4	0.001 325	1	0.001 325	0.019 431	32	0.000 555	0.131 359	4.121 347
Wo	1.027 222	1	1.027 222	40.012 78	32	1.143 222	0.898 532	0.349 675
LR	0.000 39	1	0.000 473	0.018 046	32	0.000 478	0.891 93	0.436 107

同样在 $P < 0.05$ 水平上,凤鲚、七丝鲚和短颌鲚左、右矢耳石的全部性状也无显著性差异。因此,下面的分析均选用左矢耳石作为研究对象。

2. 体长对矢耳石形态的影响

Pearson 相关分析表明,4 个种类矢耳石的长度性状均存在明显的体长效应(表 4 - 16),即矢耳石的一些性状会随鱼体的生长而发生变化。

由表 4 - 16 可见,在 9 个长度性状中,具有体长效应的性状比例为 66.67% ~ 100%。7 个体长标准化的性状中,具有体长效应的性状比例也达 57.41% ~ 100%。可见,体长的标准化对消除体长效果并没有明显作用。

表 4-16　与体长相关的性状比例(%)(P<0.001)

种　类	长度性状	体长标准化性状	耳石长轴标准化性状	耳石短轴标准化性状
凤鲚	87.50	100.00	66.67	60
短颌鲚	88.87	100.00	66.67	20
刀鲚	100.00	85.71	16.70	20
七丝鲚	66.67	57.14	0	0

但经耳石长轴或耳石短轴标准化后,七丝鲚的全部性状均可消除体长效应,刀鲚、短颌鲚和凤鲚也可大幅减轻体长效应(表 4-16)。因此,耳石的长度性状经过耳石长轴或耳石短轴的标准化后,可以在很大程度上消除体长的影响。

3. 耳石长度性状的主成分分析

表 4-17 列出了 9 个耳石长度性状经主成分分析后的前两个主成分量贡献率及其负荷量。可见,第一主成分的特征根为 6.940,它解释了总变异的 77.115%,与第二主成分一起的累积贡献率达到了 91.164%。在第一主成分的各贡献者中,除了翼叶长(LA)为负值以外,其余均为正值,且指标系数很大;而第二主成分的主要贡献者为 LA,其他因子的贡献均很小。这表明,第一主成分主要反映的是耳石的质量及其长、宽、高等大小程度,以及基叶 LR 的大小,而第二主成分反映的是翼叶(LA)的大小和有无。

表 4-17　前两个主成分的贡献率和各指标的负荷量

指　标	主 成 分			
	因子负荷量		因子得分系数	
	I	II	I	II
W$_0$	0.953	−0.064 12	0.137	−0.051
L	0.984	0.066 02	0.142	0.052
H	0.987	0.052 61	0.142	0.042
LR	0.768	−0.392	0.111	−0.310
LA	−0.002 384	0.963	0.000	0.762
L1	0.913	0.283	0.132	0.224
L2	0.929	−0.165	0.134	−0.130
L3	0.922	0.240	0.133	0.190
L4	0.976	−0.080 76	0.141	−0.064
特征值	6.940	1.264		
贡献率/%	77.115	14.074		
累积贡献率/%	77.115	91.162		

图 4-8 是对耳石长度性状第一、第二主成分所作的散布图。可见,依据第一主成分可以将七丝鲚与刀鲚和短颌鲚完全分开,而根据第二主成分(翼叶的有无和长度)也可以将刀鲚和凤鲚完全分开。但不论是第一主成分还是第二主成分,刀鲚和短颌鲚都存在一定程度的重叠。

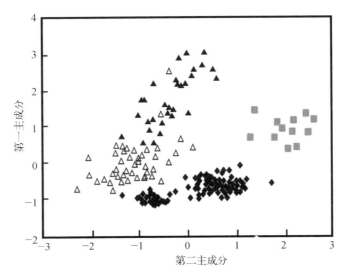

图 4-8　4 种鲚属鱼类的第一、第二主成分散布图

◆.凤鲚；■.七丝鲚；△.短颌鲚；▲.刀鲚

4. 4 种鲚鱼的种类识别

选取体长效应小或不存在体长效应的 10 个相对性状,建立 Bayes 判别函数(判别方程系数见表 4-18),进行逐步判别分析和交互验证法判断,结果见表 4-18。

表 4-18　耳石性状的判别方程系数

性　状	方程 1(凤鲚)	方程 2(七丝鲚)	方程 3(刀鲚)	方程 4(短颌鲚)
LR/H	−31 614.052	−32 303.083	−32 558.078	−32 366.995
LR/L2	2 804.579	3 575.318	3 671.784	3 370.082
LR/L3	13 723.520	13 453.064	13 459.939	13 621.922
LA/LR	−63.400	−50.088	−18.598	−48.648
L1/H	11 860.808	12 411.490	12 389.871	12 305.659
L2/H	11 773.374	11 976.267	11 997.152	12 013.766
L3/H	8 600.532	7 879.783	8 259.409	7 922.094
L1/L	−1 141.595	−1 862.137	−2 001.747	−1 829.199

（续表）

性　状	方程 1(凤鲚)	方程 2(七丝鲚)	方程 3(刀鲚)	方程 4(短颌鲚)
L3/L	20 349.643	20 983.568	20 616.657	21 123.372
L4/L	17 317.677	17 231.771	17 258.636	17 076.632
（常数项）	−16 880.184	−16 843.173	−16 823.619	−16 821.295

　　表 4-19 的逐步判别结果显示，在 4 个种类的 205 尾个体中，仅有 9 尾被错误地判别为其他种类，错判率为 4.4%，也即判别成功率高达 95.6%。其中，109 尾凤鲚的判别成功率为 99.1%，13 尾七丝鲚的判别成功率为 92.3%，33 尾刀鲚的判别成功率为 97.0%。但 50 尾短颌鲚中有 6 尾误判为刀鲚，与刀鲚之间的错判率相对较高，判别成功率仅 88.0%。

表 4-19　基于左耳石性状的鲚属鱼类种类逐步判别和交互验证法检验的结果

	实际种	判入种类				总　计
		凤　鲚	七丝鲚	刀　鲚	短颌鲚	
逐步判别结果/(尾)%	凤鲚	108	1	0	0	109
	七丝鲚	0	12	0	1	13
	刀鲚	0	0	32	1	33
	短颌鲚	0	0	6	44	50
	凤鲚	99.1	0.9	0.0	0.0	100.0
	七丝鲚	0.0	92.3	0.0	7.7	100.0
	刀鲚	0.0	0.0	97.0	3.0	100.0
	短颌鲚	0.0	0.0	12.0	88.0	100.0
交互验证结果/(尾)%	凤鲚	108	1	0	0	109
	七丝鲚	0	11	0	2	13
	刀鲚	0	1	30	2	33
	短颌鲚	0	0	7	43	50
	凤鲚	99.1	0.9	0.0	0.0	100.0
	七丝鲚	0.0	84.6	0.0	15.4	100.0
	刀鲚	0.0	3.0	90.9	6.1	100.0
	短颌鲚	0.0	0.0	14.0	86.0	100.0

　　从判别分析的性状中得出的第一特征向量和第二特征向量所作的典型判别分析图（图 4-9）中，也能直观地看到，七丝鲚、凤鲚和刀鲚个体相互分离，但短颌鲚与刀鲚和七丝鲚有所重叠。由于第一特征向量和第二特征向量的方差已经占了总方差的 93.4%（表 4-20），因此可将其作为种类识别的重要特征之一。

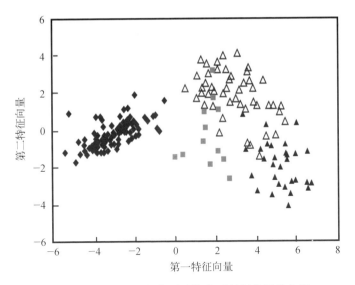

图 4‐9 鲚属 4 种鱼类耳石的典型判别分析散点图

◆. 凤鲚；■. 七丝鲚；△. 短颌鲚；▲. 刀鲚

表 4‐20 典型分析的特征系数

特征向量	1	2	3
LR/H	−5.232	−0.898	−1.427
LR/L2	7.052	−1.488	5.004
LR/L3	−2.464	2.579	−3.253
LA/LR	0.570	−0.709	−0.249
L1/H	2.212	0.524	1.836
L2/H	1.106	0.801	0.454
L3/H	−1.121	−1.979	−1.585
L1/L	−1.726	−0.283	−0.831
L3/L	1.427	3.458	1.597
L4/L	−0.363	−1.124	0.015
特征值	11.823	1.462	0.938
累积贡献率/%	83.1	93.4	100.0

4.4.3 讨论

1. 磨片制备的随机误差对种类识别结果的影响

本研究采用的耳石长轴 L 和短轴 H 是耳石磨片前的量度,而 L1、L2、L3、L4、LR 和 LA 等是经磨片后,对照耳石中心点所测得的相应长度。分析显示,磨片前测得的 L 和 H 与磨片后测得的长轴(L1+L2)和短轴(L3+L4)的对应差值,均不大于 5%。

由于制备者的技术和耳石磨制角度等问题,耳石磨片后测量的一些数据可能存在一定的随机误差。但这种随机误差可以通过增加样方数量加以消除(张金屯,2004)。除了七丝鲚,其他种类均为较大的样本。因此,本研究的耳石制备和测量方法不会对种类的识别结果产生大的影响。

2. 据于矢耳石形态的种类识别及短颌鲚物种的有效性

七丝鲚、凤鲚与刀鲚和短颌鲚之间容易依据胸鳍、臀鳍和纵列鳞等可数性状差异进行区分。但短颌鲚与刀鲚的主要形态区别主要在于上颌骨较短,生态区别是淡水性分布。早期也一直被视为一个有别于刀鲚的有效物种(Whitehead et al.,1988)。随着刀鲚淡水定居型种群即湖鲚(*C. nasus taihuensis*)在巢湖、太湖等地的发现,模糊了短颌鲚与刀鲚在生态学上的主要差异,近年有学者直接将短颌鲚作为刀鲚的一个同物异名看待(张世义,2001;倪勇和伍汉霖,2006)。

我们前期用线粒体 DNA 控制区全序列所构建的邻接树和最大简约树显示,大部分短颌鲚个体虽然能聚在一起,但也仅是与刀鲚和湖鲚等一起组成的单系群中的一个分支,短颌鲚本身并不能独立构成单系群。短颌鲚与刀鲚和湖鲚间的平均遗传距离(0.017 和 0.020)要明显小于与凤鲚和七丝鲚间的平均遗传距离(0.098 和 0.054)(唐文乔等,2007)。

本节对矢耳石 9 个绝对性状的主成分分析表明,反映耳石质量和长、宽、高等大小程度及基叶大小的第一主成分,和反映翼叶大小的第二主成分共同解释了总变异的 91.2%。逐步判别结果显示,4 个物种之间总的平均判别成功率高达 95.6%,因此可以作为物种鉴别的有效方法之一。但刀鲚与短颌鲚之间有 20.1%的误判率,显示出与线粒体 DNA 控制区全序列分析相似的结果(唐文乔等,2007)。

另外,近几年我们在长江口多年的调查发现,一些成熟洄游型刀鲚个体的上颌骨长度也有较大差异,表明刀鲚的上颌骨长度并不是一种稳定的特征(图4-10)。因此,我们也认为短颌鲚是刀鲚在长江的一个淡水生态型种群,而不是一个独立的物种,其分布地可以远至长江中游及洞庭湖和鄱阳湖等大型湖泊。

近年来,利用体形多重立体结构的框架分析方法已成为鱼类近缘种判别的重要工具(Strauss and Bookstein,1982)。但由于耳石单位质量和形态特征等

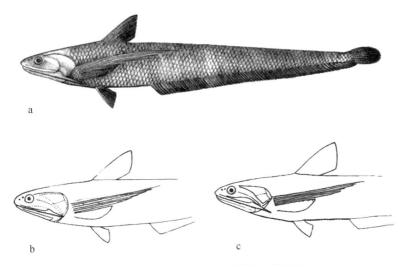

图 4-10　洄游型刀鲚上颌骨长度变化

a. 上颌骨末端超过胸鳍基部；b. 上颌骨末端不达胸鳍基部；c. 上颌骨末端接近胸鳍基部

的变异系数均比体形的变异系数要小(沈建忠等，2002；郭弘艺等，2007)，因此，基于耳石形态特征的种类识别可能要优于依据身体外形的框架分析。由于耳石具有形态和组成稳定、个体间变异较小、样本保存容易、可重复性强、设备要求简单等特点，耳石形态分析方法将在仔幼鱼的鉴别、外形损毁标本的鉴定和近缘种的判别上具有良好的应用前景(Campana，2005)。

(郭弘艺，魏凯，唐文乔)

4.5　两种耳石分析方法在鲚属种间和种群间识别效果的比较研究

提要：真骨鱼类的耳石已被广泛用于物种鉴定和近缘种鉴别(Assis，2003；郭弘艺等，2010)。除了前面所用的传统形态学分析方法(traditional otolith morphometrics，TOM)，20 世纪 90 年代产生了几何形态测量学(geometric morphometrics)方法。前者主要侧重于耳石线性表征的测量，后者则通过对耳石二维投影后，侧重于对耳石轮廓的图像数字挖掘和形态结构数值化分析(张国华，2000)。

几何形态测量学方法在二维投影(2D)上主要有两种方法：一种是轮廓法

(outline methods),通过对二维影像进行椭圆傅里叶分析,提取表征外部轮廓线的傅里叶系数(elliptic fourier descriptors,EFDs),经处理后进行主成分和判别分析等数理统计分析;另一种是地标点法(landmark methods),是基于笛卡儿地标的形状统计方法,通过获取二维影像上的地标点 X、Y 坐标数据,将其进行相对扭曲(relative warp)和薄板样条分析,绘制网格变形图,分析耳石形态变异并进行多元统计分析。

本节采用传统形态分析法和傅里叶形态分析法,对 281 尾 2 龄长江凤鲚和刀鲚个体的矢耳石形态学作了分析。结果表明,采用传统的耳石形态测量法对凤鲚与刀鲚种间的正判率达 90.9%,但 2 个刀鲚生态型种群之间的判别成功率仅为 76.9%。而运用傅里叶耳石形态分析法,凤鲚和刀鲚物种间的识别率高达 100%,2 个刀鲚生态型间的识别率也提高至 86.8%。可见,两种耳石形态分析法对鲚属种间的识别效果均很好,但对生态型分析而言,傅里叶形态分析法可取得更好的识别效果。

4.5.1 材料与方法

1. 材料

标本均直接采自捕捞作业的渔船,网具为流刺网,采样时间、地点及样本数等信息见表 4-21。新鲜标本作常规的生物学测定后,由体侧鳞片和矢耳石磨片进行年龄鉴定,所用样本均为 2 龄。

表 4-21 样本的采集地点、采样时间和样本数

种类	生态型	采集地点	采样时间(年-月)	标本数	耳石形态测量	耳石傅里叶分析
刀鲚	定居	江苏太湖	2009-9	81	59	55
	洄游	江苏靖江	2009-4	91	53	51
凤鲚	—	江苏靖江	2005-4	109	55	55

2. 传统耳石形态测量法

耳石制备同本章 4.2 节。鉴于本章 4.3 节研究鲚属鱼类左、右矢耳石间在形态特征上无显著差异性的结论,本研究统一采用左矢耳石。将矢耳石内侧面向上,水平置于 Olympus SZX 7 解剖镜下,在放大 20 倍下进行耳石图像采集。使用 Image-Pro Plus 6.0 图像处理软件,测量耳石长(otolith length,L;耳石前端至后端的长度)、耳石宽(otolith width，H;耳石背部到耳石腹部的长度)、耳石周长(preimeter，P;耳石不规则边缘的实际长度)和耳石面积(area，A;耳石实际的二维面积)。

鉴于鲚属鱼类矢耳石的测量参数存在明显的体长效应,因此将测量参数转化为形态指标(shape index),以便消除体长的影响(郭弘艺等,2010)(表 4-22)。形态指标用于主成分分析和逐步判别分析。

表 4-22 矢耳石的测量指标与形状指标

测量参数*	形 状 指 标
耳石面积(A)	圆度(roundness，RND)=$4A/\pi L^2$
耳石周长(P)	形态因子(format-factor，FF)=$4\pi A/P^2$
耳石重(Wo)	充实度(circularity，CIR)=P^2/A
耳石长(L)	矩形趋近率(rectangularity，REC)=$A/(L\times H)$
耳石宽(W)	椭圆率(ellipticity，ELL)=$(L-H)/(L+H)$
	幅形比(aspect ratio，AR)=L/H
	面密度(surface density，D)=Wo/A

耳石面积单位为 mm^2;长度单位均为 mm;耳石质量单位为 mg

3. 傅里叶分析法

打开 Olympus SZX 7 解剖镜下采集的耳石照片,采用 TpsDig2 软件,以矢耳石翼叶顶点为测量起始点(图 4-11),逐一读取耳石轮廓数据,每个耳石轮廓被描述为 3 000 个连续的(x,y)坐标点,并保存为 TPS 数据文件。然后,运用 EFAWin 标准化程序软件读取 TPS 文件数据。图 4-12 显示了在不断增加谐值组的情况下,傅里叶分析法所描绘的刀鲚耳石轮廓趋向"真实"耳石形态的模拟过程。可见,采用 20 组谐值已能较好地描述耳石轮廓(图 4-12 d)。因此,本节取 20 组傅里叶谐值,每一组谐值由 4 个形态系数(coefficients，C)表示,即每个耳石样品轮廓特征由 80 个系数组成。

图 4-11 TpsDig 2 软件追踪的耳石轮廓(刀鲚样品编号 J073,采自靖江,箭头标注为测量起始点)

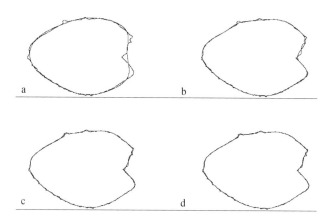

图 4 - 12　随着傅里叶谐值的增加,耳石形态的
重建过程(样品同图 4 - 11)

a. 5 组谐值；b. 10 组谐值；c. 15 组谐值；d. 20 组谐值

由于傅里叶形态特征值对耳石图形的位置、大小和方向等敏感(Tracey et al.，2006),所得出的谐值需经过标准化处理,标准化后的数据用于分析。标准化处理后,前三个系数 $C_1=1,C_2=C_3=0$。最终,每个耳石外部轮廓由 77 个系数($C_4\sim C_{80}$)组成,用于逐步判别分析。

4. 数据处理

对形态测量参数和傅里叶系数作方差齐性检验和正态检验,对不符合正态分布的变量不纳入后续处理(卢纹岱,2006)。实验中使用了符合上述条件的 41 个傅里叶系数($C_9\sim C_{13}$、C_{15}、C_{16}、C_{18}、C_{23}、C_{31}、C_{32}、$C_{35}\sim C_{37}$、$C_{39}\sim C_{44}$、C_{47}、C_{48}、C_{51}、C_{52}、$C_{55}\sim C_{57}$、$C_{62}\sim C_{64}$、$C_{66}\sim C_{69}$、$C_{71}\sim C_{73}$、C_{75}、C_{76}、$C_{79}\sim C_{80}$)及椭圆率等形态量度指标,进行逐步判别分析。所有数据均使用 Excel 2007 和 SPSS 16.0 软件处理。

4.5.2　结果

1. 传统耳石形态分析法

1) 耳石形状指标的主成分分析

主成分分析显示,前三个主成分的累积贡献率已达 84.201%(表 4 - 23)。在第一主成分的各贡献者中,椭圆率(ELL)和幅形比(AR)的负荷量分别高达 0.977 和 0.976,这一主成分主要反映耳石长和耳石宽的大小和比例;第二主成分的主要贡献者为圆度(RND)和矩形趋近率(REC),主要反映耳石轮廓是否趋近于圆及与耳石最小外接矩形的关系;第三主成分的主要贡献者为耳石面密度(D),其反映的是耳石单位质量。

表 4‑23　前三个主成分的贡献率和各指标的负荷量

性　　状	主成分		
	因子负荷量		
	I	II	III
充实度(CIR)	−0.188	−0.487	−0.720
矩形趋近率(REC)	−0.034	0.951	−0.126
形态因子(FF)	−0.266	−0.238	0.546
圆度(RND)	−0.506	0.843	−0.086
椭圆率(ELL)	0.977	−0.118	−0.041
幅形比(AR)	0.976	−0.117	−0.048
面密度(D)	0.004	−0.167	0.897
特征值	2.675	1.728	1.481
贡献率/%	38.214	24.716	21.271
累积贡献率/%	38.214	62.930	84.201

根据耳石形态指标第一、第二主成分所作的散布图(图 4‑13),可依据第二主成分将凤鲚与刀鲚基本分开。但不论是第一主成分还是第二主成分,定居型与洄游型刀鲚都存在很高程度的重叠。

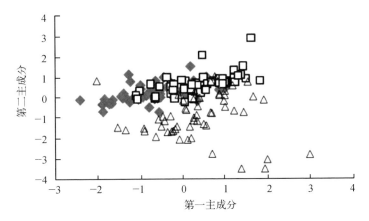

图 4‑13　矢耳石的第一、第二主成分散布图

◆.定居型刀鲚;□.洄游型刀鲚;△.凤鲚

2) 耳石形态指标的判别分析

对耳石形态指标变量进行逐步判别分析,根据各变量对模型的贡献大小,逐步剔除不相关变量,最终筛选出 3 个变量即形态因子(FF)、椭圆率(ELL)和面密度(D)。所建立的判别方程为

定居型刀鲚:$F_1 = 319.728 \times FF + 658.308 \times ELL + 69.680 \times D - 199.101$

洄游型刀鲚:$F_2 = 323.385 \times FF + 739.763 \times ELL + 71.605 \times D - 214.599$

凤鲚:$F_3 = 354.134 \times FF + 771.156 \times ELL + 92.384 \times D - 274.168$

利用所建立的判别函数对每尾标本进行种类或种群识别(表 4-24),发现在全部 167 尾个体中,31 尾被错判,即判别正确率为 81.44%。其中,55 尾凤鲚的判别成功率较高,为 90.9%,仅有 5 尾被错判为洄游型刀鲚,无凤鲚被错判为定居型刀鲚;而刀鲚生态型之间错判率较高,定居型判别成功率为 76.3%,洄游型为 77.4%。交互验证法判断的结果与判别结果基本吻合,判别正确率为80.2%。

表 4-24 据耳石形态性状和傅里叶谐值的逐步判别结果

因 子		鉴定物种或种群	判别物种或种群		
			定居型刀鲚	洄游型刀鲚	凤 鲚
形态性状	尾数	定居型刀鲚	45	14	0
		洄游型刀鲚	12	41	0
		凤鲚	0	5	50
	%	定居型刀鲚	76.3	23.7	0.0
		洄游型刀鲚	22.6	77.4	0.0
		凤鲚	0.0	9.1	90.9
傅里叶谐值	尾数	定居型刀鲚	46	9	0
		洄游型刀鲚	5	46	0
		凤鲚	0	0	55
	%	定居型刀鲚	83.6	16.4	0.0
		洄游型刀鲚	9.8	90.2	0.0
		凤鲚	0.0	0.0	100.0

从判别分析的性状中得出的第一特征向量和第二特征向量所作的典型判别分析图(图 4-14)中,也能直观地将凤鲚和刀鲚个体相互分离,但刀鲚两生态型间多有重叠。

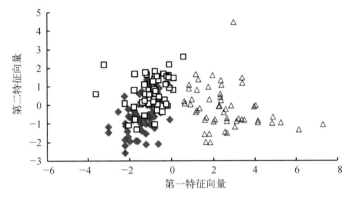

图 4-14　矢耳石形态指标的典型判别分析散点图

◆.定居型刀鲚；□.洄游型刀鲚；△.凤鲚

2. 耳石傅里叶形态分析法

对傅里叶变量进行逐步判别，最终筛选出 13 个谐值，即 C_9、C_{11}、C_{13}、C_{15}、C_{16}、C_{23}、C_{18}、C_{31}、C_{51}、C_{55}、C_{57}、C_{44}、C_{79}。所建立的判别函数如下。

定居型刀鲚：$X_1 = 206.284 \times C_9 - 30.555 \times C_{11} + 535.689 \times C_{13} + 424.128 \times C_{15} + 474.308 \times C_{16} - 429.028 \times C_{23} - 266.647 \times C_{18} + 30.538 \times C_{31} - 957.904 \times C_{51} + 646.153 \times C_{55} - 182.047 \times C_{57} + 1.095 \times 10^3 \times C_{44} - 991.283 \times C_{79} - 23.317$

洄游型刀鲚：$X_2 = 261.439 \times C_9 - 33.055 \times C_{11} + 614.423 \times C_{13} + 229.565 \times C_{15} + 552.466 \times C_{16} - 515.184 \times C_{23} - 231.462 \times C_{18} + 199.885 \times C_{31} - 375.538 \times C_{51} + 53.965 \times C_{55} - 31.507 \times C_{57} + 885.320 \times C_{44} - 475.337 \times C_{79} - 24.718$

凤鲚：$X_3 = 580.835 \times C_9 + 306.323 \times C_{11} + 330.257 \times C_{13} + 982.995 \times C_{15} + 106.546 \times C_{16} + 48.822 \times C_{23} + 36.303 \times C_{18} - 734.352 \times C_{31} - 310.009 \times C_{51} + 644.829 \times C_{55} - 1719.093 \times C_{57} - 415.191 \times C_{44} - 1306 \times C_{79} - 32.955$

利用上述判别函数对每尾标本进行种类或种群识别（表 4-24），发现在全部 161 尾个体中，仅 14 尾被错误地判别，判别正确率为 91.3%。其中，55 尾凤鲚完全被识别，判别成功率为 100%；定居型刀鲚有 9 尾被误判为洄游型，判别成功率为 83.6%；洄游型刀鲚仅有 5 尾被误判为定居型，判别成功率为 90.2%。交互验证法判断的结果也基本吻合，判别正确率为 86.3%。

从典型判别分析散点图可看到（图 4-15），凤鲚和刀鲚个体完全分离；刀鲚两生态型之间也基本可以分开，仅有少量个体重叠。

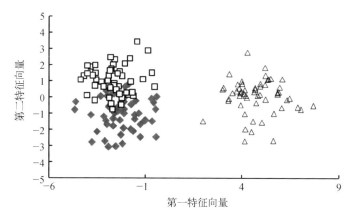

图 4-15 矢耳石傅里叶谐值的典型判别分析散点图

◆.定居型刀鲚；□.洄游型刀鲚；△.凤鲚

4.5.3 讨论

由于具有物种的特异性和种群的差异性,耳石形态很早即被用于物种的鉴定和近缘种的鉴别(Campana,2005)。早期的研究主要利用简单的耳石特征性形态结构对物种和地理种群的识别(朱元鼎等,1963;郑文莲,1981;罗秉征等,1981)。后来逐步利用数理统计的方法对耳石的体轴进行详细的多参数测量,借助于聚类分析和判别分析等多元分析方法,对物种和种群进行判别,即传统的耳石形态测量法(张国华等,1999;郭弘艺等,2010)。随着计算方法的优化和计算机的普及应用,最初用作物理学热过程解析分析工具的傅里叶分析方法,逐步被引入到耳石的形态分析上,形成了耳石的傅里叶形态分析法(张国华,2000;Tracey et al.,2006)。传统形态测量法侧重于分析耳石几个体轴和坐标点之间的比例关系,而傅里叶形态分析法则可以通过傅里叶变换,能详细地描述物体的外部轮廓,对耳石形态的分析更为精细,包含的信息也更多。

郭弘艺等(2010)测量了七丝鲚、凤鲚、刀鲚洄游型和定居型共 4 种 205 尾 2 龄鱼 10 个矢耳石比例性状,用传统形态测量法所作的分析表明,3 个种间的正判率达 95.6%,但刀鲚 2 个生态型间存在 20.1% 的误判率。姜涛等(2011)用传统形态测量法,对 12 组矢耳石框架测量数据所作的分析也表明,凤鲚与刀鲚的正判率为 100%,但 4 个水域的刀鲚群体间的正判率仅为 56%~83%。本研究采用传统的耳石形态测量法对凤鲚与刀鲚间正判率为 90.9%,但刀鲚 2 个生态型种群之间的判别成功率仅为 76.9%。而运用傅里叶耳石形态分析法,凤鲚和刀鲚物种间识别率提高至 100%,刀鲚 2 个生态型间的识别率也提高至 86.8%。可见,对于鲚属鱼类的种间分析而言,两种耳石形态分析法均具有很好地识别效果。但对种群分析,傅里叶形态分析法可以取得更好的识别效果。

(李辉华,郭弘艺,唐文乔)

4.6　基于碳氮稳定同位素特征的刀鲚生态型判别

　　提要：鱼类能通过鳃、皮肤、食物等途径吸收食物和水环境中的元素,再经血液及内淋巴输送,沉积在耳石上。元素一旦被耳石沉积就很难再被机体吸收,具有代谢惰性,成为记录鱼类生活史足迹的元素指纹。因此,耳石的微化学分析可以重建鱼类生活史历程或揭示其特定生活史阶段的水环境变化(郭弘艺等,2015a)。已有研究表明,鱼类耳石含有 30 多种元素,其中的 C、Ca、O 构成耳石的基质碳酸钙($CaCO_3$),其余为微量和痕量元素。已有许多研究证实,河口洄游鱼类耳石中的 Sr/Ca 值,可以反映其生活史所处的淡水、河口和海水时期,从而较为准确地"回溯"生活史"履历","重建"其自然栖息环境。Yang 等(2006)和姜涛等(2013)都通过耳石 Sr/Ca 值对长江刀鲚的生活史特征作过判断。

　　近年来,碳氮同位素分析技术也被用于生态系统的物质循环和能量流动研究(Vander and Rasmussen,2001),可定位消费者的营养生态位、索饵场及洄游状况等生物学特征(Fuji et al.,2011;Lebreton et al.,2011)。本节分析了舟山、崇明、靖江和鄱阳湖 4 个刀鲚种群肌肉样本中的碳氮稳定同位素特征,结果表明,舟山、崇明及靖江群体的 $\delta^{13}C$ 水平显著地高于鄱阳湖群体($P<0.05$),相反舟山、崇明及靖江群体的 $\delta^{15}N$ 水平显著低于鄱阳湖群体($P<0.05$)。基于碳氮稳定同位素特征,可以将刀鲚区分为洄游型群体(舟山、崇明和靖江群体)和定居型群体(鄱阳湖群体)。洄游型群体的营养级水平为 2.90～3.04,是海洋生态系统中的中级消费者;定居型群体的营养级水平为 4.38,是鄱阳湖水域生态系统的顶级消费者。研究还表明,鄱阳湖群体 $\delta^{15}N$ 值总体偏高,标志着鄱阳湖水域由于外源性营养物种的输入而导致了富营养化。因此,利用碳氮稳定同位素技术也能有效区分刀鲚的洄游型和定居型。

4.6.1 材料及方法

1. 采样地点及样品采集

实验所用刀鲚样本于 2013 年 4~5 月采自长江及邻近水域,舟山、崇明及靖江群体的体长为 30.30~33.18 cm,体重为 100.70~131.66 g;鄱阳湖群体的体长为 22.10 cm,体重为 38.15 g,具体参数见表 4-25。舟山水域是刀鲚的觅食场和越冬场;崇明和靖江水域为刀鲚的生殖洄游通道;鄱阳湖是刀鲚的淡水栖息地和产卵场。所有样品采用流刺网采集,下网时间约为 2 h。样本采集后立即用−20℃冷冻保存,运回实验室于−80℃保存用于下一步分析。

表 4-25 研究所用 4 个刀鲚群体的体长、体重和上颌骨/头长

采样点	体长/cm	体重/g	上颌骨/头长	样本数	采集时间(年-月-日)
舟山	33.10±1.21	131.66±21.86	1.148±0.016[b]	13	2013-4-25
崇明	30.30±0.85	100.70±21.92	1.157±0.078[b]	15	2013-4-21
靖江	33.18±1.64	110.60±23.70	1.151±0.056[b]	14	2013-8-5
鄱阳湖	22.10±0.14	38.15±3.88	0.916±0.073[a]	16	2013-4-15

2. 稳定同位素测定

取背部肌肉,于 60℃下干燥 48 h 至恒重,用玛瑙研钵粉碎。所有样品用 1 mol/L 的 HCl 酸化处理,具体方法参照文献(Jacob et al., 2005)。将酸化样品直接放入 60℃烘箱中,经 48 h 烘干,然后研磨成细粉,过 80 目筛网,装入封口袋中置于干燥器中保存待测。用百万分之一电子天平称取约 2.0 mg 样品,置于锡舟中,并用镊子压成实心锡球。为防止空气中的碳氮组分干扰测定结果,将锡球内的空气排除干净。为使进样顺利,将锡球包成不带棱角的圆球形。

碳氮稳定同位素由 Vario EL Ⅲ/Isoprime 元素分析同位素质谱联用仪(Elementar 公司)测定。稳定同位素丰度为

$$\delta X = ([R_{样品}/R_{标准}] - 1) \times 10^3$$

式中,X 是 ^{13}C 或 ^{15}N,R 是 ^{13}C/^{12}C 或 ^{15}N/^{14}N,$R_{标准}$ 为国际标准物质 PDB 的碳同位素比值或标准大气氮同位素比值。分析精度为 ^{13}C、^{15}N < 0.2‰。

营养富集因子(TEF)的计算公式如下:

$$TEF = \delta^{15}N_{消费者} - \delta^{15}N_{食物}$$

消费者营养级的计算公式如下：

$$TL_{消费者} = \{[(\delta^{15}N_{消费者} - \delta^{15}N_{基准})/TEF] + 基准\}/TEF + \lambda$$

式中，TL 指消费者的营养级，$\delta^{15}N_{基准}$ 是指基准生物（初级消费者）的 $\delta^{15}N$ 值，λ 是基准生物的营养级，此处为 2。用 SPSS 15.0 软件作统计分析。

4.6.2 结果与讨论

1. 上颌骨/头长与 $\delta^{13}C$、$\delta^{15}N$ 特征值

根据耳石磨片的轮纹进行鉴定，所有刀鲚个体的年龄均为 2～3 龄。上颌骨/头长的平均值，舟山、崇明和靖江群体之间都没有显著性差异，但均显著大于鄱阳湖群体（$P < 0.05$）。聚类分析显示，4 个刀鲚群体分为两类，包括舟山、崇明和靖江群体在内的长上颌骨/头长群体，以及短上颌骨/头长群体即鄱阳湖群体。

测定结果显示，4 个刀鲚群体的 $\delta^{13}C$ 为 $-28.73‰ \sim -18.19‰$，$\delta^{15}N$ 值为 $8.06‰ \sim 17.22‰$。其中，舟山、崇明和靖江群体的 $\delta^{13}C$ 和 $\delta^{15}N$ 的均值都没有显著性差异，但 $\delta^{13}C$ 值都显著高于鄱阳湖群体，而 $\delta^{15}N$ 值却显著低于鄱阳湖群体（表 4 - 26，图 4 - 16）。

表 4 - 26　长江及邻近水域 4 个刀鲚群体肌肉的 $\delta^{15}N$、$\delta^{13}C$ 值和 C/N 值

地点	n	$\delta^{13}C/‰$		$\delta^{15}N/‰$		C/N 值	
		范　围	平均值	范　围	平均值	范　围	平均值
舟山	13	$-21.51 \sim 19.67$	-20.40 ± 0.57^a	$8.06 \sim 11.93$	9.11 ± 0.57^a	$6.66 \sim 9.15$	7.79 ± 0.31^a
崇明	15	$-22.95 \sim 18.19$	-19.07 ± 0.79^a	$9.60 \sim 13.85$	10.36 ± 0.19^a	$6.11 \sim 8.60$	6.73 ± 0.72^b
靖江	14	$-24.76 \sim 18.46$	-20.15 ± 0.19^a	$8.42 \sim 12.80$	9.60 ± 0.15^a	$5.29 \sim 7.93$	6.50 ± 1.24^b
鄱阳湖	16	$-28.73 \sim 24.64$	-27.82 ± 0.08^b	$14.23 \sim 17.22$	17.20 ± 0.68^b	$3.35 \sim 5.29$	4.74 ± 0.44^c

聚类分析结果显示，刀鲚碳氮稳定同位素的含量可划分为两个群体，舟山、崇明和靖江为一个群体，鄱阳湖群体另一群体，分别代表洄游型群体和定居型群体（图 4 - 17）。本章 4.2 节的分析已显示上颌骨/头长科作为判别洄游型和定居型刀鲚的重要依据，而本节的结果显示 $\delta^{13}C$、$\delta^{15}N$ 特征与上颌骨/头长特征所显示的结果完全一致，表明利用碳氮稳定同位素可作为区分刀鲚的生态型。

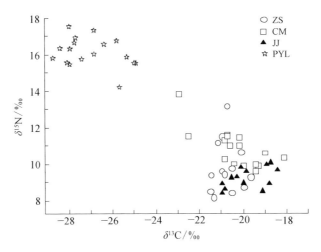

图 4-16　长江及邻近水域刀鲚 $\delta^{15}N$ 和 $\delta^{13}C$ 值分布图

ZS. 舟山群体；CM. 崇明群体；JJ. 靖江群体；PYL. 鄱阳湖群体

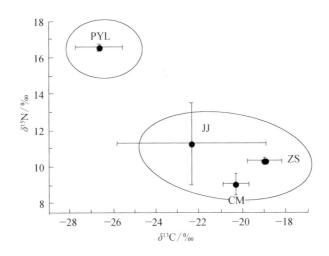

图 4-17　长江及邻近水域 4 个群体刀鲚 $\delta^{15}N$ 和 $\delta^{13}C$ 值分布图

显示可分为两类群（椭圆形圈）

ZS. 舟山群体；CM. 崇明群体；JJ. 靖江群体；PYL. 鄱阳湖群体

2. $\delta^{15}N$、$\delta^{13}C$ 值与体重的关系

线性回归分析表明，洄游型群体的体重与 $\delta^{13}C$ 值之间不具有明显的线性相关关系（$R=0.128$，$P=0.419$，图 4a），而与 $\delta^{15}N$ 值之间具有显著的负线性相关关系（$R=0.520$，$P<0.005$，图 4c）。也就是说，洄游型刀鲚随着体重的增长，肌肉中的 $\delta^{13}C$ 值基本不变，而 $\delta^{15}N$ 值反而有显著的下降。但定居型群体肌肉

中的 $\delta^{15}N$ 值和 $\delta^{13}C$ 值,与体重均不具有明显的线性相关关系(分别为 $R=0.023$, $P=0.931$,图 4b;$R=0.020$, $P=0.941$,图 4d),也即基本不随体重而变化。

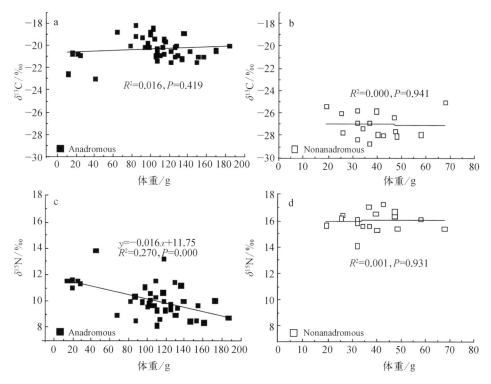

图 4-18　长江及邻近水域刀鲚 $\delta^{13}C$ 和 $\delta^{15}N$ 特征与体重的线性关系

a、c. 洄游型群体；b、d. 定居型群体

3. 营养生态位与非自然营养素

分析显示,洄游型刀鲚的营养级为 $2.90\sim3.04$,这与之前蔡德陵等(2005)报道的黄海及东海水域刀鲚的营养级为 3.13 相近。海洋生态系统中消费者的营养级水平一般为 $1.43\sim4.30$,刀鲚处于中级消费者生态位。由于刀鲚在从海洋到淡水的生殖洄游过程中一般不摄食,因此崇明和靖江群体的营养级水平与舟山群体的基本一致。

淡水定居型的鄱阳湖刀鲚的营养级为 4.38,略高于王玉玉等(2009)报道的同一水域 $4.0\sim4.2$ 的研究结果,表明刀鲚在鄱阳湖的营养级提高了。人类活动产生的污水中 $\delta^{15}N$ 值较高,可被吸收并转移至食物网,从而引起整个食物网的 $\delta^{15}N$ 值升高(Lake et al.,2001；Vizzini and Mazzola,2006；Fertig et al.,

2013)。王玉玉等(2009)比较了鄱阳湖不同水域生物 $\delta^{15}N$ 值特征,发现江西鄱阳湖国家级自然保护区水域受人类活动干扰少,核心区生物体内的 $\delta^{15}N$ 相对较低,而鄱阳湖都昌县和星子县附近水域人类活动频繁,生物体内的 $\delta^{15}N$ 偏高。本研究所用样本采自鄱阳湖都昌水域,刀鲚的 $\delta^{15}N$ 值高于之前的报道,表明鄱阳湖水域的废水排放和外源性营养输入并没有减少。

(王磊,唐文乔)

第5章 长江口刀鲚的年龄、生长与繁殖

5.1 鱼类年龄常用鉴定方法概述

鱼类的年龄鉴定是渔业生物学研究的基础。个体的生长速度、生活史特征描述、种群年龄结构、死亡特征、数量变动（如生命表、渔业资源评估模型构建），以及渔业生产和管理等，都需要精确的年龄数据。鱼类年龄鉴定的基本方法，通常有体长分布法和年轮法两类。

5.1.1 体长分布法

该方法的依据是，在同一水体中，同一世代的个体应具有相似的体长，而不同世代的个体之间则具有明显不同的体长组成。具体方法是，在某一水域的渔获物中，测量同一种鱼的体长数据，在坐标纸上作出长度分布曲线，如果曲线出现高峰与低谷，则每个高峰代表一个年龄组，每个高峰的长度组即代表该年龄组的体长范围。

这一方法简便快速，不需要特殊技能，在渔业统计上比较常用。但要求采样网具不应有选择性，测量的个体要随机、有代表性且大样本地包含各个年龄组。

但该法有一些明显的局限：① 鱼类的生长具有个体差异，即使在同一水体中，不同世代的个体之间也可能分不出明显的体长差异。② 随着年龄的增长，长寿命鱼类的高龄个体生长速度减慢，高龄组个体之间的体长可能出现重叠。③ 采样渔具一般都对渔获物有选择性，可能缺少某些年龄组而难以分析。④ 鱼类的生长受饵料、水温等的年间波动影响很大，相邻世代之间的个体往往出现体长重叠的情况。

5.1.2 硬组织年龄鉴定法

利用硬组织上的轮纹结构鉴定鱼类年龄，是最为传统和常用的方法。其依据是，鱼类是变温动物，水温较高的夏季一般食物丰富，鱼体生长迅速；而水温较低的冬季则往往食物缺少，鱼体生长缓慢甚至停滞。鱼体的这种生长规律可以反映在鳞片等硬组织的生长上，即春夏季节鳞片上的同心圈（鳞嵴）之间宽松，称为"疏带"；秋冬季节鳞片上的鳞嵴之间较窄，称为"密带"。疏带和密带结合起来构成一年的生长轮带，也就是一个年龄带或一个年龄。一般以秋冬季形成的密带和翌年春夏季形成的疏带之间的分界线作为年龄的标志。除了疏密型，鱼类的年轮标记还有切割型、碎裂型、间隙型等多种类型，但同一种鱼类一般都具有稳定的年龄标志。

可用于鉴定年龄的硬组织有鳞片、鳍条、支鳍骨、匙骨、鳃盖骨、脊椎骨和耳石等。对一种鱼类来说，这些硬组织上的年轮不一定都同时清晰可靠，需要进行比较和筛选。

需要特别指出的是，硬组织年龄鉴定法也只适用于具有年周期性生长的种类，如大多数亚热带、温带和寒带的定居型野生鱼类。有些热带鱼类、大洋型洄游鱼类、人工干预种群（如养殖的个体、特别是温室内养殖的个体）、受性腺发育因素影响很大的短寿命鱼类等，由于其生长不符合年周期性特点，可能得不到正确的年龄鉴定结果。另外，由于软骨鱼类的盾鳞和牙齿可以脱落和增生，也不能用于年龄鉴定。

（唐文乔）

5.2 依据耳石质量鉴定刀鲚年龄的可行性

提要：耳石可持续增长，但代谢惰性，是鱼体内最稳定的硬组织。利用耳石磨片的轮纹结构鉴定鱼类年龄虽然比较准确，但磨片的磨制和轮纹识别费时费力，需要较高技巧，被称为"既是科学又是艺术"。已有研究发现，鱼类耳石质量与年龄之间存在着密切的关系，可作为一种年龄鉴定方法。我们在鉴定长江口刀鲚年龄时发现，耳石磨片轮纹清晰，结构稳定，是年龄鉴定的好材料。同时也发现，刀鲚的一些小个体具有较大的耳石，年轮数相对较多；而有一些较大个体的耳石却相对较小，年轮数也相对较少，耳石生长与年龄的相关性似乎比体长与年龄的相关性更为密切。本节试图通过对刀鲚耳石质量与其年龄关系的分析,探讨用耳石质量验证或直接确定长江口刀鲚年龄的可能性。

分析发现,长江口刀鲚的耳石质量在不同年龄组间的重叠相对较少。大小相近的个体,年龄大即生长慢的耳石质量,比年龄小即生长快的耳石质量大,不同龄组之间耳石质量有显著的差异($P<0.05$)。按年龄组以耳石质量与相应的体长作图,可初步判断所观测年龄的可靠性。分析耳石质量的频率分布,能分离出体长相近、年龄不同的个体,其结果与依据耳石年轮观测的基本一致。耳石质量与年龄呈显著的线性相关性 $Wo=-0.7027+4.6002A(R^2=0.7999)$,用这一相关性估算刀鲚年龄,与从耳石上直接读取的刀鲚年龄并无显著差异($P>0.05$)。因此,耳石质量可以作为直接确定长江口刀鲚年龄或作为验证依据钙化组织判断年龄准确性的有效手段。

5.2.1　材料与方法

材料采自长江江苏靖江段沿岸,用定置张网捕获。于 2004 年 1 月至 2005 年 4 月每月 1 号、11 号和 21 号收集渔获物,共计 261 尾。所有样本均进行常规生物学测定。选取矢耳石为材料,通过观察和计数鳞片与耳石磨片的年轮数来鉴定年龄,即计数的年龄,并进行耳石质量与年龄关系的分析。

去除包膜和黏液的耳石在 60℃ 的烤箱中烘烤 24 h,于干燥器中冷却后,用电子天平测量质量,精确到 0.01 mg。成对 t 检验显示,刀鲚左右耳石之间的质量无显著差异($P>0.05$)或一致性偏差。因此,研究中称量时统一选用左耳石。

耳石质量与年龄、体长及体长与年龄的关系,分别采用直线、幂函数和多项式 3 种回归公式拟合,根据相关系数确定最佳拟合公式。将用耳石质量和年龄关系推算出来的年龄作为“估计的”看待,推算时取整数。用 Kolmogrov - Smirnow 双样本检验估计年龄与计数年龄的一致性。数据、图表采用 Excel 2000 和 Statistical 6.0 软件进行统计和处理。

5.2.2　结果分析

1. 耳石质量和体长与月龄的关系

2004 年 3～11 月(10 月的样本因故欠缺)各月 1 龄组刀鲚的渔获尾数、平均体长和耳石平均质量列于表 5-1。由此可见，刀鲚的月平均体长并非随其所经历的时间增加而相应增长（图 5-1a），而耳石的月平均质量则随其所经历的时间（月龄）而逐渐递增（图 5-1b）。比较 4~6 月、8~11 月所采样本发现，在平均体长未增加甚至变小的情况下，耳石平均质量却在持续稳定地增加（图 5-1）。由此表明，耳石质量与月龄比体长与月龄的关系更为密切。

表 5-1　2004 年 3~11 月 1 龄组刀鲚各月渔获尾数、平均体长和耳石平均质量

月　份	3	4	5	6	7	8	9	11
渔获尾数	15	18	20	26	16	3	3	10
平均体长/cm	10.91	11.25	11.33	10.99	11.30	11.82	11.4	11.62
耳石平均质量/mg	3.22	3.30	3.35	3.36	3.45	3.98	4.00	4.08

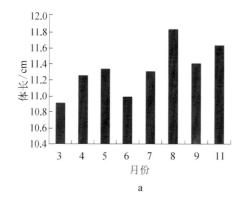 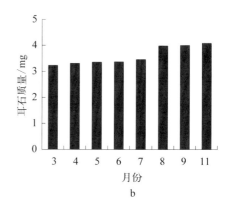

图 5-1　2004 年 1 龄组刀鲚体长（a）和耳石质量（b）随采样月份的变化

从靖江新桥 2004 年 5~6 月所取的样本看，体长与年龄呈显著的相关性（表 5-2，$P < 0.05$），耳石质量与体长和年龄也呈高度的相关性，其相关系数都达 0.919 以上。1 龄与 2 龄组、2 龄和 3 龄组之间，刀鲚的体长和耳石质量均有重叠，但耳石质量的重叠程度相对较小（图 5-2a）。由此表明，耳石质量可作为确定刀鲚年龄的一个良好指标。

表 5-2　刀鲚体长（L，cm）与年龄（A）、耳石质量（Wo，mg）与年龄和体长的相关关系

采样月份	最佳拟合公式	R^2	n
2004 年 5~6 月	$L = 1.6778 + 9.4612A$	0.9124	76
	$Wo = -0.5976 + 2.6602A + 1.262A^2$	0.9116	
	$Wo = 5.7798L^{0.5579}$	0.9877	
	$Wo/L = 0.131 + 0.1644A$	0.8452	

（续表）

采样月份	最佳拟合公式	R^2	n
2005 年 4 月	$L=4.520\,4+7.351\,1A$	0.754 2	
	$Wo=-0.702\,7+4.600\,2A$	0.799 9	
	$Wo=-2.711+0.573\,7L$	0.891 5	100
	$Wo/L=0.328\,8A^{0.393\,6}$	0.549 5	

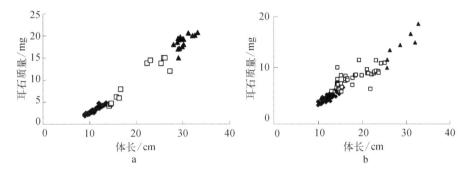

图 5-2　2004 年 5～6 月(a)和 2005 年 4 月(b)所采刀鲚样本耳石质量与体长、年龄的关系

◆.1 龄；□.2 龄；▲.3 龄

2005 年 4 月所取样本，其体长与年龄呈显著相关性，耳石质量亦与体长和年龄均显示出高度相关性（表 5-2，$P<0.05$）。但从相关系数来看，耳石质量与年龄的相关关系（$R=0.894\,3$）比体长与年龄的关系（$R=0.868\,4$）更密切。由此可见，耳石质量虽随体长生长而增长，但与年龄增长的关系更为密切。

综合以上分析，可以认为，耳石质量的增长虽然受体长生长的影响，但与所经历的时间（月龄）增长影响更大。体现在样本平均体长增长缓慢或停止时，耳石的平均质量依然在增长。因此，耳石质量可以作为指示刀鲚年龄的一个良好的客观指标。

2. 用耳石质量验证耳石年龄读数的准确性

按年龄组以耳石质量与对应的体长作图（图 5-2），可直观地看出，体长相近而年龄不同的个体，其耳石质量便不同；年龄大的个体，其耳石质量相应也大。耳石质量相近而年龄不同的个体，其体长也必存在差异。以此可从某一个体在其中所处的位置，初步判断耳石年龄读数是否准确。

从 2005 年 4 月在新桥所采体长 9.90～32.75 cm 的刀鲚样本中，可以更清楚地反映出，耳石质量分析在验证年龄鉴定可靠性上的作用。该批样本体长比较接近，但根据耳石和鳞片年轮读数，包含了 3 个年龄组，其年龄组成的频率分

布如图 5-3 所示。1 龄与 2 龄组之间、2 龄与 3 龄组之间体长重叠较多
(图 5-4a),从体长的频率分布上难以判别出年龄(图 5-4b)。但各龄组之间的
耳石质量差异相对较大(图 5-5a),分析耳石质量频率分布可以发现,其分布形
态(图5-5b)与年龄组成频率的分布形态(图 5-3)非常相似。X^2 检验表明,耳
石质量分布频率与年龄分布频率之间并无显著的差异($P>0.05$)。由此可以反
证,观测耳石年轮得到的年龄是可靠的。

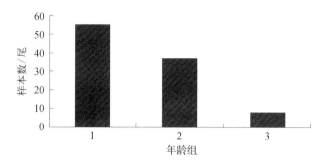

图 5-3 2005 年 4 月所采体长 9.90~32.75 cm 刀鲚的年龄频率分布

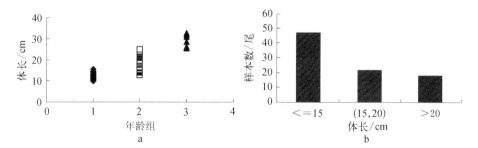

图 5-4 2005 年 4 月所采体长 9.90~32.75 cm 刀鲚各龄组的体长(a)和体长的频率分布(b)

◆.1 龄;□.2 龄;▲.3 龄

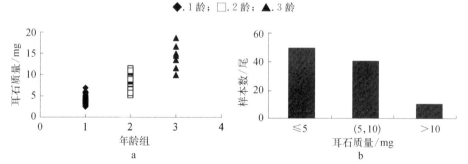

图 5-5 2005 年 4 月所采体长 9.90~32.75 cm 刀鲚各龄组耳石质量(a)和
耳石质量频率分布(b)

◆.1 龄;□.2 龄;▲.3 龄

3. 用耳石质量直接估算年龄

以 2004 年 5～6 月所取样本为例,用耳石质量与年龄的直线回归关系求得的估算年龄,与从观测耳石年轮直接得来的实际年龄虽然不完全一致(图 5-6),但双样本检验显示,估算年龄与计数年龄间并无显著的差异($P>0.05$)。

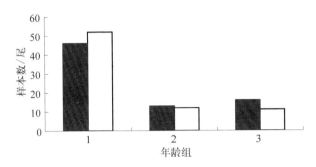

图 5-6　2004 年 5～6 月刀鲚样本估算年龄与计数年龄分布图

■. 计数年龄；□. 估算年龄

5.2.3　讨论

耳石的质量在鱼的一生中都在不断地增长,耳石质量具备直接用于确定鱼类年龄的潜能。Boehlert(1985)通过建立耳石质量、长度、宽度和厚度的多元回归模型,来确定两种长寿鱼类裂吻平鲉(*Sebastes diploproa*)和翼平鲉(*S. pinniger*)的年龄,取得了较为满意的效果。Fletcher(1991)用耳石质量频率分布法对一种沙丁鱼(*Sardina pilchardus*)进行了分析,得出了与耳石年龄鉴定相似的结果,取得了体长频率分布法无法实现的效果。沈建忠等(2002)研究认为,鲫(*Carassius auratus*)的耳石质量与年龄高度相关,即使在年龄组内体长生长差异较大,年龄组间体长重叠明显的情况下,各年龄组间的耳石质量交叉重叠程度也相对较少;通过建立耳石质量与年龄、体长的关系图,可帮助验证鲫通过计数钙化组织年轮特征确定年龄的可靠性。Worthington 等(1995)研究认为,通过经常校正摩六雀鲷(*Pomacentrus moluccensis*)耳石质量和年龄的关系,耳石质量可以作为确定年龄的一种客观而经济的方法,并有可能与计数耳石切片年轮一样可靠。而且,由于节约了时间和精力,可加大取样力度,避免取样造成的误差,因此可更精确地估算种群的年龄结构及其种群参数(生长、死亡率等)(Boehlert,1985)。Cardinale 等(2000)发现,用耳石质量估算波罗的海鳕

(*Gadus morhua*)和鲽(*Pleuronectes platessa*)的年龄结构与用计数耳石年轮的传统方法得出的结果无显著差异。而且,对一个新样本,要建立或校正耳石质量与年龄之间的直线回归关系式时,只需用100尾随机样本即可。因此认为,相对于被称为"既是科学又是艺术(as much an art as science)"的耳石年轮计数方法来说,耳石质量是一个对年龄鉴定有用的技术指标,是客观、经济和易于操作的。

本研究表明,刀鲚的耳石质量与年龄显著相关。建立刀鲚耳石质量与年龄、体长的关系图,可帮助验证通过计数耳石和鳞片上年轮确定年龄的可靠性。而分析耳石质量的频率分布,可分离大小相似但年龄不同的刀鲚个体。用耳石质量与年龄关系所估计的年龄与实际观测的年龄并无显著差异。因而认为,耳石质量可作以为验证长江口刀鲚依据钙化组织判断年龄准确性的辅助手段。

但从目前的研究来看,直接用耳石质量确定刀鲚的年龄,还存在着如何提高其准确性和精确度的问题。一方面,刀鲚作为"长江三鲜"之一,长期以来被过度捕捞,使得其年龄结构组成比较单一。低龄鱼在捕获群体中占大多数,缺乏高龄组的体长和耳石质量等资料,从而影响整个种群年龄鉴定的准确性。另一方面,耳石生长在一定程度上还受到体长生长的影响,同一种群中一些生长快或慢的个体,在用耳石质量与年龄的关系式直接估算年龄时,可能被高估或低估(图5-6),造成耳石质量与年龄关系的偏差。沈建忠等(2002)研究认为,用耳石质量与体长之比作为变量,可明显地提高与年龄关系的相关程度。但我们发现,对于刀鲚这类年龄结构不够丰富、低龄鱼占捕获主体的群体,采用耳石质量与体长之比作为变量,其与年龄的相关程度反而有所降低(表5-2)。

(郭弘艺,唐文乔)

5.3 刀鲚繁殖群体的年龄组成与生长特性

提要:我国学者曾于20世纪70年代对长江刀鲚做过较大规模的资源调查和渔业生物学分析(长江流域刀鲚资源调查协作组,1977;袁传宓等,1978;徐岕南等,1978)。近年来也有不少学者对洄游生态型刀鲚的资源动态、种群结构和繁殖生物学特征等方面作过研究,但对繁殖群体的渔业生物学特征变化趋势还缺乏探究(刘文斌,1995;张敏莹等,2005;Yang et al.,2006;何为等,2006;万全等,2009;郑飞等,2012)。为评估长江刀鲚渔业生物学特征的变化趋势,本节分析了刀鲚繁殖群体的年龄结构及生长特性,旨在为这一珍贵鱼类的渔业资源评估及合理利用提供生物学依据。

对 458 尾洄游型刀鲚繁殖群体样本的分析结果显示,刀鲚繁殖群体由 1~4 龄组成,其中 2~3 龄个体占 85.81%;体长 14.2~38.9 cm,平均(25.72±4.08)cm;体重 9.2~208.4 g,平均(69.59±33.73)g;体长与体重关系式 $W=0.002\,8L^{3.086\,6}(R^2=0.915\,3)$;平均丰满度为 0.38±0.08。依据生长方程 $L_t=40.82[1-e^{-0.31(t+0.55)}]$ 和 $W_t=262.59[1-e^{-0.31(t+0.55)}]^3$,求得渐近体长 L_∞ 为 40.82 cm,渐近体重 W_∞ 为 262.59 g,体重生长的拐点出现在 2.99 龄的 $W_t=77.66$ g。与 20 世纪 70 年代的研究结果相比,长江刀鲚繁殖群体中补充群体和低龄剩余群体的比例显著增加,低龄化和小型化趋势明显,丰满度下降,资源衰退严重,但生长潜力依然存在。应采取降低对繁殖群体的捕捞强度、保护产卵场等积极措施来维护这一珍贵的渔业资源。

5.3.1　材料与方法

1. 样品采集

2012 年 5 月 5~7 日,在长江靖江段,跟随 3 艘持有刀鲚捕捞证的专业渔船,共采集刀鲚样本 458 尾。样本经冰块包埋后带回实验室,保存于-40℃冰柜。

2. 年龄分析

测量样本体长(精确至 0.1 cm)和体重(精确至 0.1 g),将除去包膜和黏液后的左侧矢耳石在蒸馏水中漂洗 2~3 次,转入 60℃烘箱中烘烤 24 h,于干燥器中冷却后,用电子天平称量,精确到 0.1 mg。

根据本章 5.2 节建立的刀鲚矢耳石质量与年龄的关系式鉴定年龄。年龄的计算公式为:$Wo=-0.702\,7+4.600\,2A$。式中,Wo 为矢耳石重(mg),A 为年龄(龄)。

3. 生长特性分析

体长与体重关系用公式:$W=aL^b$ 拟合。式中,W 为体重(g),L 为体长(cm),a、b 为通过回归分析得出的常数和指数,其中 b 值可反映鱼体的生长特征。

丰满度 K(%)的计算公式为:$K=100\times(W/L^3)$。式中,W 为体重(g),L 为体长(cm)。

体长相对、体重生长率的计算公式分别为：$g_L=(L_2-L_1)/L_1(t_2-t_1)$；$g_W=(W_2-W_1)/W_1(t_2-t_1)$；生长指标的计算公式为：$C_{lt}=(lgL_2-lg\,L_1)/0.434\,3L_1(t_2-t_1)$。上述公式中，$L_2$、$L_1$ 和 W_2、W_1 分别为时间 t_2、t_1 时的体长和体重。

用 von Bertalanffy 生长方程：$L_t=L_\infty[1-e^{-k(t-t_0)}]$ 和 $W_t=W_\infty[1-e^{-k(t-t_0)}]^3$ 分别描述体长与年龄、体重与年龄的关系。式中，L_t 表示年龄为 t 时的预测体长，L_∞ 表示渐近体长，W_t 表示年龄为 t 时的预测体重，W_∞ 表示渐近体重，k 表示生长系数，t_0 表示理论体长为零时的年龄。根据所得生长方程分别求取体长、体重的生长速度方程和体重的生长加速度方程及生长的拐点年龄(t_i)(殷名称，1995)。

5.3.2 结果

1. 年龄组成

所分析的 458 尾刀鲚样本包括 $1\sim4$ 龄 4 个年龄组。其中，1 龄组 5 尾，占全部样本的 1.09%；2 龄组 188 尾，占 41.05%；3 龄组 205 尾，占 44.76%；4 龄组 60 尾，占 13.10%。可见，2 龄组和 3 龄组是优势群体，两者合计占整个刀鲚繁殖群体的 85.81%。

2. 体长、体重分布

458 尾个体的体长范围为 $14.2\sim38.9$ cm，平均(25.72 ± 4.08)cm，主要集中在 $20.0\sim32.0$ cm 这一区间，占整个群体的 88.21%(图 5-7)；体重范围为 $9.2\sim208.4$ g，平均(69.59 ± 33.73)g，其中 88.65% 的个体处于 $20.0\sim120.0$ g 这一区间(图 5-8)。

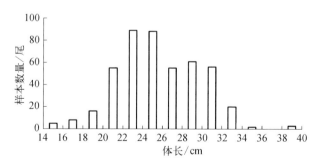

图 5-7　刀鲚繁殖群体的体长分布($n=458$)

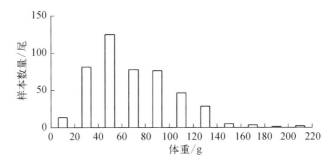

图 5 - 8　刀鲚繁殖群体的体重分布（$n = 458$）

表 5 - 3 列出了各年龄组的体长和体重情况。以年龄为自变量，对各龄组的体长和体重进行单因素方差分析，结果表明，各龄组的体长及体重间均具有极显著的差异（$P < 0.01$）。

表 5 - 3　不同年龄组刀鲚繁殖群体的体长、体重分布

年龄组 /龄	样本数 /尾	体长/cm		体重/g	
		均值±标准误	变　幅	均值±标准误	变　幅
1	5	15.72±1.42	14.2～17.7	13.80±5.76	9.2～23.6
2	188	22.39±2.15	14.9～30.1	42.62±12.99	10.2～79.0
3	205	27.47±2.78	21.3～38.9	80.70±22.97	32.3～159.6
4	60	30.97±2.21	21.4～35.1	120.77±27.86	59.7～208.4

3. 体长与体重关系式

依据 458 尾样本的实测体长和体重，用幂函数 $W = aL^b$ 进行拟合，求得体长与体重相关式为 $W = 0.002\,8L^{3.086\,6}$，其中 $R^2 = 0.915\,3$，拟合度较好。图 5 - 9 是体长与体重的相关曲线图。

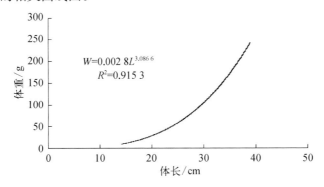

图 5 - 9　刀鲚繁殖群体的体长—体重关系（$n = 458$）

163

4. 丰满度

458 尾个体的平均丰满度为 0.38±0.08(0.15～1.51),其中 1 龄组为 0.34±0.05(0.31～0.43);2 龄组 0.37±0.04(0.17～0.47);3 龄组 0.38± 0.05(0.15～0.52);4 龄组 0.42±0.18(0.29～1.51)。ANOVA 分析显示,只有 4 龄组与其他各龄组之间的丰满度存在显著性差异($P<0.05$),1～3 龄组相互之间的丰满度均不具有显著差异($P>0.05$)。各龄组丰满度分布如图 5－10 所示。

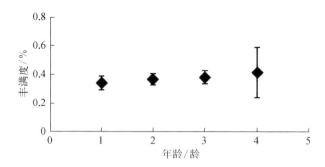

图 5－10　刀鲚繁殖群体的丰满度分布($n=458$)

5. 相对生长率与生长指标

表 5－4 列出了所分析刀鲚群体的相对生长率与生长指标。由表 5－4 可见,3 龄以前体长、体重的相对生长率均较大,生长指标高,表明其生长较快;3 龄以后相对生长率和生长指标均有所降低。

表 5－4　刀鲚繁殖群体的相对生长率和生长指标

年龄/龄	标本数/尾	体长/cm			体重/g	
		均值	相对生长率/%	生长指标	均值	相对生长率/%
1	5	15.72			13.8	
			42.43	5.56		208.84
2	188	22.39			42.62	
			22.69	4.58		89.35
3	205	27.47			80.7	
			12.74	3.29		49.65
4	60	30.97			120.77	

6. 生长方程

由于体长与体重关系式参数 b 接近 3,故可采用 von Bertalanffy 生长方程进行拟合。经运算求得渐近体长 L_∞ 和渐近体重 W_∞ 分别为 40.82 cm 和

262.59 g, $k=0.31$, $t_0=-0.55$, 拟合的体长生长方程为 $L_t=40.82[1-\mathrm{e}^{-0.31(t+0.55)}]$、体重生长方程为 $W_t=262.59[1-\mathrm{e}^{-0.31(t+0.55)}]^3$。图 5-11 为根据生长方程绘制的体长和体重生长曲线。

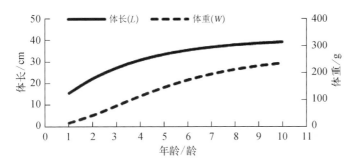

图 5-11　刀鲚繁殖群体的体长和体重生长曲线

7. 生长速度和生长加速度

体长和体重生长曲线反映了刀鲚生长过程的总和,为了解其在生长过程中的具体变化,将体长和体重生长方程对 t 求导,分别得到体长、体重生长速度方程 $\mathrm{d}L/\mathrm{d}t=L_\infty k\mathrm{e}^{-k(t-t_0)}$ 和 $\mathrm{d}W/\mathrm{d}t=3W_\infty k\mathrm{e}^{-k(t-t_0)}[1-\mathrm{e}^{-k(t-t_0)}]^2$。再将体重生长速度方程($\mathrm{d}W/\mathrm{d}t$)对 t 求导,得到体重生长加速度方程 $\mathrm{d}^2 W/\mathrm{d}t^2=3W_\infty k^2\mathrm{e}^{-k(t-t_0)}[1-\mathrm{e}^{-k(t-t_0)}][3\mathrm{e}^{-k(t-t_0)}-1]$,并由此方程求得生长拐点处的年龄 t_i 为 2.99 龄,相应的 $W_t=77.66$ g。图 5-12 和图 5-13 分别为生长速度曲线和生长加速度曲线。

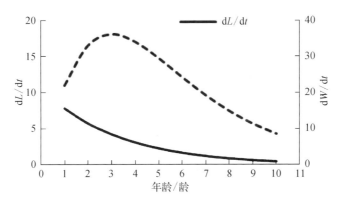

图 5-12　刀鲚繁殖群体的体长和体重生长速度曲线

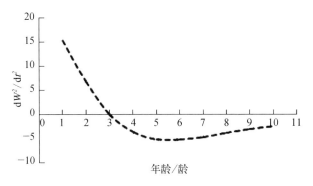

图 5-13　刀鲚繁殖群体的体重生长加速度曲线

5.3.3　讨论

1. 刀鲚繁殖群体体长与体重的时空变化

洄游型刀鲚是长江中下游的重要经济鱼类,其繁殖群体的资源状况一直受到学者的关注(长江流域刀鲚资源调查协作组,1977;袁传宓等,1978;张敏莹等,2006;刘凯等,2012)。20 世纪 70 年代初,长江刀鲚繁殖群体的平均体长和平均体重分别为 31.1 cm 和 113.9 g(长江流域刀鲚资源调查协作组,1977;袁传宓等,1978)。20 世纪 90 年代初以后,平均体长和体重为 29.2 cm 和 94.3 g,虽然体长降低有限,但体重下降却很明显(张敏莹等,2006)。本研究获得的长江刀鲚繁殖群体,平均体长 25.7 cm,平均体重仅 69.6 g,相比 70 年代,平均体长下降了 17.4%,平均体重下降达 38.9%。表 5-5 列出了平均体长和平均体重的分析数据,从表 5-5 可以看出,最近 40 年来长江刀鲚繁殖群体出现了明显的个体小型化趋势。本研究所分析的样本平均丰满度仅 0.38,相较于 20 世纪 70 年代的 0.41 也有明显的下降(长江流域刀鲚资源调查协作组,1977)。但从生长方程运算求得的渐近体长和渐近体重看,L_∞ 和 W_∞ 也能达到 40.82 cm 和 262.59 g,表明其生长潜力依然存在。

表 5-5　不同时期长江刀鲚溯河繁殖群体的体长和体重的比较

采样点	采样时间	样本数/尾	体长/cm		体重/g		文　献
			均值±标准误	优势体长(所占比例)	均值±标准误	优势体重(所占比例)	
江阴至湖口	1973~1975	4 127	18.0~40(31.1)	29.1~35.0(64.7%)	20.0~280(113.9)	91.0~160.0(56.9%)	长江流域刀鲚资源调查协作组,1977

（续表）

采样点	采样时间	样本数/尾	体长/cm		体重/g		文　献
			均值±标准误	优势体长（所占比例）	均值±标准误	优势体重（所占比例）	
南通至安庆	1993～2002	1 500	(29.2±4.5)	24.0～36.0 (85.0%)	(94.3±46.6)	50.0～110.0 (57.3%)	张敏莹 等，2006
安徽无为	2006	100	18.3～40.1 (29.3)	—	20.0～235.0 (95.1)	—	万全等，2009
长江口	2010～2012	774	(29.4±3.5)	—	(99.0±37.0)	—	刘凯等，2009
江苏靖江	2012	458	14.2～35.1 (25.7±4.1)	20.0～32.0 (88.2%)	9.2～208.4 (69.6±33.7)	20.0～120.0 (88.7%)	本节

2. 刀鲚繁殖群体年龄结构的时空变化

研究表明，洄游型刀鲚最小 1 龄即性成熟，但大部分个体需要 2 龄才成熟，一生中可以多次繁殖（长江流域刀鲚资源调查协作组，1977；袁传宓等，1978）。资料显示，20 世纪 70 年代初，长江刀鲚繁殖群体的年龄结构包括 6 个年龄组，其中 3～4 龄个体占 71.1%，1～2 龄个体仅占 22.9%（长江流域刀鲚资源调查协作组，1977）。表明这一时期的繁殖群体中多次性成熟的剩余群体占优势，而初次性成熟的补充群体所占比例较小，但随后年龄结构变得简单且低龄个体逐渐增多（表 5-6）。本研究结果显示，虽然繁殖群体中包括了 4 个年龄组，但 2 龄和 3 龄组分别占了 41.05% 和 44.76%，出现了明显的低龄化，补充群体和低龄剩余群体已占绝对优势。表明长江刀鲚繁殖群体已出现了严重的资源衰退，应采取诸如降低对繁殖群体的捕捞强度、保护产卵场等积极措施来保护这一珍贵的渔业资源。

表 5-6　不同时期长江刀鲚溯河繁殖群体的年龄结构比较

采样地点	采样时间	样本数/尾	年龄组成	优势龄组	文　献
江阴至湖口	1973～1975	4 127	1～6	3～4(70.4%)	长江流域刀鲚资源调查协作组，1977
南通至安庆	1993～2002	1 500	1～4	2(89.1%)	张敏莹等，2006
安徽无为	2006	100	1～6	2～3(72.0%)	万全等，2009
靖江至芜湖	2009	299	1～4	2～3(98.3%)	郑飞等，2012
江苏靖江	2012	458	1～4	2～3(85.8%)	本节

（董文霞，唐文乔，王磊，沈林宏）

5.4 刀鲚溯河洄游过程中的年龄结构与生长特征变化

提要：刀鲚平时生活在中国、日本和朝鲜沿海,春季性成熟后从河口溯江而上进入江、湖中繁殖,孵化后的幼鱼随江水返海肥育。溯江洄游中的刀鲚素以肉质丰腴肥嫩,是长江下游及河口区最名贵的水产品之一。20 世纪 70 年代初,我国曾较大规模开展过长江刀鲚的资源调查和一些生物学特征分析(长江流域刀鲚资源调查协作组,1977)。近年也有一些学者对其资源动态和生物学特征作过研究(张敏莹等,2006;郭弘艺和唐文乔,2006;万全等,2009;黎雨轩,2009),但还缺乏对洄游种群生物学特征的时空变化分析。本节分析了刀鲚在长江口至安徽芜湖段溯河产卵洄游过程中的一些生物学特征变化,旨在为刀鲚的资源保护和合理利用提供基础数据。

通过对 2009 年 4～5 月采自长江九段沙、靖江和芜湖 3 个江段的 299 尾洄游型刀鲚样本的分析,结果显示,3 个种群的体长为 15.8～32.8 cm,平均(23.3±3.5)cm,18.0～24.0 cm 体长组占总数的 52.51%。体重为 11.83～143.80 g,平均(48.19±24.89)g,10.00～50.00 g 体重组占总数的59.53%。芜湖种群的体长和体重均显著小于九段沙和靖江种群(ANOVA,$P < 0.001$)。299 尾个体包括 1～4 龄 4 个年龄组,其中 51.28% 的九段沙个体和53.97%的靖江个体均为 3 龄;而多达 85.26% 的芜湖个体则为 2 龄。不论体长、体重还是年龄结构,已较 20 世纪 70 年代同江段渔获物有明显下降。结果还显示,九段沙、靖江和芜湖种群的性比分别为 1∶1.28、1∶1.46 和 1∶1.97,显示出沿长江往上性比逐渐增加的现象。3 个种群的平均丰满度为 0.35±0.05,但即使是在同龄组间,靖江种群的丰满度也显著高于芜湖和九段沙种群,这可作为刀鲚在这一江段最名贵高价的一种解释。

5.4.1 材料与方法

1. 材料

2009 年 4～5 月,在长江的上海九段沙、江苏靖江和安徽芜湖三个江段,随机在正在捕捞作业且持有刀鲚捕捞许可证的渔船上,采集刀鲚样本共 299 尾。采样的地点、时间及样本数等见表 5-7。标本经冰鲜保存后带回实验室,称量体长(精确至 0.1 cm)和体重(精确至 0.01 g)。

表 5 - 7　刀鲚样本的采样地点、采样时间和样本数

采 集 地	采样时间(年-月-日)	样本数量/尾
上海九段沙	2009 - 4 - 25	78
江苏靖江	2009 - 4 - 26	126
安徽芜湖	2009 - 5 - 6	95

2. 方法

选矢耳石为年龄鉴定材料,去除包膜和黏液的耳石在 60℃烤箱中烘烤 24 h,在干燥器中冷却后,用电子天平称重,精确到 0.01 mg。成对 t 检验显示,左右矢耳石的质量间无显著差异($P>0.05$)或一致性偏差,故统一选用左侧矢耳石(郭弘艺和唐文乔,2006;郭弘艺等,2007)。

因耳石磨片的制作比较费时,磨制的成功率也不高。对采自芜湖的 95 尾样本先用矢耳石磨片法和本章 5.1 节依据靖江标本建立的矢耳石质量与年龄的关系式进行了比较,发现两者的吻合率达 92.63%(表 5 - 8),Kolmogrov - Smirnow 双样本检验显示两者并无显著性差异($P=0.181>0.05$)。因此,我们选用公式 $Wo=-0.702\,7+4.600\,2A$ 推算每尾刀鲚的年龄,式中,Wo 为矢耳石重(mg),A 为年龄(龄)。

表 5 - 8　芜湖种群矢耳石质量推算年龄与磨片年龄的吻合率

年龄组/龄	依矢耳石磨片得到的样本数/尾	依矢耳石重推算的样本数/尾	吻合率/%
2	81	76(5 尾被误鉴为 3 龄)	93.83
3	14	12(2 尾被误鉴为 2 龄)	85.71
总计	95	88(7 尾被误鉴)	92.63

根据 $K=100\times(W/L^3)$ 计算丰满度,式中,W 为体重(g),L 为体长(cm),K 为丰满度(%)。选用单因素方差分析(One-Way ANOVA)对不同参数作显著性差异分析和均值的多重比较,当 $P<0.05$ 和 <0.01 时,说明在 95% 或 99% 水平上具有显著或极显著差异。

5.4.2 结果

1. 不同种群的体长和体重分布

所分析的刀鲚种群体长为 15.8～32.8 cm,平均(23.3±3.5)cm,其中,18.0～24.0 cm 的个体占 52.51%;24.0～30.0 cm 的占 41.14%。体重为 11.83～143.80 g,平均体重(48.19±24.89)g,其中 10.00～50.00 g 组的个体数占全部尾数的 59.53%。

九段沙种群体长为 15.8～29.8 cm,平均(24.1±4.5)cm;靖江种群体长为 16.1～32.8 cm,平均(23.8±3.6)cm;芜湖种群体长为 15.8～29.8 cm,平均 (22.1±1.6)cm。九段沙和靖江种群的优势体长组为 24.0～30.0 cm,分别占 62.82%和 51.59%;芜湖种群的优势体长组为 18.0～24.0 cm,占 89.47%(图 5－14)。

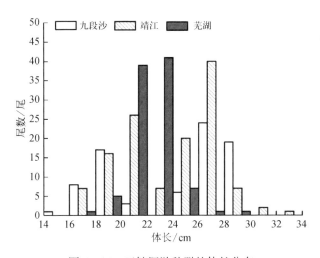

图 5－14 刀鲚洄游种群的体长分布

靖江种群的体重最大,为 13.74～143.80 g,平均(56.01±26.27)g;九段沙次之,为 11.83～105.13 g,平均(54.16±27.87)g;芜湖最小,为 14.04～69.27 g,平均(32.92±7.93)g。3 个种群中,小于 50.00 g 的个体总数占全部样品的 59.53%,是优势体重组(图 5－15)。

ANOVA 分析显示,芜湖种群的体长和体重均显著小于九段沙及靖江种群 (P<0.01),九段沙与靖江种群之间的体长(P=0.863>0.05)及体重(P=0.852>0.05)均无显著差异。

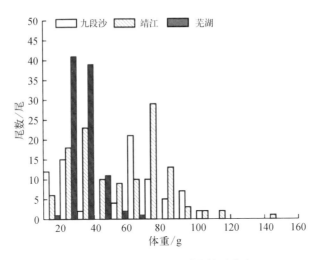

图 5 - 15　刀鲚洄游种群的体重分布

2. 不同种群的年龄结构和性比变化

全部 299 尾洄游型刀鲚样本,包括 1~4 龄 4 个年龄组,优势年龄组为 2 龄,占全部个体的 57.53%,其次为 3 龄,占 40.80%,1 龄和 4 龄个体均很少,分别仅占 0.67% 和 1.00%。

九段沙种群包括 1~3 龄 3 个年龄组,优势年龄组为 3 龄,占 51.28%;靖江种群包括 2~4 龄 3 个年龄组,也以 3 龄为主,占 53.97%;芜湖种群仅有 2 龄和 3 龄 2 个年龄组,85.26% 的个体为 2 龄(表 5 - 9)。

表 5 - 9　不同种群的年龄结构

种群	年龄组(龄)							
	1		2		3		4	
	样本数/尾	比例/%	样本数/尾	比例/%	样本数/尾	比例/%	样本数/尾	比例/%
九段沙	2	2.56	36	46.15	40	51.28	0	0
靖江	0	0	55	43.65	68	53.97	3	2.38
芜湖	0	0	81	85.26	14	14.74	0	0

299 尾刀鲚中有 90.3% 个体可鉴定出性别,雌性 105 尾、雄性 165 尾,雌雄性比为 1∶1.57。其中,九段沙、靖江和芜湖种群的雌雄性比分别为 1∶1.28、1∶1.46 和 1∶1.97,显示出沿着长江往上洄游,雌鱼逐渐减少,雄鱼逐渐增加的现象(图 5 - 16)。

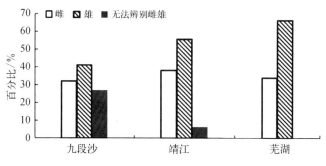

图 5-16　3 个种群的雌雄个体比例

3. 不同种群同龄个体的体长和体重变化

ANOVA 分析显示,九段沙、靖江和芜湖 3 个种群各自的 2 龄组和 3 龄组内,雌雄个体间体长($P=0.307>0.05$)和体重($P=0.741>0.05$)均无显著性差异。

2 龄组 3 个种群之间的体长也无显著性差异($P=0.085>0.05$)。但九段沙种群的体重显著大于靖江和芜湖种群($P<0.01$),而靖江和芜湖种群间无显著差异($P=0.688>0.05$)。

3 龄组的体长和体重均存在着极显著差异($P<0.01$),其中以九段沙种群的最大,芜湖种群的最小。芜湖种群的平均体重仅(43.88 ± 9.47)g,极显著小于九段沙和靖江种群($P<0.01$)。

由此可见,无论是 2 龄组还是 3 龄组,其平均体长和体重都有沿着长江往上洄游而逐渐变小的现象(图 5-17,图 5-18)。

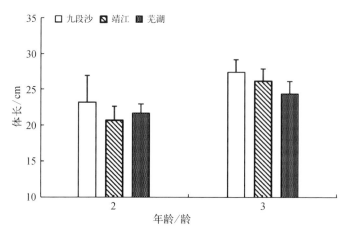

图 5-17　3 个种群同一年龄组的体长比较

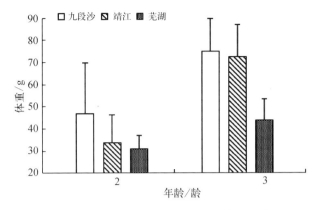

图 5 - 18　3 个种群同一年龄组的体重比较

4. 丰满度变化

299 尾个体的平均丰满度为 0.35±0.05（0.24～0.53），其中 1 龄组为
0.34±0.03（0.32～0.36）；2 龄组为 0.33±0.04（0.24～0.53）；3 龄组为0.37±
0.05（0.26～0.52）；4 龄组为 0.38±0.04（0.29～0.52）。以样本数较多的 2 龄
与 3 龄组相比，3 龄组的丰满度显著大于 2 龄组（$P<0.01$）（图 5 - 20）。

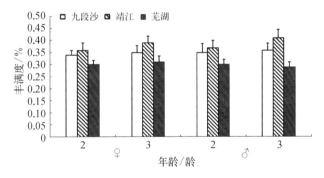

图 5 - 19　3 个种群同一年龄组的丰满度比较

ANOVA 分析显示，3 个种群的平均丰满度具有极显著差异（$P<0.01$），其
中以靖江的为最大，达 0.38±0.04（0.29～0.52）；九段沙的次之，为 0.35±
0.04（0.24～0.53）；芜湖的最小，仅 0.30±0.02（0.25～0.36）。

5.4.3　讨论

1. 长江刀鲚的体长、体重和年龄结构变化

江苏省水产所等调查发现，长江自江阴至湖口江段 1973～1975 年刀鲚产卵种群的体长为 11.8～40.0 cm,平均 31.04 cm,其中 30.0～36.0 cm 为优势体长组,占 52.80%;24.0～30.0 cm 组次之,占 34.56%,18.0～24.0 cm 仅为 7.66%(长江流域刀鲚资源调查协作组,1977)。张敏莹等(2006)发现,1993～2002 年南通至安庆江段刀鲚渔获物的平均体长为(29.19±4.49)cm,24.0～30.0 cm 体长组占 49.47%,30.0～36.0 cm 组占 35.54%。黎雨轩(2009)发现,2006～2008 年崇明、靖江、安庆江段采集的刀鲚样本,雌鱼体长 2.8～34.1 cm,平均(23.6±2.0)cm;雄鱼体长 2.1～36.4 cm,平均(21.4±2.8)cm。本研究结果显示,2009 年长江刀鲚洄游种群体长范围为 15.8～32.8 cm,平均(23.3±3.5)cm,其中 18.0～24.0 cm 个体占 52.51%;24.0～30.0 cm 占 41.14%,30.0～36.0 cm 组仅为 0.67%。

20 世纪 70 年代初,长江刀鲚产卵种群的体重在 5.00～280.00 g,平均 111.47 g,其中优势体重组为 90.00～160.00 g,占总数的 38.50%～65.40%,小于 50.00 g 的仅为 10.91%(长江流域刀鲚资源调查协作组,1977)。1993～2002 年南通至安庆江段,体重小于 50.00 g 的个体上升至 13.47%(张敏莹等,2006)。本研究显示,2009 年刀鲚洄游种群的体重为 11.83～143.80 g,平均仅(48.19±24.89)g,其中小于 50.00 g 的小型个体已占全部样本的 59.53%。

20 世纪 70 年代初,长江刀鲚产卵种群的最大年龄可达 6 龄,3～4 龄个体占整个种群的 84.52%,安徽段刀鲚的 3～4 龄个体比例也可达 74.20%～79.90%(长江流域刀鲚资源调查协作组,1977)。而 1993～2002 年南通至安庆江段,2 龄个体占 89.09%(张敏莹等,2006);2006 年安徽无为江段,3～4 龄个体占 72%(万全等,2009);2006～2008 年,崇明、靖江、安庆江段也以 3 龄为主(黎雨轩,2009)。本研究分析的 299 尾刀鲚样本,虽然包括了 1～4 龄 4 个年龄组,但 2 龄占全部个体的 57.53%,3 龄占 40.80%。

纵观自 20 世纪 70 年代以来对长江洄游型刀鲚种群的研究结果,可以发现,无论体长、体重,还是年龄结构、优势年龄组,在总体上已呈现出逐渐变小的趋势,表明资源已出现严重的过度利用(表 5-10,表 5-11)。

本研究还显示,芜湖种群的体长和体重均显著小于九段沙和靖江种群,但九段沙和靖江种群的体长和体重并无显著性差异。所研究样本的最大年龄为 4 龄,其中 51.28% 的九段沙个体和 53.97% 的靖江个体均为 3 龄;而多达 85.26% 的芜湖个体均为 2 龄。表明体型大的高龄个体已先期被捕捞,而上溯到产卵场繁殖的个体则是低龄的小个体,这将加剧刀鲚种群的小型化进程。

表 5 - 10 不同时期长江刀鲚产卵洄游种群的体长、体重比较

采集点	采集时间	体长/cm	优势体长/cm	体重/g	优势体重/g	文 献
江阴至湖口	1973~1975	11.8~40.0	30.0~36.0	5.0~280.0	90.0~160.0	长江流域刀鲚资源调查协作组,1977
南通至安庆	1993~2002	24.0~36.0 (29.2±4.5)	24.0~30.0	94.3±46.6	50.0~110.0	张敏莹等,2006
安徽无为	2006	21.7~42.1	19.0~27.5	20.0~235.0	50.0~100.0	万全等,2009
崇明	2007	8.4~28.3	—	—	—	黎雨轩,2009
靖江	2007	16.4~30.8	—	—	—	黎雨轩,2009
安庆	2007	19.1~34.1	—	—	—	黎雨轩,2009
靖江至芜湖江段	2009	15.8~32.8	18.0~24.0	11.8~143.8	<50.0	本节

注:(黎雨轩,2009)仅引用了 2007 年 4 月的数据;—表示参考文献中无该项数据

表 5 - 11 不同时期长江刀鲚洄游种群的年龄结构比较

采集点	采集时间	年龄结构/龄	优势年龄组/龄	文 献
江阴至湖口江段	1973~1975	0~6	3~4	长江流域刀鲚资源调查协作组,1977
南通至安庆江段	1993~2002	1~4	2	张敏莹等,2006
安徽无为段	2006	1~6	2	万全等,2009
崇明、靖江、安庆	2006~2008	0~4	2	黎雨轩,2009
靖江至芜湖江段	2009	1~4	2	本节

2. 性比及同龄组个体的体长、体重变化

已有资料显示,长江洄游型刀鲚种群的雌雄性比接近 1:1,但有波动(长江流域刀鲚资源调查协作组,1977;张敏莹等,2006;郭弘艺和唐文乔,2006;万全等,2009;黎雨轩,2009;郭弘艺等,2010;程万秀和唐文乔,2011)(表 5 - 12)。1~3 龄的低龄群体雄多雌少,而 4~6 龄的高龄群体则雌多雄少(长江流域刀鲚资源调查协作组,1977)。本研究的雌雄比为 1:1.57,可能也与低龄鱼较多有关。本研究也显示,刀鲚种群沿着长江往上洄游,呈现出雌鱼逐渐减少,雄鱼逐渐增加的现象,具体原因还需研究。

表 5 - 12 不同时期长江刀鲚洄游种群的性比

采样点	采样时间	样本数量/尾	性比(♀:♂)	文 献
安徽蔡子湖	1974	179	1:0.99	长江流域刀鲚资源调查协作组,1977
安徽丹阳湖	1974	155	1:1.21	
	1973	1 615	1:0.95	

(续表)

采样点	采样时间	样本数量/尾	性比(♀：♂)	文　献
江苏-安徽江段	1974	1 857	1：1.79	长江流域刀鲚资源调查协作组,1977
	1975	650	1：2.17	
崇明	2006～2007	576	1：0.70	唐文乔等,2007
九段沙至芜湖	2009	270	1：1.57	本节

　　有资料显示,长江洄游型刀鲚的同龄雌性个体的体长和体重均要比雄性的大(长江流域刀鲚资源调查协作组,1977)。但本研究对3个种群的2龄组和3龄组所作的分析则表明,同一种群的雌雄个体间在平均体长和体重上均无显著性差异,2龄雄性个体的体长和体重与1973～1975年的样本相比也无显著差异,但3龄和2龄雌性个体的体长和体重均明显地变小了(表5-13)。本研究还显示,无论2龄组还是3龄组,其平均体长和体重都有沿着长江往上洄游而逐渐变小的现象(图5-17,图5-18)。这表明,即使是同一年龄组,捕捞对大个体刀鲚也具有选择性。

表5-13　不同时期长江刀鲚洄游种群相同年龄组的体长、体重比较

采集点	采集时间	指标	年龄组(龄)				文　献
			2		3		
			♀	♂	♀	♂	
江苏安徽	1973～1975	体长/cm	26.7 21.3～30.2	22.7 14.2～26.1	29.7 25.6～35.3	28.0 20.8～31.0	长江流域刀鲚资源调查协作组,1977
江西		体重/g	76.0～85.0	34.2 17.0～55.0	91.7 45.0～162.0	80.0 50.0～145.0	
九段沙至芜湖	2009	体长/cm	21.2 16.8～25.9	21.8 17.7～29.8	26.8 22.2～29.6	26.1 19.3～29.4	本研究
		体重/g	31.6 14.0～60.5	34.8 15.0～99.7	72.0 34.1～106.0	68.3 26.2～105.1	

3. 长江刀鲚的丰满度变化

　　丰满度是一种表征鱼类丰满程度和营养状况的指标。本研究所分析的299尾刀鲚样本的平均丰满度为0.35±0.05,与先前的研究结果很接近(长江流域刀鲚资源调查协作组,1977;张敏莹等,2006;万全等,2009)。不同年龄组间差异显著,3龄组极显著大于2龄组。3个种群间也具有极显著差异,其中靖江的

平均丰满度达 0.38±0.04,芜湖的仅 0.30±0.02。

已有研究表明刀鲚自海洋洄游进入长江口时,雄性的精巢已发育到Ⅲ期,雌性卵巢则大多处在Ⅱ期。溯江到达安庆江段时,大部分个体的性腺可发育到Ⅳ期或Ⅴ期(陈文银等,2006;徐钢春等,2011)。作者的观察也发现,大多数靖江种群的性腺也仅发育至Ⅲ期,但平均丰满度却是最高的,这可能是刀鲚在长途的溯江产卵洄游途中,鱼体积累的脂肪提供了性腺发育所需的主要能量(黎雨轩,2009)。

(郑飞,郭弘艺,唐文乔)

5.5　刀鲚的繁殖生物学特征概述

5.5.1　长江刀鲚的生殖洄游与产卵场

1. 定居型

定居型刀鲚由于能在同一个水体内完成整个生活史,因此并不要作生殖洄游,也没有特殊的产卵场要求。孙雪兴(1987)发现太湖定居型刀鲚的产卵盛期集中在 5~7 月,繁殖最适温度为 19.7~27.2℃。产卵群体主要由 0~1 龄组成,优势体长组 80~130 mm,优势体重组 3~6 g。卵具油球,属浮性卵。怀卵量与体长的关系很大,一般几千至 4 万~6 万粒。没有特定的产卵场,繁殖区域广泛。

周辉明等(2015)通过现场采集、走访渔民及 GPS 现场定位和 ArcMap 作图等方法,对鄱阳湖 2014 年 4~7 月的刀鲚产卵场分布和面积作了调查。发现刀鲚在鄱阳湖的产卵场分布很广泛,总面积达 114.3 km²。从繁殖群体的体长、体重分布,以及平均体长体重仅 23.8 cm 和 41.6 g 的情况看,繁殖群体主要是定居型刀鲚。

2. 洄游型

洄游型刀鲚平时生活在海里,每年的 2~3 月,产卵群体陆续聚集到长江口,此时水温 5~9℃,盐度 11~20,上溯洄游可达距长江口约 1 400 km 的湖南洞庭湖一带(长江流域刀鲚资源调查协作组,1977)。在产卵群体沿长江上溯进行生殖洄游的过程中,可进入湖泊、支流等附属水体,或迂回在长江中下游的浅滩,寻找适宜的场所进行产卵活动。历史上,湖南的东洞庭湖,江西的鄱阳湖,安徽的菜子湖、丹阳湖和石臼湖等,均为刀鲚比较集中的产卵场。与长江干流相通的支流或一些中小型湖泊,只要刀鲚鱼群能进去,都可能有它的产卵场(长江流域刀鲚资源调查协作组,1977;朱栋良,1992)。刀鲚在生殖洄游期间一般不摄食,时间可持续到8月底。进行生殖洄游的鱼群,早期雄性多于雌性,后期雌性有时多于雄性。进入产卵场后雌雄性比保持在1:1左右(袁传宓,1987)。

由于洄游型刀鲚的产卵场也很分散,对产卵的环境因子选择性自然也不高。但一般都在水流平缓、水深0.5~3.0 m、水质无污染,少敌害,浮游生物比较丰富等水域产卵。产卵水温在15.0~27.5℃。在生殖高峰期,有的产卵群体也能在急流中产卵。不论早晚,也不论阴雨或晴天,刀鲚都能进行生殖活动(长江流域刀鲚资源调查协作组,1977;袁传宓,1987;朱栋良,1992)。

由于资源枯竭,目前在九江以上的长江中游已经没有刀鲚产卵场的报道。但姜涛等(2013)依据矢耳石锶/钙的特征值判断,鄱阳湖仍有溯河洄游的刀鲚个体。

5.5.2 刀鲚的性腺发育

1. 卵巢发育

陈文银等(2006)通过切片观察,发现刀鲚繁殖群体在长江南通江段的性腺发育处在Ⅱ~Ⅲ期,洄游到安庆江段逐渐发育到Ⅳ~Ⅴ期(图5-20)。作者发现在靖江江段的繁殖群体中,大部分个体还处在Ⅲ期,少数个体处于Ⅳ期。

徐钢春等(2011)对长江江阴段经灌江纳苗、池塘养殖性腺成熟后繁殖的子一代卵巢发育的周年分析显示,刀鲚属一次产卵类型,但卵巢发育的个体差异显著,产卵持续时间较长。卵巢发育可为6个时期:Ⅰ期卵巢较细,呈线状,长约25 mm,以卵原细胞向初级卵母细胞过渡的细胞为主;Ⅱ期卵巢细柱状,长40~50 mm,外观呈浅肉红色至肉黄色,Ⅱ时相卵母细胞占92%以上;Ⅲ期卵巢呈肉色直至浅青色,长55~65 mm,中部逐渐膨大,细胞处于初级卵母细胞的大生长期,由Ⅱ~Ⅳ时相卵母细胞组成,其中Ⅲ时相卵母细胞占60%~75%,出现油滴;Ⅳ期卵巢青色直至灰色,体积急剧增大,呈囊状,约占体腔的2/3,肠大部分被掩盖,肉眼可见增大的卵粒,晚期可见游离的卵粒,细胞处于初级卵母细胞发育的晚期,油滴充满细胞,Ⅳ时相卵细胞占86%以上,最大卵径482 μm;Ⅴ期卵巢柔软膨大,占据腹部绝大部分,外观呈玉绿色,卵粒充满卵巢,清晰易辨,细

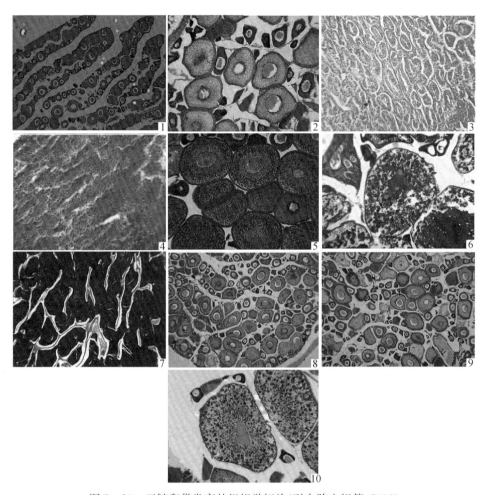

图 5 - 20　刀鲚卵巢发育的组织学切片(引自陈文银等,2006)

1. 4 月上旬,南通江段的刀鲚Ⅱ期卵巢,4×18;2. 4 月中、下旬南通江段的刀鲚Ⅲ期卵巢,10×18;3. 刀鲚精巢-壶腹型精巢,20×18;4. 4 月下旬,南通江段的刀鲚Ⅳ期精巢,10×18;5. 安庆江段的刀鲚Ⅳ期卵巢,20×18;6. 6 月中旬,安庆江段的刀鲚Ⅳ期卵巢,示核开始移位,40×18;7. 6 月上旬,安庆江段的刀鲚Ⅴ期精巢,20×18;8. Ⅰ时相卵原细胞,箭头所示,20×18;9. Ⅱ时相的早、中、晚期的初级卵母细胞(箭头所示,A 为早期,B 为中期,C 为晚期),20×18;10. Ⅳ时相末的初级卵母细胞,20×18

胞中卵黄和原生质表现出明显的极化现象,核膜消失,卵径为 750~900 μm;Ⅵ期卵巢为酱紫色,体积明显减小且松软,卵巢腔萎缩,以空的滤泡细胞和Ⅱ时相细胞为主。

张敏莹等(2005)发现 1993~2002 年长江下游刀鲚群体的绝对怀卵量平均 23 695 粒,相对怀卵量平均 229 粒/g 体重,成熟卵卵径平均 0.77 mm;绝对怀卵量与体长的关系式为 $Y = 0.017\,2X^{4.101}$,与体重的关系式为 $Y = 305X - 5\,410.1$。

2. 精巢发育

徐钢春(2011)对灌江纳苗池塘养殖子一代的观察发现,刀鲚的雄性生殖腺由精巢(生精部)、贮精囊和输精管等组成,精巢为典型的小叶型结构,由精小叶、精小囊、小叶间质、小叶腔和输出管构成。根据精巢的外形、色泽、体积、血管分布等特征,可将刀鲚的精巢分为 6 个时期。在Ⅲ期和Ⅳ期,精原细胞、初级和次级精母细胞、精子细胞和精子交替出现,表明刀鲚属多次排精类型。排精后精巢略有萎缩,精子很快退化吸收,进入Ⅵ期,但生殖上皮又充血增厚,开始生殖细胞的又一次发生和形成过程(图 5-21)。

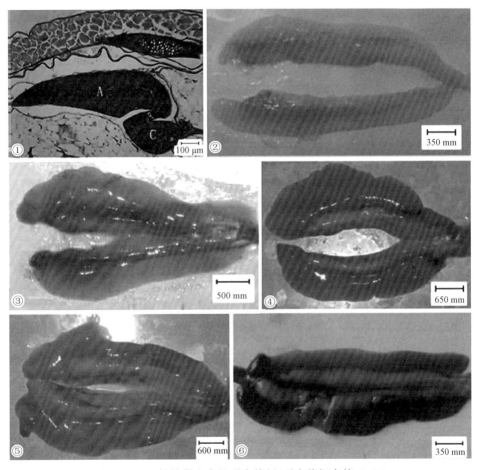

图 5-21　刀鲚精巢发育的形态特征(引自徐钢春等,2011)

1. Ⅰ期精巢横切面整体(A.精巢、C.贮精囊);2.Ⅱ期精巢形态及颜色;3.Ⅲ期精巢形态及颜色;4.Ⅳ期精巢形态及颜色;5.Ⅴ期精巢形态及颜色;6.Ⅵ期精巢形态及颜色

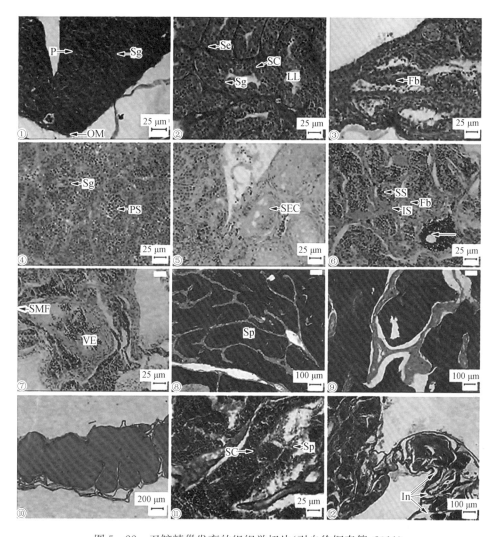

图 5-22　刀鲚精巢发育的组织学切片(引自徐钢春等,2011)

　　1. Ⅰ期精巢,示外膜、实质和精原细胞;2. Ⅱ期精巢生精部,示成束排列的精原细胞、支持细胞、精小叶、精小囊和小叶腔;3. Ⅱ期精巢贮精囊,示输精小管及成纤细胞;4. Ⅲ期精巢生精部,示初级精母细胞;5. Ⅲ期精巢贮精囊,示输精小管及分泌细胞;6. Ⅳ期精巢生精部,示小叶间质、次级精母细胞和精子;7. Ⅳ期精巢贮精囊,示精子输出管和平滑肌纤维;8. Ⅴ期精巢生精部,示充满的精子;9. Ⅴ期精巢贮精囊,示输精小管和饱满的精子;10. Ⅴ期精巢贮精囊的纵切面,示输精小管;11. Ⅵ期精巢生精部,示小叶腔内残存的精子和初级精母细胞;12. Ⅵ期精巢贮精囊,示排精后输精小管中的空隙

　　OM. 外膜;P. 实质;Se. 支持细胞;Sg. 精原细胞;SL. 精小叶;SC. 精小囊;LL. 小叶腔;Fb. 成纤维细胞;PS. 初级精母细胞;SEC. 分泌细胞;SS. 次级精母细胞;IS. 小叶间质;Sp. 精子;SMF. 平滑肌纤维;VE. 输出管;In. 空隙

王冰等(2010)的研究显示,刀鲚精子全长(37.77±4.21)μm,由头部、中段和尾部(鞭毛)组成,头部长(2.34±0.16)μm,中段长(1.49±0.18)μm,尾部长(34.07±4.31)μm。头部在光镜下近梭形,无顶体,由细胞核组成,核内染色质致密,空隙少,几乎无细胞质。头部后端偏一侧处有一植入窝,内有中心粒复合体。精子中段位于核后端,由中心粒复合体和袖套组成,袖套肥厚的一侧有较多的线粒体和囊泡。尾部分为主段和末段,无侧鳍。主段具典型的"9+2"轴丝结构,末段很短,无典型的轴丝结构。陈文银等(2006)发现安庆江段的雄性个体90%以上已达到成熟阶段。

丁淑燕等(2015)研究了刀鲚精子的超低温冷冻保存技术,发现采用 D-15 稀释液,将精液和稀释液按1:2稀释,平衡20 min,加入10% DMSO,混匀后液氮面上方5 cm处平衡10 min,接着在液氮面上平衡5 min,最后投入液氮中保存。一周后解冻,精子活力可保存70%左右。

5.5.3 早期发育

刀鲚的成熟卵呈卵圆形,透明、无黏性,具受精孔,卵径(0.80±0.10)mm。卵遇水受精后,卵膜同时吸水膨胀,约30 min 膨胀完毕。此时卵膜光滑透明,呈圆球形,卵膜径为(1.15±0.15)mm,卵黄囊内有一大油球。在水温(22±1)℃下,经43 h50 min 完成整个胚胎发育过程。初孵仔鱼平均全长2.85 mm,出膜后5天卵黄囊吸收完毕。在水温20~25℃下,继续培育至60天,仔鱼鳃盖后缘及前端侧线附近有少量鳞片状突起,标志刀鲚结束仔鱼期进入稚鱼期,此时鱼苗平均全长6.10 cm。培育至95天,仔鱼身上鳞片基本长出,腹膜闭合,身体透明这一特征消失,成为幼鱼。此时平均全长达10.40 cm,外部形态和生态习性均与成鱼相似(徐钢春,2010)。

施永海等(2015)观察了人工繁养的刀鲚子二代胚胎发育过程,发现受精卵透明、浮性、无黏性、球形,卵径为(909.86±24.02)μm,油球大且单个。胚胎发育可分为胚盘形成、卵裂、囊胚、原肠期、神经胚、器官形成和出膜等7个阶段及30个发育时期(图5-23),在(23.64±0.36)℃条件下,历时28 h仔鱼出膜。初孵仔鱼全身透明,靠油球浮于水面,全长(2 056.37~2 074.74)μm,卵黄囊大且近椭圆形,油球呈球形,心跳90~110次/min,肌节48~50对。

陈渊戈等(2011)对采自长江口沿岸碎波带、体长7.0~33.9 mm的一批刀

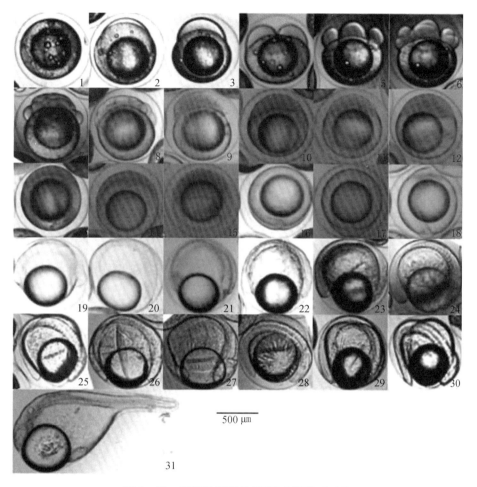

图 5 - 23　刀鲚的胚胎发育(施永海等,2015)

1.受精卵;2.胚盘原基期;3.胚盘期;4.2 细胞期;5.4 细胞期;6.8 细胞期;7.16 细胞期;
8.32 细胞期;9.64 细胞期;10.多细胞期;11.囊胚早期;12.囊胚中期;13.囊胚晚期;14.原肠早
期;15.原肠中期;16.原肠晚期;17.神经胚期;18.胚孔封闭期;19.眼基出现期;20.肌节出现期;
21.眼囊出现期;22.尾芽出现期;23.尾鳍出现期;24.耳囊出现期;25.肌肉效应期;26.晶体出现
期;27.心跳期;28.耳石出现期;29.尾颤期;30.出膜前期;31.初孵仔鱼

鲚仔稚鱼脊柱及附肢骨骼的形态发育作了研究,发现刀鲚骨骼形成的顺序依次
为肩带、背鳍支鳍骨、臀鳍支鳍骨、脉弓、髓弓、尾下骨、椎体、腹鳍支鳍骨、尾上
骨、背鳍前支鳍骨和肋骨。脊柱以体前中部为起点,向前、向后发育。脉弓首先
以体中部为中心向前、后发育,髓弓随后亦从体中部向前、向后发育,12.4 mm
SL 个体开始同时从最前端向后发育(图 5 - 24)。

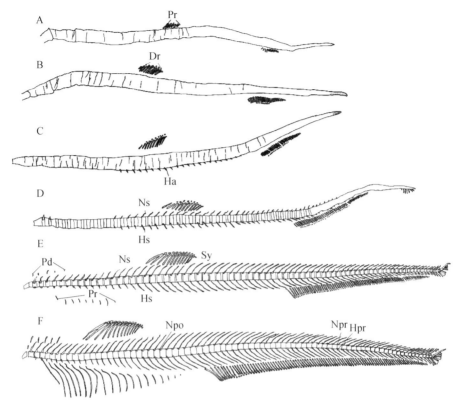

图 5-24　刀鲚脊柱、背鳍支鳍骨、臀鳍支鳍骨、腹肋发育(引自陈渊戈等,2011)

A. 7.0 mm NL；B. 8.2 mm NL；C. 9.7 mm NL；D. 12.4 mm NL；E. 18.4 mm SL；F. 22.6 mm SL。
Dr. 担鳍骨；Ha. 脉弓；Hpr. 血管前神经突；Hs. 脉棘；Npo. 神经后关节突；Npr. 神经前关节突；Ns.
髓棘；Pd. 背鳍前支鳍骨；Pr. 腹肋；Sy. 横突；打点区域表示软骨组织；空白区域表示硬骨部分

　　张冬良等(2009)对采自长江口沿岸碎波带的刀鲚仔稚鱼早期发育作了观
察,发现卵黄囊期仔鱼已开口,各鳍无鳍条。前弯曲期仔鱼背鳍鳍条完全形成,
胸鳍下部鳍条开始出现。弯曲期仔鱼上颌骨后缘开始向后延伸,脊索末端开始
上弯;胸鳍开始出现 2～3 枚游离鳍条,腹鳍形成,尾柄部出现少量鳞片。后弯
曲期仔鱼肌节呈“W”形,尾下骨完全形成,其后缘与体纵轴垂直;胸鳍 6 枚游离
鳍条完全形成;稚鱼期体形已基本接近成鱼,上颌骨后缘伸达前鳃盖骨,胸鳍 6
枚游离鳍条延长,腹鳍明显后移至背鳍基底中部下方(图 5-25)。

　　葛珂珂和钟俊生(2010)采用矢耳石微结构对长江口沿岸碎波带刀鲚仔稚
鱼的日龄组成、孵化期、早期生长率和滞留时间作了研究。发现刀鲚仔稚鱼的
日龄范围为 7～34 d,以 13～18 d 的比例较高,占总数的 50.1%。仔稚鱼体长

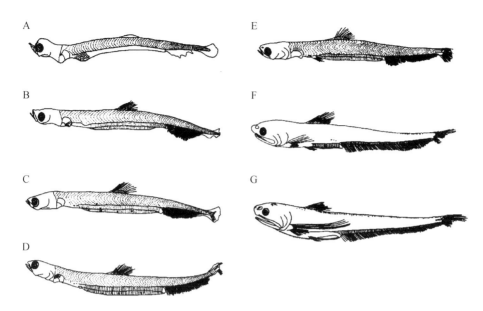

图 5 - 25　刀鲚仔稚鱼形态发育过程(引自张冬良等,2009)

A. 卵黄囊期仔鱼,体长 4.3 mm；B. 前弯曲期仔鱼,9.3 mm；C. 弯曲期仔鱼,11.2 mm；D. 弯曲期仔鱼,15.3 mm；E. 后弯曲期仔鱼,17.4 mm；F. 稚鱼,24.3 mm；G. 稚鱼,36.5 mm

(L,mm)与日龄(D,d)呈显著直线关系：$L = 0.73D + 5.09$,$R^2 = 0.74$。推算的孵化期为 5 月 23 日至 10 月 4 日,高峰期集中在 5 月末至 8 月上旬,且早期个体在孵化后 7 d 左右开始进入到碎波带,在碎波带滞留约 23 d。

(唐文乔,顾树信)

第**6**章 刀鲚生殖洄游的
定向机制探索

6.1 鱼类洄游及嗅觉定向假说

鱼类洄游(migration)是一种集群的、周期性的具有一定方向、一定距离和一定时间的变换栖息场所的往返运动。研究并掌握鱼类的洄游规律,对探测繁殖群体组成及渔业资源状况,预报渔汛、渔场,指导增殖放流行动,制订鱼类繁殖保护策略,提高渔业生产和管理效果等均具有重要意义。

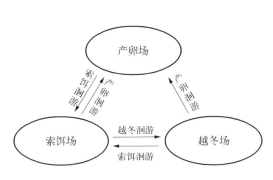

图 6-1 鱼类洄游周期示意图

鱼类的洄游大多与寻求最基本的生活条件,如理想的繁殖场所、丰富的饵料生物、适宜的生存温度等密切相关。因此,依据洄游的目的可将洄游划分为三大类,即生殖洄游、索饵洄游和越冬洄游(图 6-1)。洄游是鱼类在演化过程中形成的一种特征,是机体对环境的一种长期适应,具有遗传性。

有研究表明,在广阔的海洋中生活、需要溯河洄游进行繁殖的鲑(*Salmon*)可以有多达 95% 的繁殖亲鱼能够回到其淡水出生地(Hasler and Scholz,1983)。在东亚分散的淡水中生活、需要降海作生殖洄游的日本鳗鲡能够聚集到位于菲律宾东部马里亚纳(Mariana)海沟附近的产卵场(Tsukamoto,2006)。

鱼类是怎样在不定向的日常运动中形成精密的定向洄游?能够在视野很受局限的水体中,定位到大洋中的某一处特定海区;或经过上千公里的跋涉,激流勇进寻找到某一条溪流、某一处特定的浅滩或深渊?

关于洄游的定向机制问题至今仍然没有彻底阐明,许多解释也还停留在假说阶段。传统的观点往往从环境因素的影响出发,如太阳、月亮、极光、地磁场,或水流、水温、水化学等,作为环境诱导因子,通过与鱼类自身复杂敏感的感觉器官(如视觉、味觉、侧线系统等)和中枢神经系统相结合,产生定位作用。

20 世纪 50 年代提出的洄游嗅觉定向(olfactory orientation)假说已在一些鱼类的洄游中逐渐被证实。Barbin 等(1998)应用超声遥感技术,证实美洲鳗(*Anguilla rostrata*)在银色鳗时期因嗅觉缺失引起了江海间生殖洄游的行为障碍。Halvorsen 和 Stabell(1990)研究发现,去除了嗅觉器官的一种鳟再洄游到它们的出生地的数量要比没有去除的明显少得多。Shoji 等(2003)研究发现,洄游型鲑科(Salmonidae)鱼类能够记住出生地的气味物质——溶于水中的氨基酸,而长大后,就靠这种对以前气味的记忆而洄游到出生地产卵。Mitamura 等(2005)发现,无备平鲉(*Sebastes inermis*)的洄游行为是嗅觉而不是视觉在起主导作用。嗅觉识别能力越强的鱼类,成熟后洄游到出生地的准确性越高(Ueda,2011)。

现已发现,鱼类嗅觉是依靠水中的氨基酸等化学物质作用于嗅觉受体(olfactory receptor,OR)蛋白所引发(Laberge and Hara,2001)。鱼类 OR 是一类 G 蛋白偶联受体,主要分布于嗅觉上皮,由纤毛感觉细胞、微绒毛感觉细胞和隐窝细胞等 3 种细胞表达(Saraiva and Korsching,2007)。水中的氨基酸、核苷酸、类固醇、前列腺素和胆汁酸等作为诱导物,刺激嗅觉上皮的 OR 引起化学信号,通过嗅觉神经把信息传送到神经中枢从而实现嗅觉识别(Rivière et al.,2009)。

嗅觉印迹理论认为:洄游性鱼类孵化后的幼鱼随流而行时,水中一些特异化学因子便在幼鱼的嗅觉系统上留下了"铬印"(嗅觉印迹),幼鱼获悉迁移路线上一系列的嗅觉印迹点,性成熟的成鱼能够回想起这些印迹点,通过追溯印迹点找到最初的孵化地(Jahn,1967;Pfister and Rodriguez,2005)。现已从红大马哈鱼中克隆、鉴定出嗅觉印迹基因(Cao et al.,1998)。

除了特定的嗅觉印迹基因外,鱼类洄游还受基因组中 *OR* 基因的数量影响。鱼类嗅觉能力与功能性的 *OR* 基因数目存在着正相关关系(Niimura,2012)。

(唐文乔)

6.2 从体内脂肪的转移过程看刀鲚和凤鲚溯河产卵习性的差异性

提要：刀鲚和凤鲚是同隶属于鲚属的长江口重要经济鱼类，都具有溯河产卵洄游习性。但凤鲚的产卵场仅在长江口内侧的崇明岛水域，是短距离溯河产卵洄游性鱼类；刀鲚一般需要上溯到离长江口 600 公里以上的安徽及江西江段产卵，是中长距离的溯河产卵洄游性鱼类。凤鲚和刀鲚在产卵洄游过程中并不摄食，而完成产卵洄游则需要较高的能量投入，前期的能量储存对成功繁殖非常重要。脂肪作为体内重要的能量储备，可提供大量的运动、代谢能量和性腺发育的结构成分。如果成鱼体内脂肪储备不足，有可能由于无法到达产卵场而导致繁殖失败。刀鲚和凤鲚的亲缘关系和生态习性接近，除了体型的大小可在一定程度上预示溯河产卵洄游距离的远近，是否还与体内脂肪的储备和利用过程有关？这是一个值得探讨的有趣问题。本研究通过凤鲚与刀鲚两个近缘种在卵巢发育过程中的体内脂肪储备与分配过程的比较，旨在从能量储备与转移的角度来探讨生殖洄游距离出现差异的原因。

本节从雌性繁殖群体体内脂肪储备和转移的角度，探讨了这 2 个近缘种溯河产卵洄游距离远近的可能原因。对凤鲚的研究显示，不论体长、体重，还是肌肉脂肪含量，均是 5 月到达产卵场的个体要显著大于 6～8 月到达的，表明个体大、肌肉脂肪积累多的个体较早地完成了生殖洄游过程。与同一发育时期的刀鲚相比，凤鲚的平均肝体指数相对较大，Ⅲ、Ⅳ 期卵巢指数 GSI 则要高约 5 倍。表明在繁殖季节，凤鲚把更多的体内能量集中到卵巢及更容易被转移的器官。脂肪含量分析显示，凤鲚的肌肉和肝脏脂肪含量分别约是刀鲚相同发育阶段脂肪含量的 1/3 和 1/2，但卵巢脂肪含量则相反。表明凤鲚将更多的脂肪积聚在繁殖器官上，而刀鲚则主要积聚在运动器官上。从躯干脂肪总量的变化看，刀鲚从 Ⅱ 期的 97.73% 下降到 Ⅳ 期的 91.02%，凤鲚则从 Ⅱ 期的 91.02% 迅速下降到 Ⅴ 期的 34.69%。两者的肝胰脏脂肪量较稳定，但凤鲚的卵巢脂肪量要明显高于刀鲚。这种将体内大部分脂肪用于性腺发育、躯干脂肪又很快耗尽的现象，可能是小型短距离溯河产卵洄游鱼类的共有特征。

6.2.1　材料和方法

1. 样本采集

凤鲚样本采自上海崇明岛南侧的长江口水域,2015 年 5~8 月逐月用深水张网(网口长 10 m,高 3 m,网长 18 m)捕捞。每月随机留存约 10 kg 渔获物,经冰鲜保存后带回实验室,随机分袋包装,保存于－40℃冰箱待用。

刀鲚样本采自距长江口 240 公里左右的江苏靖江江段,跟随两艘持有刀鲚捕捞证的渔船,采用流刺网在 2014 年 5 月初采集。将所有样本打上标签,冰鲜保存后带回实验室,保存于－40℃冰箱待用。

2. 凤鲚样本的处理

待用样本解冻后,每月随机选择 100 尾状况良好的雌性样本,测量并记录体长(精确到 0.01 cm)、体重、去内脏重(精确到 0.01 g),判断性腺发育分期,计算性体指数[gonadosomatic index,GSI(%)＝性腺重/去内脏重]和肝体指数[hepatosomatic index,HSI(%)＝肝脏重/去内脏重]。

采用耳石磨片法鉴定年龄,从耳囊中取出一对矢耳石,去除表面包膜和黏液,沿矢耳石内侧面和外侧面进行磨片,直至能看到清晰的轮纹鉴定年龄。

凤鲚共成功磨片 219 尾。挑选雌性刀鲚样本 Ⅱ、Ⅲ 期各 20 尾,采样标本中 Ⅳ 期个体仅 6 尾,故对此 46 尾刀鲚样本进行分析。

3. 刀鲚样本的处理

由于采集到的样本数量较少,经解剖仅发现雌性样本 46 尾。同样测量并记录体长、体重,判断性腺发育分期,计算性体指数和肝体指数。采用前期我们建立的矢耳石重与年龄的关系式鉴定年龄,公式为 $Wo = -0.7027 + 4.6002A$(Wo 为矢耳石重,A 为年龄)。

4. 脂肪含量的测定

取性腺、肝脏和背部肌肉,均质化后测定水分含量和脂肪含量。称取 2 g 样品采用真空冷冻干燥(－105℃,真空度<1.5 mbar,24 h)法测定水分含量,恒重后称重。干燥后的组织样采用氯仿-甲醇($V : V$,2 : 1)法测定干重脂肪含量(%),之后换算成鲜重脂肪含量,公式为 $LC_{FW} = LC_{DW} \times (1 - M_{ois})$,$LC_{FW}$ 为鲜重脂肪含量,LC_{DW} 为干重脂肪含量,M_{ois} 为水分含量。

5. 器官间脂肪分配的计算

采用肌肉的脂肪含量近似地替代整个躯壳(躯干)的平均脂肪含量。躯干、卵巢和肝脏的脂肪总量(g)分别为肌肉、卵巢和肝脏的脂肪含量(%)乘以空壳重、卵巢和肝脏质量(g)计算获得。

所有数据均用 Excell 2010 和 SPSS 17.0 处理,采样图由 Adobe Photoshop CS 5 制作,图 6 - 7 由 GraphPad Prism 5 制作。

6.2.2 结果

1. 繁殖群体的年龄组成

所分析的 400 尾凤鲚体长范围 4.59~16.71 cm,平均(11.61±1.33)cm,最优势体长组为 13~14 cm。体重范围 2.07~18.99 g,平均(6.61±2.65)g,最优势体重组为 5~6 g。46 尾刀鲚的体长范围 18.01~29.51 cm,平均(24.57± 2.71)cm,最优势体长组 23~24 cm。体重范围 23.91~101.48 g,平均(60.10± 21.18)g,最优势体重组为 55~65 g(图 6 - 2,图 6 - 3)。

400 尾凤鲚样本中成功磨制 219 尾矢耳石样本,据轮纹鉴定,包括 1~5 龄 5 个年龄组。其中,1 龄 18 尾,占全部样本的 8.22%;2 龄 117 尾,占 53.42%;3 龄 72 尾,占 32.88%;4 龄 11 尾,占 5.02%;5 龄 1 尾,占 0.46%。可见,2 龄组和 3 龄组是优势群体,两者合计占整个繁殖群体的 86.3%。46 尾刀鲚包括 2~ 4 龄 3 个年龄组,其中 2 龄 22 尾占 47.83%,3 龄 23 尾占 50%,4 龄 1 尾仅占 2.17%(图 6 - 4)。

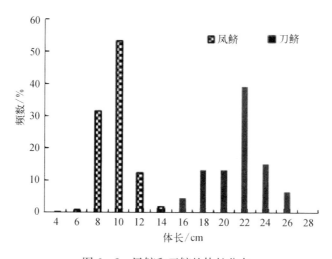

图 6 - 2　凤鲚和刀鲚的体长分布

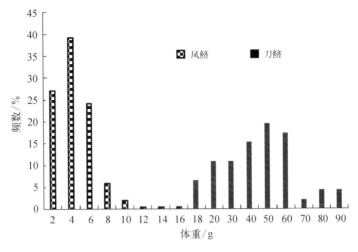

图 6-3　刀鲚和凤鲚的体重分布

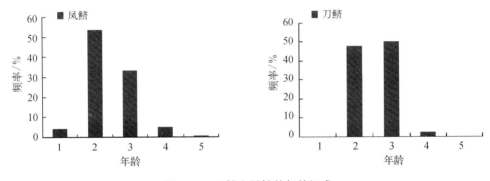

图 6-4　刀鲚和凤鲚的年龄组成

2. 肌肉脂肪含量的时间变化

由于刀鲚样本较少,这里仅分析凤鲚肌肉脂肪含量的变化。对性腺发育至 Ⅳ 期和 Ⅴ 期的凤鲚雌性成熟个体的分析发现,5 月样本体长、体重均极显著大于 6 月($P<0.01$),6 月、7 月、8 月之间样本体长差异不显著($P>0.05$),但体重差异均显著。($P<0.05$)。可见,到达长江口产卵场的凤鲚繁殖群体,体型较大的个体要早于体型较小的个体。

对不同性腺发育样本的肌肉脂肪含量的分析发现,Ⅲ 期、Ⅳ 期、Ⅴ 期 3 个性腺发育时期的肌肉脂肪含量在 5 月、6 月均基本相同($P>0.05$),7 月样本 3 个性腺发育时期之间差异显著($P<0.05$),表现为 Ⅲ 期>Ⅴ 期>Ⅳ 期,8 月则 Ⅴ 期极显著高于 Ⅳ 期($P<0.01$),后者又显著高于 Ⅲ 期($P<0.05$)(图 6-5)。

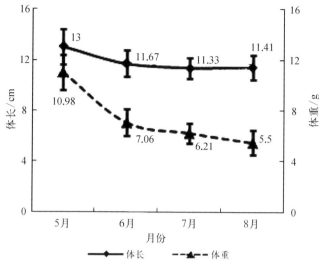

图 6-5　凤鲚成熟个体(Ⅳ、Ⅴ期)的体长和体重

对同一性腺发育时期样本的肌肉脂肪含量的分析发现,Ⅴ期、Ⅳ期和Ⅲ期样本在 5 月、6 月、7 月之间均显著递减($P<0.05$),而Ⅴ期、Ⅳ期样本 8 月极显著上升($P<0.01$),Ⅲ期样本则 8 月与 7 月之间无显著性差异($P>0.05$)(图 6-6)。

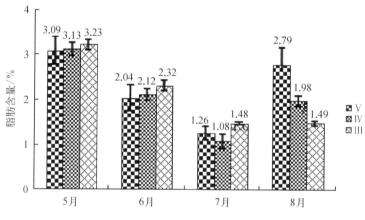

图 6-6　凤鲚Ⅲ、Ⅳ、Ⅴ期个体肌肉脂肪含量(同月份
每个发育时期各分析 10 尾样本)

3. 性腺发育过程中的卵巢指数、肝体指数变化

卵巢指数 GSI 可用来描述性腺的相对大小及能量的储存状况,肝体指数(HSI)可用来描述肝胰腺的相对大小,计算获得的各个发育时期的 GSI 和 HSI 列于表 6-1。可见,凤鲚在从Ⅱ期发育到Ⅴ期的过程中,平均 GSI 值均快速增加,

特别是Ⅲ期和Ⅳ期之间增加急剧;而到Ⅵ期又有急速降低,基本恢复到Ⅱ期。但凤
鲚的平均 HSI 值变化较小,Ⅲ期、Ⅳ期、Ⅴ期之间基本相同,仅稍大于Ⅱ期和Ⅵ期。
从表中还可以发现,凤鲚 GSI 平均值的标准差很大,离散程度很高,标准差与平均
值之比平均为 65.3%,最大的Ⅱ期达 98.7%,最小的Ⅴ期也有 38.6%。这表明即
使处于同一个发育时期,不同个体之间的 GSI 也有很大的差异。

表 6-1 凤鲚和刀鲚不同发育期的卵巢指数及肝体指数

发育时期	样本数	卵巢指数 GSI/%		肝体指标 HSI/%	
		范 围	平均值±标准差	范 围	平均值±标准差
凤鲚 Ⅱ	30	0.18~4.17	0.75±0.74	0.1~2.26	0.95±0.24
Ⅲ	30	0.29~10.05	3.06±2.04	0.11~2.89	1.48±0.44
Ⅳ	30	1.77~25.18	14.15±7.50	0.11~3.17	1.57±0.78
Ⅴ	30	5.40~39.59	17.96±6.93	0.19~3.01	1.42±0.69
刀鲚 Ⅵ	30	0.16~3.34	1.24±0.85	0.09~2.57	0.87±0.54
Ⅱ	20	0.21~0.41	0.30±0.09	0.53~1.24	0.84±0.30
Ⅲ	20	0.37~0.96	0.64±0.19	0.75~1.23	0.90±0.17
Ⅳ	6	2.25~3.13	2.69±0.62	0.86~1.10	0.98±0.16

刀鲚的平均 GSI 值从Ⅱ期到Ⅲ期也有一些增加,但Ⅲ期、Ⅳ期之间的增加
很明显。与凤鲚相比,刀鲚的平均 GSI 值在总体上很小。同一发育时期相比,
刀鲚的平均 GSI 值要明显小于凤鲚,特别是处于主要繁殖时期的Ⅲ期、Ⅳ期、Ⅴ
期。但刀鲚 GSI 平均值的标准差较小,Ⅱ期、Ⅲ期、Ⅳ期的标准差与平均值之比
分别仅为 30.0%、29.7%和 23.0%。表明同一个发育时期的不同刀鲚个体之
间,GSI 差异较小。刀鲚的平均 HSI 值变化也较小,Ⅱ期、Ⅲ期、Ⅳ期之间基本
相同,接近于凤鲚的Ⅱ期和Ⅵ期,但明显小于凤鲚的Ⅲ期、Ⅳ期、Ⅴ期。

4. 性腺发育过程中体内脂肪含量的变化

对 120 尾凤鲚、46 尾刀鲚肌肉、肝脏、卵巢样本脂肪含量的测定结果见表
6-2。由表 6-2 可见,各个发育阶段凤鲚的肌肉平均脂肪含量均很低,从Ⅱ期
发育到Ⅲ期增加了 12.5%,但Ⅳ期和Ⅴ期有所下降。肝脏脂肪的平均含量相对
较高,从Ⅱ期发育到Ⅴ期的变化趋势与肌肉类似,但变化幅度较大。卵巢的平
均脂肪含量很高,其在性腺发育过程中的变化趋势完全与肌肉和肝脏的相反,
变化幅度也更大。肌肉和肝脏的平均脂肪含量均以Ⅲ期最大,但卵巢在这一时
期反而最小,到Ⅳ期和Ⅴ期则显著增加。

表6-2 凤鲚和刀鲚不同组织的脂肪含量及变动

卵巢发育期		样本数	卵巢脂肪		肝脏脂肪		肌肉脂肪	
			含量/%	含量变动比/%	含量/%	含量变动比/%	含量/%	含量变动比/%
凤鲚	Ⅱ	30	28.43±7.15	—	9.66±2.45	—	3.36±0.53	—
	Ⅲ	30	18.43±3.27	−35.17	10.62±0.36	+9.94	3.78±0.83	+12.5
	Ⅳ	30	28.70±0.73	+55.72	9.33±0.59	−12.15	3.52±0.43	−6.88
	Ⅴ	30	33.68±2.08	+17.35	7.98±0.60	−22.75	3.23±0.61	−8.24
刀鲚	Ⅱ	20	20.68±4.24	—	19.09±6.44	—	10.59±1.99	—
	Ⅲ	20	14.10±4.51	−31.82	19.96±4.66	+4.56	11.30±4.18	+6.70
	Ⅳ	6	26.99±3.06	+91.42	15.62±3.59	−21.74	9.13±1.02	−19.20

刀鲚的肌肉平均脂肪含量约为凤鲚相同发育阶段脂肪含量的3倍,但两者在Ⅱ期、Ⅲ期、Ⅳ期之间的变化情况基本一致。肝脏脂肪的平均含量也是刀鲚约是凤鲚相同发育阶段脂肪含量的2倍,不同发育阶段的变化情况也基本一致。但刀鲚卵巢的平均脂肪含量却低于凤鲚的相同发育阶段,两者在Ⅱ期、Ⅲ期、Ⅳ期之间的变化趋势虽然一致,但刀鲚在Ⅳ期的增加更加激烈。

5. 性腺发育过程中脂肪总量的分配

图6-7显示了凤鲚和刀鲚不同发育阶段体内脂肪总量的分布状况。可见,凤鲚躯干部聚集了体内大多数脂肪,比例从Ⅱ期的91.02%,下降到Ⅴ期的34.69%,每一发育时期的下降均极显著(P<0.01)。肝脏脂肪占体内总脂肪量的比例很低,从Ⅱ期的2.55%略微上升到Ⅲ期的2.88%,之后下降到Ⅴ期的1.2%。卵巢的脂肪随发育时期增加明显,从Ⅱ期的6.43%急剧升高到Ⅴ期的64.11%,每一阶段的增加均极显著(P<0.01)。

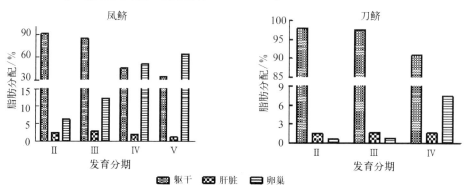

图6-7 凤鲚和刀鲚不同组织的脂肪分配

刀鲚躯干部的脂肪比例更高,但从 Ⅱ 期 97.73% 逐渐下降到 Ⅳ 期的 91.02%,每一阶段的下降均显著($P<0.05$)。肝脏脂肪的比例变动不大($P>0.05$),3 个发育阶段基本保持在 1.5%。卵巢脂肪在 Ⅱ 期和 Ⅲ 期之间变化不大,但到 Ⅳ 期却急剧升高到 7.50%。

6.2.3　讨论

1. 体内能量积累与生殖洄游时间的关系

凤鲚是一种小型鱼类,在产卵洄游过程中并不摄食,体内能量的储备对生殖洄游及繁殖活动具有重要作用。本研究的分析显示,无论体长还是体重,到达产卵场的雌性凤鲚个体,均是 5 月的要显著大于 6~8 月,也就是个体较大的成熟亲鱼比较早地到达了长江口的产卵场。这可能是在繁殖群体中,大个体成熟亲鱼积累了较多的能量储备,比较早地完成了生殖洄游过程。

对同一性腺发育时期的分析发现,除 8 月外,肌肉的脂肪含量都是 5 月最高,7 月最低(图 6-5)。显示前期到达产卵场的个体不仅体型较大,脂肪消耗也相对较少,这一结果与湖鳟(*Salvelinus namaycush*)的同类研究结果相近(Aenderson and Wong,1998)。这预示着除了体型大小的差异,也可能与洄游距离的长短有关,也即前期到达产卵场的个体可能就在产卵场附近栖息。

对同一月份样本的分析显示,5 月和 6 月的肌肉脂肪含量与性腺发育程度关系不大,但 8 月则 Ⅴ 期、Ⅳ 期和 Ⅲ 期显著递减。这预示着完成最后的繁殖过程需要保持较高的肌肉脂肪含量,但这种高脂肪可能来源于体内蛋白质和糖原等生化成分的转化(图 6-5)。

2. 凤鲚与刀鲚的脂肪积累与洄游能力

硬骨鱼类的胰腺弥散在肝脏组织中,两者合称肝胰脏。肝胰脏除了行使消化等多种代谢功能,还能储存糖原等能量物质,快速地将自身储存的肝糖原分解为葡萄糖进入血液循环。肝脏也是脂肪运输的枢纽,肠道吸收的部分脂肪可进入肝脏,以后再转变为体脂而储存。储存的体脂也可先被运送到肝脏,然后进行分解(Akiyoshi and Inoue,2004)。与刀鲚相比,凤鲚的肝体指数(HSI)相对较大,表明在繁殖季节,凤鲚把更多的能量集中在更容易被转移的器官内。凤鲚的平均 GSI 值也要比同一发育时期的刀鲚高很多倍,表明凤鲚将更多的体内能量聚集在卵巢内。

进一步的脂肪含量分析显示,凤鲚的肌肉脂肪含量很低,约是刀鲚相同发育阶段脂肪含量的 1/3。肝脏的脂肪含量比肌肉要高,但也仅约为刀鲚相同发育阶段脂肪含量的 1/2。凤鲚卵巢的脂肪含量比自身肝脏和肌肉都要高很多,也比刀鲚相同发育阶段脂肪含量高出不少。这表明以粗脂肪为代表的体内能量积累,凤鲚更多地积聚在卵巢和肝脏,刀鲚则主要积聚在肌肉。也即凤鲚将更多的能量积聚繁殖器官上,而刀鲚则主要积聚在运动器官上。这也预示着在繁殖季节,刀鲚比凤鲚具有更强的迁移运动能力,同时也能解释凤鲚比刀鲚具有更高的相对繁殖力(凤鲚和刀鲚的个体平均相对怀卵量分别为 971 粒/g 和 229 粒/g 体重)(张敏莹等,2005;毕雪娟等,2015)。这种将有限能量集中于繁殖器官的现象,可能是小型鱼类难以作长距离溯河产卵洄游的主要原因之一(于晓等,2014)。

3. 凤鲚、刀鲚的能量转移过程

本文对凤鲚在性腺发育过程中体内脂肪转移过程的研究结果与于晓等(2014)相符。从体内脂肪的分布状况看,在性腺发育的早期(Ⅱ期),凤鲚和刀鲚的躯干部都聚集了 91% 以上的体内脂肪。但凤鲚在每一发育时期的下降均极显著($P < 0.01$),到 V 期仅剩 34.69%。而刀鲚躯干部的脂肪变化很小,从 Ⅱ期的 97.73% 仅下降到 Ⅳ 期的 91.02%。凤鲚和刀鲚的肝脏脂肪相对稳定,随性腺发育的过程变化都不大。但凤鲚的卵巢脂肪要明显高于刀鲚,如 Ⅳ 期刀鲚的卵巢脂肪仅占体内总脂肪量的 7.50%,而同期的凤鲚却高达 51.74%。上述情况表明,凤鲚和刀鲚的生殖洄游均需要在肝脏中保持稳定的脂肪量;但体型较小的凤鲚在溯河产卵洄游到达长江口时已将体内的大部分能量用于性腺发育,躯干脂肪仅余留原有的约 38%;而此时刀鲚还保留着 92% 以上的躯干脂肪,用于卵巢发育的仅占体内总脂肪量的 7.50%。这种将体内大部分脂肪用于性腺发育、躯干脂肪又很快被耗尽的现象,可能是小型短距离溯河产卵洄游鱼类共有的特征。而大型长距离溯河产卵洄游鱼类则仅有少部分体内脂肪用于性腺发育,躯干脂肪不仅占比高,消耗也很缓慢。

(吴利红,于晓,唐文乔)

6.3 鱼类嗅觉受体基因研究进展

提要:嗅觉是动物感知外部环境的主要器官之一,在觅食、识别同类、寻找配偶和逃避敌害及产卵地点选择等方面扮演重要角色（Laberge and Hara，2001；Niimura，2012）。鱼类通过嗅觉受体蛋白识别周围水环境中的氨基酸、类固醇、前列腺素和胆酸等气味分子，并通过嗅觉信号通路将信息传递到中枢神经系统，进而完成嗅觉感受（Laberge and Hara，2001；Hino et al.，2009；Fuss and Ray，2009）。

嗅觉受体（olfactory receptor，*OR*）基因首先由 Linda Buck 等于 1991 年在紫褐鼠（*Rattus norvegicus*）中分离得到，编码嗅觉受体蛋白（Buck and Axel，1991）。嗅觉受体是一种 G 蛋白偶联受体蛋白（G‐protein coupled receptor，GPCR），具有 7 个 α‐螺旋跨膜结构域。嗅觉受体共分为 5 个在进化上相互独立的家族：主嗅觉受体（main olfactory receptor，MOR）（Buck and Axel，1991）、犁鼻器 I 型受体（vomeronasal type‐1 receptor，V1R）、犁鼻器 II 型受体（vomeronasal type‐2 receptor，V2R）（Ryba and Tirindelli，1997）、痕量胺相关受体（trace amine-associated receptor，TAAR）（Liberles and Buck，2006）及甲酰基肽受体（formyl peptide receptor，FPR）（Rivière et al.，2009）（图 6‐8）。

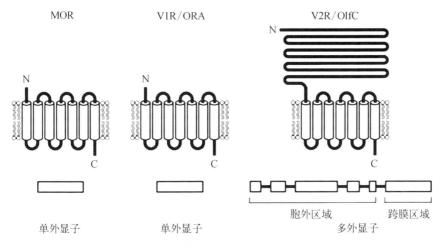

图 6‐8　脊椎动物嗅觉受体蛋白 MOR、V1R/ORA 和 V2R/OlfC 及
　　　　所对应基因的结构（Niimura，2013）

哺乳动物的主嗅觉受体和痕量胺相关受体在嗅觉上皮中表达，犁鼻器 I 型受体（V1R）和犁鼻器 II 型受体（V2R）在犁鼻器系统（vomeronasal nervous system，VNS）中表达。由于鱼类不具备犁鼻器系统，上述几种受体蛋白都在嗅觉上皮中表达（Pfister and Rodriguez，2005；Cao et al.，1998；Asano-

Miyoshi et al.，2000)。V1R 在鱼类的对应基因被称为 ORA(olfactory receptor related to class A GPCR)，V2R 的对应基因称为 OlfC(olfactory receptor related to class C GPCR)。MOR 在纤毛感受神经元(ciliated sensory neuron)中表达,OlfC 在微绒毛感受神经元(microvillus sensory neuron)中表达,几乎所有的隐窝神经元(crypt neuron)都表达 ORA4,而不表达其他的 ORA,目前表达 TAAR 和 FPR 的感受神经元尚未确定(Johnstone et al.，2012)。

嗅觉曾是感觉系统中最不受重视的研究内容之一,但自 2004 年度诺贝尔生理学与医学奖授予两位在气味受体和嗅觉系统组织方式研究中作出贡献的 Linda Buck 和 Richard Alex 之后,新的研究不断涌现。硬骨鱼类占全部脊椎动物种类之和的 50% 还多(Bazáes et al.，2013),目前对鱼类嗅觉方面的研究也越来越多,新的发现不断出现。

6.3.1 主嗅觉受体基因

主嗅觉受体(MOR)基因首先发现于褐家鼠(Buck and Axel，1991),是哺乳动物嗅觉受体基因中数量最大的亚家族(Alioto and Ngai，2005)。目前 MOR 基因已在一些鱼类中被鉴定出,如斑马鱼、青鳉、大黄鱼、三刺鱼、红鳍东方鲀、绿斑鲀、泥鳅及一些鲑属鱼类等(表 6-3)。

表 6-3   水生动物功能性(假基因)MOR 基因的数目

物 种 名 称	MOR 功能性(假)基因数目	文 献
文昌鱼(*Branchiostoma floridae*)	31	Niimura，2009b
七鳃鳗(*Petromyzon marinus*)	32(26)	Niimura，2009b
象鼻鲨(*Callorhinchus milii*)	1	Niimura，2009b
鲫(*Carassius auratis*)	41	Kolmakov et al.，2008
泥鳅(*Misgurnus anguillicaudatus*)	24(2)	Irie-Kushiyama et al.，2004
斑马鱼(*Danio rerio*)	154(21)	Niimura，2009b
大西洋鲑(*Salmo salar*)	24(24)	Johnstone et al.，2012
青鳉(*Oryzias latipes*)	68(24)	Niimura，2009b
三刺鱼(*Gasterosteus aculeatus*)	102(55)	Niimura，2009b
大黄鱼(*Larimichthys crocea*)	111	Zhou et al.，2011
绿斑鲀(*Tetraodon nigroviridis*)	43(10)	Niimura，2009b
红鳍东方鲀(*Takifugu rubripes*)	47(39)	Niimura，2009b
非洲爪蟾(*Xenopus tropicalis*)	824	Niimura，2009b

哺乳动物的 *MOR* 功能性基因大约有 1 000 个,鱼类 *MOR* 只及哺乳动物的 1/10~1/5,最多的仅 100 多个成员(Ngai et al.,1993;Niimura,2012)。不同鱼类之间,嗅觉受体基因的数目差异也较大(表 6-3)。但鱼类的 *MOR* 基因具有更高的序列多样性,分化程度相对更高(Niimura,2012)。

嗅觉受体基因的数量与组成可反映嗅觉功能对该物种的重要性,而功能性与假基因性 *MOR* 基因的数量比也被认为与该物种的嗅觉水平相关联(Hayden et al.,2010)。如人类(*Homo sapiens*)*MOR* 基因的假基因化达 52%,而小鼠则仅为 25%,狗还不到 20%。

绝大多数脊椎动物的 *MOR* 为单外显子结构,编码区域约为 1 kb (Mombaerts,1999a)。*MOR* 保守区域位于第二个胞内环和胞外环及跨膜区域 TMD2、TMD6 及 TMD7。而跨膜区域 TMD3、TMD4 及 TMD5 承受阳性选择压力,进化出较高的多样性(Ngai et al.,1993;Zhao and Firestein,1999)。该变化区域正是结合气味分子的位点,而这一区域的多样性可能是为了分化出多种结构进而可以识别更多的气味分子,但目前在鱼类中只鉴定到很少的序列或位点受到正向选择(Chen et al.,2010)。

哺乳动物的 *MOR* 基因按功能可分为两种类型:Ⅰ型和Ⅱ型(Niimura and Nei,2005;Hoover,2013)。每个类型又包括多个亚型,Ⅰ型可细分为 α、β、γ、δ、ε 和 ζ 等 6 个亚型,Ⅱ型可细分为 η、θ、κ 和 λ 等 4 个亚型。其中亚型 θ、κ 和 λ 可能由于在嗅觉上皮中不表达而为非嗅觉受体基因(Niimura and Nei,2005;Niimura,2009a)。

Ⅰ型 MOR 可能用于识别水溶性气味分子,Ⅱ型 MOR 则用于识别挥发性气味分子(Freitag et al.,1998)。鱼类的功能性 MOR 多为Ⅰ型,所以Ⅰ型基因又被称为"鱼类相关 MOR 基因"。大部分哺乳动物的功能性 *MOR* 基因属于Ⅱ型基因,而鱼类的Ⅱ型 *MOR* 大多已变成假基因或消失,所以Ⅱ型 *MOR* 基因被称为"哺乳动物相关基因"。鲫仅存在Ⅰ型 *MOR*,但矛尾鱼这两种 *MOR* 都存在,只是Ⅱ型 *MOR* 都为假基因。条纹原海豚的 *MOR* 基因都为Ⅱ型,但全为假基因(Freitag et al.,1998)。Ⅱ型 *MOR* 可能参与到原始四足动物的起源,并且在四足动物中承受选择压力,但在返回海洋的哺乳动物中呈现假基因现象。

研究表明,*MOR* 基因在文昌鱼中即已存在(Putnam et al.,2008;Churcher and Taylor,2009),然后分化出不同的家族和亚家族。Ⅰ型和Ⅱ型基因的分化发生在有颌类与无颌类的分化以前(Niimura,2009b)。现存鱼类的 *MOR* 基因从辐鳍鱼类的共同祖先中进化而来,该基因的进化关系与硬骨鱼类本身的进化关系相一致(Zhou et al.,2011)。在这一过程中,发生了基因的复制、丢失及假基因化(Niimura,2009b)。

6.3.2 犁鼻器Ⅰ型受体基因

鱼类 *ORA* 基因是哺乳动物 *V1R* 基因的同源基因,目前已有更多的 *ORA* 基因在多种鱼类中被分离鉴定出(表 6 - 4)(Pfister and Rodriguez,2005)。

表 6 - 4 鱼类的 ORA 基因(括号中为假基因)

物 种 名 称	ORA1	ORA2	ORA3	ORA4	ORA5	ORA6	总数	文 献
斑马鱼(*Danio rerio*)	1	1	1	1	1	1	6	Saraiva and Korsching, 2007
大西洋鲑(*Salmo salar*)	1	1	2	1	2	(1)	7(1)	Johnstone et al.,2012
青鳉(*Oryzias latipes*)	1	1	1	1	1	1	6	Saraiva and Korsching, 2007
绿斑鲀(*Tetraodon nigroviridis*)	0	1	1	1	1	1	5	Saraiva and Korsching, 2007
红鳍东方鲀(*Takifugu rubripes*)	0	1	1	1	1	1	5	Saraiva and Korsching, 2007
三刺鱼(*Gasterosteus aculeatus*)	1	1	1	1	1	1	6	Saraiva and Korsching, 2007
大唇朴丽鱼(*Haplochromis chilotes*)	1	1	1	1	1	1	6	Ota et al.,2012

ORA 基因已发现有 6 个成员,依次为 *ORA1*、*ORA2*、*ORA3*、*ORA4*、*ORA5* 和 *ORA6*(Saraiva and Korsching,2007)(表 6 - 4),这要远远小于哺乳动物的 *V1R* 基因数目(如大老鼠有 106 个 *V1R*)(Grus et al.,2007;Shi and Zhang,2007)。这 6 个基因根据序列归类分为 3 个基因对,分别为 *ORA1* - *ORA2*、*ORA3* - *ORA4* 和 *ORA5* - *ORA6*(Saraiva and Korsching,2007)。鱼类基因组中这些基因大多都存在,但绿斑鲀和红鳍东方鲀 *ORA1* 缺失。大西洋鲑的 *ORA3* 和 *ORA5* 分别有两个拷贝(*ORA3a* 和 *ORA3b*,*ORA5a* 和 *ORA5b*)(Johnstone et al.,2012)(表 6 - 4),这是鱼类中首次发现 *ORA* 基因的复制现象。

鱼类 *MOR* 基因在基因组内通常为簇状分布,多为头尾相接。而 *ORA* 基因的结构和在基因组内的分布形式则各不相同(Saraiva and Korsching,2007;Ota et al.,2012)(图 6 - 9,图 6 - 10)。如 *ORA1* 和 *ORA2* 多为单外显子基因,且为头对头分布;*ORA3* 和 *ORA4* 基因则为多外显子结构,其中 *ORA3* 有 4 个大小大致一样的外显子,而 *ORA4* 有 2~3 个外显子,*ORA3* 和 *ORA4* 在基因组中为尾对尾分布;*ORA5* 和 *ORA6* 在大多数鱼类中为单外显子结构。*ORA1* - *ORA2* 和 *ORA3* - *ORA4* 的不同排列方式,这可能由于它们不同的局部基因组复制。

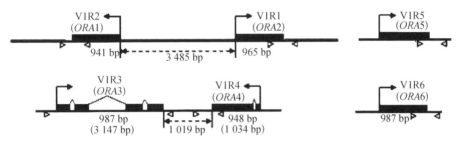

图 6 - 9　鱼类 *ORA* 基因的分布[以大唇朴丽鱼(*Haplochromis chilotes*)为例](Ota et al.,2012)

外显子和内含子分别由黑色图形和线条代表,图形下方数字为基因编码和间隔区域的长度,剪接位点由虚线指示,黑色三角形箭头代表基因转录方向,白色三角形箭头指示原文章中 RT - PCR 和原位杂交制备探针时所用引物的位置

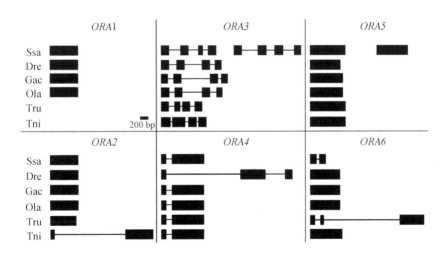

图 6 - 10　鱼类 *ORA* 基因家族各成员的基因结构示意图(Johnstone et al.,2012)

黑色图形代表外显子,线段代表内含子。Ssa. 大西洋鲑；Dre. 斑马鱼；Gac. 三刺鱼；Ola. 青鳉；Tru. 红鳍东方鲀；Tni. 绿斑鲀

ORA 基因家族可能起源于一个或一对 ORA 样基因。在所调查的鱼类中，发现 ORA3 和 ORA4 外显子/内含子的边界十分保守，但 ORA4 的唯一一个外显子/内含子边界不同于任何一个 ORA3 的外显子/内含子边界。这一发现可能说明 ORA3 和 ORA4 基因的内含子是在 ORA 家族的 3 个亚分支及 3 个基因对产生以后才形成的(Saraiva and Korsching，2007)。ORA3 -ORA4 在七鳃鳗中被发现，表明 ORA 基因家族悠久的进化历史(Saraiva and Korsching，2007)。同时，鱼类所有 ORA 基因构成一个单系分支，形成于硬骨鱼类物种分化事件发生前并与哺乳动物中所有的 V1R 基因具有同源的进化关系(Korsching，2009)。鱼类 ORA 基因进化较慢，序列高度保守，未发现经受阳性选择(Saraiva and Korsching，2007)。ORA 家族 6 个成员的 dN/dS 值都很低，约为 0.2，表明它们承受着很大的选择压力。ORA 基因在洞穴鱼类的远缘物种间及鳉科鱼类间也高度保守(Johnson and Banks，2011；Johansson and Banks，2011)，这和嗅觉受体基因其他家族的基因截然不同(MOR、V2R、TAAR 等由于发生了广泛的谱系扩张，导致基因数目出现差异、序列多样性增加)(Niimura and Nei，2005；Saraiva and Korsching，2007；Hashiguchi et al.，2008；Hussain et al.，2009；Nei et al.，2008)。但四足动物的同源基因 V1R 却发生了扩张，这与四足动物广泛的辐射进化相一致(Saraiva and Korsching，2007)。

ORA 基因的各成员在斑马鱼嗅觉器官中特异地表达，说明这些基因参与了嗅觉功能(Saraiva and Korsching，2007；Ota et al.，2012；Pfister et al.，2007)。根据所编码的蛋白质氨基酸序列，推测鱼类 ORA 用于识别一些在进化上保守的化学物质，如信息素(Boschat et al.，2002)。已被证实老鼠的 V1R 可识别信息素(Boschat et al.，2002；Del et al.，2002)，斑马鱼的 ORA1 能够识别 4 -邻羟基苯乙酸(Behrens et al.，2014)。实验发现，低浓度的 4 -邻羟基苯乙酸能够提高斑马鱼"交配对"的排卵频率，而当鼻孔被堵塞时，该现象消失。

6.3.3　犁鼻器Ⅱ型受体基因

鱼类的类 V2R 基因被命名为 OlfC(Alioto and Ngai，2006)。OlfC 最早在鲫和鲶类中分离到(Cao et al.，1998；Naito et al.，1998)，目前已在绿斑鲶、斑马鱼、大西洋鲑、鳉鲅、青鳉、大唇朴丽鱼等鱼类中被鉴定出，但数目随物种而有差异(表 6 -5)。

表 6 - 5　水生动物的 *OlfC* 基因数目

物　种　名　称	*OlfC* 功能性(假)基因数	文　　献
斑马鱼(*Danio rerio*)	45(9)	Hashiguchi and Nishida，2006
矛形水田螃鲅(*Tanakia lanceolata*)	54(2)	Hashiguchi and Nishida，2009
大西洋鲑(*Salmo salar*)	29(26)	Johnstone et al.，2012
大唇朴丽鱼(*Haplochromis chilotes*)	61	Nikaido et al.，2013
青鳉(*Oryzias latipes*)	17(19)	Hashiguchi and Nishida，2006
三刺鱼(*Gasterosteus aculeatus*)	23	Hashiguchi et al.，2008
绿斑鲀(*Tetraodon nigroviridis*)	11(11)	Hashiguchi and Nishida，2006
红鳍东方鲀(*Takifugu rubripes*)	27(12)	Hashiguchi and Nishida，2006
非洲爪蟾(*Xenopus laevis*)	249(448)	Shi and Zhang，2007

鱼类 *OlfC* 基因的假基因化率在 $19\%\sim47\%$(Johnstone et al.，2009；Hashiguchi and Nishida，2006)，在基因组内成簇分布，但基因簇的大小因物种而异(Johnstone et al.，2009)。斑马鱼有 2 个基因簇，覆盖基因组 4Mb 的区域；青鳉和绿斑鲀具有 1 个基因簇，长度小于 300 kb；大西洋鲑有 2 个基因簇(分别位于 9 号和 20 号染色体)；而红鳍东方鲀有 4 个基因簇(Johnstone et al.，2009)。由于基因组组装还不完全，以上基因簇可能可以合并。

OlfC 含有一个长的 N 端胞外区域，且具有很丰富的序列多样性，该区域对识别与结合配体具有重要作用(Han and Hampson，1999)。这一点和 *ORA* 不同，*ORA* 的 N 端胞外区域很短，说明二者识别结合不同的配体(气味分子)(Shi and Zhang，2007)。*OlfC* 基因具有 5 个保守的内含子/外显子边界，将其结构分为 6 个外显子，呈"短-短-长-短-短-长"排列形式(Alioto and Ngai，2006)(图 6 - 8)。

OlfC 被认为用于识别水溶性气味分子。比较基因组学发现，脊椎动物从水生向陆生的演化过程中，发生着 *OlfC* 向 *ORA* 的转变(即陆生动物的 *ORA*/*OlfC* 值大于水生动物)(Shi and Zhang，2007)。与 *ORA* 基因不同，*OlfC* 基因在鱼类基因组中发生了扩张(表 6 - 5)(Johnstone et al.，2009，Nikaido et al.，2013)。*OlfC* 基因数目和扩张的多少可能反映了该物种的嗅觉能力。例如，大唇朴丽鱼亚家族 4.8、14 和 16 发生了特异扩张(Nikaido et al.，2013)；大西洋鲑亚家族 4 和 11 发生了扩张，而亚家族 17 却为大西洋鲑所特有(Johnstone et al.，2011)。

研究发现，鲫和斑马鱼两个直系同源 *OlfC* 基因(分别为 *OlfC* 5. 24 和

OlfC ZO6)所编码的蛋白质能够被氨基酸所激活(Speca et al.，1999；Luu et al.，2004)，而蛋白质是鱼类食物的目标信号(Hara，1994)。斑马鱼*OlfC*基因所编码的蛋白质中有8个氨基酸是保守的，而这一结构正是识别氨基酸的配体结合受体的标志结构域。研究还发现，有7个*OlfC*基因在洄游性大西洋鲑的幼鱼和洄游中的成鱼中有差异表达，而在非洄游群体中却无此差异(Johnstone et al.，2011)。

哺乳动物的V2R(*OlfC*)能够识别生物个体释放的多肽，用于个体间的化学通讯。如雄性老鼠的泪腺分泌一种多肽类性激素就能被V2R识别(Kimoto et al.，2005)。有一种小多肽可作为主要组织相容性复合体(MHC)分子的配基，而V2R是该多肽的受体蛋白(Leinders-Zufall et al.，2004)。鱼类基于MHC的性别选择被认为有嗅觉机制的参与(Reusch et al.，2001；Aeschlimann et al.，2003)。如雄性三刺鱼被认为通过感受MHC的配基——多肽来评估其潜在配偶的MHC多样性水平(Milinski et al.，2005)。因此，鱼类*OlfC*可能通过识别一些小多肽如MHC配基来进行化学通信。

6.3.4 痕量胺相关受体和甲酰基肽受体基因

自*TAAR*在哺乳动物中被克隆以来(Borowsky et al.，2001)，在许多低等动物中也陆续被发现(Gloriam et al.，2005；Borowsky et al.，2001；Hashiguchi and Nishida，2007)。鱼类的痕量胺相关受体(*TAAR*)研究始于2005年，2006年被确定为新的化学感应受体(Liberles and Buck，2006)，可识别胺类物质(Gloriam et al.，2005)。与嗅觉受体基因其他家族不同的是，鱼类*TAAR*家族的数量大于哺乳动物(Gloriam et al.，2005；Borowsky et al.，2001；Hashiguchi and Nishida，2007)(表6-6)。

表6-6 水生动物的*TAAR*基因数目

物 种 名 称	*TAAR*功能基因基因数目 (Ⅰ型、Ⅱ型和Ⅲ型)	文 献
七鳃鳗(*Lampetra japonicum*)	0(0,0,0)	Hussain et al.，2009
腔棘鱼(*Latimeria chalumnae*)	18(1,17,0)	Tessarolo et al.，2014
象鼻鲨(*Callorhinchus milii*)	2(1,1,0)	Tessarolo et al.，2014
斑马鱼(*Danio rerio*)	112(7,18,87)	Hussain et al.，2009
大西洋鲑(*Salmo salar*)	27(5,0,22)	Tessarolo et al.，2014

（续表）

物 种 名 称	TAAR 功能基因基因数目 （Ⅰ型、Ⅱ型和Ⅲ型）	文　　献
青鳉(*Oryzias latipes*)	25(6、0、19)	Hussain et al.，2009
三刺鱼(*Gasterosteus aculeatus*)	48(4、0、44)	Hussain et al.，2009
红鳍东方鲀(*Takifugu rubripes*)	18(7、0、11)	Hussain et al.，2009
绿斑鲀(*Tetraodon nigroviridis*)	18(9、0、9)	Hussain et al.，2009
非洲爪蟾(*Xenopus laevis*)	3(1、2、0)	Hussain et al.，2009
短鼻鳄(*Alligator mississippiensis*)	8(1、7、0)	Tessarolo et al.，2014

TAAR 家族在进化上较年轻。*TAAR* 家族可分为三类：Ⅰ型、Ⅱ型和Ⅲ型，并且在鱼类中持续扩张(Hussain et al.，2009)。通过对已知物种构建的 TAAR 进化树发现，Ⅰ型较古老；Ⅱ型仅存在于非硬骨鱼类中(斑马鱼除外)；Ⅲ型仅存在于硬骨鱼中，并且发生了基因扩张。据推测，Ⅰ型和Ⅱ型在有颌类和无颌类的分化后才出现，Ⅲ型可能起源于Ⅱ型，可能在四足动物和硬骨鱼分化之后才出现(Hussain et al.，2009；Tessarolo et al.，2014)。

大部分 *TAAR* 基因为单外显子结构，但在Ⅲ型中发现了 4 个内含子的获得和丢失事件。Ⅲ型的胺能配体结合区域整体缺失，并承受着较强的正向选择压力，而这一区域在Ⅰ型和Ⅱ型中高度保守(Hussain et al.，2009)。这些迹象表明，Ⅲ型 *TAAR* 亚家族可能正在孕育新的嗅觉受体基因家族(Hussain et al.，2009)。

四足动物的 *TAAR* 基因基本成簇分布在单一的染色体上，鱼类的 *TAAR* 基因则在多个染色体上都有分布，一些游离的 *TAAR* 基因和 *TAAR* 小集团也有发现(Hashiguchi and Nishida，2007)。这可能来源于硬骨鱼早期谱系分化阶段所发生的全基因组复制事件(Nakatani et al.，2007)。

甲酰基肽受体(*FPR*)基因于 2009 年在老鼠中被鉴定出具有嗅觉功能，其 7 个 *FPR* 基因位于 17 号染色体的 2.7 巨碱基区域内(Rivière et al.，2009；Migeotte et al.，2006)。但在鱼类中还未见 *FPR* 基因的研究报道。

6.3.5　研究展望

1. 存在的问题

目前对嗅觉受体基因所编码的嗅觉受体蛋白的研究面临着如下问题：

第一,功能性嗅觉受体基因的验证和相应配体的鉴定。目前报道的嗅觉受体基因,多来自对基因组数据的筛选,尚需功能性验证。配体的鉴定是验证受体蛋白功能的前提,目前绝大部分嗅觉受体基因的 GCPR 配体还未被发现,被称为孤儿受体(orphan receptor)(Mombaerts,2004)。要找到与某种蛋白质相互结合的小分子,目前还没有好的技术手段。而嗅觉的 GPCR 配体来自大自然,种类纷繁复杂,尚无科学的验证方法。

第二,异源系统的表达。嗅觉受体蛋白是一类膜蛋白,只有定位于细胞膜上才能发挥功能。其在异源系统中的表达十分困难,即使表达了,大部分蛋白质也只能在细胞内发现,成功定位到细胞膜上的蛋白质量也非常少(McClintock and Sammeta,2003)。因此利用传统的细胞培养研究嗅觉受体基因及其相关的信号通路将十分困难(Bush and Hall,2008)。

第三,特异嗅觉蛋白抗体的获得。由于嗅觉受体基因有几个大的家族组成,家族内各成员间的序列极其相似,所编码的蛋白质序列也基本一致,高质量特异嗅觉蛋白抗体的合成将十分困难。

2. 展望

嗅觉受体基因的分离,目前主要从基因组内,运用生物信息学方法进行筛选和鉴定。由于各家族内嗅觉受体基因序列的高度相似性,常规的分子生物学方法难以高效分离。但基于高通量测序及基因组学、转录组学等方法所得到的海量组学数据,为筛选和鉴定嗅觉受体基因提供了广阔的来源(Niimura,2013;Dehara et al.,2012;Flegel et al.,2013;Zhu et al.,2014)(图 6-11)。随着更多物种基因组信息的全图乃至精细图谱的发布和不断完善,以及基因组的测序完成,相信会有越来越多物种的嗅觉受体基因的信息获得,使我们对嗅觉受体的认识和研究得到进一步深入。

GPCR 相应配体的鉴定因无捷径,只能大面积排查。GPCR 是潜在的药物靶基,已有制药公司加入到这项艰巨的研究工作中,"孤儿受体"的脱孤研究已进入到工业化的发展轨道,效率将大大提高。近年来,有人将嗅觉受体和生物传感器结合,构建仿生嗅觉传感器,这在生物医学、疾病诊断及医药分析、环境保护等方面具有很大应用空间,但技术还不够成熟(Du et al.,2013)。

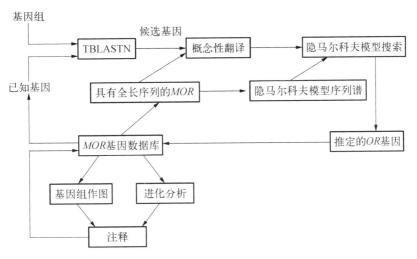

图 6-11　嗅觉受体基因的数据挖掘策略（以 *MOR* 基因为例）
（Zhang and Firestein，2009）

（朱国利,唐文乔,刘东）

6.4　刀鲚嗅觉器官的转录组测序

提要：转录（transcription）是遗传信息从 DNA 流向 RNA 的过程。即以双链 DNA 中确定的一条链为模板，以 ATP、CTP、GTP、UTP 四种核苷三磷酸为原料，在 RNA 聚合酶催化下合成 RNA 的过程。转录组（transcriptome）是指在某一生理条件下,细胞内所有转录产物的集合,包括信使 RNA、核糖体 RNA、转运 RNA 及非编码 RNA。蛋白质是行使细胞功能的主要承担者,蛋白质组是细胞功能和状态的最直接描述,转录组是连接基因组遗传信息与生物功能的蛋白质组的纽带,是研究基因表达的主要手段。通过对刀鲚嗅觉上皮这一特定组织在生殖洄游状态下所能转录的 RNA 总和,主要包括 mRNA 和非编码 RNA 的高通量测序,可全面快速地鉴定出可能与生殖洄游行为相关的基因和信号通路,为进一步研究刀鲚生殖洄游的分子机制打下基础。

通过高通量 Illumina 从头测序和序列组装,获得了洄游型和定居型刀鲚的嗅觉上皮组织的转录组数据。分别获得了 51 261 228 条和 126 241 752 条高质量的干净读长（clean read）,组装后得到 117 717 条和 231 219 条 Unigene。统一组装后共产生 176 510 条 Unigene,平均长度为 843 bp。所组装 Unigene 总长度为 148 772 175 个核苷酸,大约 51% 的 Unigene 成功注释到各蛋白质数据库中收录的相关基因。GO 分析发现,在信号识别和转导及调控和酶活性方面都存在基因富集现象。其中 53 575 条 Unigene 注释到相应的 KEGG 信号通路中,547 条注释到嗅觉信号转导通路中,信息素信号转导通路中的相关基因也被鉴定出。另外,共鉴定出 78 852 个简单重复序列 SSR 位点和 224 779 个单核苷酸多态性 SNP 位点。

6.4.1 材料与方法

1. 实验鱼采集和 RNA 样本提取

刀鲚定居型样本采自鄱阳湖的都昌水域,洄游型样本采自长江江苏靖江段。活体样本采集后立即包埋于 -20℃ 医用冰袋中,失去知觉后迅速剪开腹部,检查性腺发育时相。用眼科剪快速剪取性腺发育时相为 Ⅲ 期的嗅囊,放入事先加入 RNA Later 保护液的 2.0 ml 冻存管中,迅速转入液氮中待用。

采用 Trizol 试剂(Invitrogen)提取嗅囊的总 RNA。使用 2100 - Bioanalyzer 仪器检测 RNA 样本的质量。对于质量合格的 RNA 样本,加入 DNase Ⅰ 处理。

2. cDNA 合成和建库

利用带有 Oligo(dT)的磁珠复合体,从总 RNA 中分离包含 Poly(A)尾巴的 mRNA。加入 RNA 片段化试剂,并在水浴锅中孵育,将 mRNA 打断成各种长度的片段。以打断后的 mRNA 为模板,合成第 1 链 cDNA,接下来合成第 2 链 cDNA,然后纯化回收反应产物。纯化后的 cDNA 片段和黏性末端修复混合物混合,进行黏性末端修复。接下来,在 cDNA 片段的 3′ 端连接碱基“A”,并连接上测序所用接头(adaptor)。选择合适大小的片段,纯化回收。进行接头 PCR,富集上述片段,完成转录组测序 cDNA 文库的构建。构建好的 cDNA 文库用仪器 Agilent 2100 - Bioanalyzer 和 ABI StepOne Plus Real-Time PCR System 进行质量检测。

3. cDNA 的测序

质检合格的样品,使用 Illumina HiSeq 2000 进行测序。测序得到的原始数据(raw data)经过去除接头序列、模糊序列和空读长,得到干净读长。通过软件 Trinity 和 TIGR Gene Indices(TGI)Clustering tools v2.1,将测序得到的来自洄游型和定居型刀鲚的干净读长进行组装拼接和聚类分析。直到序列不能再延长,即停止。这些序列成为 Unigene。

4. Unigene 功能注释和分类

利用 Blast 功能(E 值$\leqslant10^{-5}$)对 Unigene 在下属蛋白质数据库中作基因功能注释:NR 数据库(ftp://ftp. ncbi. nih. gov/blast/db/)、NT 数据库(ftp://ftp. ncbi. nih. gov/blast/db/)、Swiss – Prot 数据库(ftp://ftp. uniprot. org/pub/databases/uniprot/previous_releases/)、COG 数据库(http://www. ncbi. nlm. nih. gov/COG/)、GO 数据库(http://www. geneontology. org/)和 KEGG 数据库(http://www. genome. jp/)。如果上述数据库无法预测 Unigene 的功能注释,即用 ESTScan software v3. 0. 2 进行预测。

基于在 NR 数据库中注释得到的基因功能信息,利用软件 BLAST2GO software v2. 5. 0 对所有 Unigene 做 GO 功能注释。进而使用 WEGO 软件对所有 Unigene 进行 GO 功能分类统计(Ye et al. ,2006),以期从宏观上认识基因功能的分布特征。

5. 可读框(ORF)预测

将测序得到的 Unigene 序列与各个蛋白质数据库进行序列 Blast X 比对,采用的数据库比对顺序是:NR 数据库、Swiss – Prot 数据库、KEGG 数据库和 COG 数据库。E 值设为小于 0. 000 01。按照得到的 Blast 比对结果打分已知蛋白质的结构,对该 Unigene 序列进行开放阅读框预测。按照标准密码子表,将 Unigene 序列翻译成氨基酸序列,进而得到该基因的核酸和氨基酸序列。在所有数据库中都无法比对成功的 Unigene,使用 ESTScan 软件进行预测。

6. SSR 和 SNP 分析

分别利用软件 MISA(http://pgrc. ipk-gatersleben. de/misa/)和 SOAPsnp (http://soap. genomics. org. cn/soapsnp. html)鉴定刀鲚转录组数据中包含的单核苷酸多态性(SNP)位点和简单重复序列(SSR)。

6. 4. 2　结果

1. 转录组测序及拼接组装结果

通过 Illumina 高通量测序,分别得到 51 261 228 条洄游型和 126 241 752 条定居型刀鲚的嗅囊干净读长(表 6 – 7)。使用短读长组装软件 Trinity 对所得到的干净读长进行组装,共得到 176 510 条 Unigene(分别为 117 717 条和 231 219 条 Unigene),平均读长 843 bp,共由 148 772 175 个核苷酸碱基组成。

表 6-7 洄游型和定居型刀鲚嗅觉上皮转录组测序结果

	洄游型群体	定居型群体	
总干净读长数目	51 261 228	126 241 752	
总干净核苷酸数目/nt	4 613 510 520	12 750 416 952	
重叠群总数数目	223 325	409 459	
非重复序列基因总数	117 717	231 219	
重叠群总长度/nt	56 758 068	129 299 285	
非重复序列基因总长度/nt	50 868 550	197 568 883	
总数			176 510
总长/nt			148 772 175

2. 拼接组装质量分析

对 Unigene 组装结果,进行生物信息学分析。共有 8 608 条序列的长度大于或等于 3 000 个核苷酸碱基,约占总数目的 4.8%(图 6-12)。

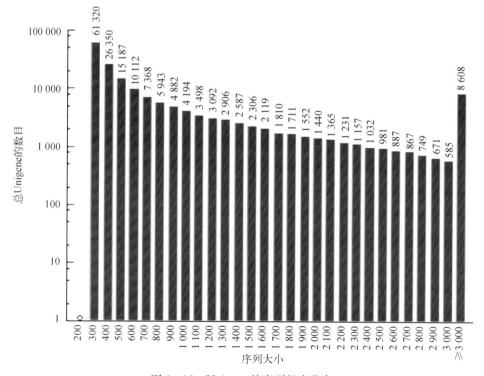

图 6-12 Unigene 的序列长度分布

3. 基因注释结果

为了阐明各 Unigene 的功能,对所得 Unigene 基因在各蛋白质数据库中进行功能注释。在 176 510 条 Unigene 中,共有 89 456 条被成功注释,占总数的 50.68%(表 6-8)。

表 6-8 Unigene 注释结果统计

Sequennce	NR	NT	Swiss-Prot	KEGG	COG	GO	ALL
All-Unigene	72 127	65 888	61 581	53 575	25 272	41 888	89 456

4. 注释结果评估

如图 6-13 所示,在"E 值分布"中,E 值 14.3% 序列为 0;13.3% 序列为 0~1e-100;12.0% 序列为 1e-100~1e-60,6.8% 序列为 1e-60~1e-45;10.4% 序列为 1e-45~1e-30;16.1% 序列为 1e-30~1e-15;27.1% 序列为 1e-15~1e-5。

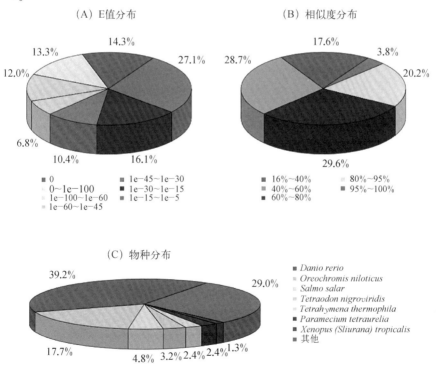

图 6-13 注释到 NR 数据库中的 Unigene 的 E 值分布、
相似度分布以及物种分布分析

在"相似度分布"中(图 6 - 13B),相似度 95％～100％的序列占 3.8％；80％～95％的序列占 20.2％；60％～80％的序列占 29.6％；40％～60％的序列占 28.7％；16％～40％的序列占 17.6％。

在"物种分布"中(图 6 - 13C),约 66.2％的 Unigene 被成功注释到已知的鱼类基因。其中 39.2％序列注释到斑马鱼相关基因；17.7％注释到罗非鱼相关基因；4.8％注释到大西洋鲑相关基因；3.2％注释到绿斑河豚相关基因；1.3％注释到非洲爪蟾的相关基因。但少量序列注释到草履虫(*Paramecium tetraurelia*)和嗜热四膜虫(*Tetrahymena thermophila*)SB210 的基因上。

5. 注释结果的 COG 分析

根据 NR 注释信息,对 Unigene 基因功能进行 COG 分类,共有 25 272 条 Unigene 被成功归类到 25 个 COG 类别中。其中,注释到"general function prediction"的数量最多,为 10 278 条,占总数的 40.67％；其次是"translation, ribosomal structure, and biogenesis",为 7 169 条,占 28.37％；"replication, recombination,and repair"为 6 315 条,占 24.99％；"cell cycle control, cell division, chromosome partitioning"为 6 161 条,占 24.38％。另外,注释到"signal transduction mechanisms"的有 4 092 条,占 16.19％(图 6 - 14)。

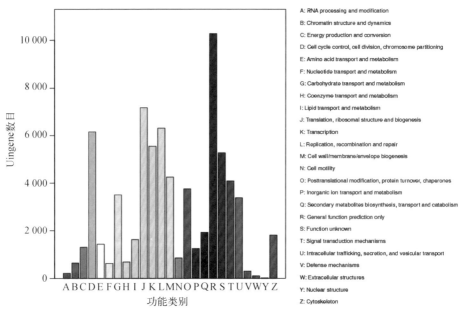

图 6 - 14　注释结果的 COG 直系同源分析结果

6. 注释结果的 GO 分析

在 GO 分类的"生物过程"大类中,有 13 391 条 Unigene 参与到"应对刺激(response to stimulus)"类别中,9 782 条参与到"信号(signaling)"类别中。在"细胞过程"大类中,有 9 021 条 Unigene 注释到"膜结构"类别中。在"潜在分子功能"大类中,有 27 140 条注释到"binding"类别中,有 16 082 条注释到"catalytic activity"中,有 135 条注释到"regulator activity"中,有 256 条注释到"electron carrier activity"中,有 1 845 条注释到"receptor activity"中,有 48 条注释到"receptor regulatory activity"中(图 6-15)。

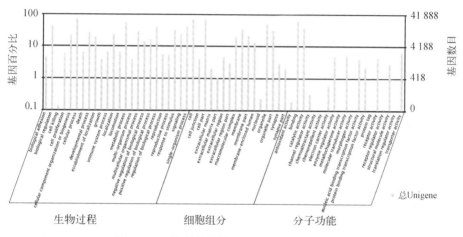

图 6-15　注释结果的 GO 基因功能分析结果

7. 注释结果的 KEGG 分析

通过 KEGG 代谢通路分析,53 575 条 Unigene 被注释到 259 个已知的信号通路中,其中包括嗅觉信号通路、生物钟信号通路及渗透压相关基因在内的一系列与刀鲚洄游可能相关的信号通路。各个通路中,所注释到的序列数量为 2 274～5 243 条不等(表 6-9)。

表 6-9　转录组数据中注释得到的前 25 个 KEGG 信号通路

序号	信 号 通 路	EST 数目(百分比/%)	信号通路 ID 号
1	Metabolic pathways	5 243(9.79)	ko01100
2	Regulation of actin cytoskeleton	2 772(5.17)	ko04810
3	Pathways in cancer	2 671(4.99)	ko05200
4	Amoebiasis	2 288(4.27)	ko05146
5	Focal adhesion	2 274(4.24)	ko04510

（续表）

序号	信　号　通　路	EST 数目（百分比/%）	信号通路 ID 号
6	Spliceosome	2 226(4.15)	ko03040
7	MAPK signaling pathway	1 758(3.28)	ko04010
8	RNA transport	1 651(3.08)	ko03013
9	Endocytosis	1 602(2.99)	ko04144
10	Tight junction	1 596(2.98)	ko04530
11	Huntington's disease	1 581(2.95)	ko05016
12	HTLV – I infection	1 578(2.95)	ko05166
13	Salmonella infection	1 570(2.93)	ko05132
14	Herpes simplex infection	1 491(2.78)	ko05168
15	Adherens junction	1 458(2.72)	ko04520
16	Influenza A	1 443(2.69)	ko05164
17	Chemokine signaling pathway	1 437(2.68)	ko04062
18	Vibrio cholerae infection	1 436(2.68)	ko05110
19	Epstein – Barr virus infection	1 427(2.66)	ko05169
20	Fc gamma R – mediated phagocytosis	1 378(2.57)	ko04666
21	Vascular smooth muscle contraction	1 352(2.52)	ko04270
22	Dilated cardiomyopathy	1 327(2.48)	ko05414
23	Hypertrophic cardiomyopathy(HCM)	1 261(2.35)	ko05410
24	Calcium signaling pathway	1 251(2.34)	ko04020
25	Transcriptional misregulation in cancer	1 240(2.31)	ko05202

8. Unigene 的可读框预测

通过 Blast X 功能，成功预测到 72 601 条序列的 ORF 区域。通过软件 ESTScan 预测，成功预测到 8 714 条序列的 ORF 区域。共计 81 315 条序列的 ORF 区域被鉴定出，占总序列的 46%（表 6 - 10）。

表 6 - 10　预测得到的可读框(CDS)数量统计表

序　列　文　件	序列数目
All – Unigene(通过 Blast)	72 601
All – Unigene(通过 ESTScan)	8 714
总计	81 315

9. 转录组数据中 SSR 和 SNP 分子标记的筛选

分析了刀鲚不同种群的 SSR（简单重复序列）和 SNP（单核苷酸多态性位点）位点。其中，SSR 位点 78 892 个（表 6 - 11），SNP 位点 224 779 个（表 6 - 12）。在 SSR 位点中，单核苷酸重复有 14 998 个；双核苷酸重复有 50 071 个；

三核苷酸重复有 9 546 个;四核苷酸重复有 2 317 个;五核苷酸重复有 1 523 个;六核苷酸重复有 397 个。在 SNP 位点中,长江刀鲚(洄游型)中发现 93 501 个,鄱阳湖刀鲚(定居型)中发现 131 278 个。并且具有 138 945 个碱基转换位点和 85 834 个碱基颠换位点。

表 6 - 11　鉴定到的 SSR 位点

重复数目	单核苷酸重复	双核苷酸重复	三核苷酸重复	四核苷酸重复	五核苷酸重复	六核苷酸重复
4	0	0	0	0	1 436	343
5	0	0	5 138	2 125	43	23
6	0	16 613	2 808	155	12	7
7	0	11 195	1 522	12	7	14
8	0	10 047	65	2	8	4
9	0	8 825	3	3	3	0
10	0	2 965	1	4	4	2
11	0	416	0	3	1	0
12	3 477	10	2	2	3	1
13	2 337	0	0	1	3	0
14	1 844	0	3	3	1	2
15	1 426	0	2	0	0	0
16	1 233	0	0	0	1	1
17	1 144	0	0	1	1	0
18	1 166	0	0	0	0	0
19	1 078	0	0	1	0	0
20	777	0	0	0	0	0
21	361	0	0	2	0	0
22	105	0	0	1	0	0
23	47	0	0	2	0	0
24	2	0	0	0	0	0
25	0	0	1	0	0	0
29	0	0	1	0	0	0
32	1	0	0	0	0	0
SubTotal	14 998	50 071	9 546	2 317	1 523	397

表 6 - 12　鉴定到的 SNP 位点

SNP 类型	长江刀鲚	鄱阳湖刀鲚
碱基转换	58 326	80 619
A - G	29 536	40 554
C - T	28 790	40 065
碱基颠换	35 175	50 659
A - C	9 519	13 699

（续表）

SNP 类型	长江刀鲚	鄱阳湖刀鲚
A - T	7 491	11 043
C - G	8 533	12 159
G - T	9 632	13 758
总数	93 501	131 278

10. 洄游相关基因的数据库

（1）嗅觉信号转导通路

共有 547 个 Unigene 注释到嗅觉信号通路，占总 Unigene 数的 1.02%。如图 6 - 16 所示，传统的嗅觉转导信号通路，首先由嗅觉受体蛋白识别结合气味分子开始，然后激活 Gaolf-containing heterotrimeric G protein(Golf)，进而激活

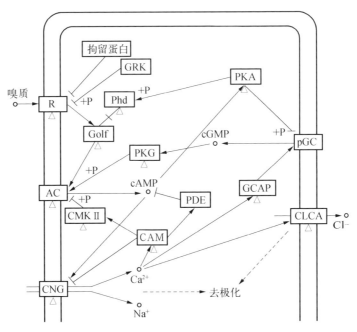

图 6 - 16 刀鲚转录组研究中注释到的嗅觉
信号通路(olfactory transduction)

△标注的为有基因序列鉴定出。R. 嗅觉受体；Golf. 含 Golf 异 3 聚体 G 蛋白；AC. 腺苷酸环化酶；CNG. 环核苷酸门控的阳离子通道；CLCA. 钙激活氯离子通道；GCAP. 鸟苷酸环化酶激活蛋白；Phd. 光传感因子；PKG. 依赖于 cGMP 的蛋白激酶；PKA. 蛋白激酶 A；pGC. 颗粒状鸟苷酸环化酶；CAM. 钙调蛋白；CaMKⅡ. 钙/钙调素依赖蛋白激酶Ⅱ；PDE. 磷酸 2 酯酶；GRK. G 蛋白受体激酶

腺苷酸环化酶(adenylyl cyclase，AC)，腺苷酸环化酶产生 cAMP，然后 cAMP 开启环核苷酸门控阳离子通道(cyclic nucleotide-gated cation channels，CNG) (Nakamura and Gold，1987)，使 Ca^{2+} 进入细胞，发生极化现象。然后，钙离子激活氯离子通道(Ca^{2+} - activated chloride channels，CLCA)，使得 Cl^- 大量外流，进一步导致细胞的极化(Kurahashi and Yau，1993；Lowe and Gold，1993；Nickell et al.，2007)。这时，化学信号转变为电信号，通过神经系统传入大脑，并在大脑中形成嗅觉感知。

细胞内急剧上升的 Ca^{2+} 将会引起多种分子事件，包括降低 CNG 和 cAMP 的结合度；通过钙/钙调素依赖蛋白激酶II(calcium/calmodulin-dependent protein kinase II，CaMKII)抑制腺苷酸环化酶的活性(Nakamura，2000)。长期接触气味分子，会导致嗅觉上皮纤毛中的颗粒状鸟苷酸环化酶(particulate guanylyl cyclase，pGC)的激活，产生 cGMP，并激活依赖于 cGMP 的蛋白激酶(cGMP - dependent protein kinase，PKG)，这使得细胞内的 cAMP 水平持续上升，而 cAMP 水平的上升将会引起蛋白激酶 A(protein kinase A，PKA)由非激活模式转变为激活模式(Moon et al.，1998)。作为反馈，PKA 还能阻止 pGC 被激活。

嗅觉信号转导途径可以在该信号通路的各个步骤被终止。这包括基于 G 蛋白受体激酶的受体磷酸化(receptor phosphorylation by G protein receptor kinase，GRK)，蛋白激酶 A(PKA)，基于拘留蛋白的磷酸化受体的"帽化"('capping' of the phosphorylated receptor by arrestin)，通过 CaMK II 和 G protein signaling 2(RGS2)的调控作用抑制腺苷酸环化酶的活性(Wei et al.，1998；Sinnarajah et al.，2001)，通过 Na^+ - Ca^{2+} 交换体去除细胞中的 Ca^{2+} (Reisert and Matthews，1998)，通过磷酸二酯酶水解 cAMP，通过依赖于钙调蛋白的 CNG 通道的脱敏作用(Dawson et al.，1993；Peppel et al.，1997；Mashukova et al.，2006)。

但参与终止嗅觉信号转导过程的拘留蛋白、GRK 和 PDE 蛋白及 pGC 在转录本中未被检测到。这可能是因为刀鲚的嗅觉信号转导通路的终止能力较低，也可能是转录的量过少导致。

(2) 信息素信号通路

信息素主要由位于嗅觉器官中的犁鼻器 I 型受体(V1R)和犁鼻器 II 型受体(V2R)来识别。在 V1R 介导的嗅觉信号通路中，首先由 V1R 蛋白识别结合信息素,然后激活 G 蛋白抑制腺苷酸环化酶(inhibitory adenylate cyclase G protein,Gi),接下来磷脂酶 Cβ2(phospholipase Cβ2, PLCβ2)被激活并合成 1, 4,5-三磷酸肌醇(inositol-1,4,5-triphosphate),并利用 phosphatidylinositol-4, 5-bisphosphate 合成甘油 2 酯(diacylglycerol)(Kaupp,2010)。接下来瞬时受体电位阳离子通道 C2(transient receptor potential cation channel C2,TRPC2)被激活,导致 Na$^+$/Ca^{2+} 流入,使细胞发生极化。CaM 结合 TRPC2 将会导致嗅觉作用的停止和复原。V2R 识别、结合信息素后,激活 G。。G。是一种 G 蛋白,参与到很多的信号转导通路。在表达的神经元中,TRPC2 被认为参与形成极性电流。

通过对转录组的分析,本研究成功鉴定出 *V1R* 和 *V2R* 基因家族及 *CaM*,但 *TRPC2* 未被发现。瞬时受体电位阳离子通道的其他成员也被鉴定出,如 TRPM4、TRPV4、TRPC5 和 TRPV1,很可能 TRPC2 的作用被瞬时受体电位阳离子通道的其他成员代替了。

6.4.3　小结

通过高通量测序,获得了大量高质量数据,构建了洄游型和定居型刀鲚嗅觉器官的两个数据库,所测得的基因信息,在信号识别与转导及调控与酶活性方面具有富集现象,这与嗅觉器官的功能一致。在基因注释结果中,大约 49.32% 的 Unigene 未得到成功的功能注释。这可能由于目前缺乏刀鲚相关的基因组和 EST(表达序列标签)数据。在成功得到基因注释的 Unigene 中,约 66.2% 成功注释到已知的鱼类基因。但少量序列注释到草履虫(*Paramecium tetraurelia*)和嗜热四膜虫(*Tetrahymena thermophila*)SB210 的基因上,这可能是因为测序所采用的刀鲚样本上有寄生虫卵的存在。

在注释结果的 COG 分析中,4 092 条 Unigene 注释到"signal transduction mechanisms"项中的,占总 Unigene 数的 16.19%。同时,大量与调控相关的转录本的发现,说明刀鲚的嗅觉上皮组织具有较高的转录可塑性。另外,鉴定出的大量 SSR 和 SNP 位点,为进一步筛选有效的分子标记提供了基础。

鉴于刀鲚基因组数据缺少,这一转录组数据将为进一步研究刀鲚生殖洄游的分子机制和该物种的基因组演化提供很好的研究基础。

本研究测得的刀鲚嗅觉上皮组织的转录组数据中的原始数据,已提交到

NCBI SRA(Sequence Read Archive)数据库,接收号 SRP035517。

(朱国利,唐文乔)

6.5　刀鲚犁鼻器Ⅰ型受体基因(*V1R/ORA*)的获取与组织表达分析

提要:本节克隆了刀鲚 *V1R* 基因家族的全体成员,共有 6 个基因,分别为 *V1R1*、*V1R2*、*V1R3*、*V1R4*、*V1R5* 和 *V1R6*。分析了刀鲚 *V1R* 基因的结构,发现 *V1R1*、*V1R2*、*V1R5* 和 *V1R6* 为单外显子结构,*V1R3* 和 *V1R4* 为多外显子结构,分别具有内含子 2 个和 1 个。此外,发现刀鲚 *V1R3* 基因存在物种特异性的基因扩张现象,这与其他非洄游型硬骨鱼类不同,但与具有生殖洄游行为的大西洋鲑一致。通过基于相对荧光定量 PCR 的组织表达分析,发现 *V1R* 基因主要表达于刀鲚的嗅觉器官中,说明该类基因为嗅觉功能性基因。在多个 *V1R* 基因的附近存在简单重复序列和转座子,在发生扩张的基因附近,简单重复序列较多。另外,*V1R3* 基因的基因组成在刀鲚的不同群体中不尽相同,表现出一定的差异。通过相对荧光定量 PCR 检测 *V1R* 基因在刀鲚不同生态型嗅觉器官中的表达,发现 4 个 *V1R* 基因存在差异表达,揭示它们参与刀鲚的生殖洄游行为。

6.5.1　材料与方法

1. 样品与试剂

样本采集:洄游型刀鲚采集于长江江苏靖江段,定居型刀鲚采集于鄱阳湖都昌水域。采集方法与本章 6.3 节所描述的方法一致。待鱼失去知觉后,迅速剪取嗅囊、肝脏、胃、肌肉、眼、鳃、心脏、精巢和卵巢,并立即放入 RNA Later 中保存,带回实验室,用于后续 RNA 相关实验。另剪取肌肉组织,浸泡在 80% 的乙醇溶液中,带回实验室,用于后续 DNA 相关实验。

主要试剂:Trizol 试剂;溴化乙啶(EB);琼脂糖;TAE 缓冲液;*Taq* Plus 聚合酶;第一链 cDNA 合成试剂盒。

2. 方法

1) 基因组步移

基因组 DNA 提取:取乙醇溶液保存的肌肉组织,采用酚-氯仿法提取基因组 DNA。

引物设计：根据简并引物或根据转录组所测到的基因片段设计引物（表6－13），扩增出部分片段，并克隆测序，确认序列的正确性；根据已经验证的 *V1R* 基因序列，对每个 *V1R* 基因设计 3 条特异性引物，即 SP1、SP2、SP3，用于基因组步移实验，以便扩增 *V1R* 基因全序列。

表 6－13   克隆 **V1R** 基因过程中所使用到的引物序列

引 物 名 称	序列信息(5′→3′)
V1R1－F	AATTTTATTATTGTGGACCGGGTTTTGAT
V1R1－R	TGTTATTTGTAAGTTGCTGCCTATGTGGA
V1R1－5′－SP1	CACCGCTCCGTTAGCATCCACTGAAA
V1R1－5′－SP2	ACCACCATCAAGTTAGCAAAAGCCAG
V1R1－5′－SP3	CAGTGAGAGATAGATAGAGCAGCCCG
V1R2－F	CCTTGGAGGGTTGGTGGTTTG
V1R2－R	CTGGTTTGGGCATTTTGGGAA
V1R2－5′－SP1	ATAACAAGATGAGAACCACACCCGCA
V1R2－5′－SP2	GCATAAGAGCCTGGAAGACACTGAGC
V1R2－5′－SP3	GAGGGCACGGGAAATACGGTAGGAGT
*V1R3*m－e3F	CTGGGCTGTRTSTGGAACTT
*V1R3*m－e4R	GGNGCCTCKGTTGTAGTTGA
V1R3－5′－SP1	TGGTGCCCCAGGAGGAGATGAAGAG
V1R3－5′－SP2	CACCCTCCTGATGACGGGCACCTC
V1R3－5′－SP3	TGTGGGCGTAGAGTGTCAGCAGCGAA
V1R3－3′－SP1	TGGGTTCGCTGCTGACACTCTA
V1R3－3′－SP2	TGCCCGTCATCAGGAGGGTGCCAG
V1R3－3′－SP3	TGCTCTTCATCTCCTCCTGGGGC
V1R4－5′－SP1	CTGACTGTTAGTGAGTTACACCTGCC
*V1R4*m－F	CMGAGTCTTCATGCTGCTGTG
*V1R4*m－R	CTGTYGTGGTTGTARTACGTCAC
*V1R4*L－F	CACCTGCCAGATATGGCTAACAGAGA
*V1R4*L－R	GTACAGCTGATCACCATGAGCTCCAC
V1R4－3′－SP1	CATCTCACACCCCTCTCCCATTCTTT
V1R4－3′－SP2	TTGAGTGTGCGGATTGTCCTGTCTGT
V1R4－3′－SP3	TGGGAGTTCCCGACTGAGGAGCAG
V1R5－F	CTGATGGGCAGTGGGAGAAGGAA
V1R5－R	AGAATGGATGCAGAGGGGTGGGT
V1R5－3′－SP1	CGAATCTTCCGCTTCTGTGCCGACCT
V1R5－3′－SP2	ATCTTCTCCACCCTCTTCATCAGCGT
V1R5－3′－SP3	AGCATCCCGCATCTCATCTATGTCAC
V1R5－5′－SP1	GAACACGCTGATGAAGAGGGTGGAGA
V1R5－5′－SP2	ACAGGTCGGCACAGAAGCGGAAGATT

（续表）

引 物 名 称	序列信息（5′→3′）
V1R5 - 5′- SP3	ACAGCCAGATTGAGGAATAGAGCGTC
V1R6 m - F	GTCMTCATCAGCATCTTCCG
V1R6 m - R	AAGGTCCAGTYCACCWGGAA
V1R6 - 3′- SP1	CTCATCAGCATCTTCCGCTACCAG
V1R6 - 3′- SP2	TGCCACTGTTCAACCACCTCTAC
V1R6 - 3′- SP3	CAACCTGCTGCCCTTGCTCATCG
V1R6 - 5′- SP1	TTTCTTGCCCACAGGTCAGACAGTAG
V1R6 - 5′- SP2	GGTGGTGATGAAGAACTCCATCTCAG
V1R6 - 5′- SP3	ACTTGTAGAGGTGGTTGAACAGTGGG

基因组步移：

（1）第一轮 PCR 反应

先用电泳检测刀鲚基因组 DNA 的完整性，再利用紫外分光光度计测定 OD 值，对其准确定量。取适量刀鲚基因组 DNA 作为模板（约 50 ng），以 AP 引物（基因组步移试剂盒中共有 4 种通用引物，分别为 AP1、AP2、AP3 和 AP4，下面仅以 AP1 引物为例进行说明）及所设计的 SP1 引物作为一对引物，进行基因组步移的第一轮 PCR 反应。

反应体系共计 25 μl：Template（基因组 DNA）x ng，dNTP 混合物（2.5 mmol/L each）4 μl，10× *Taq* Plus Polymerase PCR Buffer 5 μl，*Taq* Plus Polymerase（5 U/μl）0.5 μl，AP1 引物（100 pmol/μl）0.5 μl，SP1 引物（10 pmol/μl）10.5 μl，dH$_2$O 补齐。

反应条件：94℃ 1 min，98℃ 1 min，94℃ 30 s，（60～68℃ 1 min）5 个循环，72℃ 2～4 min，94℃ 30 s，25℃ 3 min，72℃ 2～4 min，94℃ 30 s，60～68℃ 1 min，72℃ 2～4 min，（94℃ 30 s，60～68℃ 1 min，72℃ 2～4 min）15 循环，94℃ 30 s，44℃ 1 min，72℃ 2～4 min，72℃ 10 min。

（2）第二轮 PCR 反应

取第一轮 PCR 反应液 1 μl，作为第二轮 PCR 反应的模板，以第一轮 PCR 反应中所使用的通用引物和设计的 SP2 基因特异引物作为一对引物，进行第二轮基因组步移 PCR 反应。

反应体系共计 25 μl：第二轮 PCR 反应液 1 μl，dNTP 混合物（2.5 mmol/L each）4 μl，10× *Taq* Plus Polymerase PCR Buffer 5 μl，*Taq* Plus Polymerase

(5 U/μl)0.5 μl,AP1 引物(100 pmol/μl)0.5 μl,SP2 引物(10 pmol/μl)10.5 μl,dH$_2$O 补齐。

反应条件:94℃ 30 s,60～68℃ 1 min,72℃ 2～4 min,(94℃ 30 s,60～68℃ 1 min,72℃ 2～4 min)15 个循环,94℃ 30 s,44℃ 1 min,72℃ 2～4 min,72℃ 10 min。

(3) 第三轮 PCR 反应

取第二轮 PCR 反应液 1 μl,作为第三轮 PCR 反应的模板,以第二轮 PCR 反应中所使用的通用引物和设计的 SP3 基因特异引物作为一对引物,进行第三轮基因组步移 PCR 反应。

反应体系共计 25 μl:第二轮 PCR 反应液 1 μl,dNTP 混合物(2.5 mmol/L each)4 μl,10×*Taq* Plus Polymerase PCR 5 μl,Taq Plus Polymerase(5 U/μl)0.5 μl,AP1 引物(100 pmol/μl)0.5 μl,SP3 引物(10 pmol/μl)10.5 μl,dH$_2$O 补齐。

反应条件:94℃ 30 s,60～68℃ 1 min,72℃ 2～4 min,(94℃ 30 s,60～68℃ 1 min,72℃ 2～4 min)15 个循环,94℃ 30 s,44℃ 1 min,72℃ 2～4 min,72℃ 10 min。

电泳检测:分别取第一轮、第二轮和第三轮的基因组步移 PCR 反应液各 5 μl,在同一块琼脂糖凝胶(1%)上进行电泳分离。

切胶纯化:

A. 从琼脂糖凝胶中切割下含有目标片段的凝胶块。

B. 加入胶块质量约为 5 倍的溶胶液 Buffer B2,在 50℃ 水浴锅中溶胶,每分钟取出上下颠倒混匀。

C. 用移液器将溶胶液移入吸附柱中,静置 1 min,然后以 12 000 r/min 离心 1 min。

D. 倒掉上清溶液,用移液器向吸附柱中加入 500 μl Wash Solution,静置 1 min 后,12 000 r/min 离心 1 min;重复上述步骤 2 次。

E. 离心后,将吸附柱放入 1.5 ml 离心管中,室温静置 5 min。

F. 在吸附膜中央加入 15～40 μl Elution Buffer,室温静置 5 min 后,12 000 r/min 离心 2 min,保存管中 DNA 溶液,用于测序。

测序:以 SP3 引物为引物对 PCR 产物进行 DNA 测序。

2) 克隆与筛选

连接反应:按以下组分加入到 200 μl PCR 管中:T - vector 0.5 μl;ddH$_2$O

1.5 μl；DNA 0.5 μl；Solution 2.5 μl。

注意：加样过程在冰盒上进行；Solution 中含有连接酶，为防止失活，应最后加入；加样完毕，用移液器吸打数次混匀，4℃过夜连接。

转化实验：① 取感受态细胞 50 μl，冰上融化 2 min；② 将连接液打入感受态细胞溶液中，打匀后冰浴 30 min；③ 放入 42℃水浴锅中，热刺激 45 s；④ 冰浴 5 min；⑤ 加入 600 μl LB 液体培养基，150 r/min，培养 1 h；⑥ 离心，8 000 r/min，10℃，2 min，弃去 550 μl 上清，剩余液体用移液器吹匀；⑦ 在 LB 固体培养基平板上，涂布 30 μl 氨苄抗生素；⑧ 取 60 μl 事先吹匀的菌液，涂布于平板上；⑨ 37℃培养（培养皿先正置 1 h，然后倒置）15 h。

3）第一链 cDNA 的合成

（1）在 Microtube 中配制下列混合液：Oligo dT Primer(50 $\mu mol/L$)1 μl，dNTP 混合物(10 mmol/L each)1 μl，Total RNA 1 μg，RNase free dH$_2$O 补齐至 10 μl。

（2）在 PCR 仪上进行下列条件的变性、退火反应：首先在 65℃水浴锅中保持 5 min，然后迅速放于冰上急冷。

（3）在上述 200 μl PCR 管中配制下列反转录反应液：上述变性、退火后反应液 10 μl，5 × PrimeScript Buffer 4 μl，RNase Inhibitor(40 U/μl)0.5 μl，PrimeScript $^{®}$ RTase(200 U/μl)1 μl，RNase Free dH$_2$O 4.5 μl，Total 20 μl。

（4）在 PCR 仪上按下列条件进行反转录反应：先在 30℃中维持 10 min，然后 42℃中维持 30 min，接下来在 95℃中维持 5 min，使酶失活，然后放于冰上 15 min。最后，−20℃保存所获得液体。

4）荧光定量引物设计

根据转录本中已经发现的 *V1R* 基因序列的特异区域，利用软件 Primer 5.0 设计荧光定量实验所使用引物，引物序列见表 6 - 14。

表 6 - 14　通过相对荧光定量研究中所使用的引物序列

V1R	Primers(5′→3′)
V1R1	F：TCTGTATGAAGTGCCCTATTCTA R：CAGCTGAATGGCAGGTAAGGA
V1R2	F：TTGGGTCAGGTTGAAGACGAG R：TTTTAGGTGCGATGGAGAAGAAG

（续表）

V1R	Primers(5′→3′)
V1R3 - 1	F：TGTCACCCATTGTCCTCGCAGTAG R：GTGTGCATATGTGTTCAGCGTTGA
V1R3 - 2	F：TGATCCTGGCCTTAAACATGCTAT R：TGTAGGGCAATAATGTCCGGTGGT
V1R4	F：CTGTTAGTGAGTTACACCTGCCAGA R：TGAGAAAACCAGAAGCCCAAA
V1R5	F：CACGATAGAGGAAGGAGATGAACC R：TCTGGATGCTGGCGAAGA
V1R6	F：AACCCCAGTCCACCTCTCAC R：TGCCCACCACAGAAACGA
GAPDH	F：AGCTTGCCACCCTCTTGCT R：AGCCATCAACGACCCCTTC

5）相对荧光定量 PCR

剪取如下刀鲚器官或组织：雄性嗅囊、雌性嗅囊、肝脏、心脏、鳃、肌肉、卵巢、精巢、眼睛、胃，放入 RNA Later 中带回实验室。使用 Trizol 法提取总RNA，然后利用试剂盒合成 cDNA 文库。

组织表达分布研究，对象为上述 10 种器官。各器官均选自 3 条洄游型刀鲚。不同生态型间表达差异研究，对象为嗅囊。每个群体选取 5 条雌性刀鲚的嗅囊。

相对荧光定量 PCR 的反应体系如下：总体积 50 µl，包括 25 µl SYBR Premix Ex Taq，正反向引物（10 µmol/L）各 1 µl，4 µl 模板 cDNA，19 µl DEPC 水。

反应体系如下：95℃，30 s；接下来，进行 40 个循环，包括：95℃，5 s；60℃，30 s；72℃，32 s。每个基因做 3 个平行样。基因 GAPDH 作为内参基因。数据利用 $2^{-\Delta\Delta CT}$ 法进行分析。

6）检测 V1R 基因在刀鲚各群体间的多样性

利用简并引物扩增 V1R3 基因的内部区域时，发现该序列包含一段微卫星重复序列。通过 NCBI 中 Blast 分析，发现该重复序列在 V1R3 基因的第二个内含子中。所以在该微卫星序列的两侧设计引物（V1R3 - IF 和 V1R3 - IR），在不同群体中进行扩增（表 6 - 15）。

针对 V1R6 基因侧翼区域的 SINE 插入事件，设计一条引物的结合位点位于 SINE 序列上，另一条引物的结合位点在 V1R6 的基因序列上（表 6 - 15）。

表 6 - 15　检测 *V1R* 基因在刀鲚各群体间的多样性所使用到的引物序列信息

V1R	引物序列(5′→3′)	退火温度(*Tm*)
V1R3	IF: TGACACTCTACGCCCACAGCCGC IR: CTGGTGCCCCAGGAGGAGATGAA	67.3℃
V1R6	SF: GAATCCCGCCCTACCCAT SR: CGGAGCAACTGCCCACTG	61.9℃

这些群体包括：靖江群体、舟山群体、太湖群体、鄱阳湖群体和洞庭湖群体。靖江群体代表刀鲚的洄游生态型，舟山群体代表刀鲚的海洋生态型、太湖群体代表刀鲚的淡水陆封生态型；鄱阳湖和洞庭湖群体代表刀鲚的淡水定居型群体。每个群体中各随机选择 10 条鱼作为代表。

反应体系：取刀鲚 DNA 模板，20.3 μl 双蒸水，2.5 μl 10×*Taq* Plus buffer，0.2 μl dNTP 混合物(10 mmol/L each)，正反向引物各取 0.5 μl，共计 25 μl。反应在 200 μl PCR 管中进行。

反应程序：95℃下预变性 5 min，然后进行 32 个循环：95℃ 下 45 s，退火温度下进行 45 s，72℃下延伸 1 min。最后 72℃下延伸 10 min。

6.5.2　结果

1. 刀鲚 *V1R* 基因家族的克隆鉴定

通过前期的转录组测序，*V1R* 基因家族某些成员的 mRNA 序列已经得到。在刀鲚嗅觉上皮的转录组数据中，检测到了 *V1R1*、*V1R2*、*V1R3*、*V1R4* 和 *V1R5* 基因，这说明 5 个基因在刀鲚的嗅觉器官中表达，具有相应的嗅觉功能。而 *V1R6* 基因没有被发现，*V1R3* 基因有 3 个转录本被发现。

根据这些序列信息，设计引物，通过 PCR 得到 *V1R1* 和 *V1R2* 的编码区域。采用基因组步移技术，获得这两个基因的侧翼序列。

对于 *V1R4* 基因，首先设计引物，进行第一轮基因组步移，然后以步移产物为模板，以文献中所使用的兼并引物为引物，再进行一次 PCR，获得 *V1R4* 基因的中间区域。然后根据所获得的中间区域及转录组测序得到的 mRNA 序列，设计引物，扩增得到 5′区域，利用基因组步移获得 3′区域。

对于 *V1R5* 基因，首先根据转录组中所测到的 mRNA 序列设计引物，获得

225

中间区域,然后根据中间区域设计引物,进行基因组步移,获得侧翼序列。

对于 *V1R2* 和 *V1R3* 基因,首先利用已发表文献的简并引物,进行 PCR 扩增,获得基因的中间区域,然后通过基因组步移获得侧翼序列。

反应产物经过纯化回收,连接入载体,进行克隆测序。并使用软件BIOEDIT 进行序列拼接,在 NCBI 数据库中进行序列比对。经过比对分析后发现,*V1R* 基因家族的全体成员在刀鲚基因组中都被鉴定出来。图 6-17 是刀鲚 *V1R* 基因家族成员所编码的氨基酸序列,都具有 7 次跨膜区域。

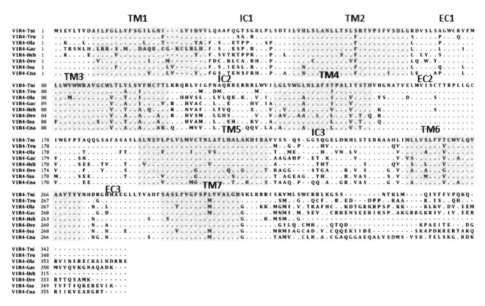

图 6-17　刀鲚 *V1R* 基因家族成员所编码的氨基酸序列

TM 代表跨膜区域;IC 代表胞内区域;EC 代表胞外区域

2. 刀鲚 *V1R* 基因家族的基因结构

通过分析发现,刀鲚 *V1R1*、*V1R2*、*V1R5* 和 *V1R6* 基因只含有 1 个外显子,不具备内含子结构,而 *V1R3* 具有 4 个外显子和 3 个内含子,*V1R4* 基因具有 2 个外显子和 1 个内含子。但是 *V1R3* 和 *V1R4* 基因的内含子长度和其他鱼类不尽相同(图 6-18)。

3. 硬骨鱼类的 *V1R1* 和 *V1R2* 基因的中间区域具有保守区域

通过比对刀鲚和其他硬骨鱼类的 *V1R1* 和 *V1R2* 的 5′- UTR 区域,发现存在两个保守区域: CATCTG 和 AATT。在其他硬骨鱼类中,这一保守区域通

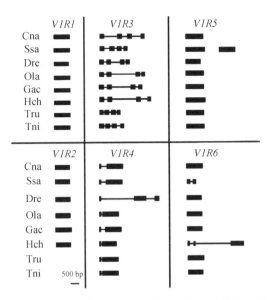

图 6-18　刀鲚及其他鱼类 *V1R* 基因家族各成员的基因结构

黑色方框代表外显子,黑色线段代表内含子。Ola. 青鳉;Gac. 三刺鱼;Tru. 红鳍东方鲀;Tni. 绿斑鲀;Dre. 斑马鱼;Hch. 大唇朴丽鱼;Ssa. 大西洋鲑;Cna. 刀鲚

常毗邻 *V1R1* 基因,位于 *V1R1* 基因的 $5'$-UTR 区域。在本研究中,这一保守区域位于 *V1R2* 基因的附近,而非 *V1R1* 基因(图 6-19)。

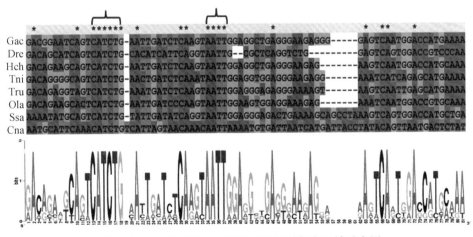

图 6-19　刀鲚 *V1R1*-*V1R2* 基因间的保守区域示意图

Gac. 三刺鱼;Dre. 斑马鱼;Hch. 大唇朴丽鱼;Tni. 绿斑鲀;Tru. 红鳍东方鲀;Ola. 青鳉;Ssa. 大西洋鲑;Cna. 刀鲚

4. 刀鲚基因组中发现V1R3基因的扩张现象

在刀鲚的基因组中发现了基因扩张现象(图6-20)。在克隆V1R3的基因全长时,首先利用兼并引物PCR获得857 bp的基因序列。然后利用基因组步移技术,获得V1R3基因的侧翼序列。但是,作者得到3条含有V1R3基因的序列,分别为V1R3-3000-7、V1R3-3000-12、V1R3-4000-33和V1R3-4000-26。其中两条序列各在一端含有一个V1R3基因,另外两条在两端都存在一个V1R3基因(V1R3-a和V1R3-b在V1R3-3000-7中,V1R3-c和V1R3-d存在于V1R3-3000-12)。V1R3-a和V1R3-b,以及V1R3-c和V1R3-d为尾对尾分

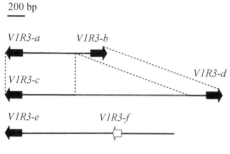

图6-20　刀鲚V1R3基因在基因组内的分布形式示意图

黑色图形代表鉴定得到的功能性V1R3基因,白色图形代表V1R3假基因,黑实线代表侧翼序列。箭头指示代表CDS区域的5'方向

布。另外,在V1R3-4000-26中,除了存在一个V1R3基因外,还有一个编码区域存在终止密码子的V1R3假基因。

此外,通过比对V1R3-3000-7(V1R3-a/V1R3-b)和V1R3-3000-12(V1R3-c/V1R3-d)序列,发现两个序列基本一致,但是V1R3-3000-12序列比V1R3-3000-7多出一段序列(图6-20)。据推测,V1R3-3000-12可能是由V1R3-3000-7序列复制而来。毕竟,基因组局部复制现象在硬骨鱼类基因组中很常见。

5. 刀鲚V1R基因与硬骨鱼类相关基因的聚类分析

为了深入了解已经鉴定到的刀鲚V1R基因家族成员的功能,将该家族成员与其他硬骨鱼相应的V1R基因的氨基酸序列进行序列比对,并通过Mega 5.0软件进行聚类分析。图6-21显示的是依靠这些功能性V1R基因构建的临并进化树。

根据前面介绍,V1R基因家族共有6个成员。在进化树中,刀鲚的这6个基因分别归类为3个基因对,分别是V1R1-V1R2基因对,V1R3-V1R4基因对和V1R5-V1R6基因对。所鉴定到的6个V1R3聚在一起。通过该进化树,可以很清晰地分辨出这6个V1R基因的直系同源基因。该结果说明,所鉴定到的刀鲚的V1R基因,全部为硬骨鱼中已知的V1R基因的直系同源基因。并且,

通过该进化树可以发现,*V1R* 基因所构成的 3 个分化支的出现要早于这些 *V1R* 基因对的产生。

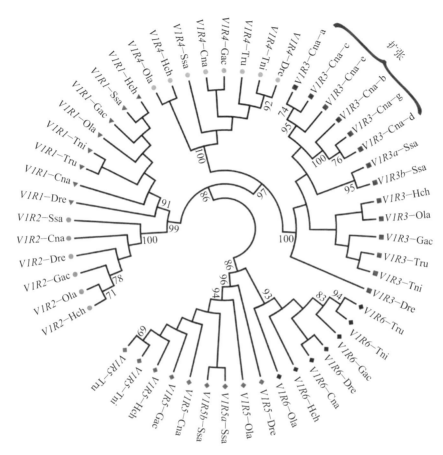

图 6 - 21　刀鲚 *V1R* 基因家族与其他硬骨鱼类的 *V1R* 基因的进化关系

Ola. 青鳉；Gac. 三刺鱼；Tru. 红鳍东方鲀；Tni. 绿斑鲀；Dre. 斑马鱼；Hch. 大唇朴丽鱼；Ssa. 大西洋鲑；Cna. 刀鲚。红色括号指示的是发生基因扩张的刀鲚 *V1R* 基因

6. 刀鲚基因组中 *V1R* 基因附近的重复序列

通过分析发现,在 *V1R3* 基因的侧翼序列中,存在着一些简单重复序列。在 *V1R3 - a* 和 *V1R3 - b* 中间,存在重复序列(ACAC)$_n$ 和(TGTTAA)$_n$。在 *V1R3 - c* 和 *V1R3 - 2* 中间,存在重复序列(ACAC)$_n$、(TGTTAA)$_n$ 以及(AATAG)$_n$。在 *V1R3 - e* 的附近,存在重复序列(ACAC)$_n$、(TGTTAA)$_n$ 及(TCTC)$_n$。在 *V1R3 - f* 的附近,存在重复序列(CA)$_n$ 和(ATGAAT)$_n$。另外,

通过分析 *V1R4* 的序列信息,也发现存在重复序列(AGCGGC)$_n$。

如前面描述,首先通过兼并引物 PCR,获得 *V1R6* 的内部区域,然后通过基因组步移技术获得 *V1R6* 基因的侧翼序列。通过组装和分析,发现 *V1R6* 基因无内含子结构,但是发现有一个短散在重复序列拷贝(SINE)插入到了在 *V1R6* 基因的 $3'$-UTR 区域。通过在 NCBI 数据库中的 Blast 分析,发现该转座子属于课题组前期鉴定出的 1 个 SINE 家族——Cn-SINEs。

7. *V1R* 基因在刀鲚不同群体间的序列多样性

通过 PCR 检验发现,*V1R3* 在刀鲚的不同群体中的分布并不一致(图 6-

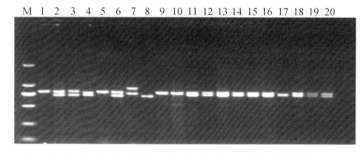

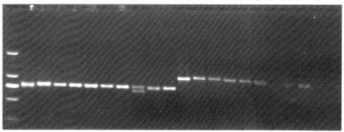

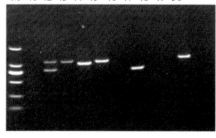

图 6-22　*V1R3* 基因在刀鲚各群体中的分布差异

M 代表 DNA marker。泳道 1~10 代表刀鲚的靖江群体;泳道 11~20 代表舟山群体;泳道 21~30 代表太湖群体;泳道 31~40 代表鄱阳湖群体;泳道 41~50 代表洞庭湖群体;泳道 0 代表阴性对照(水为模板)

22）。在靖江群体中,5 个个体被检测到有 2 条带;而其他的个体只有 1 条带;舟山群体,9 个个体为 2 条带,1 个个体为单一条带;太湖群体,9 个个体具有单一条带,1 个为 2 条带;鄱阳湖群体,7 个个体有单一条带,3 个个体无条带;洞庭湖群体,5 个个体检测到单一条带,1 个个体被检测到 2 条带,剩下的无条带。

　　为了进一步了解序列信息,将这些条带进行切胶并纯化回收,然后连接进载体进行克隆测序。序列分析发现,在刀鲚的各个群体中有很多重复序列的存在,例如,洞庭湖和鄱阳湖群体中,有（GAGTCACACTACCAGTGCTGCCAAGGT）$_n$ 和（TACCAGTGCTGCTA　AGGTGCGTCAC）$_n$ 的重复序列的插入。并且这些重复序列的重复次数和长度在刀鲚的不同群体中不尽相同。

　　如图 6‑23 所示,通过在刀鲚的靖江群体、舟山群体、鄱阳湖群体、太湖群体和洞庭湖群体中进行 PCR,发现 SINE 拷贝的插入事件在刀鲚的所有被检测群体中都有存在。

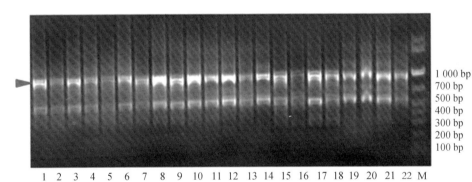

图 6‑23　V1R‑6 附近 SINE 在刀鲚各群体中的分布

　　1～6.靖江群体；7～10.舟山群体；11～14.太湖群体；15～18.鄱阳湖群体；19～22.洞庭湖群体。绿色箭头指示包含 SINE 的条带；M.DNA 标准分子质量

8. 刀鲚 V1R 基因的组织表达分布

　　功能性嗅觉受体基因应该在嗅觉上皮细胞中的嗅觉受体神经元中特异表达。为了进一步检验所克隆的 V1R 基因的功能,通过相对荧光定量 PCR 技术,以 GAPDH 为内参基因,研究刀鲚 V1R 基因在各组织器官中的表达分布情况,结果见图 6‑24。

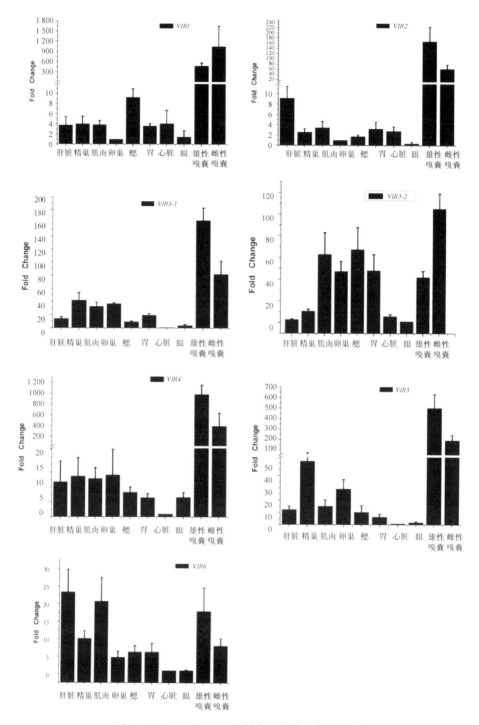

图 6-24 *VIR* 基因在刀鲚各群体中的分布差异

通过组织表达分析,发现 5 个 *V1R* 基因(*V1R1*、*V1R2*、*V1R3 - 1*、*V1R4* 和 *V1R5*)在雄性和雌性刀鲚的嗅囊中高表达,而在其他组织中低表达或者表达水平非常微弱,说明这些基因都为功能性嗅觉受体基因。

V1R3 - 2 基因仅在雌性刀鲚的嗅囊中高水平表达,而在雄性刀鲚的嗅囊中表达水平微弱,低于肌肉、卵巢、鳃和胃中的表达量,说明 *V1R3 - 2* 基因为雄性个体特异性嗅觉受体基因。

V1R6 基因在其他组织中也有较高表达,例如,在肝脏和肌肉中,该基因的表达水平就高于嗅囊。

另外,5 个基因(*V1R2*、*V1R3 - 1*、*V1R4*、*V1R5* 和 *V1R6*)在雄性刀鲚的嗅囊中的表达水平远高于雌性刀鲚的嗅囊,而 V1R1 和 V1R3 - 2 基因的在雌性刀鲚的嗅囊中的表达水平远高于雄性刀鲚的嗅囊,这说明这些嗅觉受体基因在刀鲚中的表达具有性别差异性。

9. *V1R* 基因在刀鲚的洄游型和定居型群体的嗅觉器官中的差异性表达

在所调查的 *V1R* 基因中,5 个基因(*V1R1*、*V1R3 - 1*、*V1R3 - 2*、*V1R4* 和 *V1R5*)在洄游型刀鲚的嗅觉器官中上调,而 *V1R1*、*V1R3 - 1*、*V1R4* 和 *V1R5* 显著性上调($P<0.05$)。而 2 个基因(*V1R2* 和 *V1R6*)在洄游型刀鲚的嗅觉器官中下调(图 6 - 25)。

6.5.3　讨论

本研究成功鉴定出刀鲚 *V1R* 基因家族的所有成员。但 7 个 *V1R3* 基因(其中一个为假基因)中 4 个在基因组中呈"尾对尾"分布。这说明刀鲚的 *V1R* 基因家族发生了基因扩张现象,或许反映了其对 *V1R* 基因所介导的嗅觉能力的特殊需求。

在聚类分析的每个 *V1R* 直系同源基因簇中,刀鲚的 *V1R* 基因家族的各成员在进化树中所处的位置不尽相同。这说明刀鲚的 *V1R* 基因家族各成员在进化过程中经历了不同的进化压力,进而反映出刀鲚对这 6 个 *V1R* 基因所参与的嗅觉功能的需要程度不尽相同。

根据文献报道,*V1R1* 和 *V1R2* 的 $3'$- UTR 的保守区域可能与 *V1R1* 或者 *V1R2* 基因的转录或转录调控因子发生作用(Pfister et al. , 2007)。硬骨鱼类中的 *V1R1* 和 *V1R2* 基因为"头对头"分布,并且隔开这两个基因的编码区域的

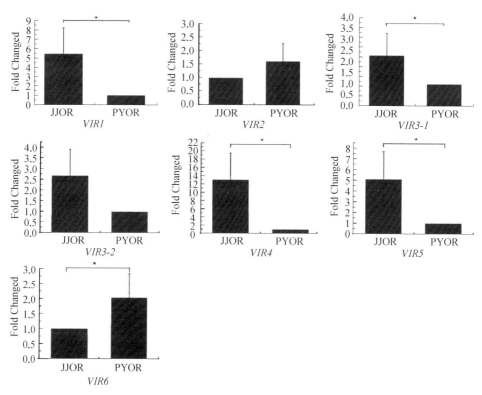

图 6-25 V1R 基因在刀鲚洄游型和定居型群体的嗅觉器官中的表达差异性

JJOR. 长江靖江段的洄游型群体；PYOR. 鄱阳湖都昌水域的定居型群体

中间序列长度一般为 1~3 kb(Pfister et al.，2007)。由于这两个基因的启动子结构距离很近,这可能说明这两个基因更容易受到共同的调控(Pfister et al.，2007)。V1R1 和 V1R2 基因的这一保守区域的存在,很可能说明该保守区域的功能重要性。在老鼠中,TAATTG 结构是 LIM 同源结构域蛋白 Lhx2 的结合位点,而 LIM 同源结构域蛋白具有调控嗅觉受体基因表达的功能(Hirota and Mombaerts,2004)。而通过序列分析,在刀鲚中,这一保守区域为 AATT,缺少一个 T,这可能是因为 Lhx2 蛋白在刀鲚中发生了进化,进而其结合位点也发生了变异。

众所周知,洄游型刀鲚的肉质鲜美,广受人们欢迎,属于高值品,而其他类型的刀鲚属于低值品。目前,如何区分刀鲚的不同群体,尚没有找到有效的分子标记。但是,通过统计,约 75% 的海洋生态型和洄游型刀鲚具有两条带,而70% 的淡水定居型和淡水陆封型刀鲚中 70% 的个体为单一条带。虽然所找到的这个位点还不能准确地区分刀鲚的不同生态型,但是找到了一个很好的突破口。

$V1R3$ 基因在刀鲚不同生态型间的多态性分析显示,刀鲚的鄱阳湖群体、洞庭湖群体及靖江群体的分化程度要高于太湖群体和舟山群体。可能的解释是,淡水陆封型和海洋生态型刀鲚从洄游型刀鲚中分化出来的时间要晚于定居型刀鲚从洄游型刀鲚中分化出来的时间。有趣的是,在鄱阳湖群体和洞庭湖群体中,发现了 $V1R3$ 基因在一些个体中的缺失现象。这些基因是如何缺失的? 这些基因的缺失是否和这两个群体的刀鲚丧失生殖洄游习性相关? 这是一个很值得深入的研究点。

通过 SINE 显示技术,含有 SINE 拷贝的 PCR 条带在刀鲚的各个群体中都被鉴定出,说明该 SINE 插入事件发生在刀鲚的各个群体的形成之前。究竟该 SINE 对刀鲚的 $V1R6$ 基因的表达调控甚至对于刀鲚的种群分化有什么影响,课题组将在今后的研究中进行深入探讨。推测, $V1R3$ 基因的扩张,很可能有该基因附近的重复序列的参与。

$V1R6$ 基因在其他组织中也有较高表达,例如,在肝脏和肌肉中,该基因的表达水平高于嗅囊。其原因可能是, $V1R6$ 基因不仅具有嗅觉受体的功能,而且还在其他组织中具有相应的作用。 $V1R6$ 的这种表达模式,或许和该基因的 $3'-$ UTR 区域有短散在重复序列(SINE)的插入有关系。而该 $3'-$ UTR 区域 SINE 的插入事件说明 $V1R6$ 基因在进化过程中承受了一个较宽松的选择压力,或许 $V1R6$ 基因的功能对于 $V1R6$ 基因来说并不是十分重要的。

虽然基因的 mRNA 表达水平和其所编码的蛋白质的丰度并不完全一致,但是其 mRNA 表达水平的差异和其所处的不同生理状态及来自不同外部环境中的信号刺激有关系。正如前面所述,有 4 个 $V1R$ 基因在洄游型刀鲚的嗅觉器官中显著性上调表达。这说明,相对于定居型刀鲚,在洄游型刀鲚的嗅觉器官中发生了某些生理变化。并且,这些生理变化很可能和刀鲚的生殖洄游行为有某种联系。

在生殖洄游过程中,洄游型鱼类通过自身的嗅觉系统识别水中的嗅觉信号。那么,必然会导致用于识别和结合该类气味分子的嗅觉受体蛋白的表达水平上升。而对于非洄游型鱼类来讲,由于不需要进行生殖洄游的过程,因此识别和结合这一类气味分子的嗅觉受体蛋白的表达水平就不会增加。故而,调查嗅觉受体基因在洄游型和非洄游型鱼类的嗅觉器官中的表达水平,找出差异基因,对于找出生殖洄游相关基因具有重要意义。$V1R1$、$V1R3-1$、$V1R4$ 和 $V1R5$ 这 4 个基因在洄游型刀鲚的嗅觉器官中显著性上调表达,说明这些基因很可能和刀鲚的生殖洄游行为相关,在下一步的工作中会重点关注它们。

由于 $V1R$ 基因被认为识别信息素,并且在斑马鱼中,$V1R1$ 基因被实验证明可以识别生殖信息素 4 -羟苯乙酸。所以,得出结论,信息素受体很可能参与刀鲚的生殖洄游行为。

6.5.4　小结

本研究是第一次从基因和分子水平研究刀鲚的嗅觉通信系统。总的来说,从刀鲚基因组中成功克隆出 $V1R$ 基因家族的全体成员,同时,还在刀鲚的基因组中发现了 $V1R$ 基因的扩张事件,所以据目前所知,刀鲚的 $V1R$ 基因家族是目前硬骨鱼类中数目最大的。共同具有生殖洄游习性的刀鲚和大西洋鲑的共同的 $V1R$ 基因扩张现象为研究洄游型鱼类的生殖洄游的分子机制提供了新的视角。另外,通过组织表达分析发现,大部分的 $V1R$ 基因在嗅觉器官内高度表达,说明这些基因参与嗅觉功能。通过比较 $V1R$ 基因在洄游型和非洄游型刀鲚的嗅觉器官中的表达水平,发现有 4 个 $V1R$ 基因具有显著性差异性表达。所以,推测 $V1R$ 基因家族可能在刀鲚的生殖洄游过程中发挥了重要作用。

(朱国利,唐文乔)

第<big>7</big>章 刀鲚主嗅觉受体基因(MOR)的筛选与组织表达

7.1 基于转录组测序的 MOR 筛选

提要：MOR 能识别散布于环境中的化学物质,是数量最多、最重要的一类嗅觉受体。本节在前述转录组测序的数据库中成功鉴定出了 153 个刀鲚 MOR 基因家族成员,其中 47 个基因为全长序列。经过比对,大部分 MOR 基因可以注释到已知的鱼类 MOR 基因上。与其他硬骨鱼类相比,刀鲚具有较大的 MOR 基因数量,说明具有较敏锐的由 MOR 介导的嗅觉功能。

7.1.1 材料与方法

将前述转录组测序得到的 Unigene,通过在线软件 TMHMM2.0(http://www.cbs.dtu.dk/services/TMHMM/)预测跨膜区域,SignalP 4.1(http://www.cbs.dtu.dk/services/SignalP/)预测信号肽区域。

7.1.2 结果

通过在线软件分析,共鉴定出 152 条刀鲚 MOR 基因序列,其中的 143 条都被注释到已知的鱼类 MOR 基因上,注释结果良好。46 条具有 7 次跨膜结构(表 7-1),2 条具有 8 次跨膜结构,这些序列可认定为全长序列。另有 59 条 MOR 基因具有信号肽结构。

表 7-1 具有 7 次跨膜结构的刀鲚 MOR 序列信息

Unigene 名称	序列长度/bp	编码区域/aa	Blast X 比对最相似结果	E 值	全长	信号肽
CL1061.Contig2_All	1 537	312	MOR family E subfamily 500 member 1, partial [*Salmo salar*]	2E-96	Yes	No

（续表）

Unigene 名称	序列长度/bp	编码区域/aa	Blast X 比对最相似结果	E 值	全长	信号肽
CL10694. Contig1_All	1 026	307	MOR family F subfamily 115 member 1, partial [Salmo salar]	7E - 113	Yes	No
CL10694. Contig3_All	1 061	309	MOR family F subfamily 115 member 1, partial [Salmo salar]	1E - 108	Yes	No
CL6601. Contig1_All	2 227	307	MOR family E subfamily 500 member 1, partial [Salmo salar]	8E - 104	Yes	Yes
Unigene21419_All	2 009	308	MOR family F subfamily 115 member 1, partial [Salmo salar]	1E - 110	Yes	Yes
Unigene21420_All	1 914	308	MOR family F subfamily 115 member 1, partial [Salmo salar]	9E - 111	Yes	Yes
Unigene23389_All	2 145	309	MOR family E subfamily 500 member 1, partial [Salmo salar]	3E - 97	Yes	Yes
CL10461. Contig1_All	1 516	313	odorant receptor, family F, subfamily 117, member 1 [Danio rerio]	1E - 103	Yes	Yes
CL10461. Contig2_All	1 539	313	odorant receptor, family F, subfamily 117, member 1 [Danio rerio]	1E - 103	Yes	Yes
CL13258. Contig1_All	1 028	281	odorant receptor [Danio rerio]	9E - 87	Yes	No
CL1434. Contig2_All	1 422	307	putative odorant receptor [Carassius auratus]	2E - 114	Yes	Yes
CL14888. Contig1_All	1 254	306	odorant receptor [Danio rerio]	6E - 64	Yes	No
CL15592. Contig1_All	1 101	307	odorant receptor, family F, subfamily 117, member 1 [Danio rerio]	1E - 103	Yes	No
CL15979. Contig1_All	2 526	306	odorant receptor [Tetraodon nigroviridis]	4E - 125	Yes	No
CL15979. Contig2_All	2 869	306	odorant receptor [Tetraodon nigroviridis]	5E - 125	Yes	No
CL2746. Contig1_All	2 251	310	odorant receptor, family H, subfamily 130, member 1 [Danio rerio]	5E - 76	Yes	No
CL2771. Contig2_All	1 247	308	odorant receptor [Tetraodon nigroviridis]	6E - 73	Yes	Yes
CL2791. Contig2_All	1 444	310	odorant receptor, family G, subfamily 106, member 1 [Danio rerio]	7E - 100	Yes	No
CL321. Contig1_All	1 756	303	odorant receptor, family E, subfamily 127, member 1 [Danio rerio]	3E - 102	Yes	No
CL3955. Contig2_All	1 807	321	odorant receptor [Danio rerio]	3E - 88	Yes	No
CL5232. Contig1_All	1 028	321	odorant receptor ZOR6A [Danio rerio]	6E - 131	Yes	No
CL5232. Contig2_All	936	300	odorant receptor ZOR6A [Danio rerio]	4E - 124	Yes	Yes

（续表）

Unigene 名称	序列长度/bp	编码区域/aa	Blast X 比对最相似结果	E 值	全长	信号肽
CL5445. Contig1_All	1 852	313	odorant receptor [*Danio rerio*]	6E - 80	Yes	No
CL5445. Contig2_All	1 991	313	odorant receptor [*Danio rerio*]	7E - 80	Yes	No
CL6688. Contig1_All	2 314	301	odorant receptor [*Danio rerio*]	3E - 108	Yes	Yes
CL6688. Contig3_All	2 308	301	odorant receptor [*Danio rerio*]	3E - 108	Yes	Yes
CL6688. Contig4_All	2 287	301	odorant receptor [*Danio rerio*]	3E - 108	Yes	Yes
CL6921. Contig1_All	1 699	319	odorant receptor [*Danio rerio*]	1E - 74	Yes	Yes
CL6921. Contig3_All	1 812	317	odorant receptor [*Danio rerio*]	2E - 74	Yes	Yes
CL717. Contig2_All	2 202	308	odorant receptor, family H, subfamily 132, member 2 [*Danio rerio*]	9E - 70	Yes	No
CL717. Contig3_All	1 378	308	odorant receptor, family H, subfamily 132, member 2 [*Danio rerio*]	3E - 70	Yes	No
CL7212. Contig3_All	2 054	303	odorant receptor, family E, subfamily 121, member 1 [*Danio rerio*]	5E - 91	Yes	Yes
CL8025. Contig1_All	1 178	291	odorant receptor [*Larimichthys crocea*]	1E - 120	No	Yes
CL8025. Contig3_All	1 864	298	odorant receptor, family F, subfamily 116, member 2 [*Danio rerio*]	2E - 122	No	Yes
CL9458. Contig1_All	1 815	301	odorant receptor, family C, subfamily 105, member 1 [*Danio rerio*]	2E - 96	Yes	No
Unigene16199_All	1 478	305	odorant receptor [*Danio rerio*]	8E - 82	Yes	No
Unigene18610_All	1 673	316	odorant receptor, family C, subfamily 105, member 1 [*Danio rerio*]	1E - 92	Yes	Yes
Unigene21223_All	1 650	306	odorant receptor [*Danio rerio*]	1E - 107	Yes	No
CL10717. Contig1_All	2 068	318	PREDICTED：olfactory receptor 6C75 - like [*Danio rerio*]	1E - 104	Yes	No
CL11354. Contig3_All	2 715	295	PREDICTED：olfactory receptor 52A5 - like, partial [*Danio rerio*]	7E - 99	Yes	No
CL11354. Contig4_All	2 534	295	PREDICTED：olfactory receptor 52A5 - like, partial [*Danio rerio*]	7E - 99	Yes	No
CL11354. Contig5_All	2 413	295	PREDICTED：olfactory receptor 52A5 - like, partial [*Danio rerio*]	6E - 99	Yes	No
CL2771. Contig1_All	1 504	298	PREDICTED：olfactory receptor 52D1 - like [*Oreochromis niloticus*]	5E - 69	Yes	Yes
CL6972. Contig1_All	1 409	305	PREDICTED：olfactory receptor 4F6 - like [*Danio rerio*]	6E - 88	Yes	Yes
CL7175. Contig1_All	1 888	318	olfactory receptor 1 - 1 [*Takifugu rubripes rubripes*]	8E - 94	Yes	No

（续表）

Unigene 名称	序列长度/bp	编码区域/aa	Blast X 比对最相似结果	E 值	全长	信号肽
Unigene1237_All	1 686	292	PREDICTED：olfactory receptor 11A1 - like［Oreochromis niloticus］	7E - 70	Yes	No
Unigene23721_All	1 146	290	PREDICTED：olfactory receptor 11A1 - like［Oreochromis niloticus］	7E - 94	Yes	No
Unigene25551_All	1 915	297	PREDICTED：olfactory receptor 51E1 - like［Oreochromis niloticus］	1E - 90	Yes	No
Unigene82069_All	984	299	PREDICTED：olfactory receptor 4F6 - like［Danio rerio］	9E - 94	Yes	Yes

（朱国利）

7.2　MOR‒2AK2 的克隆、序列分析及组织表达

提要：为弄清刀鲚定居型与洄游型种群的主嗅觉（MOR）基因差异，本节通过 RACE 技术获得了洄游型刀鲚 MOR‒2AK2 基因，其可读框长度 972 bp，为单外显子结构，可编码 323 个氨基酸残基。预测表明，MOR‒2AK2 所编码的蛋白质，为 7 个疏水性的 α‒螺旋跨膜结构，属 G 蛋白偶联受体。对 10 种组织的定量分析显示，MOR‒2AK2 基因在性腺和嗅囊中的表达量远远高于其他组织器官，但嗅囊中的表达量还高于性腺中的 7～25 倍。MOR‒2AK2 基因的表达量也存在性别差异，其中嗅囊中的表达量雌性约为雄性的 2 倍，但精巢中的表达量却约是卵巢中的 2 倍。进一步分析显示，MOR‒2AK2 基因的 $5'$‒UTR 区域存在微卫星序列 $(GT)_5$，其中定居型多出洄游型 14 个碱基（GTGTGTGTGTGTTT），两者编码的氨基酸序列的相似度仅为 84%。这些结果表明，MOR‒2AK2 基因不但与嗅觉功能有关，也可能参与了刀鲚的性腺发育或生殖洄游，同时也可能与定居型种群的形成相关。

7.2.1　材料与方法

1. 样本采集

实验所用刀鲚洄游型样本采自长江靖江江段和上海崇明岛附近水域，定居型样本采自江西鄱阳湖。所有样本都为性腺发育Ⅲ期的 2 龄个体。

2. *MOR-2AK2* 基因 cDNA 全长的获得

现场剪取长江靖江段刀鲚嗅囊,液氮保存。按 Trizol(Invitrogen 公司)法提取总 RNA,并用 1.0%凝胶电泳进行完整度检测。总 RNA 经 DNase Ⅰ 处理后,按照 SMARTer RACE cDNA 扩增试剂盒(Clontech 公司)说明书进行操作,获得 SMART RACE Ready-cDNA 文库。

根据前期转录组数据中的 EST(expressed sequence tag)序列,并利用软件 Primer Premier 5.0 设计 5′-RACE(OR-5,OR-5nest)和 3′-RACE(OR-3,OR-3nest)PCR 引物(表 7-2,本实验所用引物均由上海生工生物工程股份有限公司合成),分别用于 5′端和 3′端扩增。利用引物 OR-5 和 OR-3,以嗅囊提取合成的 SMART RACE Ready-cDNA 文库为模板,按照 RACE 试剂盒(Clontech 公司)说明书进行 5′和 3′的第一轮扩增;将上述产物分别稀释 150 倍作为模板,以 OR-5nest 和 OR-3nest 为引物进行 RACE 第二轮扩增。回收纯化 DNA 产物,进行连接、转化、测序后拼接。

表 7-2　所用引物

引　　物	引物序列(5′→3′)
OR-3	TACTCTTCGTCACCTCCTCATCCTCCACAA
OR-3nest	CGCCACAGCGAATTTTCCACCACTAAGA
OR-5	TGGGCAGCAGGATGACCAACAGAAAGAT
OR-5nest	CACCAGCCCAAAGAACCAAATGGCAGCG
5UTR-F	TCAGCCCAAAGAACCAAATG
5UTR-R	ACGAGGCAGAGAAACACAAG
OR-F	ACTTGTGTTTCTCTGCCTCG
OR-R	GACATTGATTACATTTGGGT
qRT-F	TGACCAACAACACAACAGAAGT
qRT-R	GCTCAGGAGTATGACAAACAAT
GAPDH-F	AGCTTGCCACCCTCTTGCT
GAPDH-R	AGCCATCAACGACCCCTTC

3. *MOR-2AK2* 基因 DNA 序列的获得

按照 DNA 提取试剂盒(Life Feng 公司)说明书提供的方法,提取采集于长江靖江段刀鲚的基因组 DNA。根据测序后拼接结果设计 1 对特异性引物(OR-F/OR-R,表 7-2),反应体系为:DNA 模板 50 ng,10×PCR Buffer 5 μl,25 mmol MgCl$_2$ 3 μl,10 μmol 的上、下游 OR-F 和 OR-R 各 1.0 μl,

10 mmol dNTP 1.0 μl,2.5 U/μl *Tap* DNA Polymerase(Sangon Biotech 公司)1.0 μl,用 ddH$_2$O 补充到总体积为 50 μl。PCR 反应条件：95℃ 5 min；30 个循环(95℃ 30 s,50℃ 30 s,72℃ 2 min30 s)；72℃ 10 min；10℃保存。PCR 产物经 1.0%琼脂糖凝胶电泳检测后,进行连接、转化、测序。

4. *MOR - 2AK2* 基因的序列分析

测序结果用软件 DNAMAN 去除载体序列,并进行拼接。利用 NCBI 网站的 Blast 功能进行序列相似性比对及同源性分析,软件 Jellyfish 和 DNAStar 中的 Expasy 网站进行开放阅读框的搜索及氨基酸序列预测,http://www. expasy. org/tools/pi 网站在线预测蛋白质的理化性质,SWISS - MODEL(http://swissmodel. expasy. org)在线预测蛋白质的三级结构,软件 Clustal W 进行多态性分析,采用软件 Mega 6.0 构建 Neighbor - Joining 系统树。

5. *MOR - 2AK2* 基因的组织表达分析

分别取液氮中保存的长江靖江段刀鲚的(雌/雄)嗅囊、眼、鳃、肌肉、心脏、肝、胃、精巢和卵巢,放入液氮中研磨,每种组织器官各取自 3 个样本。按 Trizol(Invitrogen 公司)法提取总 RNA,用 1.0%凝胶电泳检测完整度。RNA 经 DNase Ⅰ 处理后,按照 PrimeScript RT reagent Kit With gDNA Eraser(TaKaRa 公司)的说明书进行操作,获得荧光定量 PCR 的 cDNA 模板。

根据所获得的嗅觉受体基因可读框区域,设计一对特异性引物(qRT - F/qRT - R,表 7 - 2)用于荧光定量 PCR 反应。同时,以 *GAPDH* 基因作为内参基因(引物为 GAPDH - F 和 GAPDH - R,表 7 - 2)。

荧光定量 PCR 反应体系为 25 μl：12.5 μl SYBR 预混液(TaKaRa 公司),10 μmol/L 的上、下游引物各 0.5 μl,cDNA 模板 1.0 μl,灭菌超纯水 10.5 μl,混匀。反应条件为：95℃ 30 s；40 个循环(95 s,60℃ 30 s)。反应中设置以水为阴性对照,每个样品进行 3 次重复测定。使用仪器为 BioRad 公司的 iQ5。反应结束后收集 Ct 值,采用 $2^{-\triangle\triangle Ct}$法进行数据分析。

6. 不同刀鲚种群中 *MOR - 2AK2* 基因的获得

在 *MOR - 2AK2* 基因的可读框两侧设计引物 OR - F/OR - R,分别以靖江、鄱阳湖、崇明 3 个刀鲚群体的基因组 DNA 为模板,用高保真酶 *Taq* DNA Polymerase(Sangon Biotech 公司)按 6.5.1 中方法进行 *OR* 基因的获取。各刀鲚群体取 5 个样本作为代表。

7.2.2　结果

1. *MOR－2AK2* 基因序列

以采自长江靖江段的洄游型刀鲚为模板,通过两轮 5′－RACE 和 3′－RACE 扩增后,分别获得 800 bp 和 1 000 bp 左右片段(图 7－1)。通过对 1 个个体各 10 个平行样本测序,5′－RACE 获得 4 条不同序列,3′－RACE 所获得的序列相同。利用软件 Jellyfish 将 4 种不同的 5′－RACE 序列和 3′－RACE 序列进行拼接,经检测均具有相同的可读框(open reading frame, ORF),长度为 972 bp。而 5′－非编码区(untraslated region, UTR)区域则不同,长度分别为 421 bp、425 bp、453 bp 和 484 bp(图 7－2),但 3′－UTR 长度均为 311 bp。故所获 4 条基因的全长分别为 1 704 bp、1 708 bp、1 736 bp 和 1 767 bp。

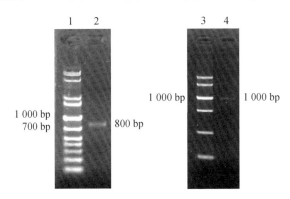

图 7－1　*MOR－2AK2* 基因的 RACE 扩增产物电泳图

1 为 1 kb Plus DNA Ladder;2 为 *MOR－2AK2* 基因的 5′－RACE 扩增产物片段;3 为 DNA Marker V;4 为 *MOR－2AK2* 基因的 3′－RACE 扩增产物片段

2. *MOR－2AK2* 基因结构

分析 *MOR－2AK2* 基因的编码区域,可以发现其含有 1 个起始密码子 ATG 和 1 个终止子 TAA,并含有 1 个多腺核苷酸信号 AATAAA 和 1 个 Poly (A)尾巴,且两者相距 18 bp(图 7－3)。利用 Jellyfish 软件预测,*MOR－2AK2* 基因可编码 323 个氨基酸残基。*MOR－2AK2* 基因的 cDNA 序列与以基因组 DNA 为模板利用特异性引物 OR－F/OR－R(表 7－2)扩增得到的序列大小一致。

```
MOR-2AK2-4  GCAGGTCGAC----GATTCACCAGCCCAAAGAACCAAATGGCAGCGTAGCAACGCAGAGG  56
MOR-2AK2-3  *GG*A**CT*TAGA***************************************CGTAGCAGAGGAAAGC  60
MOR-2AK2-2  *CA*G**GA*----***************************************-------------------  40
MOR-2AK2-1  *GG*A**CT*TAGA***************************************CGTAGC----------  50

MOR-2AK2-4  AAAGCAGATGGCAGTGTAGCCTCTAATACGACTCACTATAGGGCAAGCAGTGGTATCAAC  116
MOR-2AK2-3  AGATG------GCAGTGTAGC**************************************  114
MOR-2AK2-2  ---------------TGTAGCC**************************************  86
MOR-2AK2-1  ------------------***************************************  89

MOR-2AK2-4  GCAGAGTACATGGGAAGCAGTGGTATCAACGCAGAGTACATGGGGAATAATGGGGTGTGT  176
MOR-2AK2-3  *****G*********GGA---------------------------ATAATG****** 145
MOR-2AK2-2  *****A*******GAT---------------------------ATAATG-***** 117
MOR-2AK2-1  *****G*******GG---------------------------******* 113

MOR-2AK2-4  ATCTTCATACAGCACAGTGCCAAACCACACTCACACGTCTAGGAAAAATACATGTGCTGC  236
MOR-2AK2-3  **************************************************** 205
MOR-2AK2-2  **************************************************** 177
MOR-2AK2-1  **************************************************** 173

MOR-2AK2-4  TTTCATTAGAGAATATTAGTAGAATGTAAGTGTAACAGTTGTACATGTTTACTTGTGTTT  296
MOR-2AK2-3  **************************************************** 265
MOR-2AK2-2  **************************************************** 237
MOR-2AK2-1  **************************************************** 233

MOR-2AK2-4  CTCTGCCTCGTCATGTTGAAAAACATGTTTAAAACAGATGTATTACTGCAATGTGTGTTG  356
MOR-2AK2-3  **************************************************** 325
MOR-2AK2-2  **************************************************** 297
MOR-2AK2-1  **************************************************** 293

MOR-2AK2-4  AGAGAAGATTCTTCTGCTGTAAGCCTTTTGTGTCTGTAAAGAGTGCCAGTGAACTAGCTG  416
MOR-2AK2-3  **************************************************** 385
MOR-2AK2-2  **************************************************** 357
MOR-2AK2-1  **************************************************** 353

MOR-2AK2-4  CCACTTAGCTAAGAGGGTAGCAGTACCATCATTCAGCCTCAGGCCTGTGTGTGTGTTTTT  476
MOR-2AK2-3  **************************************************** 445
MOR-2AK2-2  **************************************************** 417
MOR-2AK2-1  **************************************************** 413

MOR-2AK2-4  ******* 484
MOR-2AK2-3  ******* 453
MOR-2AK2-2  ******* 425
MOR-2AK2-1  ******* 421
```

图 7-2　MOR-2AK2 基因的 5′-非编码区序列比对

“*”表示碱基一致，“—”表示优化比对后出现的间隙。4 种 MOR-2AK2 基因 5′-UTR 均具有不同程度的缺失，个别碱基存在差异

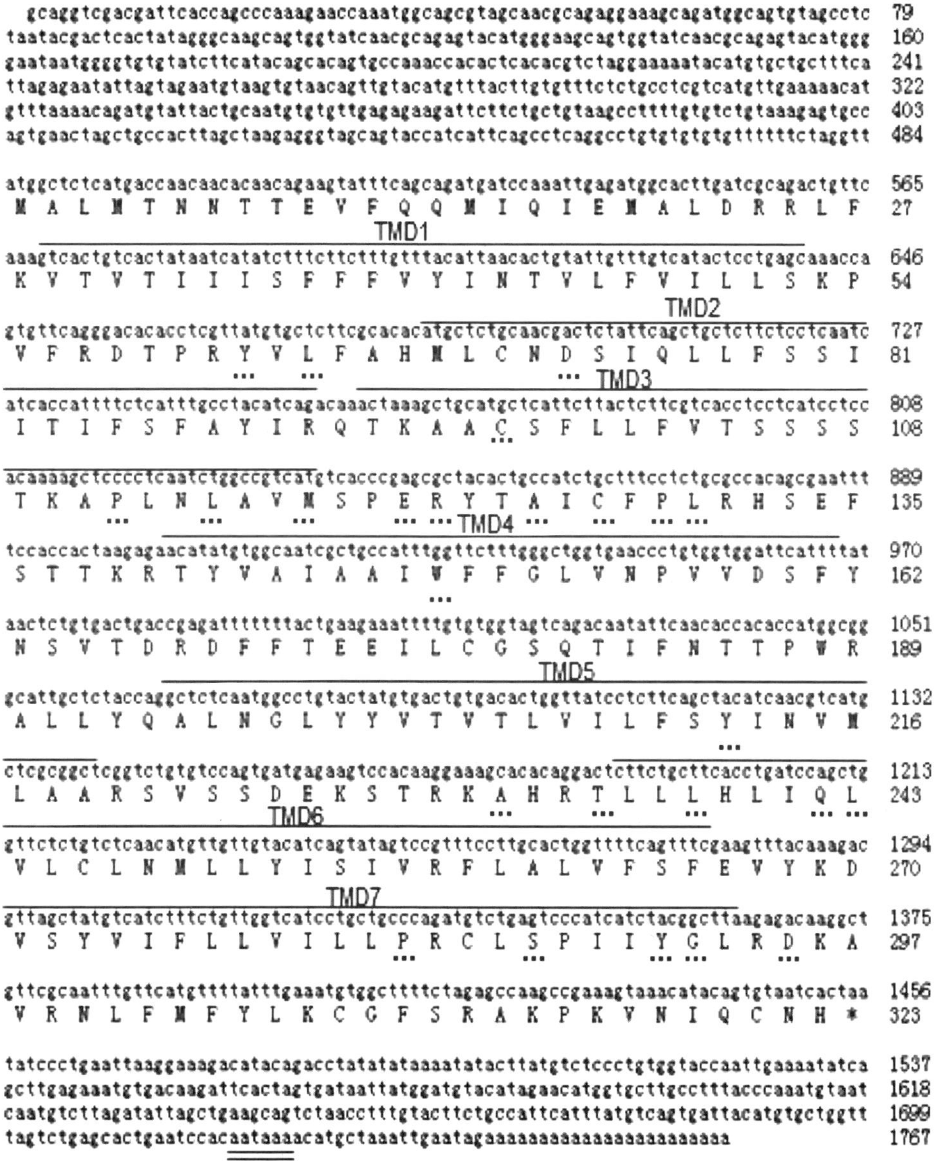

```
gcaggtcgacgattcaccagcccaaagaaccaaatggcagcgtagcaacgcagaggaaagcagatggcagtgtagcctc    79
taatacgactcactatagggcaagcagtggtatcaacgcagagtacatgggaagcagtggtatcaacgcagagtacatggg   160
gaataatggggtgtgtatcttcatacagcacagtgccaaaccacactcacacgtctaggaaaaatacatgtgctgctttca   241
ttagagaatattagtagaatgtaagtgtaacagttgtacatgtttacttgtgtttctctgcctcgtcatgttgaaaaacat   322
gtttaaaacagatgtattactgcaatgtgtgttgagagaagattcttctgctgtaagcctttgtgtctgtaaagagtgcc   403
agtgaactagctgccacttagctaagagggtagcagtaccatcattcagcctcaggcctgtgtgtgtgtttttttctaggtt   484
```

```
atggctctcatgaccaacaacacaacgaagtatttcagcagatgatcaaattgagatggcacttgatcgcagactgttc   565
M  A  L  M  T  N  N  T  T  E  V  F  Q  Q  M  I  Q  I  E  M  A  L  D  R  R  L  F     27
                             ──────TMD1──────
aaagtcactgtcactataatcatatctttcttcttgtttacattaacactgtattgtttgtcatactcctgagcaaacca   646
K  V  T  V  T  I  I  I  S  F  F  F  V  Y  I  N  T  V  L  F  V  I  L  L  S  K  P     54
                                              ──────TMD2
gtgttcagggacacacctcgttatgtgctcttcgcacacatgtctgcaacgactctattcagctgctcttcctcaatc   727
V  F  R  D  T  P  R  Y  V  L  F  A  H  M  L  C  N  D  S  I  Q  L  L  F  S  S  I     81
           ···            ···        ──────TMD3
atcaccattttctcattgcctacatcgcaaacctaaagctgcatgctcattcttactcttcgtcacctcctcatcctcc   808
I  T  I  F  S  F  A  Y  I  R  Q  T  K  A  A  C  S  F  L  L  F  V  T  S  S  S     108
                                        ···
acaaaagctcccctcaatctggccgtgcatgtcacccgagcgctacactgccatctgcttcctctgcgccacagcgaattt   889
T  K  A  P  L  N  L  A  V  M  S  P  E  R  Y  T  A  I  C  F  P  L  R  H  S  E  F    135
      ···       ···       ···        ···  ···──────TMD4──────
tccaccactaagagaacatatgtggcaatcgctgccatttggttctttgggctggtgaacccgtgtggtggattcatttat   970
S  T  T  K  R  T  Y  V  A  I  A  A  I  W  F  F  G  L  V  N  P  V  V  D  S  F  Y    162
                             ···
aactctgtgactgaccgagatttttttactgaagaaattttgtgtggtagtcagacaatattcaacaccacaccatggcgg  1051
N  S  V  T  D  R  D  F  F  T  E  E  I  L  C  G  S  Q  T  I  F  N  T  T  P  W  R    189
                             ──────TMD5
gcattgctctaccaggctctcaatggcctgtactatgtgactgtgacactggttatcctcttcagctacatcaacgtcatg  1132
A  L  L  Y  Q  A  L  N  G  L  Y  Y  V  T  V  T  L  V  I  L  F  S  Y  I  N  V  M    216
                                                    ···
ctgcggctcggtctgtgtccagtgatgagaagcacacaaggaaagcacacaggactttctgcttcacctgatccagctg  1213
L  A  A  R  S  V  S  S  D  E  K  S  T  R  K  A  H  R  T  L  L  L  H  L  I  Q  L    243
──────                            ···       ···            ···  ···
gttctgtgtctcaacatgttgttgtacatcagtatagtccgtttccttgcactggttttcagtttcgaagtttacaaagac  1294
V  L  C  L  N  M  L  L  Y  I  S  I  V  R  F  L  A  L  V  F  S  F  E  V  Y  K  D    270
      ──────TMD6──────
gttagctatgtcatctttctgttggtcatcctgctgccccagatgtctgagtccatcatctacggcttaagagacaaggct  1375
V  S  Y  V  I  F  L  L  V  I  L  L  P  R  C  L  S  P  I  I  Y  G  L  R  D  K  A    297
      ──────TMD7
                               ···       ··· ···   ···
gttcgcaatttgttcatgttttatttgaaatgtggcttttctagagccaagccgaaagtaaacatacagtgtaatcactaa  1456
V  R  N  L  F  M  F  Y  L  K  C  G  F  S  R  A  K  P  K  V  N  I  Q  C  N  H  *    323
```

```
tatccctgaattaaggaaagacatacagacctatatataaaatatacttatgtctccctgtggtaccaattgaaaatatca  1537
gcttgagaaatgtgacaagattcactagtgataattatggatgtacatagaacatgtgcttgcctttacccaaatgtaat   1618
caatgtcttagatattagctgaagcagtctaacctttgtacttctgccattcatttatgtcagtgattacatgtgctgtt   1699
tagtctgagcactgaatccacaataaaatatgctaaattgaatagaaaaaaaaaaaaaaaaaaaaaaaa              1767
```

图 7 - 3　刀鲚嗅觉受体基因 *MOR* - *2AK2* - *4* 的核苷酸序列和氨基酸序列图

　　"—"部分,即 TMD1～TMD7 表示 7 个跨膜区域;"＊"表示终止密码子;"…"部分表示保守的氨基酸残基;"＝"部分为多腺苷酸信号 aataa。*CNOR* - *2AK2* - *4* 基因全长 1 767 bp,5′- UTR 和 3′- UTR 长度分别为 484 bp,311 bp,编码区长度为 972 bp,编码 323 个氨基酸,存在 25 处保守的氨基酸残基。起始密码子 ATG 位于 485～487 bp 处,终止密码子 TAA 位于 1 444～1 456 bp 处,多腺苷酸信号 aataa 距 Poly(A)尾 18 bp

3. *MOR-2AK2* 基因编码蛋白质的结构预测

通过（http://www. expasy. org/tools/pi）在线预测，发现 *MOR-2AK2* 基因编码的蛋白质分子质量为 37.2 kDa，理论等电点 pI 为 9.46。通 过（http://www. expasy. ch/swissmod/SWISS-MODEL. html）在线预测 *MOR-2AK2* 蛋白的跨膜结构，发现 *MOR-2AK2* 蛋白具有 7 个跨膜区域，跨膜区氨基酸位置分别为 29～52、68～91、93～118、141～161、195～219、236～265 和 271～293（图 7-3）。其中，胞内区域为 1～28、92、119～140、196～218 和 266～270，胞外区域为 53～67、94～117、160～194 和 220～235。在线（http://swissmodel. expasy. org）预测*MOR-2AK2* 蛋白的三级结构，为 α-螺旋 7 跨膜结构（图 7-4）。

图 7-4　MOR-2AK2 蛋白的
三级结构预测图

4. *MOR-2AK2* 基因的功能进化关系

将已预测的刀鲚嗅觉受体蛋白*MOR-2AK2* 氨基酸序列在 NCBI 数据库中搜索同源序列进行比对，结果显示其与不同种鱼的嗅觉受体蛋白的同源性在 33%～48%，其中与墨西哥脂鲤的 olfactory receptor 2AK2-like 序列同源性最高，为 48%。与斑点雀鳝的 olfactory receptor 52B4-like 序列和墨西哥脂鲤的 olfactory receptor 472-like 序列的同源性也比较高，分别为 46% 和 45%。

采用软件 Mega 6.0 中的 Neighbour-Joining 法，构建 *MOR-2AK2* 氨基酸序列的功能进化树（图 7-5）。可见，基于氨基酸序列构建的进化树同样分为上下 2 个大的分支，其中刀鲚的 *MOR-2AK2* 氨基酸序列也处在下支，与斑点雀鳝的 52B4-like 氨基酸序列、墨西哥脂鲤的 2AK2-like 氨基酸序列和 472-like氨基酸序列、斑马鱼的 2AJ1 氨基酸序列处于一个分支，而与上束的 11 种鱼类的相关嗅觉基因的氨基酸序列相对较远。但在下束分支中，刀鲚单独成为一支，其功能进化关系没有与斑点雀鳝、墨西哥脂鲤和斑马鱼之间的关系更亲近。

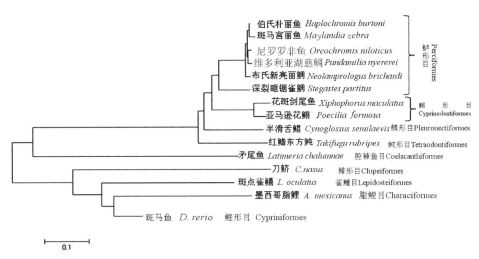

图 7 - 5 以 Neighbour - Joining 法构建的刀鲚 *MOR - 2AK2* 氨基酸序列
及其他物种相关氨基酸序列的进化树

物种及 GenBank 登录号：伯氏朴丽鱼(*Haplochromis burtoni*)(XP_005946630.1)；斑马宫丽鱼(*Maylandia zebra*)(XP_004559087)；尼罗罗非鱼(*Oreochromis niloticus*)(XP_003451932.1)；维多利亚湖慈鲷鱼(*Pundamilia nyererei*)(XP_005753728.1)；布氏新亮丽鲷(*Neolamprologus brichardi*)(XP_006807449.1)；深裂眶锯雀鲷(*Stegastes partitus*)(XP_008303257.1)；花斑剑尾鱼(*Xiphophorus maculatus*)(XP_005797233.1)；亚马逊花鳉(*Poecilia formosa*)(XP_007569706.1)；半滑舌鳎(*Cynoglossus semilaevis*)(XP_008319438.1)；红鳍东方鲀(*Takifugu rubripes*)(XP_003979020.1)；矛尾鱼(*Latimeria chalumnae*)(XP_006002807.1)；斑点雀鳝(*Lepisosteus oculatus*)(XP_006628154.1)；斑马鱼(*Danio rerio*)(XP_001919585.2)；墨西哥脂鲤 1 和 2(*Astyanax mexicanus*)(XP_007254257.1 和 XP_007254258.1)

5. *MOR - 2AK2* 基因组织表达的特异性

图 7-6 显示了采用荧光定量 PCR 分析获得的 *MOR - 2AK2* 基因在洄游

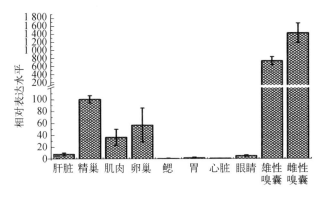

图 7 - 6 *MOR - 2AK2* 基因在洄游型刀鲚器官、
组织中的表达分布($n=3$)

型刀鲚嗅囊、眼睛、鳃、肌肉、心脏、肝脏、胃、精巢和卵巢中的表达情况。可见，该基因在上述 10 种组织器官中均有表达，但肝脏、心脏、鳃、眼睛和胃中的表达量极少，而在肌肉、性腺和嗅囊中的表达量远远高于其他组织器官。其中，嗅囊中的表达量最高，约是性腺器官中表达量的 7～25 倍。而雌性嗅囊中的表达量约为雄性嗅囊中的 2 倍，但精巢中的表达量却约为卵巢中的 2 倍。

6. *MOR-2AK2* 基因在刀鲚不同群体间的差异性分析

利用特异性引物 OR-F/OR-R，分别以采自长江靖江段、崇明岛（洄游型）和鄱阳湖（定居型）水域的刀鲚基因组 DNA 为模板，进行 *MOR-2AK2* 基因可读框的克隆，每个群体取 5 个个体作为代表。PCR 产物经测序、比对后，用软件 Clustal W 进行多序列比对，结果如图 7-7 所示。可见，靖江和崇明岛群体的 *MOR-2AK2* 基因序列长度一致，均为 1 339 bp，且序列的碱基相似度极高，仅个别碱基存在差异，预测编码的氨基酸序列相似度达到 98% 左右。而鄱阳湖群体的 *MOR-2AK2* 基因，在 5′-非编码区靠近起始密码子 12 bp 处与上述 2 个群体存在着一个 14 bp 的碱基片段（GTGTGTGTGTGTTT）差异，另外还存在 9 处明显的不同碱基，其中 7 处位于可读框内，2 处在 3′-UTR 内。此外，定居型的鄱阳湖群体与洄游型群体的预测氨基酸序列相似度仅为 84%，差异明显。

7.2.3 讨论

嗅觉是脊椎动物的重要感觉，参与动物的定位、摄食、避敌、种间识别、个体和群体辨别、配偶选择和领域标记等功能（Stoddart，1980）。鱼类的嗅觉可能还参与了生殖洄游的过程（Barbin et al.，1998；刘东等，2005，Hino et al.，2007）。嗅觉由气味分子通过嗅觉受体基因所编码的受体蛋白所引发。主嗅觉受体（*MOR*）基因是数量最大的嗅觉受体基因亚家族，最早发现于褐家鼠（*Rattus norvegicus*）（Buck and Axel，1991）。目前相关研究主要集中在一些鱼类的模式物种中，如斑马鱼、红鳍东方鲀、绿斑河鲀、三刺鱼、青鳉等（Wellerdieck et al.，1997；Niimura and Nei，2005，Alioto and Ngai，2005；Zhang and Firestein，2009），在非模式物种中研究尚少。*MOR* 基因的编码区长度一般为 1 kb 左右，无内含子（Buck and Axel，1991）。目前该类基因的命名比较杂乱，尚未统一的命名方式。

本研究通过 RACE 技术获得的洄游型刀鲚 *MOR-2AK2* 基因，其可读框

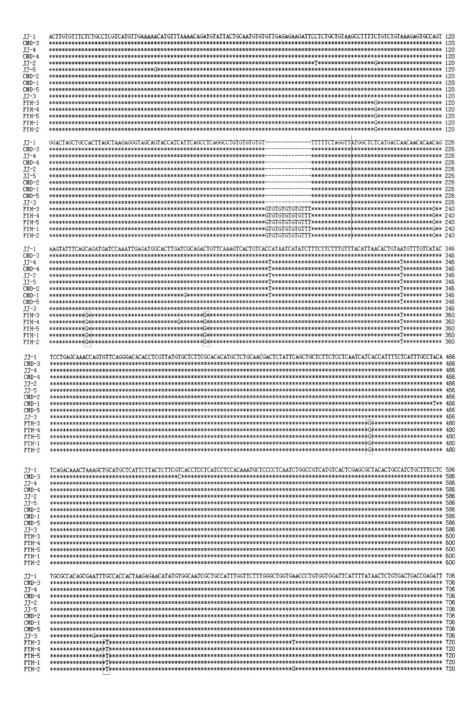

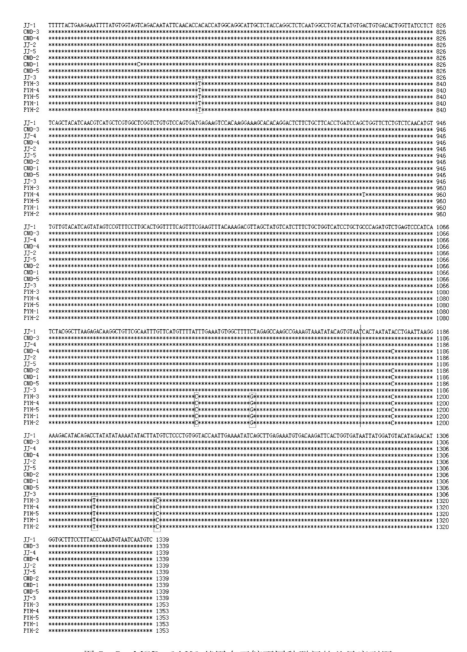

图 7-7　*MOR-2AK2* 基因在刀鲚不同种群间的差异序列图

　　"JJ-1～JJ-5"代表长江江苏靖江江段 5 条刀鲚;"CMD-1～CMD-5"代表江西九江鄱阳湖地区 5 条刀鲚;"PYH-1～PYH-5"代表上海崇明岛附近的长江流域 5 条刀鲚;"＊"表示碱基一致;"—"表示优化比对后出现的间隙;两红色竖线内为可读框;红色竖框内为江西鄱阳湖地区刀鲚 *MOR-2AK2* 基因存在的明显差异碱基

长度为 972 bp,可编码 323 个氨基酸残基,这与已有的鱼类 *MOR* 基因编码区长度基本一致(Buck and Axel,1991;Mombaerts,1999)。*MOR - 2AK2* 基因的 cDNA 序列与以基因组 DNA 为模板利用特异性引物 OR - F/OR - R 扩增得到的序列一致,说明该基因无内含子,为单外显子结构,这与现有文献报道的鱼类 *MOR* 基因也相符(Buck and Axel,1991;Mombaerts,1999a)。预测表明,*MOR - 2AK2* 所编码的蛋白质为 7 个疏水性的 α - 螺旋跨膜结构,属于 G 蛋白偶联受体家族,也符合鱼类嗅觉受体蛋白的分子特性。同源性比对显示,该基因与已有鱼类嗅觉受体蛋白的氨基酸序列同源性较高,与墨西哥脂鲤的OR - 2AK2 - like 序列(GenBank 登录号：XP_007254257)的同源性高达 48%,且所编码的 20 多处保守的氨基酸残基也相符(Asai et al,1996),这进一步表明所获得的 *MOR - 2AK2* 基因为嗅觉受体基因。

基因的组织表达是验证嗅觉基因功能的方法之一。本研究分析显示,虽然刀鲚的 *MOR - 2AK2* 基因在嗅囊、肌肉、性腺器官、肝脏、心脏、鳃、胃、眼等 10 种组织器官中均有表达,但性腺和嗅囊中的表达量远远高于其他组织器官。其中,嗅囊中的表达量最高,是性腺器官中表达量的 7~25 倍。而雌性嗅囊中的表达量约为雄性嗅囊中的 2 倍,但精巢中的表达量却约为卵巢中的 2 倍。这表明,*MOR - 2AK2* 基因不但与嗅觉功能有关,也可能参与了刀鲚的性腺发育或生殖洄游。

对分子结构的进一步分析发现,在刀鲚 *MOR - 2AK2* 基因的 5′- UTR 区域内存在着微卫星序列(GT)$_5$。相比洄游型个体,定居型个体的微卫星序列内多出 14 个碱基(GTGTGTGTGTGTTT)。5′- UTR 参与调控基因的转录过程(Meshorer,2007),由于这一区域的序列差异,使两者编码的氨基酸序列相似度仅为 84%。这种 *MOR - 2AK2* 基因内多余的微卫星序列及所编码的氨基酸序列差异,是否与定居型种群的形成相关,还有待于进一步验证。

本研究获得了 4 条 *MOR - 2AK2* 基因的 5′- UTR 序列,但 3′- UTR 均相同。这可能是 *MOR - 2AK2* 基因的 5′- UTR 区域在转录过程中发生了可变剪切或"扩张"。这种多样性的结构可能是对识别更多气味分子的一种适应。据于刀鲚 *MOR - 2AK2* 与其他鱼类同源基因所编码的氨基酸序列所构建的 NJ 树比较符合这些物种的进化关系(图 7 - 5),表明刀鲚 *MOR - 2AK2* 基因的进化也与物种的宏观进化相关。

(王聪,朱国利,唐文乔)

7.3 刀鲚嗅觉受体基因 *MOR*‑*51I2* 克隆、序列分析及组织表达

提要：为研究嗅觉受体（OR）是否参与生殖洄游过程，本节利用基因组步移技术从洄游型刀鲚克隆一条能够编码嗅觉受体蛋白的基因序列，命名为 *MOR*‑*51I2* 基因。该基因为单外显子结构，编码区长 999 bp，在 3′‑UTR 区域具有微卫星序列，以（AC）$_n$ 为重复单位，但其中夹有若干 T 或 G 碱基，在不同种群中具有长度差异。*MOR*‑*51I2* 基因能够编码 332 个氨基酸残基，形成 7 次疏水性的 α‑螺旋跨膜结构，属 G 蛋白偶联受体。MOR‑51I2 蛋白与已报道的其他鱼类 OR 蛋白的同源性在 51% 以上，其中与同为鲱形目的大西洋鲱（*Clupea harengus*）OR51I2‑like 蛋白同源性达 83%。qRT‑PCR 分析显示，*MOR*‑*51I2* 基因在定居型刀鲚中主要在嗅囊和性腺中表达，而在肝脏、鳃、肌肉、心脏和眼睛中几乎不表达。其中，雌性嗅囊中的表达量约是其雄性嗅囊中的 2 倍，是精巢、卵巢中的 80～100 倍。但洄游型雄性嗅囊的表达量约是其雌性嗅囊中的 6 倍、定居型雄性嗅囊中的 3 倍，而洄游型雌性嗅囊中的表达量约是定居型雌性嗅囊的 1/5。这些结果表明，*MOR*‑*51I2* 基因不仅与嗅觉功能有关，也可能参与了刀鲚的性腺发育及生殖洄游过程，同时也可能与生态型的分化相关。

7.3.1 材料与方法

1. 样本采集、cDNA 文库建立和基因序列分析

同 7.2 节。

2. *刀鲚 MOR*‑*51I2 基因序列的获取*

依据前期从洄游型刀鲚嗅囊 cDNA 文库中获得的 *MOR*‑*51I2* 基因序列片段，参照 Genome Walking Kit 试剂盒中对特异性引物的设计要求，设计出获取 3′序列的特异性引物（3′‑SP1、3′‑SP2 和 3′‑SP3，表 7‑3）和获取 5′序列的特异性引物（5′‑SP1、5′‑SP2 和 5′‑SP3，表 7‑3）。优化反应体系和反应条件，利用试剂盒中 AP2 兼并引物和特异性引物 SP1、SP2、SP3 进行 3 轮热不对称 PCR 反应。反应结束后，反应产物进行 1% 琼脂糖凝胶电泳检测、切胶回收和克隆测序。最终获得基因片段的侧翼序列，经 DNAMAN 6.0 软件拼接后获得目的基因序列。

表 7-3　引物序列

引 物 名 称	引物序列(5′→3′)
3′-SP1	TGTACGTGGTGAGCTACGCCTTCTC
3′-SP2	TACATCGCCATCTGCTTCCCGCTG
3′-SP3	ACGCTCTGGCTCATTCTGGGCATC
5′-SP1	TACATCGCCATCTGCTTCCAAG
5′-SP2	TACGTGGTGAGCTACGCCTTCT
5′-SP3	CACGGCTTCTTCTGCGAGGACC
ORF-R	CAGAGCTTTACAGTTGACAGGT
ORF-F	ATTTCAGGAAGCTCGGTGTG
QOR-R	GCTTCCCAGTGGTTTTCA
QOR-F	CCCTCATCCGCCTCTTCC
GAPDH-F	AGCTTGCCACCCTCTTGCT
GAPDH-R	AGCCATCAACGACCCCTTC
OR-R	AGGTTTCCCCCCCACATTCA
OR-F	CACCCCTCATCCGCCTCTTC

3. 刀鲚 *MOR-51I2* 基因可读框的获取

利用 NCBI 网站(http://www.ncbi.nlm.nih.gov/)中 Blast X 工具,对刀鲚 *MOR-51I2* 基因序列进行比对,寻找同源性最高的基因序列,确定该基因为 *OR* 基因。并结合 Jellyfish 软件预测该基因的可读框区域。根据预测结果,在 *MOR-51I2* 基因的可读框两侧设计特异性引物(ORF-R/ORF-F,表 7-3),进行基因序列的验证,判断其是否含有内含子并且获取基因可读框。以洄游型刀鲚基因组 DNA 和嗅囊 cDNA 为模板,进行 PCR 反应。反应体系:模板< 1 μg,ORF-R(10 μmol/L)0.5 μl,ORF-F(10 μmol/L)0.5 μl,10×*Taq* Plus Buffer 2.5 μl,dNTP Mixture (2.5 mmol/L)2 μl,*Taq* Plus DNA Polymerase (2.5 U/μl)0.5 μl,加 ddH$_2$O 至 25 μl。反应条件:95℃ 5 min;95℃ 45 s,62℃ 45 s,72℃ 1 min30 s,30 个循环;72℃ 10 min;10℃保存。对 PCR 反应产物进行 1%琼脂糖凝胶电泳检测,合格产物外送测序。同时利用此对引物对洄游和定居刀鲚基因组 DNA 进行 PCR 反应,反应体系和反应条件均同上,经检测后,反应产物外送测序,拼接后获得目的片段。

4. 刀鲚 *MOR-51I2* 基因的组织表达谱

用 qRT-PCR 反应分析 *MOR-51I2* 基因在定居型刀鲚(雄/雌)嗅囊、精

巢、卵巢、肌肉、心脏、眼球、胃壁、肝脏及鳃等 10 个组织或器官及洄游型刀鲚
（雄/雌）嗅囊的相对表达水平。在 $MOR-51I2$ 基因编码区内按荧光定量 PCR
反应的要求，设计一对特异性引物（QOR-R/QOR-F，表 7-3）。内参基因引
物为 GAPDH-R/GAPDH-F（表 7-3），利用 SYBR $^®$ Premix Ex Taq^{TM}（Tli
RNaseH Plus）试剂盒，优化后使用 Bio rad CFX Connet 实时定量 PCR 仪，反应
体系：SYBR $^®$ Premix Ex Taq^{TM}（Tli RNaseH Plus）（2×）10 μl，正反向引物
（10 μmol/L）各 0.4 μl，ROX Reference Dye（50×）0.4 μl，cDNA 模板（<100 ng）
2.0 μl，灭菌蒸馏水 6.8 μl，共 20 μl。以内参基因引物作阳性对照，灭菌蒸馏水
作阴性对照，每个组织和对照样本均进行 3 个重复。反应条件：95℃ 30 s；95℃
5 s，60℃ 30 s，72℃ 32 s，40 个循环；并做溶解曲线。反应结束后获得并导出各
样本的 Ct 值（threshold cycle），随后采用 $2^{-\Delta\Delta Ct}$ 法（Livak and Schmittgen，
2001）进行数据分析和表达差异性分析。

5. 刀鲚 $MOR-51I2$ 基因中微卫星序列分析

根据测序所得的 $MOR-51I2$ 基因序列发现非编码区 3'-UTR 有一段微卫星
重复序列，根据微卫星片段两侧设计引物（OR-R/OR-F，表 7-3）。以洄游型和
定居型刀鲚基因组 DNA 为模板，进行 PCR 反应。反应体系：模板<1 μg，OR-F
（10 μmol/L）0.5 μl，OR-R（10 μmol/L）0.5 μl，2×Taq Plus PCR Master Mix
12.5 μl，加 ddH$_2$O 至 25 μl。反应条件：95℃ 5 min；95℃ 45 s，63℃ 45 s，72℃ 30 s，
30 个循环；72℃ 10 min；10℃保存。反应产物用 1.5%琼脂糖凝胶电泳检测。

7.3.2 结果

1. 刀鲚 $MOR-51I2$ 的基因序列

以洄游型刀鲚（JJ-5）基因组 DNA 为模板，经染色体步移技术，利用
VecScreen 在线去除载体，通过 DNAMAN 软件与引物比对，获得的 3'端和 5'
端片段分别为 784 bp 和 901 bp，经拼接后获得了 1 652 bp 的片段。经 NCBI 网
站中 Blast X 工具并结合 Jellyfish 软件预测，发现该基因具有完整的可读框，长
999 bp（441~1 439 bp）。其中，碱基 A 166 个（占 16.6%）、碱基 C 364 个（占
36.4%）、碱基 G 257 个（占 25.7%）、碱基 T 212 个（占 21.2%），GC 含量>
50%>AT 含量。该基因为单外显子结构，以 ATG 为起始密码子，TAA 为终
止密码子，并且紧邻终止密码子 TAA 的是一段以（AC）$_n$（n 约 47）为单位、其中

夹杂 3 个(AG)、9 个(GC)和 1 个(AT)结构的短串联重复序列；该可读框区域可编码 332 个氨基酸残基序列(图 7 - 8)。

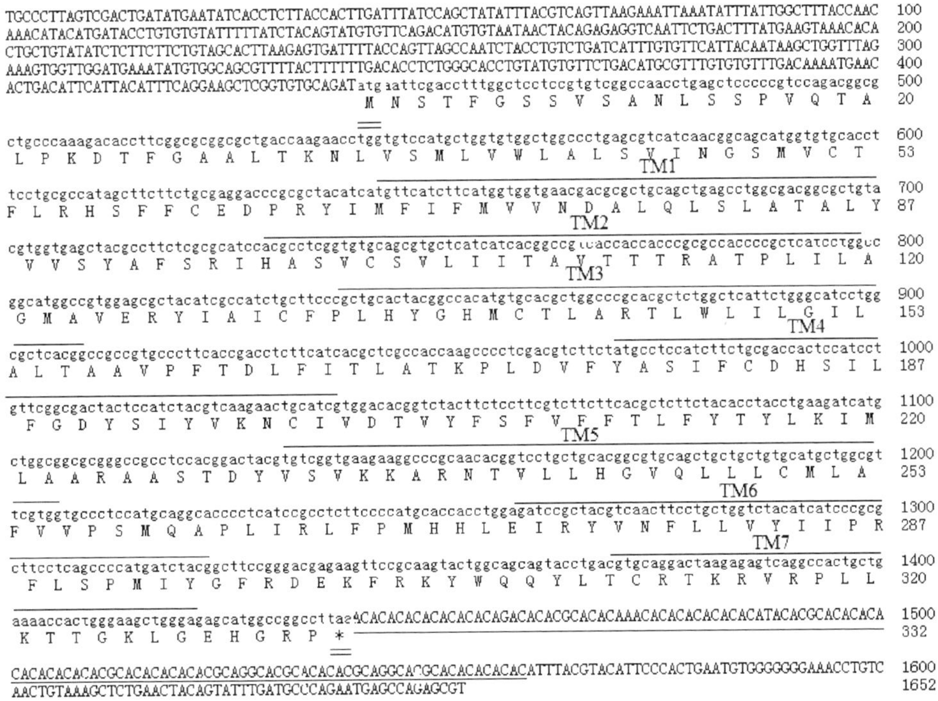

```
TGCCCTTAGTCGACTGATATGAATATCACCTCTTACCACTTGATTTATCCAGCTATATTTACGTCAGTTAAGAAATTAAATATTTATTGGCTTTACCAAC      100
AAACATACATGATACCTGTGTGTATTTTTATCTACAGTATGTTTCAGACATGTGTAACATGTGTTAGCCAATCTACCTGTCTGATCATTTGTGTTCATTACAATAAGCTGGTTTAG      200
CTGCTGTATATCTCTTCTTCTGTAGCACTTAAGAGTGATTTTACCAGTTAGCCAATCTACCTGTCTGATCATTTGTGTTCATTACAATAAGCTGGTTTAG      300
AAAGTGGTTGGATGAAATATGTGGCAGCGTTTTACTTTTTTGACACCTCTGGGCACCTGTATGTGTTCTGACATGCGTTTGTGTGTTTGACAAAATGAAC      400
ACTGACATTCATTACATTTCAGGAAGCTCGGTGTGCAGAT atg aac tcc ttc ggg agc gtc agc gcc aac ctg agc tcc ccg tcc gtg cag acg gca      500
                                         M   N   S   F   G   S   V   S   A   N   L   S   S   P   V   Q   T   A       20

ctg ccc aaa gac acc ttc ggc cgg cgc gtc gac caa gag gtg tcc atg ctg gtg ttg gcc tcg gtc atc aac gcg cag catg gtg tgc acct      600
L   P   K   D   T   F   G   A   A   L   T   K   N   L   V   S   M   L   V   W   L   A   L   S   V   I   N   G   S   M   V   C   T       53
                                                                      ——————————————————————————————————
                                                                                TM1

tcc tgc gcc ata gct tct tct gcg agg acc cgc gct aca tca tgt tca tct tca tgg tgg tga acg aac gtc tga gcc tgg cga cgg cgc tat      700
F   L   R   H   S   F   F   C   E   D   P   R   Y   I   M   F   I   F   M   V   V   N   D   A   L   Q   L   S   L   A   T   A   L   Y       87
                                                                ——————————————————————————————————————
                                                                           TM2

cgt ggt gga gct act cct tct cgc atc cac gcc tcg gtg tgc agc gtg ctc atc atc acg gcc tga cca ccc gcc acc ccg ctc atc ctt ggc c      800
V   V   S   Y   A   F   S   R   I   H   A   S   V   C   S   V   L   I   I   T   A   V   T   T   T   R   A   T   P   L   I   L   A       120
                                                    ———————————————————————————————————
                                                               TM3

ggc atg gcc gtg gag cgc tac atc gcc atc tgc ttc ccg cac tac ggc cac atg tgc acg ctg gcc cga cgc tct ggc tca ttc tgg cat cct gg      900
G   M   A   V   E   R   Y   I   A   I   C   F   P   L   H   Y   G   H   M   C   T   L   A   R   T   L   W   L   I   L   G   I   L       153
                                                                                  ———————————————————
                                                                                         TM4

cgc tca cgg ccg ccg tgc cct tca ccg acc tct tca tca cgc tcg cca cca agc ccc tcg acg tct tca tgt cca tct tct gcg acc act cca tc      1000
A   L   T   A   A   V   P   F   T   D   L   F   I   T   L   A   T   K   P   L   D   V   F   Y   A   S   I   F   C   D   H   S   I   L       187

gtt cgg cgc tac tcc atc tac gtc aag aac tgc atc gtg gac acg gtc tac ttc tcc ttc gtc ttc ttc acg ctc ttc tac acc tac tga gat catg      1100
F   G   D   Y   S   I   Y   V   K   N   C   I   V   D   T   V   Y   F   S   F   V   F   F   T   L   F   Y   T   Y   L   K   I   M       220
                                          ——————————————————————————————————————
                                                        TM5

ctg gcg gcg cgg gcc gcc tcc acg gac tac gtc ggt gaa gaa gcc cgc aac acg gtc ctg ctg cac ggc gtg cag ctg ctg ctg tgc atg ctg gcg t      1200
L   A   A   R   A   A   S   T   D   Y   V   S   V   K   K   A   R   N   T   V   L   L   H   G   V   Q   L   L   C   M   L   A       253
                                                                                        ————————————————
                                                                                               TM6

tcg ttg gtg ccc tcc atg cag gca ccc ctc atc cgc ctc ttc ccc atg cac cac ctg gag atc cgc tac gtc aac ttc ctg ctg gtc tac atc atc ccg      1300
F   V   V   P   S   M   Q   A   P   L   I   R   L   F   P   M   H   H   L   E   I   R   Y   V   N   F   L   L   V   Y   I   P   R       287
                                                                                        —————————————————
                                                                                               TM7

ctt cct cag ccc cat gat cta cgg ttc ggg acg agg agt tcc gca agt tcc gga agt acg tgc agc agt acc tga cgt gcc gca cca agc gcg tgc cac tg      1400
F   L   S   P   M   I   Y   G   F   R   D   E   K   F   R   K   Y   W   Q   Q   Y   L   T   C   R   T   K   R   V   R   P   L       320
——————————————————————————

aaa acc aca cac acg cac aca cac acg cag gcac gca gcg cac cag gca cgc aca cac aca TTT ACG TAC ATT CCC ACT GAA TGT GGG GGG GAA ACC TGT C      1500
K   T   T   G   K   L   G   E   H   G   R   P   *                                                                                        332
                        ——————————————————————————————————————————————————————————————————————————————
CACACACACACGCACACACACGCAGGCACGCAGCGCACCAGGCACGCACACACACATTTACGTACATTCCCACTGAATGTGGGGGGGAAACCTGTC      1600
AACTGTAAAGCTCTGAACTACAGTATTTGATGCCCAGAATGAGCCAGAGCGT                                                          1652
```

图 7 - 8　洄游型刀鲚(JJ - 5)*MOR - 51I2* 基因的核苷酸序列和氨基酸序列

"＝"起始密码子 ATG、终止密码子 TAA("＊");TM1～TM7 为蛋白质的 7 个跨膜域;"—"为微卫星序列,长 120 bp

2. 刀鲚 MOR - 51I2 的编码蛋白质结构

经 ProtParam 和 ProtScale 在线分析,发现刀鲚 *MOR - 51I2* 基因序列所编码的蛋白质序列,其理化性质为:编码的氨基酸残基 332 个、分子式为 $C_{1\,751}$ $H_{2\,724}N_{430}O_{443}S_{21}$、相对分子质量为 37 560.7、理论 pI 值为 9.45、正/负电荷残基数为 29 和 15、蛋白质序列的 N 端为起始密码子所编码的 Met 残基、半衰期为 30 h、不稳定系数(Ⅱ)为 31.27(<40,此蛋白质较稳定)及总平均亲水性(GRAVY)0.648。经 TMpred 在线预测,发现 *MOR - 51I2* 基因编码的蛋白质有 7 次跨膜区(图 7 - 9):TM1(序列位置 35～53,序列长 19)、TM2(64～86,长 23)、TM3(100～123,长 24)、TM4(144～166,长 23)、TM5(198～222,长 25)、TM6(240～261,长 22)、TM7(277～294,长 28)。结合 Predict Protein 在线预

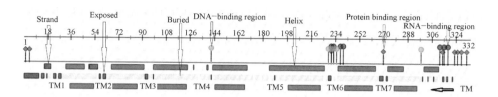

图 7 - 9　MOR - 51I2 蛋白的功能区、二级结构类型和跨膜区

　　"◆"为蛋白质绑定位点；"○"为 DNA 绑定位点；"●"为核苷酸绑定位点；"━╋━ (Helix)"为 α - 螺旋；"▬▬ (Strand)"表示 β - 螺旋；"▬▬ (Buried)"为镶嵌于生物膜内片段；"▬▬ (Exposed)"为非镶嵌于膜内的片段；"▬▬ (TM)"为该蛋白质的 7 个跨膜区域。"TM1～TM7"为蛋白质的 7 个跨膜区域

测工具进行功能预测，获得二级结构、二硫键结构、结构域等蛋白质序列的结构信息。蛋白质绑定位点有 1,2；4,4；230,231；269,270；313,315；322,322；324，324；327,329；331,331 等 9 个位点。DNA 绑定位点有 228,228；230,230；232，232；234,235；297,297 等 5 个位点。核苷酸绑定位点有 230,230；232,232；237,237；239,239；311,312；314,315；317,317 等 7 个位点。由图 7 - 9 可发现，该蛋白质的功能区域主要集中在氨基酸序列的 N 端、TM5～TM6 间非跨膜区及羧基端。预测发现，刀鲚 MOR - 51I2 蛋白的二级结构有 55.72% 为 α - 螺旋、10.24% β - 螺旋及 34.04% β - 转角，并无二硫键结构。经 SWISS - MODEL 在线预测，该蛋白质的三级结构具有 7 个 α - 螺旋跨膜结构（图7 - 10）。

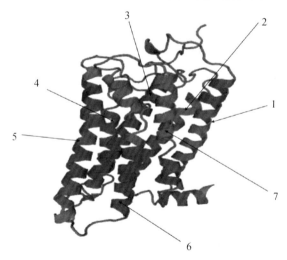

图 7 - 10　MOR - 51I2 蛋白的三级结构预测图

1～7 表示蛋白质 7 个 α - 螺旋跨膜结构

3. 刀鲚 *MOR－51I2* 基因与其他物种相关基因的进化关系

利用 NCBI 中的 Nucleotide Blast 工具作在线预测,发现刀鲚 *MOR－51I2* 基因序列与其他鱼类同源基因的同源性在 66%~85%。选取每个物种中一个同源性最高的核酸序列进行 FASTA 格式下载,用 Mega 6.0 构建邻接法进化树,结果如图 7－11 所示。可见,基于核酸序列所构建的进化树有两大分支,刀鲚 *MOR－51I2* 基因与大西洋鲱 *OR 51I2－like* 基因、墨西哥脂鲤 *OR 4K15－like* 基因及斑点雀鳝 *OR 4K15－like* 基因处于同一大分支,序列之间的同源性较高,分别为 85%、76% 和 74%,亲缘关系相对较近。

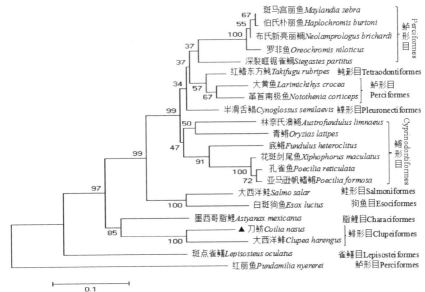

图 7－11　刀鲚 *MOR－51I2* 核酸序列及其他鱼类相关嗅觉受体基因序列的系统发育树

节点处的数值为 1 000 次 bootstrap 检验的支持率;系统树中 *Coilia nasus* 用▲标出;物种(括号内为 GenBank 序列号): 大西洋鲱(*Clupea harengus*)(XM_012838607.1)、深裂眶锯雀鲷(*Stegastes partitus*)(XM_008305034.1)、青鳉(*Oryzias latipes*)(XM_004086194.2)、墨西哥脂鲤(*Astyanax mexicanus*)(XM_007238307.1)、大西洋鲑(*Salmo salar*)(XM_014165832.1)、红鳍东方鲀(*Takifugu rubripes*)(XM_011620399.1)、罗非鱼(*Oreochromis niloticus*)(XM_003451883.1)、斑马宫丽鱼(*Maylandia zebra*)(XM_012921237.1)、林奈氏澳鳉(*Austrofundulus limnaeus*)(XM_014019124.1)、伯氏朴丽鱼(*Haplochromis burtoni*)(XM_005946569.1)、底鳉(*Fundulus heteroclitus*)(XM_012855574.1)、布氏新亮丽鲷(*Neolamprologus brichardi*)(XM_006807387.1)、亚马逊帆鳍鳉(*Poecilia formosa*)(XM_007569643.1)、孔雀鱼(*Poecilia reticulata*)(XM_008409220.1)、斑点雀鳝(*Lepisosteus oculatus*)(XM_006639757.1)、花斑剑尾鱼(*Xiphophorus maculatus*)(XM_005797177.1)、半滑舌鳎(*Cynoglossus semilaevis*)(XM_008321214.1)、大黄鱼(*Larimichthys crocea*)(XM_010754151.1)、白斑狗鱼(*Esox lucius*)(XM_013132483.1)、红丽鱼(*Pundamilia nyererei*)(XM_005755734.1)、革首南极鱼(*Notothenia coriiceps*)(XM_010794693.1)

采用刀鲚 *MOR－51I2* 基因所编码的氨基酸序列与其他鱼类的同源嗅觉受体蛋白的氨基酸序列构建 NJ 进化树,结果如图 7－12 所示。可见,尽管刀鲚与

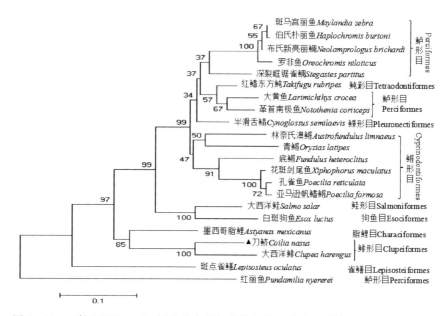

图 7 - 12　刀鲚 MOR - 51I2 氨基酸序列与其他鱼类相关嗅觉受体蛋白的系统发育树

节点处的数值为 1 000 次 bootstrap 检验的支持率;发育树中 *Coilia nasus* 用▲标出。物种(括号内为 GenBank 序列号):大西洋鲱(*Clupea harengus*)(XP_012694061.1);墨西哥脂鲤(*Astyanax mexicanus*)(XP_007238369.1);大西洋鲑(*Salmo salar*)(XP_014021307.1);白斑狗鱼(*Esox lucius*)(XP_012987 937.1);斑马宫丽鱼(*Maylandia zebra*)(XP_012776691.1);伯氏朴丽鱼(*Haplochromis burtoni*)(XP_005946631.1);深裂眶锯雀鲷 *Stegastes partitus*)((XP_008303256.1);罗非鱼(*Oreochromis niloticus*)(XP_003451931.1);布氏新亮丽鲷(*Neolamprologus brichardi*)(XP_006807450.1);花斑剑尾鱼(*Xiphophorus maculatus*)(XP_005797234.1);孔雀鱼(*Poecilia reticulata*)(XP_008407442.1);半滑舌鳎(*Cynoglossus semilaevis*)(XP_008319436.1);亚马逊帆鳍鳉(*Poecilia formosa*)(XP_007569705.1);林奈氏澳鳉(*Austrofundulus limnaeus*)(XP_013874577.1);底鳉(*Fundulus heteroclitus*)(XP_012711028.1);斑点雀鳝(*Lepisosteus oculatus*)(XP_006639820.1);红鳍东方鲀(*Takifugu rubripes*)(XP_011618701.1);青鳉(*Oryzias latipes*)(XP_004086242.1);大黄鱼(*Larimichthys crocea*)(XP_010752453.1);红丽鱼(*Pundamilia nyererei*)(XP_005753728.1);革首南极鱼(*Notothenia coriiceps*)(XP_010792995.1)

大西洋鲱及墨西哥脂鲤这一小分支上的亲缘关系并没有改变,但却与斑点雀鳝的亲缘关系发生了变化。同时进化上高等的鲈形目红丽鱼却单独处于进化树的最下端,这与基于核酸序列所构建的进化树(图 7 - 11)有较大的差别,可能更多地体现了该基因在功能上的进化关系。

4. 刀鲚 *MOR - 51I2* 基因的差异组织表达

利用特异性引物 QOR - R 和 QOR - F 对定居型刀鲚组织或器官及洄游型刀鲚(雌/雄)嗅囊进行实时荧光定量 PCR 反应,得出各样品得 Ct 值。以在胃中的表达量为参照值,利用 $2^{-\triangle\triangle Ct}$ 法分析所得的结果显示(图 7 - 13),*MOR - 51I2* 基因在肌肉、心脏和眼睛中几乎不表达;在肝脏和鳃中的表达量也很低;主

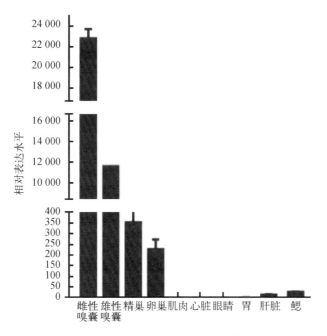

图 7 - 13　*MOR - 51I2* 基因在定居型刀鲚组织中的
表达差异($n=3$)

要在嗅囊和性腺中表达,但嗅囊的表达量也高出性腺表达量的 $30\sim100$ 倍。仔
细分析可以发现,雌性嗅囊中的表达量要高出雄性嗅囊约 2 倍,而精巢中的表
达量却约是卵巢中的 2 倍。

用同样方法对洄游型和定居型刀鲚群体嗅囊表达量的分析显示(图 7 - 14),

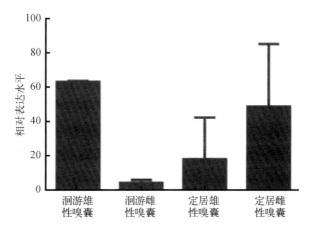

图 7 - 14　*MOR - 51I2* 基因在不同生态型刀鲚嗅囊中的表达差异($n=3$)

MOR－51I2 基因在洄游群体中雄性刀鲚嗅囊中的表达量约是雌性嗅囊表达量10倍、洄游群体雄性嗅囊表达量约是定居群体雄性嗅囊表达量3倍,但洄游群体雌性嗅囊表达量却是定居型群体雌性嗅囊表达量的1/7。

5. 刀鲚 *MOR－51I2* 蛋白在两个生态型间的差异分析

通过特异引物 ORF－R/ORF－F,对洄游型刀鲚(JJ－1～JJ－6)和定居型刀鲚(PY－1～PY－6)刀鲚基因组 DNA 进行 PCR 扩增反应。获得的 DNA 序列经 DNAMAN 软件整理,Jellyfish 软件预测翻译的蛋白质序列。经比对发现,两个群体的 MOR－51I2 蛋白具有若干氨基酸残基的变化:第3个氨基酸在两群体间具有明显变化,洄游群体为丝氨酸(Ser,S),而定居群体为亮氨酸(Leu,L);第7个氨基酸残基只在定居 PY－6 存在变化,为苯丙氨酸(Phe,F),而其他个体均为丝氨酸(Ser,S);第9个氨基酸残基在洄游 JJ－4、JJ－5和 JJ－6 存在变化,为甲硫氨酸(Met,M),其他为缬氨酸(Val,V);第20个氨基酸残基在洄游 JJ－2、JJ－4、JJ－5 和 JJ－6 为丙氨酸(Ala,A),其他为脯氨酸(Pro,P);第143个氨基酸残基洄游 JJ－3 和定居群体为丙氨酸(Ala,A),而其他洄游个体为甘氨酸(Gly,G);第146个氨基酸残基只有洄游 JJ－1 为缬氨酸(Val,V),其他均为亮氨酸(Leu,L);第314个氨基酸残基只有洄游 JJ－3 为天冬酰胺(Asn,N),而其他均为赖氨酸(Lys,K);第317个氨基酸残基洄游 JJ－1、JJ－2 和 JJ－3 为精氨酸(Arg,R),而其他均为甲硫氨酸(Met,M)。除第146个氨基酸残基位于跨膜区内,其他氨基酸残基均位于非跨膜区内(图7－15)。

6. 刀鲚 *MOR－51I2* 基因的微卫星在不同生态型间的差异性

通过特异引物 OR－F/OR－R 对洄游型刀鲚(JJ－1～JJ－6)和定居型刀鲚(PY－1～PY－6)群体进行 PCR 扩增反应,经1.5%琼脂糖凝胶电泳检测(图7-16)并测序。发现微卫星片段长度在定居群体中长于洄游群体,同时发现同一群体的不同个体间其长度也有一定的变化。测序结果显示:洄游群体内的一致性为86.91%,定居群体内为93.29%,两个群体间仅82.66%。洄游群体的微卫星组成平均为48.6(AC)、11.4(GC)、0.6(AG)、1(AA)及2.4(AT),定居群体则为57(AC)、12.6(GC)、1.8(AG)、1(AA)及4.4(AT),可见定居群体较洄游群体多8.4组(AC)、1.2组(GC)、1.2组(AC)和2组(AT)。

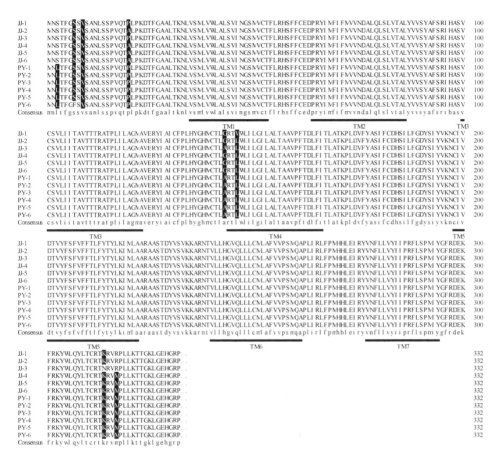

图 7 - 15　不同生态型刀鲚嗅觉受体蛋白 *MOR - 51 Ⅰ2* 间氨基酸序列比较

JJ - 1～JJ - 6 为定居型刀鲚；PY - 1～PY - 6 为洄游型刀鲚；TM1～TM7 为蛋白质跨膜区域

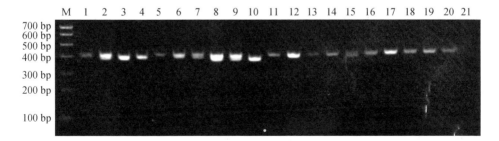

图 7 - 16　刀鲚 *MOR - 51I2* 基因中微卫星序列在不同生态型间的比较

M 代表 Trans DNA MarkerⅠ；泳道 1～10 代表洄游型刀鲚群体；泳道 11～20 代表定居型刀鲚群体；泳道 21 代表阴性对照(用 ddH₂O 代替 DNA 模板)

7.3.3 讨论

本节通过染色体步移技术获得了一个刀鲚 *MOR - 51I2* 基因,序列长 1 652 bp,其中可读框区碱基 A 占 16.6%、T 占 21.2%、G 占 25.7%、C 占 36.4%,GC 含量达 62.1%。该基因的可读框区域长 999 bp,无内含子,为单外显子结构,以 ATG 为起始密码子,TAA 为终止密码子,可编码 332 个氨基酸残基。所编码的蛋白质序列分子式为 $C_{1\,751}\,H_{2\,724}\,N_{430}\,O_{443}\,S_{21}$、相对分子质量为 37 560.7、理论 pI 值为 9.45、半衰期 30 h、总平均亲水性(GRAVY)0.648。该蛋白质有 9 个蛋白质绑定位点、5 个 DNA 绑定位点和 7 个核苷酸绑定位点,不含二硫键结构,能够形成 7 个疏水性 α-螺旋跨膜结构,是典型的 G 蛋白偶联受体。序列比较显示,刀鲚 *MOR - 51I2* 基因与大西洋鲱 *OR 51I2 - like* 基因、墨西哥脂鲤 *OR 4K15 - like* 基因及斑点雀鳝 *OR 4K15 - like* 序列之间的同源性较高,分别为 85%、76% 和 74%,亲缘关系相对较近。但是,刀鲚 MOR - 51I2 蛋白尽管与大西洋鲱及墨西哥脂鲤这一小分支上的亲缘关系并没有改变,却与斑点雀鳝的亲缘关系发生了变化。从基因的结构和长度、编码蛋白质的结构和性质看,刀鲚 *MOR - 51I2* 基因均与现有文献报道的鱼类 *MOR* 基因相符(Livak and Schmittgen,2001;Zhang and Firestein,2009)。

实时荧光定量 PCR 反应显示,*MOR - 51I2* 基因主要在嗅囊和性腺中表达,而肌肉、心脏、眼睛、肝脏和鳃中几乎不表达或表达量很低。但雌性嗅囊中的表达量要高出雄性嗅囊约 2 倍,而精巢中的表达量却又是卵巢中的约 2 倍。这表明 *MOR - 51I2* 基因不但与嗅觉功能有关,也可能参与了刀鲚的性腺发育,在雌雄个体间又存在着差异。

进一步分析发现,*MOR - 51I2* 基因在洄游型刀鲚群体和定居型刀鲚群体嗅囊中表达结果显示,洄游群体中雄性刀鲚嗅囊中的表达量约是雌性嗅囊表达量 10 倍、洄游雄性嗅囊表达量约是定居雄性嗅囊表达量 3 倍、洄游雌性嗅囊表达量约是定居雌性嗅囊表达量的 1/7。同时所编码的 *MOR - 51I2* 蛋白在两个群体间也具有若干氨基酸残基的变化。此外,在 *MOR - 51I2* 基因中紧邻终止密码子 TAA 的 3′- UTR 中有一段微卫星序列,这段微卫星序列虽具有长度多态性,但在定居型群体的平均长度要明显大于洄游型群体。*MOR - 51I2* 基因的这种表达量差异、微卫星序列插入和所编码的蛋白质结构变化,是否与刀鲚定居型种群的形成和洄游习性的丧失相关,还有待于进一步验证。

(王晓梅,朱国利,唐文乔)

7.4　刀鲚 *MOR*–*4K13* 基因的克隆、序列分析及组织表达

　　提要：本节采用 RACE 技术从洄游型刀鲚中获得了 *MOR*–*4K13* 基因,该基因全长 1 098 bp,编码区长 963 bp,单外显子结构,可编码 320 个氨基酸。预测表明,*MOR*–*4K13* 基因编码的蛋白质为 7 个疏水性的 α‑螺旋跨膜结构,属 G 蛋白偶联受体,有胆固醇和油酸两个配体。MOR–4K13 蛋白与已报道的其他鱼类 OR 蛋白的同源性在 40%～68%,其中,与近缘种大西洋鲱(*Clupea harengus*)嗅觉受体蛋白同源性高达 68%。采用 Real‑time PCR 方法对 10 个组织或器官所作的荧光定量分析显示,*MOR*–*4K13* 基因在定居型刀鲚嗅囊和性腺中高表达,在肌肉、眼球、胃壁、肝脏和鳃中低表达,心肌中几乎不表达。*MOR*–*4K13* 基因在洄游型刀鲚嗅囊中的表达量总体高于定居型,且洄游型雄性刀鲚嗅囊中此基因的表达量约是其雌性嗅囊中的 3 倍。这表明 *MOR*–*4K13* 基因不仅与嗅觉功能和性腺发育相关,也可能与生殖洄游习性相关,不同性别的个体间也存在着嗅觉能力的差异。

7.4.1　材料与方法

　　同 7.4 节,所用引物见表 7–4。其中,RACE–3–1 和 RACE–3–2 用于获取 3′端刀鲚 *MOR*–*4K13* 基因未知序列的特异性引物,RACE–5–1 和 RACE–5–2 用于 5′端未知序列的特异性引物；ORF–F/ORF–R 用于 *MOR*–*4K13* 基因可读框区域两侧序列的特异性引物；Q221–F/Q221–R 为组织表达荧光定量 PCR 反应定量分析所用的一对特异性引物,GAPDH–R/GAPDH–F 为定量分析的内参基因引物。

表 7–4　引物序列

引　　物	引物序列(5′→3′)	用　　途
RACE–3–1	TCTCATCGGGCTCACCTGGGCAGTTGGAT	3′‑RACE‑PCR
RACE–3–2	ATACATCAGCCAAATCTATGCTCAGAAAACG	3′‑RACE‑PCR
RACE–5–1	TATTGTGGAGCGATGGACTGGGAAGA	5′‑RACE‑PCR
RACE–5–2	ATCAGCATCAGCCACACGAACGACAT	5′‑RACE‑PCR
Q221–F	CGGCTTTGGTGAAAAACCTA	Real‑time PCR
Q221–R	ACACACGGAGGAGTTTACGG	Real‑time PCR

（续表）

引　　物	引物序列(5′→3′)	用　　途
ORF-F	TGGAGATACTGGGTGATGAA	扩增具有完整编码区的目的基因序列
ORF-R	AACATAATGCAATATGGAATTAACC	扩增具有完整编码区的目的基因序列
GAPDH-F	AGCTTGCCACCCTCTTGCT	Real-time PCR
GAPDH-R	AGCCATCAACGACCCCTTC	Real-time PCR

7.4.2　结果与分析

1. 刀鲚 *MOR-4K13* 基因序列

以洄游型刀鲚嗅囊总 RNA 为模板，进行 5′-RACE 和 3′-RACE 反应两轮扩增后，分别获得 5′端 700 bp 和 3′端 550 bp 左右的基因片段（图 7-17）。经纯化回收后对其进行 TA 克隆并测序，所得结果进行 DNAMAN 软件拼接获得具有完整可读框的刀鲚 *MOR-4K13* 基因，长度为 1 098 bp，可读框区域为 51～1 013 bp，长 963 bp；经特异性引物 ORF-F 和 ORF-R 检测刀鲚嗅囊 cDNA 和刀鲚基因组 DNA 发现，该基因编码区域无内含子结构。

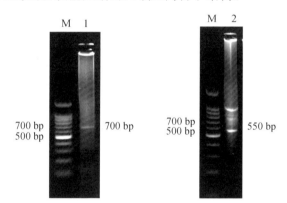

图 7-17　*MOR-4K13* 基因的 RACE 扩增产物电泳图

M 为 100 bp Plus DNA Ladder；1 为 *MOR-4K13* 基因的
5′-RACE 扩增产物片段；2 为 *MOR-4K13* 基因的3′-RACE
扩增产物片段

2. 刀鲚 *MOR-4K13* 基因序列分析及编码蛋白质结构预测

利用 Jellyfish 软件对刀鲚 *MOR-4K13* 基因序列进行预测，编码区长为 963 bp（51～1013 bp），其中碱基 A 233 个，占 24.20%；碱基 C 251 个，占

26.06%;碱基 G 204 个占 21.18%;碱基 T 275 个,占 28.56%;(A+T)%>50%>(G+C)%。可读框内具有起始密码子 ATG 和终止子 TAA,3′- UTR 区域有多腺核苷酸信号(AATTTAT),Poly(A)尾巴紧邻其后,终止密码子 TAA 与 Poly(A)尾巴间隔 60 个核苷酸残基(图 7 - 18)。

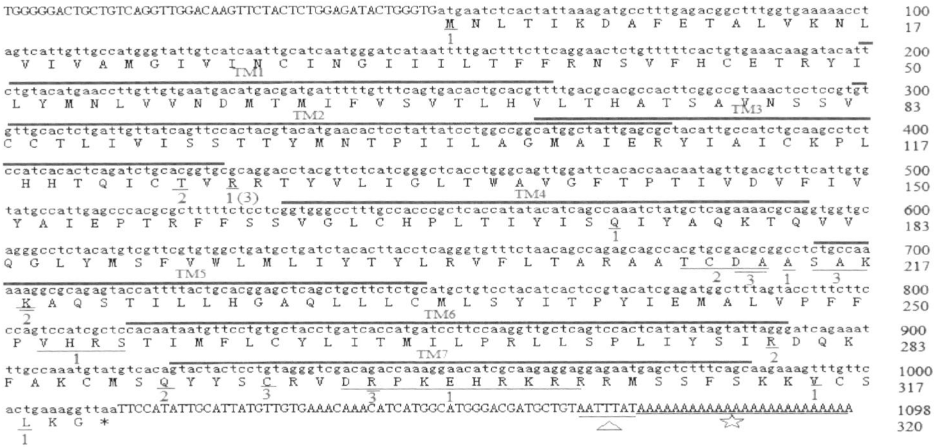

```
TGGGGGACTGCTGTCAGGTTGGACAAGTTCTACTCTGGAGATACTGGGTGatgaatctcactattaaagatgcctttgagacggctttggtgaaaacct   100
                                                  M  N  L  T  I  K  D  A  F  E  T  A  L  V  K  N  L    17
                                                  1
agtcattgttgccatgggtattgtcatcaattgcatcaatggatcataattttgactttcttcaggaactctgtttttcactgtgaacaagatacatt   200
 V  I  V  A  M  G  I  V  I  N  C  I  N  G  I  I  I  L  T  F  F  R  N  S  V  F  H  C  E  T  R  Y  I      50
                        TM1
ctgtataacctтgttgatcgtcaatgatatttttgtttcagacactgcacgttttgacgcacgctcttcggcctgtaaatcctccgtgt            300
 L  Y  M  N  L  V  V  N  D  M  T  M  I  F  V  S  V  T  L  H  V  L  T  H  A  T  S  A  V  N  S  S  V      83
                        TM2                                              TM3
gttgcactcтgattcagttccacтgctcctacтtataтtccтattattcttgcaggtatggccatтgccatcgcaagcctt                   400
 C  C  T  L  I  V  I  S  S  T  T  Y  M  N  T  P  I  I  L  A  G  M  A  I  E  R  Y  I  A  I  C  K  P  L   117
ccatcacactcgatctgcacggtgcggcaggacctacgttctcatgggctcacctgggcagttgattcacacaaatagttgacgtctтcattgtg       500
 H  H  T  Q  I  C  T  V  R  R  T  Y  V  L  I  G  L  T  W  A  V  G  F  T  P  T  I  V  D  V  F  I  V      150
                             2  1(3)                              TM4
tatgccatgccacgttcttcctcсgtgggtctgtgccacccтctaccaтcatatatatcagatatatgcacagaaatgcagttgtg              600
 Y  A  I  E  P  T  R  F  F  S  S  V  G  L  C  H  P  L  T  I  Y  I  S  Q  I  Y  A  Q  K  T  Q  V  V      183
                                                            2  1
agggcctctacatgtcgttcgtgtggctgatgctgatctacacttacctcagggtgtttctaacagccagagccacgtgcgacggccgтctgccaa     700
 Q  G  L  Y  M  S  F  V  W  L  M  L  I  Y  T  Y  L  R  V  F  L  T  A  R  A  A  T  C  D  A  A  S  A  K   217
        TM5                                                                    2   3   2   1
aaaggcgcagagtaccattttactgcacggтgcgcaactgctgctctgcatgctgtcgtatatcacgccttatatcgagatggccттagttccтttc    800
 K  A  Q  S  T  I  L  L  H  G  A  Q  L  L  L  C  M  L  S  Y  I  T  P  Y  I  E  M  A  L  V  P  F  F      250
 2                                TM6
ccagtacaтcgctccacaaatagttgctgтgtactgatcaccatgaтcctтcctccaaggttgctcagtccactcaтtatagtattagggatcagaaat  900
 P  V  H  R  S  T  I  M  F  L  C  Y  L  I  T  M  I  L  P  R  L  L  S  P  L  I  Y  S  I  R  D  Q  K      283
                                  TM7                                                          2  1
ttgccaaatgtatgтcacagтagtacтcctgcagagтtggacaggaagaatgagcgcтcтtcagcaagaagtttgttc                      1000
 F  A  K  C  M  S  Q  Y  Y  S  C  R  V  D  R  P  K  E  H  R  K  R  R  R  M  S  S  F  S  K  K  V  C  S   317
         2   3          2    3         3    3    3
actgaaaggttaaTTCCATATTGCATTAGTTGTGAAACAAACATCATGGCATGGACGATGCTGTTATAAAAAAAAAAAAAAAAAAAAAAAAAAA        1098
 L  K  G  *                                                         △                   ☆           320
 1
```

图 7 - 18　刀鲚 *MOR - 51I2* 基因核苷酸序列和氨基酸序列

"TM1~TM7"表示蛋白质 7 个跨膜区域;"＊"表示终止密码子 TAA;△表示多腺核苷酸信号;☆表示 Poly(A)尾;数字 1 表示蛋白质绑定位点;数字 2 表示 DNA 绑定位点;数字 3 表示核苷酸绑定位点

预测可编码 320 个氨基酸残基,经 Protparam 工具在线预测蛋白质的理化性质:分子式为 $C_{1667}H_{2660}N_{422}O_{431}S_{28}$、原子总数 5 208,相对分子质量为 36 407.7,理论 PI 值为 9.49,带负电荷氨基酸残基(Asp+Glu)数为 12,带正电荷氨基酸残基数(Arg+Lys)数为 30,半衰期为 30 h,不稳定系数(Ⅱ)为 44.41(>40,此蛋白质不稳定),脂肪系数为 114.81 和总平均亲水性(GRAVY)为 0.623。经 Predict Protein工具在线预测蛋白质二级结构性质,如图 7 - 18 所示,蛋白质绑定位点:1,1;126,126;174,174;214,214;252~255;297~306;315,315;318,318,共 8 个。DNA 绑定位点:124,124;210~213;218,218;280,280;290,290,共 5 个。RNA 绑定位点:126,126;212~213;215~218;294,294;298,298,共 5 个。二级结构有 52.19% α-螺旋、10.63% β-螺旋和 37.19% β-转角,且无二硫键结构。经 TMpred 在线预测 *MOR - 4K13* 基因编码的蛋白质的跨膜区(图 7 - 18,图 7 - 19):TM1(17~38,长 22,方向 o - i)、TM2(50~76,长 27,方向 i - o)、TM3(71~92,长 22,方向 o - i)、TM4(128~148,长 21,方向 i - o)、

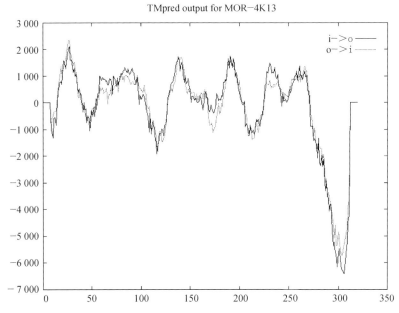

图 7 - 19　*MOR - 4K13* 蛋白最优拓扑结构预测图及每一位置所得分值

"o→i"及"i→o"表示跨膜方向

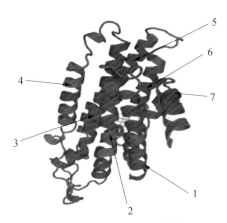

图 7 - 20　*MOR - 4K13* 蛋白的三级
结构预测图

1～7 为蛋白质 7 个 α-螺旋跨膜结构

TM5(182～200,长 19,方向 o - i)、TM6
(222～247,长 26,方向 i - o)、TM7 (257～
279,长 23,方向 o - i)。经SWISS - MODEL
在线预测,该蛋白质的三级结构具有 7 个
α-螺旋跨膜结构(图 7 - 20),且有两个配
体:1 个胆固醇(cholesterol)配体和 1 个油
酸(oleic acid)配体。

**3. 刀鲚 MOR - 4K13 蛋白与其他鱼
类相关蛋白间进化关系**

利用 NCBI 中 protein Blast 工具在线
比对刀鲚 *MOR - 4K13* 蛋白序列,发现与
其他鱼类相关嗅觉受体蛋白的氨基酸残

基序列同源性为 40％～68％,选取每个物种同源性最高的氨基酸残基序列,进
行 FASTA 格式下载,随后利用 Clustal X 软件进行序列间比对,以邻接法利用
MEGA6.0 构建进化树,结果如图 7 - 21 所示。可见,基于蛋白质序列构建的邻

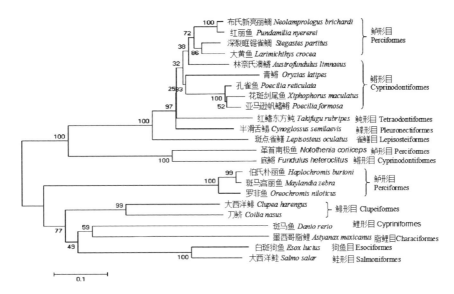

图 7-21　刀鲚 MOR-4K13 氨基酸序列与其他鱼类相关嗅觉受体蛋白的进化树

节点处的数值为 1 000 次 bootstrap 检验的支持率。括号内为 GenBank 登录号：大西洋鲱
(*Clupea harengus*)(XP_012683207.1)；斑马鱼(*Danio rerio*)(XP_009300996.1)；墨西哥脂鲤
(*Astyanax mexicanus*)(XP_007238361.1)；罗非鱼(*Oreochromis niloticus*)(XP_003451930.1)；白斑
狗鱼(*Esox lucius*)(XP_010867279.2)；伯氏朴丽鱼(*Haplochromis burtoni*)(XP_005946632.1)；大
西洋鲑(*Salmo salar*)(XP_014000840.1)；斑点雀鳝(*Lepisosteus oculatus*)(XP_006639822.1)；斑马
宫丽鱼(*Maylandia zebra*)(XP_004559131.1)；林奈氏澳鳉(*Austrofundulus limnaeus*)(XP_
013874643.1)；布氏新亮丽鲷(*Neolamprologus brichardi*)(XP_006807449.1)；红丽鱼(*Pundamilia
nyererei*)(XP_005753728.1)；深裂眶锯雀鲷(*Stegastes partitus*)(XP_008303257.1)；大黄鱼
(*Larimichthys crocea*)(XP_010752452.1)；半滑舌鳎(*Cynoglossus semilaevis*)(XP_008319438.1)；
红鳍东方鲀(*Takifugu rubripes*)(XP_011618702.1)；革首南极鱼(*Notothenia coriiceps*)(XP_
010784238.1)；花斑剑尾鱼(*Xiphophorus maculatus*)(XP_005797233.1)；底鳉(*Fundulus
heteroclitus*)(XP_012710507.1)；亚马逊帆鳍鳉(*Poecilia formosa*)(XP_007569706.1)；青鳉
(*Oryzias latipes*)(XP_011471118.1)；孔雀鱼(*Poecilia reticulata*)(XP_008407441.1)

接法系统进化树分为上下两个主分支,刀鲚的进化位置处于下一分支中的一小
分支。与大西洋鲱 OR 4K13-like 同源性最高为 68%,处于同一小分支,两者
亲缘性最近。与斑马鱼 OR 2M2-like、墨西哥脂鲤 OR 2AK2-like、白斑狗鱼
OR 2AK2-like 和大西洋鲑 OR 2T1-like 同源性较高(51%、50%、50% 和
52%),亲缘性较近。与鲑形目、鳉形目、雀鳝目、鲀形目及鲽形目等其他鱼类的
OR 蛋白同源性为 42%～47%,亲缘性较远。

4. *刀鲚 MOR-4K13* 基因的特异性组织表达分析

以鄱阳湖刀鲚各组织和器官经 5 倍稀释后的 cDNA 产物为模板,利用特异
性引物(Q221-F/Q221-R)进行实时荧光定量 PCR 反应,每样品进行 3 个生
物重复后,得出各样品 Ct 值,将 *MOR-4K13* 基因在肝脏中的表达量为参照

值,以 $2^{-\triangle\triangle Ct}$ 法进行分析。结果显示(图 7-22):$MOR-4K13$ 基因在雌性嗅囊中的表达量最高,是雄性嗅囊的约 3 倍;卵巢中表达量次之,是精巢表达量的约 6 倍;在肌肉、眼球、胃和鳃中表达量较低;在心脏中几乎不表达。以相同的分析方法对 $MOR-4K13$ 基因在洄游型与定居型嗅囊中的相对表达量进行比较,结果见图 7-23。可见,$MOR-4K13$ 基因在洄游型的表达量总体上要高于定居型;但在洄游型群体中,雄性嗅囊中的表达量约是雌性嗅囊中的 3 倍;而在定居型群体中,雌性嗅囊中的表达量约是雄性嗅囊中的 3 倍。

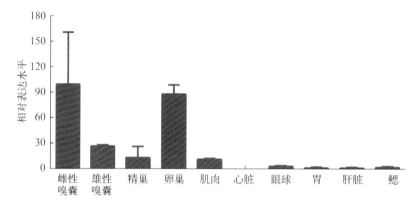

图 7-22　刀鲚 $MOR-4K13$ 基因在器官、组织中的表达差异($n=3$)

5. 刀鲚 MOR-4K13 蛋白在两个群体间的差异分析

以洄游型刀鲚和定居型刀鲚的基因组 DNA 为模板,利用正反向引物 ORF-F/ORF-R 获取了刀鲚 $MOR-4K13$ 基因的编码区序列,Jellyfish 软件

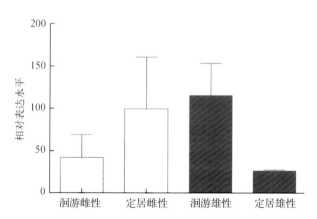

图 7-23　$MOR-4K13$ 基因在靖江、鄱阳湖刀鲚嗅囊中
表达差异($n=3$)

预测了所表达的蛋白质序列。用 DNAMAN 软件比对两个生态型之间的基因编码区及编码蛋白序列后发现,两者的基因编码区序列的一致性为 99.70％,而蛋白质序列的一致性为 99.44％。由图 7 - 24 可见,蛋白质序列差异仅出现在第 2、第 11、第 194、第 297、第 298 和第 307 位氨基酸残基上,其中第 194 位氨基酸残基位于跨膜区内,其他有差异的氨基酸残基均位于跨膜区外。

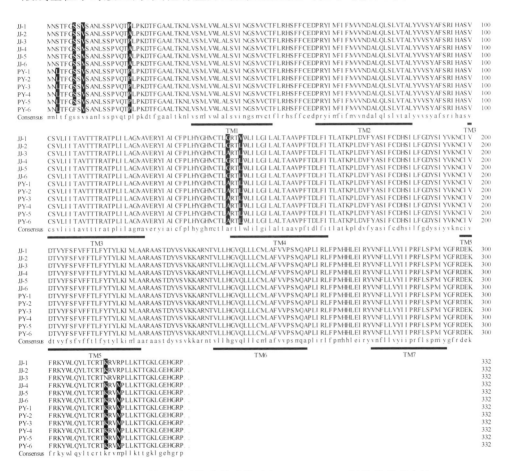

图 7 - 24　刀鲚不同群体嗅觉受体蛋白 *MOR* - *4K13* 氨基酸序列比较

JJ - 1~JJ - 5 为靖江刀鲚;PY - 1~PY - 5 为鄱阳湖刀鲚;TM1~TM7 为蛋白质跨膜区域

7.4.3　讨论

本节利用 RACE 技术从洄游型刀鲚获得具有完整编码区的 *MOR* - *4K13* 基因,长 1 098 bp,编码区长 963 bp,无内含子,具有 Poly(A)尾,可编码 320 个氨基酸残基,这与已有的鱼类 *MOR* 基因编码区长度一般 1 kb 左右、无内含子的基本特点相一致(Buck and Axel,1991; Pilpel and Lancet,1999; Niimura and Nei,2005; Zhang and Firestein,2009;朱国利等,2015)。分析发现 *MOR* 基因编码的蛋白质具有 8 个蛋白质绑定位点、5 个 DNA 绑定位点和 5 个 RNA 绑定位点。这些绑定位点由相对较少的氨基酸残基组成,被认为可能参与气味分子的结合,可决定气味分子的特异性(Pilpel and Lancet,1999,Man et al.,2004)。

进一步的功能预测发现,刀鲚 *MOR - 4K13* 蛋白不含二硫键结构,具有胆固醇和油酸两个配体,能够形成 7 个疏水性 α-螺旋跨膜结构,是典型的 G 蛋白偶联受体。序列同源性比较显示,刀鲚 *MOR - 4K13* 蛋白与已报道的其他鱼类 OR 蛋白的同源性为 40%～68%,其中与近缘种大西洋鲱 OR 4K13 - like 蛋白的同源性为 68%。

对定居型刀鲚样本的组织表达定量分析显示,*MOR - 4K13* 基因在嗅囊和卵巢中高表达,在肝、肌肉、眼球、胃和鳃中也有较低表达,但在心脏中几乎不表达。这表明 *MOR - 4K13* 基因不仅与嗅觉功能相关,也与性腺的发育有关。分析发现,*MOR - 4K13* 基因在洄游型刀鲚嗅囊中的表达量要高于定居型,表明该基因在生殖洄游过程中起到了一定的作用。分析还发现,*MOR - 4K13* 基因在洄游型雄性刀鲚嗅囊中的表达量约是其雌性嗅囊中的 3 倍,而在定居型雌性刀鲚嗅囊中的表达量却是其雄性嗅囊中的 3 倍。这表明不论是洄游型还是定居型,不同性别的个体间均存在着明显的嗅觉能力差异。这种性别间的差异表达是否也预示着,洄游型刀鲚的雄性个体在溯河生殖洄游中起着带头作用,而定居型刀鲚的雌性个体在寻找产卵场时起主导作用? 还需要克隆更多的基因加以证实。至于洄游型与定居型之间所显示的 MOR - 4K13 蛋白存在若干氨基酸残基上的差异,是否与生态型的分化相关抑或可以识别不同的气味分子,还有待于进一步验证。

(王晓梅,朱国利,唐文乔)

第**8**章 长江刀鲚的资源动态

8.1 长江刀鲚的资源变动情况

8.1.1 洄游型刀鲚的资源动态和种群结构变化

刀鲚历来是长江口水域最重要的经济鱼类之一。据渔业资料统计,长江口上海市水域1959～1980年22年间刀鲚汛期的平均年产量为101 t,其中1959～1970年的年均产量14 t,1971～1980年的年均产量升到198 t,而1973年达到391 t。另外,在长江口捕捞而没有作分类统计的杂鱼中,绝大部分系非汛期刀鲚及刀鲚的幼体,1959～1980年年均杂鱼产量有2 890 t,最高的1971年达5 924 t(王幼槐和倪勇,1984)。

另有资料显示,20世纪70年代,长江下游安徽省、江苏省和上海市刀鲚年均捕捞量分别为904 t、1 821 t和179 t,同期江西省、湖北省和湖南省尚有零星产量(袁传宓,1988)。80年代开始,随着长江中下游流域社会经济的快速发展,水利工程大量兴建,江湖阻隔导致刀鲚生殖洄游受阻,栖息生境大幅萎缩,同时水域污染加剧及对资源长期过度利用,刀鲚捕捞量开始迅速下滑。20世纪80年代,安徽省、江苏省和上海市的刀鲚年均捕捞量分别下降至383 t、858 t和130 t。到2001～2005年,上述省市年均捕捞量进一步下滑至138、408 t和127 t(施炜纲,2006)。

据中国水产科学研究院无锡淡水渔业中心的统计,2002～2013年长江刀鲚汛期的平均产量为206.7 t,最高的2002年为472.23 t,最低的2012年仅为57.5 t,总体呈现波动递减的趋势(图8-1)。

张敏莹等(2005)对1993～2002年长江下游刀鲚的渔业生物学特征作了分析,结果显示,汛期刀鲚平均体长29.19 cm,平均体重94.33 g,丰满度0.379。汛期种群以2冬龄为主,绝对怀卵量平均23 695粒,相对怀卵量平均229粒/g

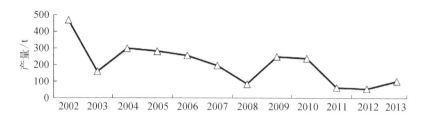

图 8-1 长江刀鲚捕捞产量年变化趋势

体重,绝对怀卵量与体长的关系式为 $Y = 0.017\,2X^{4.101}$,与体重的关系式为 $Y = 305X - 5\,410.1$。研究期内刀鲚平均汛期单船总产为 393.14 kg;年均总捕捞量为 891.51 t,应用 Schaefer 模式估算的最大持续产量为 2 061.81 t。与 70 年代的资料相比,刀鲚个体小型化明显,种群结构简单化、低龄化、资源急剧下降。

郑飞等(2012)分析了 2009 年采自长江九段沙、靖江和芜湖 3 个江段的 299 尾刀鲚样本。结果显示,平均体长仅 23.3(15.8~32.8)cm,平均体重仅 48.2(11.8~143.8)g。汛期由 1~4 龄 4 个年龄组,其中,51.28% 的九段沙个体和 53.97% 的靖江个体均为 3 龄;而多达 85.26% 的芜湖个体则为 2 龄。不论体长、体重还是年龄结构,已较 20 世纪 70 年代同江段渔获物有明显下降。同时表明,刀鲚繁殖群体在从河口上溯产卵的过程中,大龄个体不断被捕捞,到达产卵场时基本都是低龄个体。

刘凯等(2012)分析了 2010~2012 年长江南支宝山水域和北港水域刀鲚的渔获状况,发现刀鲚汛期平均体长为(294±35)mm,平均体重为(99±37)g;单船全汛捕捞量为 65.9~875.4 kg,均值为 338.7 kg;日均捕捞量变幅为 2.3~23.4 kg/d,均值为 9.4 kg/d。

董文霞等(2014)分析了 2012 年采自长江靖江段的 458 尾刀鲚样本,发现繁殖群体的渐近体长 L_∞ 为 40.82 cm,渐近体重 W_∞ 为 262.59 g,体重生长的拐点出现在 2.99 龄的 $W_t = 77.66$ g。与 20 世纪 70 年代的研究结果相比,虽然低龄化和小型化趋势明显,丰满度下降,资源衰退严重,但生长潜力依然存在。

钟俊生等对长江口沿岸碎波带的仔稚鱼种类和生物量的长期研究显示,刀鲚在这一水域的年均数量占整个仔稚鱼渔获量的 55.2%~64.4%。这表明相对于其他鱼类,长江洄游型刀鲚的早期资源并没有过度地衰退(钟俊生等,2005;蒋日进等,2009;葛珂珂等,2009;陈渊戈等,2011)。这种刀鲚仔稚鱼资源大量出现与繁殖群体资源严重匮乏的极不平衡现象,标志着刀鲚生存状况的严重恶化。

8.1.2　定居型刀鲚的资源动态

在洄游型种群衰退的同时,长江定居型刀鲚的资源却在不断地增长。

太湖是江苏第一、中国第三大淡水湖泊,水面面积达 2 338 km²,平均水深
1.9 m,历史上曾有鱼类 107 种(朱松泉等,2007)。有报道显示,20 世纪 50 年代
刀鲚的平均年产量为 2 296.8 t,60 年代上升到 5 430.2 t,70 年代为 6 383.1 t,
80 年代为 5 952.5 t,90 年代为 9 249.5 t,2000~2003 年达到 16 910.8 t(朱松泉
等,2007)。

另据太湖管理委员会的历年数据统计,太湖鲚鱼(定居型刀鲚)从 1952 年
的 640.5 t、占鱼类总量的 15.8%,上升到 2002 年的 19 571 t、占鱼类总量的
64.1%。自 1952~2002 年的 51 年间,鲚鱼渔获量总体呈明显的上升趋势,其中
1952~1964 年的 13 年间呈缓慢增长状况,由 640.5 t、占鱼类总量的 15.8%逐
渐增加到 6 584.9 t、占 62.2%,平均年增 457 t;1964~1994 年的 31 年间呈相对
稳定状态,产量波动在(6 175±1 051)t,占鱼类总量 49.71%±10.63%;1994~
2002 年的 9 年间呈快速增长状态,由 6 706.6 t、占 46.0%增至 19 571 t、占
64.1%,平均年增 1 430 t(图 8-2)。而 2004 年发现湖鲚占渔获物的 78.17%±
7.5%,成为绝对优势种(刘恩生等,2005)。

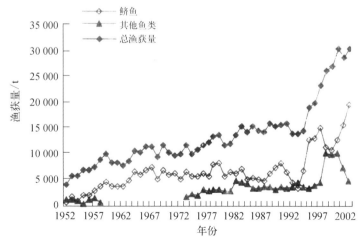

图 8-2　1952~2002 年太湖鱼类总渔获量、鲚鱼和其他鱼类渔获量
　　　　(引自刘恩生等,2005)

洪泽湖是江苏省第二、我国第四大淡水湖泊,面积 1 597 km²,刀鲚在鱼产量中所占比重也持续上升,由 1949 年的 1.08% 增加到 2010~2011 年的 52.33%(表 8-1,林明利等,2013)。

表 8-1　洪泽湖不同历史时期鱼产量种类及其比例(%)(引自林明和等,2013)

种　　类	1949	1968	1982	2010~2011
刀鲚(*C. nasus*)	1.08	9.62	31.33	52.33
鲫(*C. auratus*)	26.88		21.60	15.21
鲤(*C. carpio*)	16.13	7.59	7.72	5.43
银鱼类(Salangidae)	0.54	0.63	4.17	5.59
鳊(*P. pekinensis*)	3.23		2.01	0.22
四大家鱼	12.90	10.63	3.55	4.36
其他鱼类	39.25	71.52	29.63	16.87

鄱阳湖是中国最大的淡水湖泊,也是长江中下游仅存的大型通江湖泊之一,最大丰水期湖区面积 5 100 km²,平均水深 6.4 m,共记录有鱼类约 136 种。据 2010 年 4~11 月的调查,在调查获得的 72 种鱼类中,刀鲚在数量上占45.8%,质量上占 15.7%,是鄱阳湖拖网渔获物的第一优势种(杨少荣等,2015)。

图版Ⅲ阐释了长江刀鲚的捕捞方式。

(唐文乔,顾树信,陈浩洲)

8.2　长江刀鲚资源量的时空分布特征

摘要:刀鲚作为著名的经济鱼类,一直是长江口及下游水域重要的渔获对象。但自 20 世纪 90 年代起,由于江湖阻隔、水体污染及过度捕捞等因素,长江刀鲚资源日益萎缩,长江口及下游各江段渔获量急剧下滑,部分江段甚至已不成渔汛。江苏靖江位于长江近口段,常年水流平顺,受长江径流和潮汐的双重影响,每天不规则半日潮涨落 2 次。江段的上、下两端均有沙洲将江面分叉,自然形成了流态复杂的水域环境,不仅是多种鱼类栖息和繁殖的良好场所,也是长江洄游型刀鲚的优质渔场,下游紧靠长江如皋段刀鲚国家级水产种质资源保护区,刀鲚捕获量约占江苏全省产量的 40%(陈卫境和顾树信,2012;李辉华等,2008)。

20 世纪 70 年代初,我国曾较大规模地开展过长江刀鲚的资源调查和生物学特征分析(袁传宓等,1980;袁传宓等,1988)。近年也有一些资源动态、遗传特征和生物学特征等的研究报道(万全等,2009;张敏莹等,2005;刘凯等,2012;田思泉等,2013;唐文乔等,2007;何为等,2006;郭弘艺和唐文乔,2006;马春艳等,2004;管卫兵等,2010;黎雨轩等,2010;程万秀和唐文乔,2011;王丹婷等,2012;郑飞等,2012),但鲜见涉及长江近口段刀鲚汛期资源的时空动态分析。本节通过对靖江段汛期刀鲚渔获情况的监测,分析渔获量的时间和空间变化及其与相关环境因子的关系,旨在弄清其在溯江洄游过程中的时空动态,为资源保护及合理利用提供基础数据。

2008~2009 年和 2012~2013 年,对 16 艘持刀鲚捕捞证的渔船作了连续的渔获量监测,分析了渔获量的时空变化及其与水温、水位等环境因子的关系。结果表明,靖江段单船日渔获数量 $CPUE_N$ 和质量 $CPUE_W$ 分别为(21±38)尾/天和(2.0±4.1)kg/d,单船全汛总渔获尾数 N_t 和质量 W_t 为(890±929)尾和(92.3±91.1)kg。$CPUE_N$ 和 N_t 具有一致性的年变化趋势,以 2013 年的最大,其他年份比较接近。但 $CPUE_W$ 和 W_t 的年变化趋势与渔获数量的年变化趋势有所不同,表现为 2008~2012 年持续下滑,2013 年显著增长。$CPUE_N$ 和 $CPUE_W$ 在 2~3 月均极低,但 4 月增至(23±31.3)尾/d 和(2.4±3.5)kg/d,5 月达(78±81.0)尾/d 和(7.7±9.1)kg/d。ANOVA 分析显示,西水域的年 $CPUE_N$ 和 $CPUE_W$ 分别为东水域的 2.5 倍和 2.7 倍。研究也显示,靖江段刀鲚的 $CPUE_W$ 与同日水温和最高潮位均呈极显著的正相关($P<0.05$)。长江口外的水温提升,可能是刀鲚开始生殖洄游的重要环境诱导因子。而高潮期在靖江段出现最高渔汛,可能是因为所采用的固定刺网过滤了更多的江水所致。

8.2.1　研究地点与方法

1. 研究时间和地点

2002 年以来,我国对长江刀鲚实行了专项捕捞管理制度。靖江段的汛期作业时间以江阴长江大桥为界,大桥以东水域的作业时间为 2 月 20 日至 4 月 30 日,大桥以西水域的作业时间为 3 月 1 日至 3 月 31 日和 4 月 15 日至 5 月 14 日。2010 年对靖江段的作业时间作了调整,大桥以东为 3 月 1 日至 4 月 20 日,大桥以西为 3 月 5 日至 3 月 31 日和 4 月 15 日至 5 月 10 日。

本研究水域江苏靖江段全长约 50 km,其中,江阴长江大桥以东水域(简称东水域,中心坐标 32°01′01″N;120°24′03″E)和江阴长江大桥以西水域(简称西水域,中心坐标 31°56′57″N;120°06′40″E),全长均约为 25 km。于 2008 年、2009年、2012 年和 2013 年的刀鲚汛期,在东、西水域各选取持有刀鲚专项渔业捕捞证的渔船 8 艘,向每位船主发放《渔捞日志》和专用记录笔。经过培训,要求船主在整个捕捞期每天记录刀鲚的渔获尾数(N,尾/天)、渔获质量(W,kg/d)和平均体重(BW,g)。渔船动力为 27.6～58.8 kW,吨位 8～15 t,捕捞网具为固定流刺网,网高 8 m,网长 450～900 m,网目 4.8 cm。

2. 数据处理

按以下公式计算单位渔获努力量($CPUE$,catch per unit effort)的渔获数量 $CPUE_N$ 和渔获质量 $CPUE_W$:

$$CPUE_N = \frac{1}{n} \sum_{i=1}^{n} N_i$$

$$CPUE_W = \frac{1}{n} \sum_{i=1}^{n} W_i$$

式中,N_i、W_i 分别为第 i 艘船的日渔获数量(尾/d)和渔获质量(kg/d);n 为作业船数。

单船汛期总渔获尾数 N_t(尾)和总渔获质量 W_t(kg)分别由公式(3)(4)计算得

$$N_t = \sum_{t}^{d} CPUE_N$$

$$W_t = \sum_{t=1}^{d} CPUE_W$$

式中,$CPUE_N$、$CPUE_W$ 分别为单船日平均渔获数量(尾/d)和渔获质量(kg/d);d 为汛期实际作业天数。用 ANOVA 方差分析汛期各渔获参数在年间、月间,以及东、西水域间的差异。同时,配对 t 检验同一日东、西水域捕获的刀鲚个体均重差异。

靖江段的表层水温和潮汐数据(水位基准为吴淞高程)购自靖江市水利局。最高水位为 2 次涨潮的最高值,日最低水位为 2 次落潮的最低值,潮差则为 2次涨落潮潮差的平均值。长江口外(30°46′N,122°00′E～31°17′N,122°23′E)表层水温数据由遥感卫星 METOP - A、NOAA - 16、METOP - B、NOAA - 19 和NOAA - 18 监测所得(http://www.nowpap3.go.jp/jsw/eng/index.html)。

环境因子与刀鲚单船日渔获质量 $CPUE_W$ 之间的相关性用 Pearson 相关分析。数据分析和处理均采用 Excel 2007 及 SPSS 16.0 软件。

8.2.2　结果

1. 渔获数量的时空变化

调查显示,2008 年、2009 年、2012 年和 2013 年 4 年,长江靖江段刀鲚汛期的年作业时间为 23～54 d,平均(39±8.8)d。单船日渔获数量 $CPUE_N$ 为(21±38)尾/d,变幅为 0～351 尾/d;单船全汛总渔获尾数 N_t 为(890±929)尾,变幅为 130～3 952 尾。年际之间,$CPUE_N$ 和 N_t 具有一致性的年变化趋势,以 2013 年的最大,其他年份较为接近(图 8-3a)。月际之间,2～3 月的 $CPUE_N$ 极低,分别仅为(6±3.4)尾/d 和(8±8.9)尾/d,4 月的 $CPUE_N$ 增至(23±31.3)尾/d,5 月的 $CPUE_N$ 最大,为(78±81.0)尾/d。

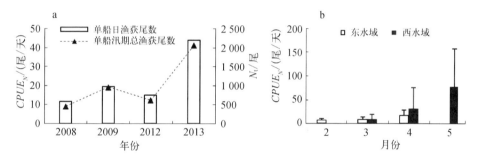

图 8-3　靖江段刀鲚单船日渔获数量 $CPUE_N$ 和汛期总渔获尾数 N_t 分布

a. 年间 $CPUE_N$ 和 N_t 比较;b. 月间 $CPUE_N$ 比较

ANOVA 分析显示,所调查的 4 年内东水域的单船实际作业天数显著大于西水域[(40±9.2)d vs.(37±7.8)d,$P=0.036<0.05$],但西水域的年 $CPUE_N$ 和 N_t 均极显著高于东水域($P<0.001$),分别为东水域的 2.5 倍和 2.6 倍(表8-2)。月间比较表明,东、西水域共同作业的 3～4 月,3 月的 $CPUE_N$ 在东、西水域间无显著差异[(8±6.2)尾/d vs.(9±10.9)尾/d,$P=0.287>0.05$],但 4 月西水域的 $CPUE_N$ 显著大于东水域[(31±44.6)尾/d vs.(17±11.2)尾/d,$P=0.004<0.05$]。非共同作业的 5 月和 2 月,西水域 5 月的 $CPUE_N$ 为东水域 2 月的 12.4 倍。由此可见,全汛期 $CPUE_N$ 在东、西水域的差异是由西水域 4～5 月的高 $CPUE_N$ 引起的(图8-3b)。

表 8－2　2008 年、2009 年、2012 年和 2013 年长江靖江段刀鲚汛期调查参数

年份	水域	作业天数/d	$CPUE_N$/(尾/d)	$CPUE_W$/(kg/d)	N_t/尾	W_t/kg
2008	东	39±6.5 (31～51)	9±5 (0～23)	1.1±0.6 (0～2.70)	373±161 (130～484)	49.9±19.0 (19.0～86.4)
	西	35±3.3 (30～40)	14±12 (0～44)	2.2±2.0 (0～8.1)	537±264 (130～771)	110.9±45.7 (22.4～117.7)
2009	东	40±8.4 (25～53)	14±6 (0～40)	1.0±0.5 (0～2.6)	662±484 (136～1253)	46.6±34.4 (10.9～75.8)
	西	38±7.7 (28～54)	25±13 (0～60)	1.7±0.8 (0～4.0)	1254±847 (668～2543)	86.2±48.1 (48.9～166.0)
2012	东	30±5.2 (23～37)	6±4.1 (0～16)	0.6±0.4 (0～1.5)	200±89 (117～279)	18.5±5.7 (13.2～25.3)
	西	27±2.6 (23～29)	24±35 (0～146)	1.9±2.6 (0～10.3)	1036±719 (348～2547)	79.1±58.8 (26.3～226.4)
2013	东	42±3.8 (37～47)	18±16 (0～60)	1.8±1.60 (0～6.2)	839±426 (185～1393)	82.3±31.79 (19.7～118.7)
	西	38±7.2 (36～40)	70±93 (0～351)	7.3±10.3 (0～39.5)	3298±639 (2371～3952)	352.5±61.8 (252.4～435.6)

2. 渔获质量的时空变化

所分析的 4 个刀鲚汛期,靖江段单船日渔获质量 $CPUE_W$ 为(2.0±4.1)kg/d,变幅 0～39.5 kg/d;单船全汛总渔获质量 W_t 为(92.3±91.1)kg,变幅 10.9～435.6 kg(表 8－2)。年际比较显示,$CPUE_W$ 和 W_t 的年变化趋势与渔获数量的变化趋势有所不同,表现为 2008～2012 年持续下滑,但 2013 年呈爆发性增长(图 8－4a)。$CPUE_W$ 也表现为 2～3 月的极低,分别仅为(0.6±0.3)kg/d 和

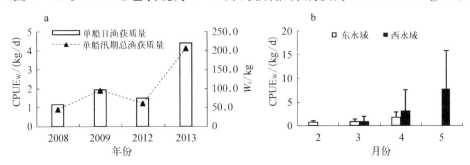

图 8－4　靖江段刀鲚单船日渔获质量 $CPUE_W$ 和全汛总渔获质量 W_t 分布

a. 年间 $CPUE_W$ 和 W_t 比较；b. 月间 $CPUE_W$ 比较

(0.7 ± 0.6)kg/d,4 月增加至(2.4 ± 3.5)kg/d,5 月的最大,达(7.7 ± 9.1)kg/d。

ANOVA 分析显示,4 个汛期西水域 $CPUE_W$ 和 W_t 亦显著高于东水域 (ANOVA,$P<0.001$),为东水域的 2.7 倍和 2.8 倍(表 8-2)。$CPUE_W$ 在东、西水域的时间、空间变化状况与 $CPUE_N$ 基本一致,全汛期东、西水域之间的差异也由西水域 4~5 月的高 $CPUE_W$ 所引起(图 8-4b)。

3. 平均体重的时空变化

所调查的 4 个年份间,以 2008 年的平均体重为最大,平均(129.3 ± 25.8)g;2013 年和 2012 年次之,平均为(102.4 ± 13.3)g 和(94.0 ± 23.6)g;2009 年的最小,平均仅为(67.3 ± 12.9)g,不同年份间体长的波动十分明显(图 8-5a)。月间比较显示,2008 年渔汛晚期[5 月均重(156.4 ± 27.5)g]显著大于渔汛早期(ANOVA,$P<0.001$),而 2012 年渔汛早期[3 月均重(97.8 ± 27.5)g]显著大于渔汛后期$(P=0.038<0.05)$;2009 年和 2013 年渔汛期各月刀鲚个体均重无显著差异(ANOVA,$P=0.053>0.05$)(图 8-5b)。

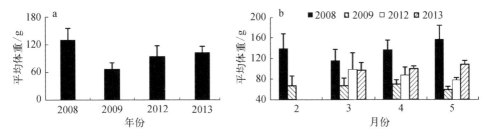

图 8-5　靖江段汛期刀鲚平均体重年际(a)和月际(b)比较

每日统计的刀鲚个体均重的时间和空间分布也显示,2008 年和 2012 年渔汛前后个体均重的变化较大,2009 年和 2013 年刀鲚个体均重波动则相对较小(图 8-6)。在所调查的 4 个年份,东、西水域同时作业的总天数为 120 天,配对 t 检验结果显示,东水域捕获的个体均重极显著大于同一天在西水域捕获的个体均重$(P=0.007<0.01)$。

4. $CPUE_W$ 与环境因子关系

1) $CPUE_W$ 与水温的关系

Pearson 相关分析表明,靖江段 $CPUE_W$ 与靖江段日水温及长江口外日水温均呈显著正相关$(P<0.05)$。相关系数比较表明,$CPUE_W$ 与长江口外日水温相关性更为显著(表 8-3)。

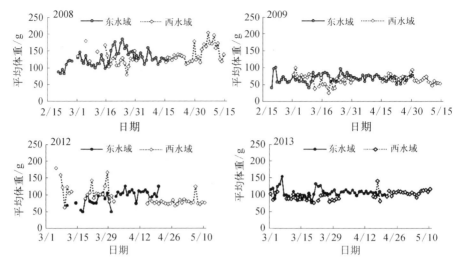

图 8-6　靖江段刀鲚汛期个体均重日分布

表 8-3　靖江段单船日渔获重量 $CPUE_W$ 与环境因子间的 Pearson 相关系数

r	$CPUE_W$/kg			
	2008	2009	2012	2013
靖江段水温/℃	0.727*	0.607*	0.679*	0.698*
长江口外水温/℃	0.787*	0.730*	0.713*	0.772*
靖江段日最高水位/m	0.686*	0.580*	0.715*	0.691*
靖江段日最低水位/m	0.636*	0.388*	0.644*	0.656*
靖江段潮差/m	0.297*	0.053	0.643*	0.185

　* $P<0.05$

　　图 8-7 显示了靖江段刀鲚 $CPUE_W$ 与靖江段水温、长江口外水温之间的逐日对应关系。在这 4 年的刀鲚汛期中,长江口外的水温变幅为 6.0～20.0℃,靖江段水温变幅为 4.0～22.9℃,均呈现随着汛期的进展,水温呈波动上升的趋势。渔汛初期,水温上升缓慢,$CPUE_W$ 也处于很低水平;渔汛中期,长江口内外的水温逐渐稳定在10～13℃,$CPUE_W$ 呈现出较高的水平;渔汛后期,水温继续上升,$CPUE_W$ 也随着上升;5 月 1 日以后,水温一般稳定在 16℃ 以上,此时的 $CPUE_W$ 也达到最高值。

　　2) 渔获质量与潮汐的关系

　　Pearson 相关分析表明,靖江段刀鲚 $CPUE_W$ 与潮汐的关系密切,4 个年份的 $CPUE_W$ 与最高水位、最低水位均呈显著正相关($P<0.05$),有 2 个年份的 $CPUE_W$ 与潮差呈正相关($P<0.05$)。相关系数比较表明,$CPUE_W$ 与最高水位的相关性更为显著(表 8-3)。

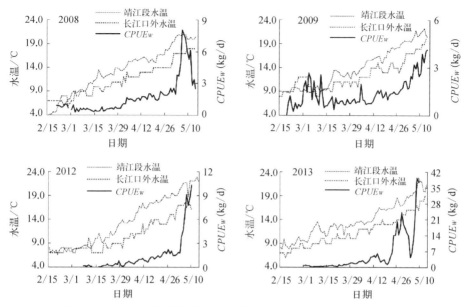

图 8‐7 靖江段刀鲚汛期单船日渔获质量 $CPUE_w$ 与当日水温的关系

从靖江段刀鲚 $CPUE_w$ 与本江段每日最高水位之间的对应关系中可见(图 8‐8),4 年的渔汛期内,靖江段日最高水位的变幅为 1.1～4.4 m。在渔汛初期,$CPUE_w$ 维持在低水平,受潮汐影响并不十分明显;至渔汛末期表现为随着

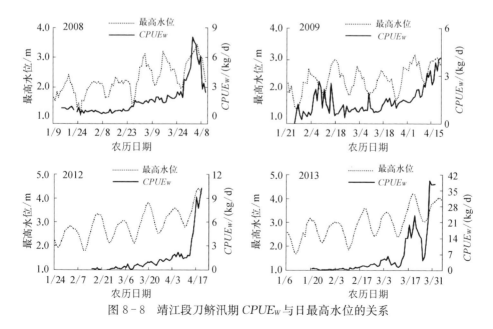

图 8‐8 靖江段刀鲚汛期 $CPUE_w$ 与日最高水位的关系

日最高水位值的攀升，$CPUE_W$也明显大幅增加，各年份最高$CPUE_W$均出现于汛晚期最高水位的峰值前后(图8-8)。

8.2.3 讨论

1. 长江刀鲚的资源现状及变化趋势

已有研究显示，20世纪90年代以来，长江江苏段刀鲚的渔获量一直呈明显下滑的趋势，2001年以后的多数年份仅维持在极低的水平且波动剧烈(张敏莹等，2005；刘凯等，2012；李辉华等，2008)。靖江是江苏刀鲚捕捞的主要江段之一。据靖江市渔政管理站的统计，1988~2007年该江段的单船渔获量呈波动下降趋势，从1989年的1 133.3 kg下降至2001年的843.5 kg，2007年更是跌至158.8 kg。本研究显示，2008~2009年单船渔获量较2007年继续下滑，2009年单船渔获量仅为66.4 kg，只及1989年的5.8%。

2010年国家对长江靖江段刀鲚汛期的捕捞时间作了调整，江阴长江大桥以东水域由70天缩减为50天，大桥以西水域由60天缩减为50天。这种捕捞强度显著降低的资源保护效果虽然没有在2012年的$CPUE_W$和W_t中体现出来，但2013年汛期的渔获质量和数量均得到了大幅回升，W_t达到217.4 kg(图8-4a)。因此，虽然长江刀鲚的渔获产量还处于波动式下降的趋势，但只要继续减轻捕捞强度，持续地开展资源保育，长江刀鲚这一珍贵渔业资源一定能得到更为久远的可持续利用。

本研究显示，虽然江阴大桥以东和以西水域的总捕捞时间基本相同，但由于作业起始日期的不同，东、西水域整个渔汛期的$CPUE_N$和$CPUE_W$也相差悬殊，西水域分别是东水域的2.5倍和2.7倍。但由于渔汛早期刀鲚的价格较高，东、西水域船均的产值差异并不大。

本研究也表明，汛期东、西水域共同的作业期内，东水域所获个体的均重要极显著大于西水域($P=0.003<0.01$)，这与郑飞等(2012)通过大样本的采样分析结果一致。这表明，捕捞对大个体刀鲚具有选择性，对洄游鱼类生殖洄游早期的过度捕捞可能会造成整个群体的小型化。

2. 长江刀鲚渔汛与水温和潮汐的关系

长江口是刀鲚生殖洄游的起点，其水文、水质和气象等条件均可能是影响刀鲚洄游的环境因子，使之表现出一定的汛期特征(刘凯等，2012)。本研究显示,靖江段刀鲚的日渔获质量与长江口外和靖江段的水温均呈现出显著的正相关($P<0.05$),且与长江口外的水温更为密切。

刀鲚渔汛初期水温较低,仅有零星先遣的刀鲚个体上溯,扣除被长江口捕获的个体后,能抵达靖江段的个体极少。当长江口外水温达到 $10\sim13℃$,大量刀鲚个体上溯,靖江段渔获量也显著上升。5 月 1 日前后口外水温攀升至 16℃ 左右,同时由于 4 月 30 日起的长江口禁渔,下游其他网具对刀鲚的捕捞压力大大减轻,靖江段的渔获量也随即大幅上升。长江口外的水温提升,可能是刀鲚开始生殖洄游的重要环境诱导因子之一。刀鲚的溯河洄游也可能受到潮汐的影响(刘凯等,2012)。本研究显示,靖江段刀鲚的日渔获量与日最高水位呈极显著的正相关($P<0.05$),这与刘凯等(2012)得出的长江口南支和北港水域的刀鲚最高日渔获量出现在每月的低潮期刚好相反。这可能是由于研究水域的位置不同造成的,也可能刀鲚确实在低潮期流速较低时进入长江口,这样可以减少刀鲚溯河生殖洄游的能量消耗。而靖江段在高潮期能捕获最高的渔获量,可能是因为所采用的固定刺网能在高潮期过滤更多的江水所致。

(郭弘艺,沈林宏,唐文乔,赵振官)

8.3　长江沿岸刀鲚幼鱼资源的生物量变化

提要:自 20 世纪 80 年代开始,长江刀鲚的产量即开始持续下滑。由于捕捞产量过低,长江刀鲚已演变为难得品尝的江鲜。2002 年,农业部实施了长江刀鲚的捕捞许可证制度,但其资源下滑的趋势并没有得到有效遏制(刘凯等,2012)。探讨长江刀鲚资源下滑的机制,实施更有效的保护已成为刻不容缓的课题。河流的沿岸水域由于具有独特的自然资源特征和生态系统过程,在维持鱼类多样性上具有独特的作用。但随着社会经济的高速发展,长江下游及河口岸线被开发的力度越来越大,码头林立,生境已严重片段化,生态功能正逐步丧失。长江靖江段位于长江下游与河口段的交汇地带,其沿岸水域大多还保持着较自然的状态,岸线比较完整,正承担着越来越重要的生态功能,是靖江江心洲省级水产种质资源保护区和长江靖江段中华绒螯蟹、鳜国家级水产种质资源保护区的所在地,也是刀鲚产量最集中的江段(程兴华等,2012;李辉华等,2008)。为探讨沿岸水域对刀鲚的保育作用,本节对长江靖江段沿岸作了连续 12 年的定点采集,旨在弄清刀鲚在长江沿岸的时间分布格局,为这一珍贵渔业资源的保护提供生态学依据。

于 2002~2013 年用定制张网对长江靖江段沿岸鱼类作了每月 2~3 个样本的采集。分析结果显示,12 年采集的 349 份样品中,刀鲚的出现频率达 94.6%,分别占总渔获数量和重量的 5.18% 和 5.46%。刀鲚平均 $CPUE_N$ 和 $CPUE_W$ 有(17±19.9)尾和(106.6±109.5)g,是沿岸鱼类群聚的优势种或次优势种。但其年资源量并不稳定,最高的 2010 年是最低的 2002 年的 5.4 陪。平均体长(123.6±37.0)mm,平均体重仅(7.48±8.23)g。0^+ 龄组占 78.9%,1^+ 龄组占 20.7%,2^+ 龄仅出现在 4~5 月,且仅占当月个体数的 3.0%,幼体是沿岸刀鲚群体的主要组成成分。从 0^+ 龄个体的月度体长分布看,当年孵化的幼鱼大多栖息在河岸水域,沿岸生境在维持刀鲚幼鱼资源上具有重要作用。分析显示,4 月 1 日至 6 月 30 日的长江禁渔期虽可保护约 42.6% 的幼鱼个体,但从保护效果看,还因适当延长沿岸水域的禁渔时间。维护沿岸水域的生境完整性,也是保护长江刀鲚幼鱼资源的重要措施。

8.3.1 材料与方法

1. 采样地点和方法

采样点位于江苏省靖江市新桥镇的长江沿岸($31°58'$N,$120°01'$E),其上缘为混凝土堤坝,下缘为表面平整、坡度约为 $20°$ 的淤泥质江岸。江岸处常年有宽约 100 m 的密集芦苇(*Phragmites australis*)带,芦苇高约 3 m。

2002 年 1 月至 2013 年 10 月,垂直于江岸设置一部当地渔民所用典型规格的"丁"字形定置张网,拦网长 40 m,网片露出江底高约 1.8 m,拦网下缘近江心处布置 2 个笼式网袋。拦网网目 1.86 cm,网袋网目 0.92 cm。张网的位置随水位涨落而上下移动,一般控制在平水期与拦网的上纲齐平。网片破损或有藻类附着时,更换同一规格的张网。每天由专人在早潮退潮后收集一次渔获物。2002~2003 年每月保存 1 日和 15 日的 2 个渔获物样本,2004~2013 年每月保存 1 日、11 日和 21 日的 3 个样本。由于暴雨、台风和洪水等,有部分时间点没能采集,12 年共获样本 349 份。

2. 分析方法及数据处理

渔获样本用 10% 甲醛溶液现场固定后,带回实验室鉴定至种,记录每份渔获样本中刀鲚的单样本数量($CPUE_N$,尾/样)、单样本质量($CPUE_W$,g/样)和个体均重(MIW,g)。以加权平均值计算 2002~2013 年年均和月均 $CPUE_N$、$CPUE_W$、MIW。

用量鱼板测量体长(L),精确到 0.1 mm;吸干表面水分后,用电子天平测量体重(W),精确到 0.1 g。由于体长的全距(最大值与最小值的差值)较分散,为便于分析,采用 Sturges 体长分组组距方法进行分组,公式为:组距(Sturges)＝Range/(1＋3.322×lg N),其中 Range 表示体长全距;N 表示尾数。采用鳞片和耳石相结合的方法(袁传宓等,1978;郭弘艺等,2007),鉴定刀鲚样本年龄。数据分析和曲线绘制采用 Excel 2007、SPSS 16.0 及 Origin Pro 8.0 软件进行。

8.3.2　结果

1. 单样本生物量($CPUE$)的时间变化

12 年 369 份样品共获鱼类 112 587 尾,681 080.2 g。其中,349 份样本中有刀鲚,出现率为 94.6%。共有刀鲚 5 832 尾、37 187.0 g,分别占渔获总数量的 5.18%、总质量的 5.46%。在所有出现刀鲚的样本中,刀鲚的 $CPUE_N$ 为 1~117 尾/样,平均(17±19.9)尾/样;$CPUE_W$ 为 1.3~801.0 g/样,平均(106.6±109.5)g/样。

不同年份间刀鲚的生物量有较大波动,以 2002 年的最低,平均 $CPUE_N$ 和 $CPUE_W$ 分别仅为 5 尾/样和 57.7 g/样;2010 年的最高,分别达 27 尾/样和 200.6 g/样。其余各年的 $CPUE_N$ 和 $CPUE_W$ 处于 11~24 尾/样和 64.9~131.0 g/样,相互之间均未达显著差异水平(Kruskal‐Wallis,$P＝0.077＞0.05$;$P＝0.406＞0.05$)(图 8‐9)。

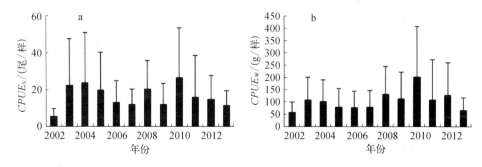

图 8‐9　长江靖江段沿岸刀鲚生物量的年变化

月际比较显示,$CPUE_N$和$CPUE_W$具有一致性的变化规律:从1~6月呈逐月上升的趋势,6月达到峰值(平均$CPUE_N$和$CPUE_W$分别高达34尾/样和220.4 g/样),随后,呈现逐月降低的趋势,12月降至谷值(平均$CPUE_N$和$CPUE_W$仅为6尾/样和38.9 g/样)。其中,以4~8月所占比例较高,合计达全年刀鲚总数量和质量的67.7%和71.2%,平均$CPUE_N$和$CPUE_W$分别在20尾/样和140.0 g/样以上(图8-10)。

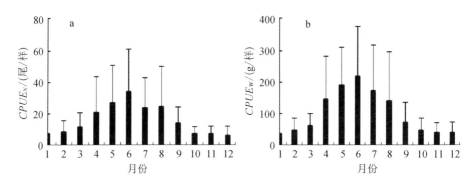

图8-10 长江靖江段沿岸刀鲚生物量的月变化

2. 体长和体重分布

统计了2003年、2004年、2006年、2008年、2009年、2012年和2013年等7个年份的2 092尾刀鲚样本,体长变幅为34.5~315.0 mm,平均(123.6±37.0)mm。根据Sturges分组公式,得到体长的分组组距为25 mm。由图8-11a可见,其优势体长组为105~130 mm,占33.1%,其次为130~155 mm组,占20.7%,再次为80~105 mm组和155~180 mm组,分别占19.5%和9.8%,体长大于205 mm组的个体仅为3.0%。

体重变幅为0.31~133.73 g,平均(7.48±8.23)g。以体重分组组距5 g分析,优势体重组为≤5 g组,占45.8%,其次为5~10 g组和10~15 g组,分别占33.9%和10.8%,>20 g组的个体仅占3.3%(图8-11b)。拟合所得体长(L,mm)与体重(W,g)的关系式为:$W = 1.906 \times 10^{-5} L^{2.623}$($R^2 = 0.881$,$n = 2\ 092$)(图8-12)。

3. 体重随时间的分布

所有出现刀鲚的349份样本中,刀鲚个体均重(MIW)变幅为1.3~50.2 g,平均为(6.4±4.9)g。Kruskal - Wallis检验表明,MIW在年间存在极显著差

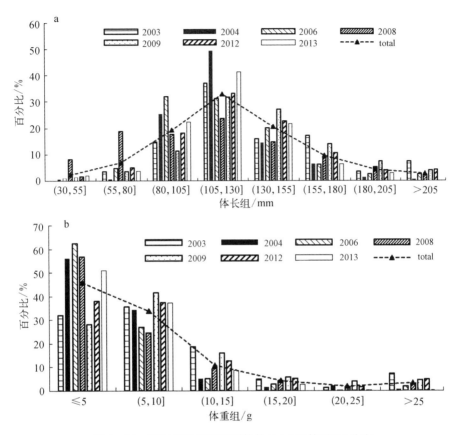

图 8-11　靖江段沿岸刀鲚群体体长(a)和体重(b)分布

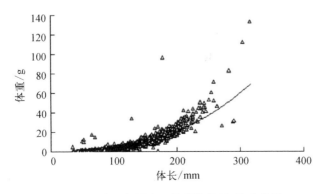

图 8-12　靖江段沿岸刀鲚群体体长-体重曲线

异($P<0.001$)。多组比较结果显示,以 2002 年的 MIW 最大,为(10.8 ± 7.1)g,显著大于其余 11 年;2003~2005 年的 MIW 最小,年均值在 4.0~4.8 g,显著小于其余年份;2006~2013 年的 MIW 年均值在 5.8~9.5 g 波动,相互间未达显著差异水平($P=0.123>0.05$)。其中,2006 年的 MIW 变幅最大,个体均值范围为 1.37~50.2 g,年均值为(5.9 ± 8.7)g(图 8-13a)。总体来看,靖江段沿岸刀鲚个体均重较小,多为幼体。

MIW 的月际比较显示(图 8-13b),以 4~7 月的 MIW 为全年最高,达8.0 g 以上,8~9 月 MIW 迅速降低,至 9 月降至全年最低值,仅为(5.2 ± 3.3)g;10 月至翌年 3 月的 6 个月间,MIW 由(7.9 ± 5.8)g 逐步降低(5.8 ± 3.1)g,但相互间未达显著差异水平(Kruskal-Wallis,$P=0.063>0.05$)。

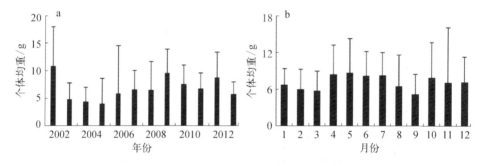

图 8-13　长江靖江段沿岸刀鲚个体均重的年变化(a)和月变化(b)

4. 体长随时间的分布

分析了 2003 年、2004 年、2006 年、2008 年、2009 年、2012 年和 2013 年等 7个年份的 2 092 尾个体,结果显示体长在年间存在显著性差异(Kruskal-Wallis,$P<0.001$)。2003 年、2009 年和 2012 年的平均体长为(128.6 ± 31.8)~(135.2 ± 39.3)mm,显著大于其余 4 年[(111.1 ± 43.8)~(128.7 ± 37.1)mm](图 8-14a)。刀鲚群体平均体长的月变化状况与 MIW 的月变化基本一致:在 4~7 月的长江刀鲚洄游季节,群体的平均体长为全年最高,达130 mm 以上,显著大于其余各月(Kruskal-Wallis,$P<0.001$);随后的 8~9月随着新生幼鱼的补充,平均体长迅速降低,9 月降至全年最低,仅为(99.9 ± 42.2)mm;10 月至翌年 3 月的 6 个月间平均体长无明显差异(Kruskal-Wallis,$P=0.091>0.05$),平均体长稳定在 120 mm 上下,表明发育至一定体长的刀鲚幼鱼出现在沿岸带,将沿岸带作为其临时栖息场所(图 8-14b)。

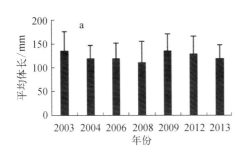
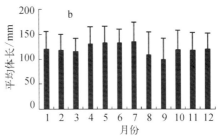

图 8-14　长江靖江段沿岸刀鲚平均体长的年变化(a)和月变化(b)

5. 年龄组成及其时间分布

对 2003 年、2004 年、2006 年、2008 年和 2009 年 5 个年份的 1 315 尾个体逐一进行鉴定年龄,得到 0^+～2^+ 龄 3 个年龄组。其中,78.9% 个体为 0^+ 龄组,体长为 34.5～184.0 mm,平均(112.3±21.1)mm;体重为 0.32～18.36 g,平均(4.54±2.62)g。20.7% 为 1^+ 龄组,体长为 84.0～271.0 mm,平均(162.0±35.5)mm;体重为 3.05～53.20 g,平均(14.10±10.48)g。仅 0.5% 个体为 2^+ 龄群体,体长为 234.5～315 mm,平均(280.0±26.8)mm;体重为 31.14～133.73 g,平均(68.71±39.69)g(图 8-15)。

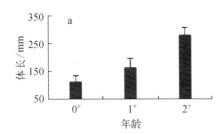
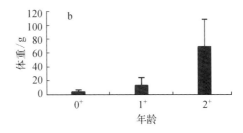

图 8-15　靖江段沿岸刀鲚群体各年龄组体长(a)和体重(b)比较

年度比较显示,2003 年和 2009 年 1^+ 龄组所占比例较高,分别为 30.86% 和 25.4%,而 2004 年、2006 年、2008 年仅为 16.1%～18.5%。月际比较表明,2^+ 龄个体仅出现在 4～5 月,且仅占当月个体数的 3.0%;3 月和 7 月的 0^+ 组个体所占比例最少,分别为 71.4% 和 75.8%;其余各月 0^+ 组比例均在 80% 以上,其中,8～10 月 0^+ 组个体比例更达 92.6%～93.6%(图 8-16)。

6. 0^+ 组群体的体长和体重的时间分布

对 2003 年、2004 年、2006 年、2008 年和 2009 年 5 个年份的 1 037 尾 0^+ 龄

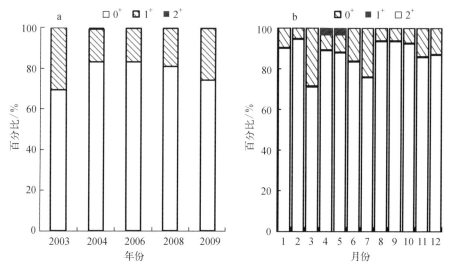

图 8-16　长江靖江段沿岸刀鲚年龄组成的年变化(a)和月变化(b)

个体体长和体重分析结果显示,其平均体长与体重具有一致性的月变化规律:以 8~9 月的最小,分别仅为(75.7±24.4)mm 和(2.0±1.8)g;10~12 月逐步增大,平均体长从(89.8±12.8)mm 增至(96.2±16.5)mm;平均体重从(2.7±0.9)g 增至(3.2±1.9)g;翌年 1 月为最大值,分别为(116.2±31.2)mm 和(5.3±4.7)g;平均体长和体重在 2~7 月间无显著差异(Kruskal-Wallis, $P=0.179>0.05$, $P=0.078>0.05$),平均体长稳定在 110 mm 左右,平均体重为(3.4±1.5)~(4.8±2.2)g 波动(图 8-17)。

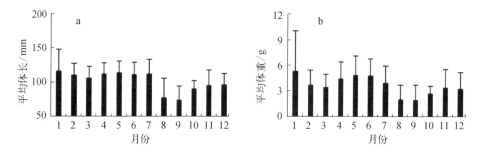

图 8-17　长江靖江段沿岸 0[+] 龄组刀鲚群体平均体长(a)和体重(b)月变化

8.3.3　讨论

1. 沿岸刀鲚群体的组成

长江靖江段沿岸渔获物中,刀鲚的平均体长(123.6±37.0)mm,平均体重

(7.48 ± 8.23)g。年龄鉴定显示,虽然有 $0^+\sim2^+$ 龄 3 个年龄组,但 78.9% 都是 0^+ 龄幼体,2^+ 龄个体仅出现在 4~5 月,且仅占当月个体数的 3.0%。由此可见,当年孵化的幼体是沿岸刀鲚群体的主要组成成分,1^+ 龄个体也占一定比例。从 0^+ 龄个体的体长分布看(图 8-17),上半年 1~7 月间无显著差异,平均体长稳定在 110 mm 左右,而 8 月突然下降,后又逐渐上升,这可能是当年孵化的小个体幼鱼加入造成的。根据对沿岸渔获物的上述分析并结合渔民的捕捞实践,笔者认为刀鲚的溯河产卵洄游群体一般远离沿岸而快速上溯,而孵化后的幼鱼则大多栖息在河岸水域并缓慢迁移,有相当多的个体也并不在当年降回海里。这可能与沿岸水域饵料丰富,幼鱼需要觅食肥育(蒋日进等,2008;钟俊生等,2005),而溯河产卵洄游群体并不需要摄食等有关(袁传宓,1987)。由此可见,长江沿岸是刀鲚仔稚鱼及幼鱼的良好栖息和索饵场所,在维持刀鲚这一渔业资源上具有独特的作用。

2. 长江刀鲚的资源和保护

20 世纪 80 年代以来,长江刀鲚的产量持续下降,有些年份已经不成渔汛(袁传宓等,1980;袁传宓,1988;张敏莹等,2005;万全等,2009;陈卫境和顾树信,2012)。但从本研究对靖江段沿岸鱼类群聚连续 12 年的调查看,刀鲚在渔获物中出现的频率达 94.6%,分别占总渔获数量和质量的 5.18% 和 5.46%。平均 $CPUE_N$ 和 $CPUE_W$ 分别为 (17 ± 19.9) 尾和 (106.6 ± 109.5)g,是沿岸鱼类群聚的优势种或次优势种(孙莎莎等,2013),资源量相对并不十分贫乏。根据多年的监测与统计,在靖江段作业的同类"丁"字形定置张网有 800~900 部(李辉华等,2008),据此计算仅靖江段沿岸年每捕获的刀鲚即达 496.4 万~558.5 万尾,资源量可观。但调查也显示,靖江段沿岸刀鲚的年资源量并不稳定,最高的 2010 年是最低 2002 年的 5.4 陪。这种没有规律性的波动现象是由何种因素造成,与第二年的成鱼产量有没有关系,还有待于调查。

每年的月 $CPUE_N$ 和 $CPUE_W$ 都具有一致性的变化规律,均是夏季前后的 4~8 月最高、冬季前后最低。这可能是夏季长江沿岸具有虾类等丰富的饵料资源,以及刀鲚索饵活动活跃易于捕获等因素造成的。冬季则饵料生物相对缺乏,刀鲚本身也因低水温而在水体下层越冬。因此,我国每年 4 月 1 日至 6 月 30 日实施的为期 3 个月的长江禁渔期(长江渔业资源管理委员会,2011),可以保护约 42.6% 的幼鱼个体。但从保护刀鲚幼鱼的效果看,还因适当延长沿岸水域的禁渔期。另外,保护沿岸水域的水质和多水草的浅滩环境,保持沿岸水域生境的完整性和生态系统的自然过程,不仅可以为虾类等饵料生物提供良好栖息环境(吴耀泉等,1991;曹文宣等,2007),也可以减少鳜、鳡、翘嘴红鲌等敌害的攻击,从而有效保护珍贵的刀鲚幼鱼资源。

（郭弘艺,周天舒,唐文乔,沈林宏）

8.4　长江刀鲚的捕捞量与环境因子的关系

摘要:靖江段位于长江的近口段,是长江刀鲚渔汛最集中的水域。本节调查了靖江段 2008 年、2009 年、2012~2015 年 6 个渔汛期的捕捞数据,采用广义可加模型分析了刀鲚捕捞量与靖江段表层水温、潮差、气压、降水量、浑浊度、COD$_{Mn}$等环境因子之间的相关性。调查显示,靖江段每年发放刀鲚专项渔业捕捞证 84~95 本,全汛总作业天数 28~43 天,2012~2015 年的作业天数比2008~2009 年明显下降。6 个渔汛期刀鲚的年捕捞量变幅为 3.71 万~17.38万尾和 3.61~18.26 t,除 2013 年外,年捕捞量总体上仍呈下降趋势。采用GAM 模型对 10 艘持证渔船的刀鲚日捕捞量与环境因子之间的相关性分析显示,日捕捞量随水温的升高而递增,汛期 78.8% 的产量在 15~23.2℃水温范围获得。而当水温低于 10℃时,空网率上升,仅获得 5.7% 的汛期产量。表明当水温不足 10℃时,刀鲚可暂时停止其生殖洄游过程。分析还显示,69.1% 的汛期产量在 2.0 m 以上的大潮差期获得,潮汐亦是影响刀鲚日捕捞量的重要因子。低浊度及气压、降水量、COD$_{Mn}$等对刀鲚的日捕捞量无显著性影响,但当浊度大于 100 NTU 时,日捕捞量迅速降低。可见,水温、潮差和高浑浊度是影响长江靖江段汛期刀鲚捕捞量的关键环境因子。

8.4.1　材料和方法

1. 研究地点、时间及数据来源

自 2002 年起,我国对长江刀鲚实行了专项捕捞管理制度。长江靖江段全长约 50 km,刀鲚捕捞许可时间(汛期)为每年的 3 月 1 日至 5 月 10 日。于 2008的、2009 年、2012~2015 年汛期,核准和回收靖江段刀鲚专项渔业捕捞证,根据捕捞证所带渔获日志,统计全部持证渔船作业天数(天)、刀鲚总捕捞尾数(万尾)和总捕捞重量(t)。同时,从中随机选取 10 艘持证渔船,对船主进行专业培训后,在 2008 年、2009 年、2012～2015 年 6 个年份的整个汛期,每日记录刀鲚捕捞尾数。渔船动力为 27.6～58.8 kW,吨位 8～15 t,捕捞网具均为刀鲚定置刺网,上纲长度×网衣拉直高度为 18 m×8 m,网目为 48 mm,作业时投放的网列长度 450～900 m。并在 2012～2015 年汛期,根据渔获物经济价值,分别统计渔获物中 3 种刀鲚规格[大刀鲚(体重≥100 g)、中刀鲚(100 g>体重>50 g)、小刀鲚(体重≤50 g)]的尾数。刀鲚单船日捕捞量(尾/天)标准化为 10 艘渔船日捕捞尾数的均值。

靖江段表层水温(℃)和潮汐数据(水位基准为吴淞高程)来源于靖江市水利局,潮差(m)为 2 次涨落潮潮差的平均值。气压(hPa)、降水量(mm)来源于靖江市气象局;浑浊度(NTU)、化学需氧量 COD_{Mn}(mg/L)来源于靖江市环保局。环境因子的时间尺度与专项捕捞期对应,为 2008 年、2009 年、2012～2014 年的 3 月 1 日至 5 月 10 日,时间分辨率为日,用于建模研究影响刀鲚捕捞量的关键环境因子。

2. 数据处理和模型建立

采用 Excel 2007 软件对数据进行处理和绘图,并用 SPSS Statistics 20.0 统计分析软件对刀鲚日捕捞量和环境因子数据在时间尺度上进行差异显著性检验(Kruskal‐Wallis 检验)。

采用广义可加模型(generalized additive model,GAM)研究刀鲚日捕捞量和环境因子之间的相关关系。GAM 模型是广义线性模型的半参数扩展,可用于直接处理响应变量与多个解释变量之间的非线性关系,其假设函数具相加特性,函数的组成成分为光滑函数,其数学形式为(Wood,2006):$g(\mu) = \beta_0 + \sum_{i=1}^{k} f_i(\chi_i)$。式中,$\mu = E[Y/x]$;函数 $g(\mu)$ 为联结函数;β_0 为常数截距项;$f_i(\chi_i)$ 用于表述 $g(\mu)$ 与第 i 个解释变量关系的非参数函数。本研究的模型采用样条平滑法,分布函数族为泊松分布。利用逐步分析法建模,筛选环境因子,根据赤池信息量准则(Akaike information criterion,AIC)和模型的偏差系数 Pseudo R^2,检验逐步加入环境因子后模型的拟合程度,AIC 值越小,Pseudo R^2 值越接近 1,说明模型剩余偏差越小,模型拟合度越好(Wood,2006),最终选择获得最优模型。GAM 模型拟合和绘图均采用 R 3.1.1 软件中的 mgcv 包实现（Wood，2006）。

8.4.2　结果与分析

1. 靖江段刀鲚捕捞量的时间变化

1）持证总捕捞参数年际比较

调查显示,靖江段 2008～2009 年发放刀鲚专项渔业捕捞证数 92～95 本,2012～2015 年发放 84～85 本,较 2008～2009 年减少了 12%。靖江段单船全汛作业天数变动范围在 23～51 天,平均年总作业天数为 28～43 天,与 2008～2009 年相比,2012～2015 年全汛作业天数也有所下降,降幅为 10.3%（表 8-4）。

靖江段刀鲚持证年捕捞量变幅为 3.71 万～17.38 万尾和 3.61～18.26 t。除 2013 年的爆发性增长外,年持证捕捞量总体呈下滑趋势,与 2008～2009 年相比,2014～2015 年年均捕获尾数和捕捞量分别下降 38.5% 和 30.3%（表 8-4）。

表 8-4　2008 年、2009 年、2012～2015 年长江靖江段汛期刀鲚捕捞参数

年　份	刀鲚专项渔业 捕捞证数/本	作业天数/天 平均值(范围)	年捕捞尾数 /万尾	年捕捞质量 /t
2008	95	37(30～51)	4.29	6.11
2009	92	41(25～57)	8.19	5.32
2012	84	29(23～29)	5.19	4.10
2013	84	40(36～47)	17.38	18.26
2014	84	28(23～34)	3.71	3.61
2015	85	43(39～48)	3.97	4.36

2）刀鲚单船日捕捞量年际和汛期内变化

6 年汛期中,刀鲚单船日捕捞量变化范围在 0～351 尾/天,均值为 22.1 尾/天。各年份汛期日捕捞量的总体变化趋势较为一致,即随着汛期进程,日捕捞量呈逐月递增趋势。日捕捞量在月间差异极显著（Kruskal - Wallis，$P <$ 0.001）,3 月均值最低,仅为 7.6 尾/天,5 月均值最高,达 63.1 尾/天,为 3 月的 8.3 倍（图 8-18）。

年际比较显示,除 2013 年单船日捕捞量显著大于其余年份外（$P <$ 0.001）,单船日捕捞量在其余 5 年间差异均未达显著水平（$P >$ 0.05）,2014～2015 年平均单船日捕捞量为 13.1 尾/天,略低于 2008～2009 年的均值 15.9 尾/天（图 8-18）。

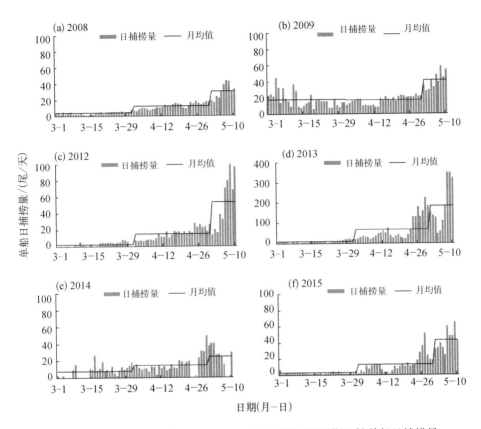

图 8-18 2008 年、2009 年、2012～2015 年长江靖江段汛期刀鲚单船日捕捞量
分布及月均值变化

2. 刀鲚捕捞规格的年际和月际变化

2012～2015 年汛期长江靖江段捕获刀鲚渔获物中,大、中、小三种规格的捕捞尾数占总捕捞尾数的平均比例分别为 39.9%、36.9% 和 23.2%。三种规格刀鲚在汛期的 3 个月份间所占比例差异均未达显著水平($P > 0.05$),月均值变化分别在 34.7%～42.0%、34.8%～39.4% 和 20.9%～24.1%(图 8-19)。

由图 8-19 可见,三种规格刀鲚的数量组成在年际间波动明显。在 2012～2013 年汛期,各规格组成差异较小,而 2014～2015 年汛期,各规格组成差异较大。2014 年捕获的刀鲚整体上较小,大刀鲚比例极低,仅为 17.3%,中刀鲚和小刀鲚比例分别达 51.7% 和 31.0%;2015 年捕获的刀鲚相对较大,大刀鲚占比高达 60.3%,小刀鲚仅占 7.0%。2015 年的渔获物中,大刀鲚比例突增,可能与 2014 年中刀鲚的数量较大,成功补充有关。

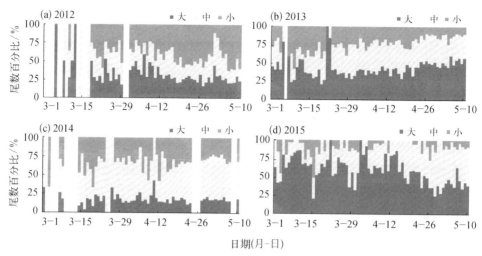

图 8-19 2012～2015 年长江靖江段汛期渔获物中各规格刀鲚组成
数量百分比的时间变化

大. 体重≥100 g；中. 100 g>体重>50 g；小. 体重≤50 g
图中空白表明该日由于天气、网具破损或潮水等，10 艘渔船均未作业

3. 环境因子的年际间和汛期内变化

Kruskal - Wallis 分析显示，水温和潮差在各年间无显著差异（P＞0.05）。
由图 8-20 可见，各年份的日水温波动总体趋势一致，即随着汛期进程，呈现逐
月递增趋势，水温日变幅为 7.7～23.2℃，年平均值在 14.4～15.2℃。各年份
的潮汐均呈现出随着月相的周期性变化，每月的两次大潮在农历初一、十五附
近，两次小潮出现在农历的初七、初八和廿二、廿三附近，潮差日变幅为 1.0～
3.0 m，年均值为 1.9～2.1 m。

气压和降水在各年间也无显著差异（P＞0.05）。汛期内，气压呈现逐月
递减趋势，日变幅为 999.9～1 032.4 hPa，年平均值 1 014.5～1 017.7 hPa 之
间。降水无明显的月波动规律，日变幅为 0～40.7 mm，年平均值在 1.1～
2.8 mm。

浑浊度和 COD_{Mn} 在各年间存在显著差异（P＞0.05）。浑浊度呈逐年增
高趋势，年平均值 2008 年最低为 44.7 NTU，至 2014 年高达 85.7 NTU。
其中，2014 年浑浊度超过 100 NTU 的天数高达 23 天。COD_{Mn} 在汛期和年
际间均无明显的波动规律，日变幅为 1.8～5.4 mg/L，年平均值在 2.3～
3.2 mg/L。

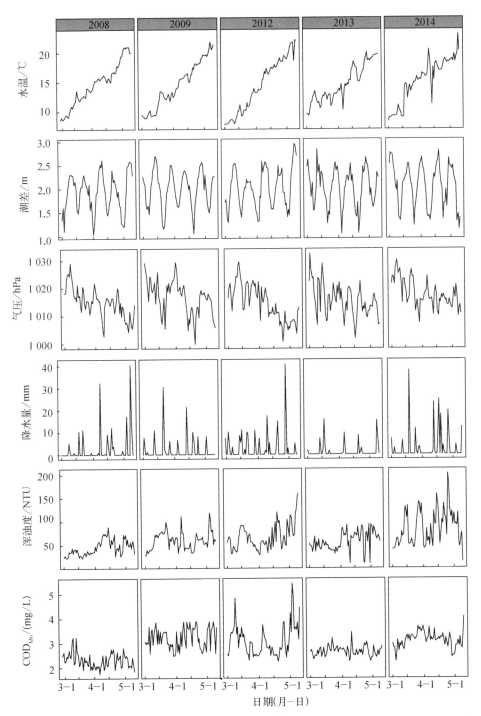

图 8 - 20　2008～2009 年、2012～2014 年长江靖江段环境因子的日分布

4. 环境因子与刀鲚日捕捞量的 GAM 模型结果

在 GAM 模型构建过程中需要逐步加入各个环境因子,并根据 F 检验、AIC 值和 Pseudo R^2 来选择最优模型。各年份的 GAM 模型的最终选择结果列于表 8-5,可见模型对各年刀鲚日捕捞量的总偏差解释率为 67.9%~88.8%。5 年预测模型的偏差系数 Pseudo R^2 在 0.616~0.875,均大于 0.5,说明所有模型诊断结果良好,稳定性较强,可较好拟合环境因子与刀鲚日捕捞量的关系。

表 8-5 2008 年、2009 年、2012~2014 年长江靖江段刀鲚日捕捞量与环境因子模型检验

年份	水温/℃	潮差/m	气压/hPa	降水量/mm	浑浊度/NTU	COD_{Mn}/(mg/L)	Pseudo R^2	解释偏差/%
2008	<0.001	0.007	ns	ns	ns	ns	0.875	88.8
2009	<0.001	0.019	ns	ns	ns	ns	0.675	70.4
2012	<0.001	<0.001	ns	ns	ns	ns	0.863	88.0
2013	<0.001	0.012	ns	ns	ns	ns	0.735	76.0
2014	<0.001	<0.001	ns	ns	<0.001	ns	0.616	67.9

ns,P>0.05

F 检验表明,气压、降水量和 COD_{Mn} 对刀鲚日捕捞量影响不显著(P>0.05),而水温、潮差和浑浊度对刀鲚日捕捞量的影响显著(P<0.05)。其中,水温和潮差在所有 5 个年份与刀鲚日捕捞量均显著相关;而浑浊度仅在 1 个年份(2014)有显著影响。GAM 模型结果表明(图 8-21),水温在各年份对日捕捞量的影响总体趋势一致,呈非线性正相关关系。尤以在水温达到 15℃以上后,曲线变得陡峭,日捕捞量随着水温的增高而迅速增大。78.8% 的渔获量是水温高于 15℃ 时被捕获的,而水温不足 10℃ 时仅捕获 5.7% 的渔获量。

潮差亦与刀鲚日捕捞量呈非线性正相关。潮差较低时(<1.5 m),捕捞量亦较低,日均捕捞量仅为 12.4 尾/天;潮差较大时(≥2.0 m),日均捕捞量增至 28.1 尾/天,是低潮差期的 2.3 倍,69.1% 的渔获量在高潮差期间获得的。

浑浊度与刀鲚日捕捞量呈非线性负相关关系。50~100 NTU 范围内,浑浊度对刀鲚日捕捞量的影响并不明显;当浑浊度>100 NTU 时,日捕捞量迅速降低;浑浊度达 160 NTU 以上时,日捕捞量为 0 尾/天。

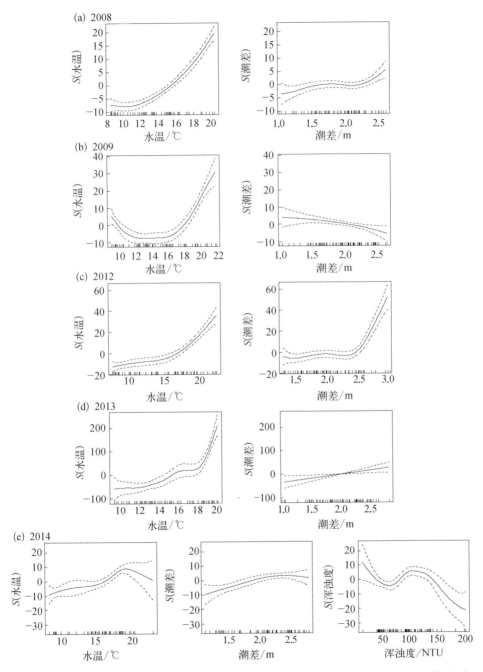

图 8-21　广义可加模型(GAM)所揭示的各年份显著影响刀鲚日捕捞量变化的环境因子

　　S(环境因子)为光滑样条函数的拟合值,拟合值表示对日捕捞量的影响。实线表示日捕捞量的期望趋势,上下两侧虚线表示该趋势的 95% 置信区间。正值表示正相关,负值表示负相关

8.4.3 讨论

1. 长江刀鲚资源现状及变化趋势

已有研究表明,20世纪70年代,长江下游安徽省、江苏省和上海市刀鲚年均捕捞量分别为904 t、1 821 t和179 t,同期江西省、湖北省和湖南省尚有零星产量(袁传宓,1988)。至80年代开始,刀鲚捕捞量开始急剧下滑,安徽、江苏和上海的刀鲚年均捕捞量分别降低至383 t、858 t和130 t。到2001~2005年,上述省市年均捕捞量进一步下滑至138 t、408 t和127 t(刘凯等,2012)。

靖江是江苏刀鲚捕捞的主要江段之一。据靖江市渔业部门年报统计(1988~2007)(图8-22),20世纪80年代末以来,长江靖江段刀鲚年捕捞量呈波动下滑趋势,至1999~2001年有所回升,2001年之后又急剧下降,此后仅维持在极低的水平。2007年靖江段刀鲚持证捕捞量为22.55 t,仅及2001年的1/6。本研究结果显示,2007年之后靖江段刀鲚持证年捕捞量继续下滑,2008~2009年年均仅5.72 t,只及2001年的4.2%;2012~2015年为7.6 t,不足2001年的5.6%。调查结果表明,近25年间,长江靖江段刀鲚捕捞量总体下滑趋势明显。

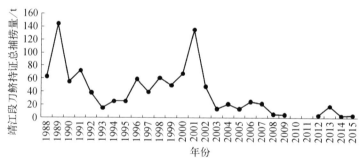

图8-22　长江靖江段刀鲚持证总产量年际变化

1988~2007数据来源于靖江市渔业部门年报;2008年、2009年、2012~2015年为本研究数据

本研究结果还显示,2012~2015年刀鲚捕捞群体中,≤50 g小规格刀鲚的比例已达23.2%。此数据在20世纪70年代初长江流域刀鲚资源调查报告中仅为10.91%(长江流域刀鲚资源调查协作组,1977),在1993~2002年长江江苏段研究报道中为13.47%(张敏莹等,2005);在2006~2011年靖江段调查中为14.3%。由此结果显示,在长江刀鲚总体资源量下滑的同时,小规格个体的比例却在逐年增加,捕捞群体呈现明显的小型化趋势,这与依据繁殖群体生物

学研究所得的结果一致（张敏莹等，2005；万全等，2009；郑飞等，2012）。

2010 年起，国家进一步加强了对长江刀鲚的专项捕捞管理，靖江段专项捕捞证削减 12%，作业时间亦下降 10.3%。2013 年刀鲚捕捞量的明显回升趋势，可能是捕捞强度的降低使资源得到了部分恢复，但也可能是一种偶然的波动性现象。2014~2015 年较低的捕捞量即是明证。

目前，国家有关部门拟将刀鲚列入《国家重点保护野生动物名录》，作为濒危物种加以保护。但董文霞等（2014）的研究结果显示，虽然刀鲚繁殖群体的低龄化和小型化趋势明显，丰满度下降，资源衰退严重，但生长潜力依然存在。钟俊生等（2005）、蒋日进等（2008）的长期研究显示，刀鲚在长江口沿岸碎波带水域的年均数量占整个仔稚鱼渔获量的 55.2%~82.6%，为最优势种。因此，长江刀鲚的种质和早期资源并没有过度衰退，在适当的保育措施下这一珍贵渔业资源一定能得到恢复。

2. 汛期内刀鲚日捕捞量与相关环境因子分析

刀鲚的总捕捞量受当年洄游群体丰度的影响，而汛期内日捕捞量的波动受环境因子的影响（刘凯等，2012；袁传宓，1987）。本研究显示，影响靖江段刀鲚日捕捞量的关键环境因子为水温、潮差和浑浊度。水温是影响刀鲚日捕捞量的重要因子之一。袁传宓（1987）认为，刀鲚生理活动随水温升高而加强，达到一定水温时开始生殖洄游。刘凯等（2012）认为，当长江口水温回升至 12℃ 以上时，刀鲚产量与水温成正相关性。本研究显示，水温对靖江段刀鲚日捕捞量的影响为非线性正相关，在水温较低时，二者呈弱的正相关关系，日捕捞量随水温缓慢增长；至水温达到 15℃ 以上时，二者的相关曲线变得陡峭，捕捞量随水温而迅速增长。在整个刀鲚渔汛期，78.8% 的产量是在水温 15~23.2℃ 内获得的。水温不足 10℃ 时空网率较高，仅 5.7% 的产量在此水温下捕获。由此推测，处于生殖洄游中的刀鲚，当水温不足 10℃ 时，可暂停这一洄游过程。

过河口洄游鱼类可采取选择性潮汐迁移方式（selective tidal stream transport），借助潮汐流进行快速溯河（Hwang et al.，2014）。本研究显示，潮汐亦是影响靖江段刀鲚日捕捞量的重要因子。潮差与日捕捞量呈非线性正相关，大潮期的捕捞量为小潮期的 2.3 倍。这一研究结果，与刘凯等（2012）得出的长江口南支和北港水域的刀鲚最高渔获量出现在每月的低潮期恰好相反。

GAM 模型还显示，气压、降水量和 COD_{Mn} 对刀鲚捕捞量没有显著影响。

低浑浊度(50～100 NTU)对刀鲚的捕捞量影响也不大,但超过 100 NTU 时捕捞量迅速降低。100 NTU 可能是刀鲚对浑浊度的耐受范围,从而影响其洄游行为。

由于禁渔期的原因,5 月 10 日之后靖江段日捕捞量是持续上升? 还是缓慢或骤然下降? 刀鲚是如何相应环境因子的变化的? 这些都有待更今后深入的研究。

(郭弘艺,张旭光,唐文乔,张亚)

第**9**章 长江刀鲚的未来

9.1 刀鲚人工繁育进展

由于长江洄游型刀鲚的种群数量急剧衰退,捕捞产量逐年下降,开展人工繁育已成为保护和可持续利用这一珍贵鱼类资源的迫切任务。鱼类人工繁殖就是在人为控制下,通过生态、生理学的方法,亲鱼达到性成熟后产卵、孵化而获得鱼苗的一系列过程(王武,2000)。人工繁殖主要是通过人工方法注射外源激素,促进"脑垂体-性腺"的内分泌活动,刺激内源激素的产生或代替内源激素,诱导性腺发育成熟并排出精卵(林浩然,1999);大体可分为亲鱼培育、人工催产、授精、孵化和仔鱼培育等5个基本过程。近几年,国内许多科研院所纷纷立项开展刀鲚人工繁育技术研究,进行了艰苦的摸索,取得了初步的成功。

人工繁殖的前提是亲鱼培育,可将野生亲鱼或养殖的后备亲鱼培育至性成熟,作为繁殖亲鱼。野生亲鱼首先需要进行采捕,然后转运至池塘畜养。刀鲚在采捕过程中,由于应激反应非常强烈,野生个体通常"离水即死",转运过程中的死亡率也非常高。此外,采捕的刀鲚直接投放到池塘中,因为改变了生境,也很容易造成死亡。相对亲鱼培育,人工催产和授精操作也非常困难,往往催产时间过早,人为操作造成大量亲鱼死亡,进一步降低了亲鱼的成活率。虽然有些亲鱼历经艰难,但产出的卵子质量差,受精率和孵化率均很低,孵化的鱼苗体质弱,为后续的苗种培育带来很大的困难。因此通过收购亲鱼,采用常规的人工催产技术路线,很难在刀鲚的人工繁殖中取得成功。张呈祥等(2006)介绍了一种新的长江刀鲚灌江纳苗技术,沈林宏等(2011)探索了长江刀鲚幼鱼的采集与运输技术,郭正龙和杨小玉(2012)尝试了长江刀鲚的亲鱼培育技术。

灌江纳苗技术,采用了从长江中直接引用江水入池塘,江水中携带的鱼苗顺便纳进了池塘,待鱼苗适应池塘环境后再进行人工驯养,通过池塘流水刺激,促进刀鲚性腺发育,在池塘中自然产卵繁殖。这种方法避免了人工采捕过程,降低了野生刀鲚的死亡率。灌江纳苗技术要求低,亲鱼损失少,但劳动强度较大。另外,由于刀鲚群体发育的不同步性,自然出苗率较低,繁育周期长,难以满足生产性需求。

为了满足渔业养殖的需要,有学者提出将池塘中驯养的亲鱼注射催产药物,然后放入池塘中自行排卵和受精,收集受精卵,移入室内集中孵化,通过人工管理,极大地提高了孵化率,孵出的鱼苗可大规模应用于生产。此外,池塘中驯养的亲鱼经注射催产后,分别选择即将排卵和精液的亲鱼,通过人工挤压的方法,使鱼排出精子和卵子,人工搅拌混合精卵,完成人工授精,受精卵集中孵化获得鱼苗。由于刀鲚过强的应激反应,这种全人工繁殖的方式在催产环节会有 $40\%\sim80\%$ 的死亡率,人工挤精卵以后,亲鱼有时会全部死亡。

最初开展刀鲚的人工繁殖时,朱栋良(1992)获取了野生刀鲚的自然受精卵,培养、观察了胚胎发育情况,初步开展了刀鲚的人工繁殖。随后,上海海洋大学李家乐课题组于 2003 年捞获了野生成熟的刀鲚亲鱼,采取人工挤出精卵、授精、孵化,获得了实验性人工繁殖的初步成功。由于洄游型刀鲚是一种溯河产卵鱼类,必须经过水流、盐度变换和合适的水温等环境因子的刺激,性腺才能发育成熟,具有许多与纯海水或纯淡水鱼类所不同的生理、生态及生物学特性,繁殖所需的生态条件较为复杂。闻海波等(2009)对长江刀鲚与池塘人工养殖刀鲚性腺发育作了初步观察,发现在人工池塘养殖状态下,部分刀鲚的卵巢至少能够发育到Ⅳ期晚期。

上海水产研究所于 2007 年采捕野生的刀鲚苗种,经过 4 年的室内水泥池养殖,于 2011 年进行了集约化人工繁育,取得了刀鲚人工繁育技术的突破。然后将所得的 F_1 经模拟自然洄游生态环境的培育,2 年后采用注射促黄体素释放激素 A2(LHRH - A2)对亲鱼进行催产,在 $22\sim24$℃条件下,经过 $18\sim34$ h 的效应时间,亲鱼自然交配产卵。催产率为 92%,受精率为 80.6%,孵化率为 86.4%,获得了 22.3 万尾初孵仔鱼。攻克了长江刀鲚人工繁育的亲本培育与选择、人工催产、受精卵室内集约化孵化、鱼苗室内水泥池培育等技术难关,在全国范围内首次实现了苗种的规模化生产,标志着刀鲚规模化全人工繁殖技术的突破(施永海等,2015)。

2014 年,中国水产科学研究院无锡淡水渔业研究中心阐明了池塘人工养殖条件下刀鲚的性腺发育规律,建立了刀鱼的全人工繁殖技术,其受精率达 80.

2%,出苗率为 60%;建立了生态工厂化繁育技术、水泵集卵孵化培育技术及土池生态育苗技术等多种育苗模式。筛选出适口的开口饵料,开展了刀鲚苗种生态培育技术研究。阐明了刀鲚应激反应机制,突破了刀鲚仔、幼鱼抗应激技术瓶颈,建立了苗种抗应激运输技术,运输成活率在 95% 以上。至此,刀鲚规模化全人工繁育技术日趋成熟并实现可控的、稳定的规模化苗种生产。

(唐文乔)

9.2 资源保护与可持续利用

2006 年颁布的《中国水生生物资源养护行动纲要》对包括长江刀鲚在内的我国水生生物资源养护现状及存在问题进行了深入剖析,提出了较明确的水生生物资源养护指导思想、原则和目标,并规定了水生生物资源养护行动的具体领域和保障措施。已经或可以对长江刀鲚进行有效保护的措施,简述如下。

9.2.1 实施《长江刀鲚凤鲚专项管理暂行规定》

规定禁渔期是世界各国普遍实行的鱼类资源保护制度,目的是保护水生生物的正常生长或繁殖,保证鱼类资源得以不断恢复和发展。我国自 1995 年起在东海、黄海和渤海实施伏季休渔制度,1999 年又在南海实施伏季休渔制度,2003 年起实行长江禁渔期制度以来,取得了良好的生态和社会效益。初期的长江禁渔期制度规定,葛洲坝以下至长江河口水域,禁渔时间为每年的 4 月 1 日12 时至 6 月 30 日 12 时。2016 年起又将长江禁渔期由 3 个月延长至 4 个月,全江段禁渔期为每年 3 月 1 日 0 时至 6 月 30 日 24 时。在规定的禁渔区和禁渔期内,禁止所有捕捞作业,但长江刀鲚的繁殖洄游和渔汛也处在这一禁渔期间。

为加强长江刀鲚和凤鲚资源的保护和合理利用,维护渔业生产秩序,配合长江禁渔制度的实施,促进长江渔业可持续发展,农业部于 2002 年制定了《长江刀鲚凤鲚专项管理暂行规定》,对刀鲚捕捞实行专项管理,根据资源和生产情况限额发放《渔业捕捞许可证》。2002 年长江刀鲚专项证的总数不超过 2 240张,其中上海 220 张、江苏 1 020 张、安徽 1 000 张。2003 年以后每年专项证的数量均不得超过 2002 年的数量,由长江渔业资源管理委员会办公室提出意见,报中华人民共和国渔政渔港监督管理局核定。如 2007 年削减至 1 800 张,2015

年更削减至 1 543 张。专项证只向长江专业渔民发放,渔船不得跨省、直辖市行政区域捕捞作业。办证渔民也需要交纳长江刀鲚渔业资源增殖保护费。

长江刀鲚的许可作业时间每年不得超过 90 天,其中长江春季禁渔期内不得超过 30 天。具体时间由长渔办根据资源生物学规律和渔民捕捞习惯确定。

2002 年和 2003 年长江春季禁渔期内,只允许使用流刺网作业,禁止深水张网、插网、三层刺网及其他渔具作业。自 2004 年 1 月 1 日起,全年禁止深水张网、插网和三层刺网作业。刀鲚流刺网网目不得小于 0.4 mm。

9.2.2 建立水产种质资源保护区

中国的水产种质资源保护区是指为保护和合理利用水产种质资源及其生存环境,在保护对象的产卵场、索饵场、越冬场、洄游通道等主要生长繁育区域依法划出一定面积的水域,予以特殊保护和管理的区域。水产种质资源保护区分为国家级和省级,其中国家级保护区是指在国内、国际有重大影响,具有重要经济价值、遗传育种价值或特殊生态保护和科研价值,保护对象为重要的、洄游性的共用水产种质资源或保护对象分布区域跨省(自治区、直辖市)际行政区划或海域管辖权限的,经国务院或农业部批准并公布的水产种质资源保护区。

为了保护和合理利用长江刀鲚资源,农业部在长江中下游建立了一批国家级水产种质资源保护区,其中以保护洄游型刀鲚资源的保护区一般设置在长江干流,以保护定居型刀鲚资源的保护区一般设置在长江支流或附属湖泊,这里做一些简单介绍。

1. 以保护洄游型刀鲚资源为主的保护区

设置在长江干流的国家级水产种质资源保护区,以刀鲚为主要保护对象的有 3 个,作为兼顾保护对象的有 6 个。

1) 长江刀鲚国家级水产种质资源保护区

总面积为 190 415 hm²,其中核心区 93 225 hm²,实验区 97 190 hm²。特别保护期为每年的 2 月 1 日至 7 月 31 日。保护区由两块区域组成,分别位于长江河口区(保护区 1)和长江安庆段(保护区 2),全长约 214.9 km。保护区 1 地理位置为长江徐六泾以下河口江段,包括长江河口区南北两支的及交汇区域,总面积为 183 280 hm²。保护区 2 地理位置为长江安庆江段,总面积为 7 135 hm²。主要保护对象为长江刀鲚,其他保护对象包含中华鲟、江豚、胭脂鱼、松江鲈、四大家鱼、鳜、翘嘴红鲌、黄颡鱼、大口鲇和长吻鮠等物种。

2）长江如皋段刀鲚国家级水产种质资源保护区

保护区位于江苏省如皋市与张家港市长江主航道以北,总面积 4 000 hm²,其中核心区 1 000 hm²,实验区 3 000 hm²。核心区设为特别保护区,保护期为 6 个月(每年 4 月 15 日至 10 月 15 日)。主要保护对象是刀鲚和青虾,其他保护对象包括四大家鱼、中华绒螯蟹、江豚等。

3）长江扬中段暗纹东方鲀刀鲚国家级水产种质资源保护区

保护区位于长江江苏省镇江市扬中段南夹江水域,总面积 2 026 hm²,其中核心区 492 hm²,实验区 1 534 hm²。核心区特别保护期为每年 3 月 1 日至 11 月 30 日。主要保护对象为暗纹东方鲀和刀鲚。

4）长江靖江段中华绒螯蟹鳜鱼国家级水产种质资源保护区

保护区位于江苏省靖江市,总面积 2 400 hm²,其中核心区 800 hm²,实验区 1 600 hm²。核心区特别保护期为 4 月 1 日至 6 月 30 日。主要保护对象为中华绒螯蟹、鳜鱼,其他保护对象包括刀鲚、鳗鲡、长吻鮠、鲫、鳊、鲢、鳙、草鱼、乌鳢、黄颡鱼、胭脂鱼、薄鳅、华鳈、斑鳜、叉尾斗鱼、铜鱼、鲈、翘嘴红鲌、鳡等。

5）长江大胜关长吻鮠铜鱼国家级水产种质资源保护区

保护区位于江苏省南京市的长江江段,总面积 7 421.03 hm²,其中核心区 403.43 hm²,实验区 7 017.60 hm²。核心区特别保护期为 4 月 1 日至 6 月 30 日。主要保护对象为长吻鮠、铜鱼,其他保护对象包括中华鲟、胭脂鱼、中华绒螯蟹、刀鲚、暗纹东方鲀、江黄颡、大鳍鳠等。

6）长江扬州段四大家鱼国家级水产种质资源保护区

保护区位于江苏省扬州市,总面积 2 000 hm²,其中核心区 200 hm²,实验区 1 800 hm²。核心区特别保护期为全年。主要保护对象为青鱼、草鱼、鲢、鳙和中华绒螯蟹,其他保护对象包括长江刀鱼、胭脂鱼、江豚等。

7）长江安庆江段长吻鮠大口鲇鳜鱼国家级水产种质资源保护区

保护区位于安徽省安庆市,总面积 8 000 hm²,其中核心区 3 800 hm²,实验区 4 200 hm²。核心区特别保护期为 3 月 1 日至 7 月 31 日。主要保护对象为大口鲇、长吻鮠、鳜鱼,其他保护对象包括四大家鱼、黄颡鱼、刀鲚、江黄颡、翘嘴红鲌等。

8）长江安庆段四大家鱼国家级水产种质资源保护区

保护区位于安徽省宿松县和望江县,总面积 3 800 hm²,其中核心区

2 800 hm²,实验区 1 000 hm²。特别保护期为 3 月 1 日至 7 月 31 日。主要保护对象为四大家鱼,其他保护对象包括大口鲇、长吻鮠、鳜、黄颡鱼、刀鲚、江黄颡、翘嘴红鲌等。

9)长江八里江段长吻鮠鲇国家级水产种质资源保护区

保护区位于江西省九江市北部,总面积 7 993 hm²,其中核心区 2 876 hm²,实验区为 5 117 hm²。核心区实行全年保护,实验区的特别保护期为每年 4 月 1 日至 9 月 30 日。主要保护对象为长吻鮠、鲇,其他保护对象包括有黄颡鱼、四大家鱼、刀鲚、胭脂鱼、中华鲟及江豚等。

2. 以保护定居型刀鲚资源为主的保护区

设置在长江附属湖泊或支流的国家级水产种质资源保护区,以刀鲚为主要保护对象的有 6 个,作为兼顾保护对象的有 10 个。

1)太湖梅鲚河蚬国家级水产种质资源保护区

保护区总面积 6 266 hm²,其中核心区 1 233 hm²,实验区为 5 033 hm²。核心区特别保护期为全年。主要保护对象为梅鲚、河蚬,其他保护对象包括鲤、鲫、长春鳊、三角鲂、红鳍鲌、翘嘴红鲌、鳜、青虾、中华绒螯蟹、黄颡鱼、沙塘鳢、黄鳝、鳗鲡、乌鳢、赤眼鳟、银鮈、吻虾虎鱼、大银鱼等。

2)高邮湖大银鱼湖鲚国家级水产种质资源保护区

保护区位于江苏省高邮市、金湖县的高邮湖,总面积 4 457 hm²,其中核心区 996 hm²,实验区 3 461 hm²。核心区特别保护期为全年。主要保护对象为大银鱼、湖鲚,其他保护对象包括环棱螺、三角帆蚌、黄蚬、秀丽白虾、日本沼虾、鲤、鲫、长春鳊、红鳍鲌、翘嘴红鲌、鳜、黄颡鱼等。

3)洞庭湖口铜鱼短颌鲚国家级水产种质资源保护区

保护区位于湖南省北部岳阳市,总面积 2 100 hm²,其中核心区 1 500 hm²,实验区 600 hm²。主要保护对象为铜鱼、短颌鲚及其栖息环境。

4)王母湖团头鲂短颌鲚国家级水产种质资源保护区

保护区位于湖北省孝感市,总面积 866.7 hm²,其中核心区 260 hm²,实验区 606.7 hm²。核心区特别保护期为每年 4～6 月。主要保护对象为团头鲂、短颌鲚。

5)南海湖短颌鲚国家级水产种质资源保护区

保护区位于湖北省松滋市,总面积 2 020 hm²,其中核心区 920 hm²,实验区 1 100 hm²。核心区特别保护期为每年 4 月 1 日至 7 月 31 日。主要保护对象为短颌鲚。

6）安乡杨家河段短颌鲚国家级水产种质资源保护区

保护区位湖南省安乡县，总面积 995 hm²，其中核心区 610 hm²，实验区 385 hm²。特别保护期为每年 3 月 10 日至 6 月 30 日。主要保护对象为短颌鲚，其他保护对象包括大口鲇、长吻鮠、黄颡鱼、翘嘴红鲌、鳜、鳊、鲤、鲫、鲴类等。

7）阳澄湖中华绒螯蟹国家级水产种质资源保护区

保护区位于阳澄湖的东湖，总面积 1 550 hm²，其中核心区 500 hm²，实验区 1 050 hm²。核心区特别保护期为全年。主要保护对象为中华绒螯蟹，其他保护对象包括青虾、河蚬、田螺、三角帆蚌、黄蚬、秀丽白虾、日本沼虾、克氏原螯虾、鲤、鲫、长春鳊、三角鲂、红鳍鲌、翘嘴红鲌、鳜、黄颡鱼、沙塘鳢、黄鳝、鳗鲡、长吻鮠、乌鳢、赤眼鳟、银鲴、吻鰕鲩鱼、大银鱼、花䱻、刀鲚等。

8）洪泽湖青虾河蚬国家级水产种质资源保护区

保护区总面积 4 000 hm²，其中核心区 1 333 hm²，实验区 2 667 hm²。核心区特别保护期为 3 月 1 日至 6 月 1 日。主要保护对象为青虾、河蚬，其他保护对象包括田螺、三角帆蚌、黄蚬、秀丽白虾、日本沼虾、克氏原螯虾、中华绒螯蟹、鲤、鲫、长春鳊、三角鲂、红鳍鲌、翘嘴红鲌、鳜、黄颡鱼、沙塘鳢、黄鳝、鳗鲡、长吻鮠、乌鳢、赤眼鳟、银鲴、吻鰕鲩鱼、大银鱼、花䱻、刀鲚等。

9）洪泽湖秀丽白虾国家级水产种质资源保护区

保护区位于江苏省宿迁市，总面积 1 400 hm²，其中核心区 345 hm²，实验区 1 055 hm²。核心区特别保护期为全年。主要保护对象是秀丽白虾，其他保护对象包括日本沼虾、克氏原螯虾、鲤、鲫、长春鳊、三角鲂、红鳍鲌、翘嘴红鲌、鳜、黄颡鱼、沙塘鳢、黄鳝、鳗鲡、长吻鮠、乌鳢、赤眼鳟、银鲴、吻鰕鲩鱼、花䱻和刀鲚等。

10）洪泽湖银鱼国家级水产种质资源保护区

保护区位于江苏省洪泽县，总面积 1 700 hm²，其中核心区 700 hm²，实验区 1 000 hm²。核心区特别保护期为每年 1 月 1 日至 8 月 8 日。主要保护对象为银鱼，其他保护对象包括秀丽白虾、日本沼虾、克氏原螯虾、鲤、鲫、长春鳊、三角鲂、红鳍鲌、翘嘴红鲌、鳜、黄颡鱼、沙塘鳢、黄鳝、鳗鲡、长吻鮠、乌鳢、赤眼鳟、银鲴、吻鰕鲩鱼、花䱻和刀鲚等。

11）武昌湖中华鳖黄鳝国家级水产种质资源保护区

保护区位于安徽省望江县，总面积 5 250 hm²，其中核心区 1 800 hm²，实验区 3 450 hm²。主要保护对象为中华鳖和黄鳝,其他保护对象包括刀鲚、凤鲚、鳤、蒙古红鲌、翘嘴红鲌、赤眼鳟、黄颡鱼、大银鱼等。

12)鄱阳湖鳜鱼翘嘴红鲌国家级水产种质资源保护区

保护区位于鄱阳湖中部,总面积 59 520 hm²,其中核心区 21 218 hm²,实验区 38 302 hm²。核心区特别保护期为 3 月 20 日至 6 月 20 日。主要保护对象为鳜、翘嘴红鲌、鲤、鲫、四大家鱼、短颌鲚、刀鲚,其他保护对象包括鳡、胭脂鱼、银鱼、江豚等。

13)太泊湖彭泽鲫国家级水产种质资源保护区

保护区位于江西省彭泽县,总面积 2 134 hm²,其中核心区 566 hm²,实验区 1 568 hm²。核心区特别保护期为 3 月 1 日至 7 月 31 日。主要保护对象为彭泽鲫,其他保护对象包括短颌鲚、四大家鱼、翘嘴红鲌、鳜等。

14)东洞庭湖鲤鲫黄颡国家级水产种质资源保护区

总面积 13.28 万 hm²,其中实验区面积 11.76 万 hm²,核心区面积 1.52 万 hm²。核心区特别保护期为全年。主要保护对象为鲤、鲫、黄颡鱼、鲇。其他保护对象包括四大家鱼、刀鲚、短颌鲚、银鱼、颌针鱼、鲂、鳤、鲴、鳡、铜鱼、长吻鮠、细鳞斜颌鲴、中华倒刺鲃、赤眼鳟、鳜、乌鳢、黄鳝、泥鳅等。

15)南洞庭湖银鱼三角帆蚌国家级水产种质资源保护区

保护区位于湖南省益阳市,总面积 38 653.3 hm²,其中核心区 13 487.5 hm²,实验区 25 165.8 hm²。核心区特别保护期为 4 月 1 日至 6 月 30 日。主要保护对象为银鱼、三角帆蚌,其他保护对象包括白鱀豚、中华鲟、白鲟、江豚、大鲵、胭脂鱼、鲥、鳗鲡、金钱龟、中华鳖、草龟、背瘤丽蚌、鲂、鳤、鲴、鳟、长吻鮠、细鳞斜颌鲴、刀鲚、凤鲚、中华倒刺鲃、赤眼鳟、四大家鱼、鲤、鲫、鳊、鳜、乌鳢等。

16)东洞庭湖中国圆田螺国家级水产种质资源保护区

保护区位于华容县,总面积 16 902.1 hm²,其中核心区 8 905.2 hm²。特别保护期为 3 月 10 日至 6 月 30 日。主要保护对象为中国圆田螺、三角帆蚌、无齿蚌、褶文冠蚌、背瘤丽蚌等软体动物,以及黄颡鱼、鳙、鳑鲏、短颌鲚等。

9.2.3 开展繁殖保护

(1)尽快查明现有洄游生态型刀鲚的产卵场,在繁殖活动集中的水域建立严格的繁殖场保护区,在产卵场附近也要减少刀鲚的捕捞作业。

（2）实施刀鲚汛期半江轮捕,在实际作业时间大致不变的前提下,将汛期分为 2～3 个阶段,每阶段的捕捞区域仅限制于半江范围内,到期轮换。从而在刀鲚的洄游通道上网开一面,保持刀鲚繁殖群体的数量,增大到达产卵场繁衍后代的机会。

我们前面的分析发现,虽然刀鲚繁殖群体的低龄化和小型化趋势明显,丰满度下降,资源衰退严重,但生长潜力依然存在,刀鲚的遗传多样性也很丰富,表明其种质并没有退化。因此只要增加种群数量,刀鲚的资源完全有可能恢复。

9.2.4　实施幼鱼资源保护

2004～2010 年,钟俊生等用小型拖网(1 m×4 m,网目 1 mm)对长江口沿岸碎波带的仔稚鱼种类和生物量变化作了详细调查,发现刀鲚年均数量占整个仔稚鱼渔获量的 55.2%～64.4%,这表明长江洄游型刀鲚的早期资源并没有过度的衰退(钟俊生等,2005;蒋日进等,2009;葛珂珂等,2009;陈渊戈等,2011)。

作者于 2002～2013 年用一座定制张网对长江靖江段沿岸鱼类所作的分析显示,在 349 份样品中刀鲚的出现频率达 94.6%,分别占总渔获数量和质量的 5.2% 和 5.5%。刀鲚平均渔获数和质量分别为 17 尾和 106.6 g,是沿岸鱼类群聚的优势种或次优势种。平均体长 123.6 mm,平均体重仅 7.48 g。0^+ 龄组占 78.9%,1^+ 龄组占 20.7%,幼体是沿岸刀鲚群体的主要组成成分。从 0^+ 龄个体的月度体长分布看,当年孵化的幼鱼大多栖息在河岸水域,沿岸生境在维持刀鲚幼鱼资源上具有重要作用(郭弘艺等,2015b)。

葛成冈(2013)分析了长江口 500 个鳗苗网次的渔获物组成,共获得鳗苗 570 尾,但有兼捕鱼类 15 180 尾,54 种。其中有刀鲚 5 477 尾,占兼捕鱼类数的 36.08%,平均 10.95 尾/网,每采获 1 尾鳗苗损害刀鲚 9.6 尾。

因此,应维护长江口沿岸水域和滩涂的生境完整性,减少沿岸各类污水的排放,控制修建码头、围垦等破坏性的沿岸带开发。限制沿岸带鳗苗网、密网眼地笼网等各类密网眼网具的布放区域、数量和作业时间,减轻对刀鲚幼鱼资源的损害程度。在已经查明的长江口沿岸刀鲚幼体重要栖息地和保育场,建立水生野生动植物自然保护区,保护刀鲚的早期资源及其栖息地。

9.2.5　实施人工增殖放流

鱼类增殖放流是指采用人工放流、移植等方式,向河流、湖泊、海洋等公共水域投放鱼类亲本、苗种等活体的行为。科学规范的人工增殖放流可以增加资源量,是养护鱼类资源、保护生物多样性、改善水域生态环境和促进渔业可持续发展的一项有效措施。FAO 资料显示,目前世界上有 94 个国家报道开展了增殖放流工作,其中有 64 个国家开展了海洋增殖活动,增殖放流的种类达 180 多个(李继龙等,2009)。目前,刀鲚的全人工繁殖已基本成功,人工增殖放流的前提已经建立,下一步应逐步建立增殖放流的技术体系。

长江刀鲚有洄游型和定居型两个生态型,需要放流的是资源衰退的洄游型,因此种质鉴别是开展放流活动的前提。用于增殖放流的人工繁殖苗种或亲本,必需来自管理规范且信誉良好、技术力量雄厚、技术水平较高、有资质的生产单位。亲本、苗种等应是长江洄游型刀鲚的繁殖后代,增殖放流前必须经过检验检疫,确保健康、优质、无特异性病原、无药物残留。

由于刀鲚的应激性很强,应倡导科学文明的增殖放流方式。放流要贴近水面,带水缓慢间断性将苗种放入放流水域,禁止抛洒或高空倾倒的放流方式。另外,苗种放流规格、适温、适盐范围和包装、运输方式等相关技术还需要摸索,增殖放流后的效果需要评价。

上海水产研究所在国内首次开展了全人工繁殖的长江刀鲚苗种在长江口的放流,2013 年和 2014 年已经累计放流苗种 10.9 万尾。如果放流数量达到一定的规模,可以利用刀鲚的洄游习性在长江口重新形成较大规模的河口渔场。但由于野生的刀鲚幼鱼资源还很丰富,当务之急还是野生的繁殖群体和幼体资源保护,改善生存状况。图版Ⅳ阐释了刀鲚人工放流的过程。

9.2.6　开展养殖替代

养殖替代是用人工培育和繁殖的水产品代替自然的渔业资源,在满足人类需要的同时减轻对野生资源地捕捞和损害,从而有效保护渔业资源的一种方法。

长江刀鲚是当地民众十分喜爱的名贵水产品,在野生种群急剧衰退、捕捞产量逐渐枯竭的情况下,开展养殖替代是保护和利用这一种珍贵渔业资源的有效途径。目前已摸索出多种有关长江刀鲚人工养殖的技术和方法,如灌江纳苗的土池养殖(张呈祥等,2006)、人工苗种的土池半流水养殖(顾海龙等,2015)和土池养殖(闻海波等,2009;徐钢春等,2011;王耀辉等,2015)、刀鲚与脊尾白虾半咸水生态养殖、刀鲚与金钱鱼池塘混养技术(施永海等,2015)等。通过人为控制下的繁殖和培育,收获渔业资源,从而减少对野生资源的捕捞。

(唐文乔,顾树信,陈浩洲)

后记　长江三鲜的未来展望

"长江三鲜"中,体型最大、产卵场最集中的鲥鱼已近30年不见踪影,除了博物馆里发黄的标本,再无鲜活的个体,长江鲥鱼已成传说。记得我和刘焕章研究员(中国科学院水生生物研究所)为完成江西万安电站建设对赣江水生生物影响的评价项目,在1992年4～5月,沿着赣江从下游的丰城、樟树,一直到上游的赣州和于都,沿途考察渔市、渔港,详细采集各种鱼类标本,但都未能找到鲥鱼。特别是到了鲥鱼的产卵场江西峡江县,找渔民和沿江群众了解鲥鱼的踪迹。被告知10多年之前鲥鱼的数量很多,在繁殖高峰期肉眼也可见,用手抄网即能捞到大鲥鱼。但到了1980年年初,鲥鱼产量就急剧下降,几年后完全消失。一种观点认为,鲥鱼是洄游型鱼类,赣江上修建大坝阻断了洄游路线,影响其产卵。但80年代中期赣江干流还没有大坝,我们认为过度捕捞和环境污染是造成长江鲥鱼绝迹的主要原因(唐文乔等,1993)。因为20世纪80年代初,赣南地区有色金属、造纸和制糖等工业快速发展,严重污染了赣江中上游水体。我们在1992年春季调查采集了2个月,发现赣江中上游干流已基本没有野生鱼类生存了。虽然鲥鱼曾在1982年取得了实验性人工繁殖的成功,培育出数万尾鱼苗,但最终没能延续其种群。

河鲀即暗纹东方鲀是另一种"长江三鲜",由于河鲀的卵巢、肾脏、血液等部位有河鲀毒素(李勤等,1999),是一种有剧毒但肉质异常鲜嫩腴美的鱼类,自古就有"拼死吃河豚"的说法。20世纪90年代后期,我国已经掌握暗纹东方鲀的人工育苗和养殖技术(华元渝等,1999;姜仁良等,2000),21世纪初已开展较大规模的人工养殖,对野生种群的捕捞强度已经大大降低,目前长江暗纹东方鲀的野生种群又有所恢复。通过较大规模的人工养殖、放流及对野生种群的养护,这一珍贵物种已出现可持续利用的良好发展势头。

幸运的是,洄游型刀鲚由于遗传多样性丰富,生态适应性较强,产卵场也相对分散,从而保留了较大规模的种群数量。随着人工繁殖的成功,养殖替代的作用会越来越大,捕捞的压力会相应降低。加之国家各项保护措施的开展,保护的效果会逐步显现。如果按照曹文宣院士(中国科学院水生生物研究所)一直呼吁的那样,将长江禁渔期延长至10年,给刀鲚3～4个世代的修复期,使长江主要经济鱼类的种群都恢复起来,整个长江的生态系统也会逐渐修复。我们相信,经过各方面长期的不懈努力,长江水生生物多样性定会得到有效保护,生态系统自然会处于良好状态。长江刀鲚资源也会明显改善,可持续发展的目标一定能够实现。

(唐文乔)

参 考 文 献

毕雪娟,张涛,冯广朋,等.2015.长江口凤鲚个体生殖力的研究.海洋渔业,3:223-232.

蔡德陵,李红燕,唐启升,等.2005.黄东海生态系统食物网连续营养谱的建立:来自碳氮稳定同位素方法的结果.中国科学(C辑):生命科学,35(2):123-130.

曹光杰,张学勤,熊万英.2006.冰后期长江河口段古河谷地层层序特征.地球科学与环境学报,28(3):1-5.

曹文宣,常剑波,乔晔,等.2007.长江鱼类早期资源.北京:中国水利水电出版社.

长江流域刀鲚资源调查协作组.1977.长江流域刀鲚资源调查报告(内部资料).长江流域刀鲚资源调查协作组:1-179.

长江渔业资源管理委员会.2011.实施长江禁渔期制度助推长江渔业资源恢复——长江禁渔期制度实施十年工作回顾.中国水产,11:13-15.

车媛媛.2011.《记海错》初探.黑河学院学报,1:97-99.

陈明,彭作刚,何舜平.2009.青鳉与三刺鱼嗅觉受体(OR)基因的鉴定与进化分析.中国科学C辑,39(11):1057-1068.

陈念,付晓燕.2008.DNA 条形码:物种分类和鉴定技术.生物技术通讯,19(4):629-631.

陈强,陆新江,黄左安,等.2014.陆封型和洄游型香鱼体肾组织的蛋白质组学分.生物学杂志,31(2):13-17.

陈卫境,顾树信.2012.长江靖江段刀鲚资源调查报告.水产养殖,33(7):10-12.

陈文银,李家乐,练青平.2006.长江刀鲚性腺发育的组织学研究.水产学报,30(6):773-777.

陈渊戈,张宇,钟俊生,等.2011.长江口南支和杭州湾北岸碎波带水域仔稚鱼群聚的比较.上海海洋大学学报,20(5):688-696.

程起群,韩金娣.2004.刀鲚两种群的形态变异和综合判别.湖泊科学,16(4):356-364.

程起群,李思发.2004.刀鲚和湖鲚种群的形态判别.海洋科学,28(11):39-43.

程起群,马春艳,庄平,等.2008.基于线粒体 cyt b 基因标记探讨凤鲚3群体遗传结构和进化特征.水产学报,32(1):1-7.

程起群,温俊娥,王云龙,等.2006.刀鲚与湖鲚线粒体细胞色素 b 基因片段多态性及遗传关系.湖泊科学,18(4):425-430.

程万秀,唐文乔.2011.长江刀鲚不同生态型间的某些形态差异.动物学杂志,46(5):33-40.

程兴华,唐文乔,郭弘艺,等.2012.长江靖江段沿岸似鳊的时间格局及生长特征.上海海洋大学学报,21(1):97-104.

丁淑燕,李跃华,黄亚红,等.2015.刀鲚精子超低温冷冻保存技术的研究.水产养殖,36(1):32-34.

董崇智,王维坤.1997.绥芬河马苏大麻哈鱼陆封型种群生态学特征及资源保护.水产学杂志,10(1):38-43.

董文霞,唐文乔,王磊.2014.长江刀鲚繁殖群体的生长特性.上海海洋大学学报,23(5):669-674.

葛成冈.2013.长江口鳗苗网对鱼类早期资源损害性的分析.上海:上海海洋大学硕士学位

论文.

葛珂珂,钟俊生,吴美琴,等.2009.长江口沿岸碎波带刀鲚仔稚鱼的数量分布.中国水产科学,16(6):923-930.

葛珂珂,钟俊生.2010.长江口沿岸碎波带刀鲚仔稚鱼的日龄组成与生长.水生生物学报,34(4):716-721.

顾海龙,冯亚明,樊昌杰.2015.一种长江刀鲚土池半流水养殖方法.中国农业信息,15:78.

管卫兵,陈辉辉,丁华腾,等.2010.长江口刀鲚洄游群体生殖特征和条件状况研究.海洋渔业,32(1):73-81.

郭弘艺,唐文乔,魏凯,等.2007.中国鲚属鱼类的矢耳石形态特征.动物学杂志,42(1):39-47.

郭弘艺,唐文乔.2006.长江口刀鲚矢耳石质量与年龄的关系及其在年龄鉴定中的作用.水产学报,30(3):347-352.

郭弘艺,魏凯,唐文乔,等.2010.基于矢耳石形态特征的中国鲚属鱼类种类识别.动物分类学报,35(1):127-134.

郭弘艺,张亚,唐文乔,等.2015a.日本鳗鲡幼体的耳石微化学分析及其环境指示元素筛选.水产学报,(10):1467-1478.

郭弘艺,周天舒,唐文乔,等.2015b.长江近口段沿岸刀鲚生物量的时间格局.长江流域资源与环境,24(4):565-671.

郭秀明,李福贵,蒋霞云,等.2014.亚东鲑基因组中 Tcl-like 转座子的序列歧化特征分析,上海海洋大学学报,23(1):15-21.

郭正龙,杨小玉.2012.长江刀鲚养殖亲本培育技术.渔业现代化,39(6):47-50.

国家中医药管理局《中华本草》编委会.1999.中华本草.上海:上海科学技术出版社.

郝懿行.光绪八年(1882).郝氏遗书·晒书堂文集.东路厅署版.

郝懿行.光绪八年(1882).郝氏遗书·易说·奏折.东路厅署版.

郝懿行.光绪五年(1879).记海错.东路厅署版.

何为,李家乐,江芝娟.2006.长江刀鲚性腺的细胞学观察.上海水产大学学报,15(3):292-296.

洪纬,曹树基.2012.《闽中海错疏》中的鱼类分类体系探析.中国农史,4:28-36.

湖北省水生生物研究所鱼类研究室.1976.长江鱼类.北京:科学出版社:21-26.

华元渝,杨州,陈亚芬,等.1999.暗纹东方鲀生殖洄游期性腺发育特点及人工繁殖的研究,淡水渔业,29(4):3-7.

黄天福,陈仕江,傅善全,等.1996.康定冬虫夏草菌优势寄主昆虫的生态型的研究.时珍国药研究,17(3):178-179.

姜仁良,张崇文,丁友坤,等.2000.池养无毒暗纹东方鲀的人工繁殖.水产学报,24(6):539-543.

姜涛,刘洪波,杨健.2015.长江口刀鲚幼鱼耳石碳、氧同位素特征初报.海洋科学,39(6):48-53.

姜涛,杨健,刘洪波,等.2011.刀鲚、凤鲚和湖鲚矢耳石的形态学比较研究.海洋科学,35(3):23-31.

姜涛,周昕期,刘洪波,等.2013.鄱阳湖刀鲚耳石的两种微化学特征.水产学报,37(2):239-244.

姜志强,梁兆川,于向前,等.2001.碧流河水库陆封型香鱼生物学特性的演变.中国水产科学,8(2):36-39.

蒋日进,钟俊生,李黎,等.2009.长江口沿岸碎波带仔稚鱼类的群落结构特征.上海海洋大学学报,18(1):42-46.

蒋日进,钟俊生,张冬良,等.2008.长江口沿岸碎波带仔稚鱼的种类组成及其多样性特征.动物学研究,29(3):297-304.

黎雨轩,何文平,刘家寿,等.2010.长江口刀鲚耳石年轮确证和年龄与生长研究.水生生物学报,34(4):787-793.

黎雨轩.2009.长江洄游性刀鲚的繁殖生态学研究.武汉:中国科学院水生生物研究所博士学位论文:1-117.

李辉华,郭弘艺,唐文乔,等.2008.ARIMA模型在预测长江靖江段沿岸鱼类渔获量时间格局中的应用.水产学报,32(6):899-906.

李辉华,郭弘艺,唐文乔,等.2013.两种耳石分析法在鲚属间和种群间识别效果的比较研究.淡水渔业,43(1):14-18.

李继龙,王国伟,杨文波,等.2009.国外渔业资源增殖放流状况及其对我国的启示.中国渔业经济,27(3):111-123.

李勤,华元渝,陈舒泛.1999.暗纹东方鲀毒素分布及安全食用.南京师范专科学校学报,15(4):99-102.

李文祥,王桂堂.2014.洄游型、淡水型和陆封型刀鲚的寄生蠕虫群落结构.动物学杂志,49(2):233-243.

李玉琪,陶宁萍,朱文倩,等.2015.产卵前后长江刀鲚肉中营养成分差异.食品工业科技,1(5):338-341.

梁兆川,杨书葳,吴连秋.1989.碧流河水库陆封型香鱼生物学.大连水产学院学报,4(3):31-39.

廖小林,俞小牧,谭德清,等.2005.长江水系草鱼遗传多样性的微卫星DNA分析.水生生物学报,29(2):113-119.

林浩然.1999.激素和人工诱导鱼类繁殖.生物学通报,(8):1-3.

林明利,张堂林,叶少文,等.2013.洪泽湖鱼类资源现状、历史变动和渔业管理策略.水生生物学报,37(6):1118-1127.

刘昌芝.1982.我国现存最早的水产动物志——《闽中海错疏》.自然科学史研究,4:333-338.

刘东,唐文乔,杨金权,等.2011.类Tc1转座子研究进展.中国科学:生命科学,41(2):87-96.

刘东,张振玲,赵亚辉,等.2005.鱼类嗅觉器官的形态与生理研究进展.动物学杂志,40(6):122-128.

刘恩生,许建新,程建新,等.2005.太湖鲚鱼渔获量变化与主要鱼类渔获量间关系的多元分析.安徽农业科学,33(9):1657-1659.

刘汉生,易祖盛,梁健宏,等.2008.唐鱼野生种群和养殖群体的形态差异分析.暨南大学学报(自然科学与医学版),29(3):295-299.

刘焕章.2002.鱼类线粒体DNA控制区的结构和进化:以鲤鲃鱼类为例.自然科学进展,12(3):266-270.

刘凯,段金荣,徐东坡,等.2009.长江下游产卵期凤鲚、刀鲚和湖鲚肌肉生化成分及能量密
　　度.动物学杂志,4:118 - 124.

刘凯,段金荣,徐东坡,等.2012.长江口刀鲚渔汛特征及捕捞量现状.生态学杂志,31(12):
　　3138 - 3143.

刘文斌.1995.中国鲚属4种鱼的生化和形态比较及其系统发育的研究.海洋与湖沼,26(5):
　　558 - 565.

卢明杰.2015.鄱阳湖水域刀鲚耳石的形态学和微化学研究.上海:上海海洋大学硕士学位
　　论文.

卢纹岱.2006.SPSS for Windows 统计分析.3 版.北京:电子工业出版社:450.

鲁延付,乐小亮,赵爽,等.2009.福建东张水库陆封型香鱼的遗传变异.生态科学,(6):
　　548 - 550.

罗秉征,卢继武,黄颂芳.1981.中国近海带鱼耳石生长的地理变异与地理种群的初步探讨.
　　海洋与湖沼论文集.北京:科学出版社:181 - 194.

马春艳,刘敏,马凌波,等.2004.长江口刀鲚遗传多样性的随机扩增多态 DNA(RAPD)分析.
　　海洋水产研究,25(5):19 - 24.

孟诜.公元 612～713 年.食疗本草.

缪荃孙.宣统二年(1910).续碑传集·郝兰皋先生墓表.江楚编译书局刻本.

倪勇,伍汉霖.2006.江苏鱼类志.北京:中国农业出版社:203 - 209.

沈建忠,曹文宣,崔奕波,等.2002.鲫耳石质量与年龄的关系及其在年龄鉴定中的作用.水生
　　生物学报,26(6):662 - 668.

沈林宏,戴玉红,顾树信,等.2011.长江刀鲚幼鱼的采集与运输技术研究.水产养殖,32(5):
　　4 - 6.

施炜纲.2006.长江下游刀鲚专项调查报告.长江渔业管理委员会.

施汶好,贾铁飞,张卫国.2010.长江下游三大沿江湖泊沉积物记录的全新世环境演变研究.
　　上海师范大学学报(自然科学版),39(4):432 - 440.

施永海,张根玉,张海明,等.2015.刀鲚的全人工繁殖及胚胎发育.上海海洋大学学报,24
　　(1):36 - 43.

宋昭彬,曹文宣.2001.鱼类耳石微结构特征的研究与应用.水生生物学报,25(6):613 - 619.

孙莎莎,唐文乔,郭弘艺,等.2013.靖江沿岸秋季鱼类群聚的组成特点及其丰度生物量变化.
　　生物多样性,21(6):688 - 698.

孙雪兴.1987.太湖湖鲚生殖特性.海洋湖沼通报,02:89 - 95.

唐文乔,胡雪莲,杨金权.2007.从线粒体控制区全序列变异看短颌鲚和湖鲚的物种有效性.
　　生物多样性,15(3):224 - 231.

唐文乔,刘焕章,马经安,等.1993.江西万安水利枢纽对赣江鲴繁殖的影响及其对策.水利渔
　　业,(4):18 - 19.

唐文乔.2003.鱼类资源//陈家宽.上海九段沙湿地自然保护区科学考察集.北京:科学出版
　　社:171 - 184.

唐雪,徐钢春,徐跑,等.2011.野生与养殖刀鲚肌肉营养成分的比较分析.动物营养学报,3:
　　514 - 520.

田思泉,高春霞,王绍祥,等.2013.青草沙水库刀鲚生物学特性初步研究.上海海洋大学学
　　报,22(6):835 - 840.

田思泉,田芝清,高春霞,等.2014.长江口刀鲚汛期特征及其资源状况的年际变化分析.上海海洋大学学报,23(2):245 - 251.

万全,赖年悦,李飞,等.2009.安徽无为长江段刀鲚生殖洄游群体年龄结构的变化分析.水生态学杂志,2(4):60 - 65.

王冰,万全,李飞,等.2010.刀鲚精子超微结构研究.水生态学杂志,3(3):57 - 63.

王丹婷,杨健,姜涛,等.2012.不同水域刀鲚形态的分析比较.水产学报,36(1):78 - 90.

王伟,何舜平,陈宜瑜.2002.线粒体 DNAD - loop 序列变异与鲌鮀亚科鱼类系统发育.自然科学进展,12(1):33 - 36.

王武.2000.鱼类增养殖学.北京:中国农业出版社:183 - 256.

王耀辉,郭正龙,李荣峰,等.2015.长江刀鲚池塘养殖技术初探.水产养殖,36(8):26 - 27.

王永厚.1984.屠本畯及其《闽中海错疏》.中国水产,2:29.

王幼槐,倪勇.1984.上海市长江口区渔业资源及其利用.水产学报,8(2):147 - 159.

王玉玉,于秀波,张亮,等.2009.应用碳、氮稳定同位素研究鄱阳湖枯水末期水生食物网结构.生态学报,29(3):1181 - 1188.

王钟翰点校.1987.清史列传.北京中华书局:5572 - 5573.

魏广莲,徐钢春,顾若波,等.2013.刀鲚和湖鲚幼鱼生长代谢及肌肉脂肪酸的差异分析.上海海洋大学学报,6:862 - 867.

魏露苓.1997.郝懿行和他的《记海错》.农业考古,1:176 - 178.

闻海波,张呈祥,徐钢春,等.2008.长江刀鲚营养成分分析与品质评价.广东海洋大学学报,6:20 - 24.

闻海波,张呈祥,徐钢春,等.2009.长江刀鲚与池塘人工养殖刀鲚性腺发育的初步观察.动物学杂志,44(4):111 - 117.

吴耀泉,相建海,张宝琳.1991.长江口及其邻近海区主要经济虾类的生态研究.海洋湖沼通报,13(2):49 - 56.

夏炳初.2006.中国靖江名菜名点.南京:江苏科学技术出版社.

夏德全,王文君.1998.动物线粒体 DNA 研究及在鱼类种群遗传结构研究中的应用.水产学报,22(4):364 - 370.

夏颖哲,盛岩,陈宜瑜.2006.利用线粒体 DNA 控制区序列分析细鳞鲴种群的遗传结构.生物多样性,14(1):48 - 54.

肖武汉,张亚平.2000.鱼类线粒体 DNA 的遗传与进化.水生生物学报,24(4):384 - 391.

谢震宇,杜继曾,陈学群,等.2006.线粒体控制区在鱼类种内遗传分化中的意义.遗传,28(3):362 - 368.

徐东坡,刘凯,张敏莹,等.2009.长江刀鲚产卵群体肌肉营养成分分析.云南农业大学学报,06:850 - 855.

徐钢春,顾若波,刘洪波,等.2014.长江短颌鲚耳石 Sr/Ca 值变化特征及其江海洄游履历.水产学报,38(7):939 - 945.

徐钢春,顾若波,张呈祥,等.2009.刀鲚两种生态类群——"江刀"和"海刀"鱼肉营养组成的比较及品质的评价.海洋渔业,4:401 - 409.

徐钢春,万金娟,顾若波,等.2011.池塘养殖刀鲚卵巢发育的形态及组织学研究.中国水产科学,18(3):537 - 546.

徐钢春,万金娟,顾若波,等.2011.池塘养殖刀鲚卵巢发育的形态及组织学研究.中国水产科学,18(3)：537 - 546.

徐岕南,孙超白,童远瑞,等.1978.长江流域刀鲚鱼生殖洄游的"生物指标".南京大学学报：
　　自然科学版,(3)：85 - 91.

许志强,葛家春,黄成,等.2009.基于颌骨长度和线粒体 Cytb 序列变异探讨短颌鲚的分类地
　　位.大连水产学院学报,24(3)：242 - 246.

严程.2012.郝氏遗书·记海错.文史月刊,08：224.

阎雪岚,唐文乔,杨金权.2009.基于线粒体控制区的序列变异分析中国东南部沿海凤鲚种群
　　遗传结构.生物多样性,17(2)：143 - 150.

杨金权,胡雪莲,唐文乔,等.2008a.长江口邻近水域刀鲚的线粒体控制区序列变异与遗传多
　　样性.动物学杂志,43(1)：8 - 15.

杨金权,胡雪莲,唐文乔.2008b.长江及其南部邻近水域刀鲚的种群遗传结构及种群历史.上
　　海水产大学学报,17(5)：513 - 519.

杨军山,陈毅峰.2004.副沙鳅属的多变量形态分析.动物分类学报,29(1)：10 - 16.

杨少荣,黎明政,朱其广,等.2015.鄱阳湖鱼类群落结构及其时空动态.长江流域资源与环
　　境,24(1)：54 - 64.

杨秀英,车媛媛.2011.《记海错》中"刀鱼"的鱼名辨析.山东教育学院学报,1：109 - 112.

殷名称.1995.鱼类生态学.北京：中国农业出版社：34 - 63.

于晓,唐文乔,王磊.2014.长江口凤鲚繁殖群体卵巢发育过程中的体内脂肪转移.动物学杂
　　志,6：867 - 874.

袁传宓,林金榜,刘仁华,等.1978.刀鲚的年龄和生长.水生生物学集刊,6：285 - 296.

袁传宓,林金榜,秦安舲,等.1976.关于我国鲚属鱼类分类的历史和现状——兼谈改造旧鱼
　　类分类学的几点体会.南京大学学报：自然科学版,2：1 - 12.

袁传宓,秦安舲,刘仁华,等.1980.关于长江中下游及东南沿海各省的鲚属鱼类种下分类的
　　探讨.南京大学学报：自然科学版,3：67 - 82.

袁传宓,秦安舲.1984.中国近海刀鲚生态习性及其产量变动状况.海洋科学,8(5)：35 - 37.

袁传宓.1987.刀鲚的生殖洄游.生物学通报,(12)：1 - 3.

袁传宓.1988.长江中下游刀鲚资源和种群组成变动情况及其原因.动物学杂志,23(3)：
　　12 - 15.

张呈祥,陈平,郑金良.2006.长江刀鲚灌江纳苗与养殖.科学养鱼,7：26 - 26.

张春光,叶恩琦.1995.刀鲚与凤鲚尾鳍再生现象的观察.动物学杂志,30(3)：52 - 53.

张德利,涂永勤.2015.小金蝠蛾的生态型研究.环境昆虫学报,37(5)：1055 - 1059.

张冬良,李黎,钟俊生,等.2009.长江口碎波带刀鲚仔稚鱼的形态学研究.上海海洋大学学
　　报,18(2)：2150 - 2154.

张国华,但胜国,苗志国,等.1999.六种鲤科鱼类耳石形态以及在种类和群体识别中的应用.
　　水生生物学报,23(6)：683 - 688.

张国华.2000.耳石形态和元素组成及其与鱼类群体识别的研究.武汉：中国科学院水生生物
　　研究所博士学位论文.

张剑光.1996.唐代渔业生产的发展及其商品化问题.农业考古,3：195 - 204.

张金屯.2004.数量生态学.北京：科学出版社：12 - 13.

张敏莹,徐东坡,刘凯,等.2015.长江下游刀鲚生物学及最大持续产量研究.长江流域资源与
　　环境,14(6)：694 - 698.

张世义.2001.中国动物志(硬骨鱼纲,鲟形目,海鲢目,鲱形目,鼠鳝目).北京：科学出版社：148－154.

张四明,邓怀,汪登强,等.1999.中华鲟 mtDNA 个体间的长度变异与个体内的长度异质性.遗传学报,26(5)：489－496.

张伟.2015.黄鼬东北亚种(*Mustela sibirica manchurica*)不同生态型头骨形态特征的比较.哈尔滨：东北林业大学硕士学位论文.

张晓霞.2010.耳石形态对凤鲚、湖鲚和刀鲚识别的初步研究.青岛：中国海洋大学硕士学位论文.

张燕,张鹗,何舜平.2003.中国鲿科鱼类线粒体 DNA 控制区结构及其系统发育分析.水生生物学报,27(5)：463－467.

张玉玲.1988.图们江马苏大麻哈鱼陆封型的生物学资料.水产科学,7(4)：1－5.

郑飞,郭弘艺,唐文乔,等.2012.溯河洄游的长江刀鲚种群的年龄结构及其生长特征.动物学杂志,47(5)：24－31.

郑文莲.1981.中国鳅科等鱼类耳石形态的比较研究//中国鱼类学会.鱼类学论文集(第二辑).北京：科学出版社：39－54.

中国科学院水生生物研究所,上海自然博物馆.1982.中国淡水鱼类原色图集.上海：上海科学技术出版社.

中国水产科学研究院东海水产研究所,上海市水产研究所.1990.上海鱼类志.上海：上海科学技术出版社：103－115.

钟俊生,吴美琴,练青平.2007.春、夏季长江口沿岸碎波带仔稚鱼的种类组成.中国水产科学,14(3)：436－443.

钟俊生,郁蔚文,刘必林,等.2005.长江口沿岸碎波带仔稚鱼种类组成和季节性变化.上海水产大学学报,14(4)：375－382.

周才武.1985.古代山东地区渔业发展和资源保护.中国农史,1：75－81.

周辉明,方春林,傅培峰.2015.鄱阳湖刀鲚产卵场调查.水产科技情报,42(3)：140－145.

周晓犊,杨金权,唐文乔,等.2010.基于线粒体 *COI* 基因 DNA 条形码的中国鲚属物种有效性分析.动物分类学报,35(4)：819－826.

周宗汉,林金榜.1985.刀鲚和短颌鲚血清蛋白聚丙烯酰胺凝胶电泳的比较研究.南京大学学报：自然科学版,21(1)：107－111.

朱栋良.1992.长江刀鱼的天然繁殖与胚胎发育观察.水产科技情报,(2)：49－51.

朱国利,唐文乔,刘东.2015.鱼类嗅觉受体基因研究进展.水产学报,6：916－927.

朱漂漂.2013.《记海错》所载海产贝类"蛤"的研究.黑龙江史志,23：124－125.

朱松泉,刘正文,谷孝鸿.2007.太湖鱼类区系变化和渔获物分析.湖泊科学,19(6)：664－669.

朱元鼎,罗云林,伍汉霖.1963.中国石首鱼类分类系统的研究和新属新种的叙述//中国鱼类专著集.上海：上海科学技术出版社：12－19.

Ache B W，Young J M. 2005. Olfaction：diverse species，conserved principles. Neuron，48(3)：417－430.

Aenderson B A，Wong J L. 1998. Control of lake trout reproduction：role of lipids. Journal of fish biology，52(5)：1078－1082.

Aeschlimann P B，Häberli M A，Reusch T B H，et al. 2003. Female sticklebacks

Gasterosteus aculeatus use self-reference to optimize MHC allele number during mate selection. Behavioral Ecology & Sociobiology, 54(2): 119 - 126.

Akagi H, Yokozeki Y, Inagaki A, et al. 2001. Micron, a microsatellite-targeting transposable element in the rice genome. Molecular Genetics and Genomics, 266 (3): 471 - 480.

Akiyoshi H, Inoue A. 2004. Comparative histological study of teleost livers in relation to phylogeny. Zoological Science, 21(8): 841 - 850.

Alioto T S, Ngai J. 2005. The odorant receptor repertoire of teleost fish. BMC Genomics, 6: 173.

Alioto T S, Ngai J. 2006. The repertoire of olfactory C family G protein-coupled receptors in zebrafish: candidate chemosensory receptors for amino acids. BMC Genomics, 7: 309.

Amano T, Gascuel J. 2012. Expression of odorant receptor family, type 2 OR in the aquatic olfactory cavity of amphibian frog Xenopus tropicalis. PLoS ONE, 7(4): e33922.

Amemiya C T, Alföldi J, Lee A P, et al. 2013. The African coelacanth genome provides insights into tetrapod evolution. Nature, 496(7445): 311 - 316.

Asai H, Kasai H, Matsuda Y, et al. 1996. Genomic structure and transcription of a murine odorant receptor gene: differential initiation of transcription in the olfactory and testicular cells. Biochemical and Biophysical Research Communications, 221(2): 240 - 247.

Assis C A. 2003. The lagenar otoliths of teleosts: their morphology and its application in species identification, phylogeny and systematics. Journal of Fish Biology, 62(6): 1268 - 1295.

Avise J C, Arnold J, Ball R M, et al. 1987. The mitochondrial DNA bridge between populations genetics and systematics. Annual Review of Ecology and Systematics, 3: 457 - 498.

Avise J C. 2000. Phylogeography: the History and Formation of Species. Cambridge: Harvard University Press.

Baffi M A, Ceron C R. 2002, Molecular analysis of the rDNA ITS - 1 intergenic spacer in *Drosophila mulleri*, *D. arizonae*, and their hybrids. Biochemical Genetics, 40(11 - 12): 411 - 421.

Bandoh H, Kida I, Ueda H. 2011. Olfactory responses to natal stream water in sockeyesalmon by BOLD fMRI. PLoS ONE, 6(1): e16051.

Bannon R O, Roman C T. 2008. Using stable isotopes to monitor anthropogenic nitrogen inputs to estuaries. Ecological Applications, 18(1): 22 - 30.

Barabas O, Ronning D R, Guynet C, et al. 2008. Mechanism of IS200/IS605 family DNA transposases: activation and transposon-directed target site selection. Cell, 132: 208 - 220.

Barbin G P, Parker S J, McCleave J D. 1998. Olfactory clues play a critical role in the estuarine migration of silver-phase American eels. Environmental Biology of Fishes, 53: 283 - 291.

Barry P H. 2003. The relative contributions of cAMP and InsP3 pathways to olfactory responses in vertebrate olfactory receptor neurons and the specificity of odorants for both pathways. The Journal of General Physiology, 122(3): 247 - 250.

Bazáes A, Olivares J, Schmachtenberg O. 2013. Properties, projections, and tuning of teleost olfactory receptor neurons. Journal of Chemical Ecology, 39(4): 451 - 464.

Begg G A, Campana S E, Fowler A J, et al. 2005. Otolith research and application: current directions in innovation and implementation. Marine and Freshwater Research, 56(5): 477 - 483.

Behrens M, Frank O, Rawel H, et al. 2014. ORA1, a zebrafish olfactory receptor ancestral to all mammalinan V1R genes, recognizes 4 - hydroxyphenylacetic acid, a putative reproductive pheromone. Journal of Biochemistry, 289(28): 19778 - 19788.

Bengtsson J M, Trona F, Montagné N, et al. 2012. Putative chemosensory receptors of the codling moth, *Cydia pomonella*, identified by antennal transcriptome analysis. PLoS ONE, 7(2): e31620.

Bentzen P, Leggett W C, Brown G C. 1988. Length and restrictionsite heteroplasmy in the mitochondrial DNA of American shad (*Alosa sapidissima*). Genetics, 118: 509 - 518.

Bo Z, Xu T, Wang R, et al. 2013. Complete mitochondrial genome of the Osbeck's grenadier anchovy *Coilia mystus* (Clupeiformes, Engraulidae). Mitochondrial DNA, 24(6): 657 - 659.

Boehlert G W. 1985. Using objective criteria and multiple regression models for age determination in fishes. Fishery Bulletin, 83(2): 103 - 117.

Boekhoff I, Touhara K, Danner S, et al. 1997. Phosducin, potential role in modulation of olfactory signaling. Journal of Biochemistry, 272(7): 4606 - 4612.

Boer J G, Yazawa R, Davidson W S, et al. 2007. Bursts and horizontal evolution of DNA transposons in the speciation of pseudotetraploid salmonids. BMC Genomics, 8(1): 1 - 10.

Bookstein F L. 1996. Combining the Tools of Geometric Morphometrics. Advances in Morphometrics. Berlin: Springer US: 131 - 151.

Borowsky B, Adham N, Jones K A, et al. 2001. Trace amines: identification of a family of mammalian G protein-coupled receptors. Proceedings of the National Academy of Sciences, 98(16): 8966 - 8971.

Boschat C, Pélofi C, Randin O, et al. 2002. Pheromone detection mediated by a V1r vomeronasal receptor. Nature Neuroscience, 5(12): 1261 - 1262.

Botstein D, White R L, Skolnick M, et al. 1980. Construction of a genetic linkage map in man using restriction fragment length polymorphisms. American Journal of Human Genetics, 32(3): 314.

Bowen B W, Grant W S. 1997. Phylogeography of the sardines (*Sardinops* spp.): assessing biogeographic models and population histories in temperate upwelling zones. Evolution, 51(5): 1601 - 1610.

Bowen B W, Muss A, Rocha L A, et al. 2006. Shallow mtDNA coalescence in Atlantic Pygmy Angelfishes (Genus *Centropyge*) indicates a Recent Invasion from the Indian Ocean. Journal of Heredity, 97(1): 1 - 12.

Bowen W D. 2000. Reconstruction of pinniped diets: Accounting for complete digestion of otoliths and cephalopod beaks. Canadian Journal of Fisheries and Aquatic Sciences, 57(5):

898－905.

Bower J E, Dowton M, Cooper R D, et al. 2008, Intraspecific concerted evolution of the rDNA ITS1 in *Anopheles farauti* sensu stricto (Diptera: Culicidae) reveals recent patterns of population structure. Journal of Molecular Evolution, 67(4): 397－411.

Brochtrup A1, Hummel T. 2011. Olfactory map formation in the *Drosophila* brain: genetic specificity and neuronal variability. Current Opinion in Neurobiology, 21(1): 85－92

Broughton R E, Dowling T E. 1994. Length variation in mitochondrial DNA of the Minnow *Cyprinella spiloptera*. Genetics, 138(1): 179－90.

Buck L, Axel R. 1991. A novel multigene family may encode odorant receptors: a molecular basis for odor recognition. Cell, 65(1): 175－187.

Bush C F, Hall R A. 2008. Olfactory receptor trafficking to the plasma membrane. Cellular and Molecular Life Sciences, 65(15): 2289－2295.

Cai D L, Li H Y, Tang Q S, et al. 2005. Establishing trophic chart of ecosystem in the Yellow Sea and East Sea based on the stable isotope results. Scientia Sinica Vitae, 35 (2): 123－130.

Campana S E, Casselman J M. 1993. Stock discrimination using otolith shape analysis. Canadian Journal of Fisheries and Aquatic Sciences, 50(5): 1062－1083.

Campana S E. 1999. Chemistry and composition of fish otoliths: pathways, mechanisms and applications. Marine ecology Progress Series, 188: 263－297.

Campana S E. 2004. Photographic Atlas of Fish Otoliths of the Northwest Atlantic Ocean Canadian Special Publication of Fisheries and Aquatic Sciences No. 133. NRC Research Press.

Campana S E. 2005. Otolith science entering the 21st century. Marine and Freshwater Research, 56(5): 485－495.

Cao Y X, Oh B C, Stryer L. 1998. Cloning and localization of two multigene receptor families in goldfish olfactory epithelium. Proceedings of the National Academy of Sciences of the United States of America, 95(20): 11987－11992.

Cardinale M, Arrhenius F, Johnsson B. 2000. Potential use of otolith weight for the determination of age-structure of Baltic cod (*Gadus morhua*) and plaice (*Pleuronectes platessa*). Fisheries Research, 45(3): 239－252.

Chen M, Peng Z G, He S P. 2010. Olfactory receptor gene family evolution in stickleback and medaka fishes. Science China Life Sciences, 53(2): 257－266.

Chen S, Luetje C W. 2012. Identification of new agonists and antagonists of the insect odorant receptor co-receptor subunit. PLoS ONE, 7(5): e36784.

Cheng Q Q, Lu D R, Ma L. 2005. Morphological differences between close populations discernible by multivariate analysis: A case study of genus *Coilia* (Teleostei: Clupeiforms). Aquatic Living Resources, 18(2): 187－192.

Cheng Q Q, Lu D R. 2005. PCR－RFLP analysis of cytochrome b gene does not support *Coilia ectenes taihuensis* being a subspecies of *Coilia ectenes*. Journal of Genetics, 84(3): 307－310.

Cheng Q, Cheng H, Wang L, et al. 2008. A preliminary genetic distinctness of four *Coilia* fishes (Clupeiformes: Engraulidae) inferred from mitochondrial DNA sequences. Russian Journal of Genetics, 44(3): 339 – 343.

Chow S, Hazama K. 1998. Universal PCR primers for S7 ribosomal protein gene introns in fish. Molecular Ecology, 7: 1255 – 1256.

Churcher A M, Taylor J S. 2009. *Amphioxus* (Branchiostoma floridae) has orthologs of vertebrate odorant receptors. BMC Evolutionary Biology, 9: 242.

Cornuet J M, Luikart G. 1996. Description and power analysis of two tests for detecting recent population bottlenecks from allele frequency data. Genetics, 144(4): 2001 – 2014.

Dawson T M, Arriza J L, Jaworsky D E, et al. 1993. Beta-adrenergic receptor kinase – 2 and beta-arrestin – 2 as mediators of odorant-induced desensitization. Science, 259 (5096): 825 – 829.

Dehara Y, Hashiguchi Y, Matsubara K, et al. 2012. Characterization of squamate olfactory receptor genes and their transcripts by the high-throughput sequencing approach. Genome Biology and Evolution, 4(4): 602 – 616.

Del Punta K, Leinders-Zufall T, Rodriguez I, et al. 2002. Deficient pheromone responses in mice lacking a cluster of vomeronasal receptor genes. Nature, 419(6902): 70 – 74.

Dittman A, Quinn T. 1999. Homing in Pacific salmon mechanisms and ecological basis. The Journal of Experimental Biology, 199: 83 – 91.

Dong X L, Zhong G H, Hu M Y, et al. 2013. Molecular cloning and functional identification of an insect odorant receptor gene in *Spodoptera litura* (F.) for the botanical insecticide rhodojaponin III. Journal of Insect Physiology, 59(1): 26 – 32.

Doving KB, Westerberg H, Johnsen PB. 1985. Role of olfaction in the behavior and neural responses of *Atlantic salmon*, *Salmo salar*, to hydrographic stratification. Canadian Journal of Fisheries and Aquatic Sciences, 42: 1658 – 1667.

Du F K, Xu G C, Gu R B, et al. 2014. Transcriptome analysis gene expression in the liver of *Coilia nasus* during the stress response. BMC Genomics, 15: 558.

Du L P, Wu C S, Liu Q J, et al. 2013. Recent advances in olfactory receptor-based biosensors. Biosensors and Bioelectronics, 42: 570 – 580.

Dwyer N D, Troemel E R, Sengupta P, et al. 1998. Odorant receptor localization to olfactory cilia is mediated by ODR – 4, a novel membrane-associated protein. Cell, 93(3): 455 – 466

Emes R D, Beatson S A, Ponting C P, et al. 2004. Evolution and comparative genomics of odorant-and pheromone-associated genes in rodents. Genome *research*, 14(4): 591 – 602

Excoffier L, Laval G, Schneider S. 2005. Arlequin (version 3. 0): an integrated software package for population genetics data analysis. Evolutionary Bioinformatics Online, 1(1): 47 – 50.

Excoffier L, Smouse P E. 1994. Using allele frequencies and geographic subdivision to reconstruct gene trees within a species: molecular variance parsimony. Genetics, 136(1): 343 – 359.

FABOSA. 2002. Fish Ageing by Otolith Shape Analysis. FAbOSA Final Report, No. FAIR CT97 3402: 157 – 175.

Fertig B, O'Neil J M, Beckert K A, et al. 2013. Elucidating terrestrial nutrient sources to a coastal lagoon, *Chincoteague* Bay, Maryland, USA. Estuarine, Coastal and Shelf Science, 116: 1 – 10.

Firestein S. 2001. How the olfactory system makes sense of scents. Nature, 413(6852): 211 – 218.

Fitch J E, Brownell R L. 1968. Fish otoliths in cetacean stomachs and their importance in interpreting feeding habits. Journal of the Fisheries Board of Canada, 25 (12): 2561 – 2574.

Flegel C, Manteniotis S, Osthold S, et al. 2013. Expression profile of ectopic olfactory receptors determined by deep sequencing. PLoS ONE, 8(2): e55368.

Fletcher W J. 1991. A test of the relationship between otolith weight and age for the pilchard *Sardinops neopilchardus*. Canadian Journal of Fisheries and Aquatic Sciences, 48 (1): 35 – 38.

Fowler A J, Doherty P J. 1992. Validation of annual growth increments in the otoliths of two species of damselfish from the southern Great Barrier Reef. Marine and Freshwater Research, 43(5): 1057 – 1068.

Frankham R, Ballou J D, Briscoe D A. 2002. Introduction to conservation genetics. Cambridge: Cambridge University Press.

Freitag J, Krieger J, Strotmann J, et al. 1995. Two classes of olfactory receptors in Xenopus laevis. Neuron, 15(6): 1383 – 1392.

Freitag J, Ludwig G, Andreini I, et al. 1998. Olfactory receptors in aquatic and terrestrial vertebrates. Journal of Comparative Physiology, 183(5): 635 – 650.

Friedland K D, Reddin D G. 1994. Use of otolith morphology in stock discriminations of *Atlantic salmon* (*Salmo salar*). Canadian Journal of Fisheries and Aquatic Sciences, 51 (1): 91 – 98.

Fuji T, Kasai A, Suzuki K W, et al. 2011. Migration ecology of juvenile temperate seabass *Lateolabrax japonicus*: a carbon stable isotope approach. Journal of Fish Biology, 78(7): 2010 – 2025.

Fuss S H, Ray A. 2009. Mechanisms of odorant receptor gene choice in *Drosophila* and vertebrates. Molecular and Cellular Neuroscience, 41(2): 101 – 112.

Gaemers P A M. 1983. Taxonomic position of the Cichlidae (Pisces Perciformes) as demonstrated by the morphology of their otoliths. Netherlands Journal of Zoology, 34(4): 566 – 595.

Galtier N, Gouy M, Gautier C. 1996. SEAVIEW and PHYLO_WIN: two graphic tools for sequence alignment and molecular phylogeny. Computer Applications in the Biosciences Cabios, 12(6): 543 – 548.

Gangchun Xu, Xue Tang, Zhang C, et al. 2011. First studies of embryonic and larval development of *Coilia nasus*, (Engraulidae) under controlled conditions. Aquaculture Research, 42(4): 593 – 601.

Gao T, Wan Z, Song N, et al. 2014. Evolutionary mechanisms shaping the genetic population structure of coastal fish: insight from populations of *Coilia nasus* in

Northwestern Pacific. Mitochondrial DNA, 25(6): 464 – 472.

Gilad Y, Przeworski M, Lancet D. 2004. Loss of olfactory receptor genes coincides with the acquisition of full trichromatic vision in primates. PLoS Biology, 2(1): e5.

Gilles A, Lecointre G, Miquelis A, et al. 2001. Partial combination applied to phylogeny of European cyprinids using the mitochondrial control region. Molecular Phylogenetics and Evolution, 19(1): 22 – 33.

Gloriam D E, Bjarnadóttir T K, Yan Y L, et al. 2005. The repertoire of trace amine G-protein-coupled receptors: large expansion in zebrafish. Molecular Phylogenetics and Evolution, 35(2): 470 – 482.

Goudet J. 2001. FSTAT, a programto estimate and test gene diversities and fixation indices (version 2. 9. 3). Available from http://www. unil. ch/izea/softwares/fstat. html. Updated from Goudet (1995). [2016 – 8 – 12].

Grall I, Le Loc'h F, Guyonnet B, et al. 2006. Community structure and food web based on stable isotopes (δ^{15} N and δ^{13} C) analysis of a North Eastern Atlantic maerl bed. Experimental Marine Biology and Ecology, 338 (1): 1 – 15.

Grant W S, Bowen B W. 1998. Shallow population histories in deep evolutionary lineages of marine fishes: insights from sardines and anchovies and lessons for conservation. Journal of Heredity, 89(5): 415 – 426.

Grus W E, Shi P, Zhang J Z. 2007. Largest vertebrate vomeronasal type 1 receptor gene repertoire in the semiaquatic platypus. Molecular Biology Evolution, 24(10): 2153 – 2157.

Gu B, Schell D M, Frazer T, et al. 2001. Stable carbon isotope evidence for reduced feeding of Gulf of Mexico sturgeon during their prolonged river residence period. Coastal and Shelf Science, 53 (3): 275 – 280.

Guo X, Chen D. 2010. Comparative evolution of the mitochondrial cytochrome b gene and nuclear S7 ribosomal protein gene intron 1 in sinipercid fishes and their relatives. Hydrobiologia, 649(1): 139 – 156.

Hadwen W, Arthington A, 2007. Food webs of two intermittently open estuaries receiving ^{15}N-enriched sewage effluent. Estuarine, Coastal and Shelf Science, 71: 347 – 358.

Hajibabaei M, Smith M, Janzen D H, et al. 2006. A minimalist barcode can identify a specimen whose DNA is degraded. Molecular Ecology Notes, 6(4): 959 – 964.

Hall TA. 1999. BioEdit: a user-friendly biological sequence alignment editor and analysis program for Windows 95/98/NT. Nucleic Acids Symposium Series, 41: 95 – 98.

Halvorsen M, Stabell O B. 1990. Homing behavior of displaced Stream-dwelling Brown Trout. Animal Behaviour, 39: 1089 – 1097.

Hamrick J L, Godt M J W, Sherman-Broyles S L. 1995. Gene flow among plant populations: evidence from genetic markers. Experimental and Molecular Approaches to Plant Biosystematics: 215 – 232.

Han G M, Hampson D R. 1999. Ligand binding to the amino-terminal domain of the mGluR4 subtype of metabotropic glutamate receptor. Journal of Biochemistry, 274(15): 10008 – 10013.

Hara T J. 1994. Olfaction and gustation in fish: an overview. Acta Physiologica

Scandinavica, 152(2): 207 - 217.

Harris D J, Crandall K A. 2000. Intragenomic variation within ITS1 and ITS2 of freshwater crayfishes (Decapoda: Cambaridae): implications for phylogenetic and microsatellite studies. Molecular Biology and Evolution, 17(2): 284 - 291.

Hartl D L, Clark A G. 1989. Principles of population genetics. 2nd ed. MA: Sinauer Sunderland.

Hashiguchi Y, Furuta Y, Nishida M. 2008. Evolutionary patterns and selective pressures of odorant/pheromone receptor gene families in teleost fishes. PLoS ONE, 3(12): e4083.

Hashiguchi Y, Nishida M. 2006. Evolution and origin of vomeronasal-type odorant receptor gene repertoire in fishes. BMC Evolutionary Biology, 6: 76.

Hashiguchi Y, Nishida M. 2007. Evolution of trace amine associated receptor (TAAR) gene family in vertebrates: lineage-specific expansions and degradations of a second class of vertebrate chemosensory receptors expressed in the olfactory epithelium. Molecular Biology and Evolution, 24(9): 2099 - 2107.

Hashiguchi Y, Nishida M. 2009. Screening the V2R-type putative odorant receptor gene repertoire in bitterling Tanakia lanceolata. Gene, 441(1 - 2): 74 - 79.

Hasler A D, Scholz A T. 1983. Olfactory Imprinting and Homing in Salmon. Berlin: Springer-Verlag.

Hayden S, Bekaert M, Crider T A, et al. 2010. Ecological adaptation determines functional mammalian olfactory subgenomes. Genome Research, 20(1): 1 - 9.

Hebert P D N, Cywinska A, Ball S L. 2003b. Biological identifications through DNA barcodes. Proceedings of the Royal Society of London B: Biological Sciences, 270(1512): 313 - 321.

Hebert P D N, Ratnasingham S, de Waard J R. 2003a. Barcoding animal life: cytochrome c oxidase subunit 1 divergences among closely related species. Proceedings of the Royal Society of London B: Biological Sciences, 270(Suppl 1): S96 - S99.

Hinch S G, Cooke S J, Healey M C, et al. 2005. Behavioural physiology of fish migrations: salmon as a model approach. Fish physiology, 24: 239 - 295.

Hinch S G, Rand P S. 2000. Optimal swimming speeds and forward-assisted propulsion energy-conserving behaviours of upriver-migrating adult salmon. Canadian Journal of Fisheries and Aquatic Sciences, 57: 2470 - 2478.

Hino H, Iwai T, Yamashita M, et al. 2007. Identification of an olfactory imprinting-related gene in the lacustrine sockeye salmon, *Oncorhynchus nerka*. Aquaculture, 273: 200 - 208.

Hino H, Miles N G, Bandoh H, et al. 2009. Molecular biological research on olfactory chemoreception in fishes. Journal of Fish Biology, 75(5): 945 - 959.

Hirota J, Mombaerts P. 2004. The LIM-homeodomain protein Lhx2 is required for complete development of mouse olfactory sensory neurons. Proceedings of the National Academy of Sciences of the United States of America, 101(23): 8751 - 8755.

Hoover K C. 2013. Evolution of olfactory receptors. Methods in Molecular Biology, 1003: 241 - 249.

Howe K, Clark M D, Torroja C F, et al. 2013. The zebrafish reference genome sequence and its relationship to the human genome. Nature, 496(7446): 498-503.

Howlett N, Dauber K L, Shukla A, et al. 2012. Identification of chemosensory receptor genes in *Manduca sexta* and knockdown by RNA interference. BMC Genomics, 13: 211.

Hussain A, Saraiva L R, Korsching S I. 2009. Positive Darwinian selection and the birth of an olfactory receptor clade in teleosts. Proceedings of the National Academy of Sciences of the United States of America, 106(11): 4313-4318.

Hwang S D, Lee T W, Choi I S, et al. 2014. Environmental factors affecting the daily catch levels of *Anguilla japonica* glass eels in the Geum River Estuary, South Korea. Journal of Coastal Research, 30(5): 954-960.

Irie-Kushiyama S, Asano-Miyoshi M, Suda T, et al. 2004. Identification of 24 genes and two pseudogenes coding for olfactory receptors in Japanese loach, classified into four subfamilies: a putative evolutionary process for fish olfactory receptor genes by comprehensive phylogenetic analysis. Gene, 325: 123-135.

Isogai Y, Si S, Pont-Lezica L, et al. 2011. Molecular organization of vomeronasal chemoreception. Nature, 478(7368): 241-245.

Izsvák Z, Ivics Z, Hackett P B. 1995. Characterization of a Tc1-like transposable element in zebrafish (*Danio rerio*). Molecular and General Genetics, 247: 312-322.

Jacob U, Mintenbeck K, Brey T, et al. 2005. Stable isotope food web studies: a case for standardized sample treatment. Marine Ecology Progress Series, 287: 251-253.

Jahn LA. 1967. Responses to odors by fingerling cutthroat trout from Yellowstone Lake. Progressive Fish-Culturist, 38: 207-210.

Janzen D H, Hajibabaei M, Burns J M, et al. 2005. Wedding biodiversity inventory of a large and complex *Lepidoptera fauna* with DNA barcoding. Philosophical Transactions of the Royal Society B: Biological Sciences, 360(1462): 1835-1845.

Johansson M L, Banks M A. 2011. Olfactory receptor related to class A, type 2 (V1r-like Ora2) genes are conserved between distantly related rockfishes (genus *Sebastes*). The Journal of Heredity, 102(1): 113-117.

Johnson M A, Banks M A. 2011. Sequence conservation among orthologous vomeronasal type 1 receptor-like (ora) genes does not support the differential tuning hypothesis in Salmonidae. Gene, 485(1): 16-21.

Johnstone K A, Ciborowski K L, Lubieniecki K P, et al. 2009. Genomic organization and evolution of the vomeronasal type 2 receptor-like (OlfC) gene clusters in *Atlantic salmon*, *Salmo salar*. Molecular Biology and Evolution, 26(5): 1117-1125.

Johnstone K A, Lubieniecki K P, Koop B F, et al. 2011. Expression of olfactory receptors in different life stages and life histories of wild Atlantic salmon (*Salmo salar*). Molecular Ecology, 20(19): 4059-4069.

Johnstone K A, Lubieniecki K P, Koop B F, et al. 2012. Identification of olfactory receptor genes in Atlantic salmon *Salmo salar*. Journal of Fish Biology, 81(2): 559-575.

Jones P L, Pask G M, Romaine I M, et al. 2012. Allosteric antagonism of insect odorant receptor ion channels. PLoS ONE, 7(1): e3030.

Kajikawa M, Okada N. 2002. LINEs mobilize SINEs in the eel through a shared 3′ sequence.

Cell, 111(3): 433 – 444.

Kaupp UB. 2010. Olfactory signalling in vertebrates and insects: differences and commonalities. Nature Reviews Neuroscience, 11(3): 188 – 200.

Keck B P, Near T J. 2008. Assessing phylogenetic resolution among mitochondrial, nuclear, and morphological datasets in *Nothonotus darters* (Teleostei: Percidae). Molecular Phylogenetics and Evolution, 46(2): 708 – 720.

Kido Y, Aono M, Yamaki T, et al. 1991. Shaping and reshaping of salmonid genomes by amplification of tRNA-derived retroposons during evolution. Proceedings of the National Academy of Sciences, 88(6): 2326 – 2330.

Kimoto H, Haqa S, Sato1 K, et al. 2005. Sex-specific peptides from exocrine glands stimulate mouse vomeronasal sensory neurons. Nature, 437(7060): 898 – 901.

Kobilka B K. 2007. G protein coupled receptor structure and activation. Biochimica et Biophysica Acta (BBA)-Biomembranes, 1768(4): 794 – 807.

Kocher T D, Thomas W K, Meyer A, et al. 1989. Dynamics of mitochondrial DNA evolution in animals: amplification and sequencing with conserved primers. The Proceedings of the National Academy of Sciences, USA, 86: 6196 – 6200.

Kolmakov N N, Kube M, Reinhardt R, et al. 2008. Analysis of the goldfish *Carassius auratus* olfactory epithelium transcriptome reveals the presence of numerous non-olfactory GPCR and putative receptors for progestin pheromones. BMC Genomics, 9: 429 – 445.

Korsching S. 2009. The molecular evolution of teleost olfactory receptor gene families. Results and Problems in Cell Differentiation, 47: 37 – 55.

Kovacs G, Rudnoy S, Vagvolgyi C, et al. 2011. Intraspecific invariability of the internal transcribed spacer region of rDNA of the truffle *Terfezia terfezioides* in Europe. Folia Microbiologica, 46: 423 – 426.

Kreyenberg M, Pappenheim P. 1908. Ein Beitrah zur Kenntnis der Fishes des Jangtse und seiner Zufluzze. Sitzeber Ges Naturf Freunde Berlin: 95 – 109.

Kumar S, Tamura K, Nei M. 2004. MEGA3: Integrated software for molecular evolutionary genetics analysis and sequence alignment. Briefings in Bioinformatics, 5(2): 150 – 163.

Kurahashi T, Yau K W. 1993. Co-existence of cationic and chloride components in odorant-induced current of vertebrate olfactory receptor cells. Nature, 363: 71 – 74.

Laberge F, Hara T J. 2001. Neurobiology of fish olfaction: a review. Brain Research Reviews, 36(1): 46 – 59.

Labropoulou M, Papaconstantinou C. 2000. Comparison of otolith growth and somatic growth in two macrourid fishes. Fisheries Research, 46(1): 177 – 188.

Lake J L, McKinney R A, Osterman F A, et al. 2001. Stable nitrogen isotopes as indicatiors of anthropogenic activities in small freshwater systems. Canadian Journal of Fisheries and Aquatic Sciences, 58 (5): 870 – 878.

Lalitha S. 2000. Primer premier 5. Biotech Software & Internet Report, 1(6): 270 – 272.

Lavoue S, Sullivan J P, Hopkins C D. 2003. Phylogenetic utility of the first two introns of the S7 ribosomal protein gene in African electric fishes (Mormyroidea: *Teleostei*) and congruence with other molecular markers. Biological Journal of the Linnean Society, 78

(2): 273 - 292.

Le Rouzic A, Deceliere G. 2005. Models of the population genetics of transposable elements. Genetics Research, 85(3): 171 - 181

Lebreton B, Richard P, Parlier E P, et al. 2011. Trophic ecology of mullets during their spring migration in a European saltmarsh: A stable isotope study. Coastal and Shelf Science, 91(4): 502 - 510.

Lee W J, Conroy J, Howell W H, et al. 1995. Structure and evolution of teleost mitochondrial control regions. Journal of Molecular Evolution, 41(1): 54 - 66.

Leinders-Zufall T, Brennan P, Widmayer P, et al. 2004. MHC class I peptides as chemosensory signals in the vomeronasal organ. Science, 306(5698): 1033 - 1037.

Liberles S D, Buck L B. 2006. A second class of chemosensory receptors in the olfactory epithelium. Nature, 442(7013): 645 - 650.

Liu D, Guo H Y, Tang W Q, et al. 2012. Comparative evolution of S7 intron 1 and ribosomal internal transcribed spacer in *Coilia nasus* (Clupeiformes: Engraulidae). International Journal of Molecular Sciences 13(3): 3085 - 3100.

Liu D, Li Y Y, Tang W Q, et al. 2014. Population structure of *Coilia nasus* in the Yangtze River revealed by insertion of short interspersed elements. Biochemical Systematics and Ecology, 54: 103 - 112.

Liu D, Zhu G L, Tang W Q, et al. 2012. PCR and magnetic bead-mediated target capture for the isolation of short interspersed nucleotide elements in fishes. International Journal of Molecular Sciences, 13(2): 2048 - 2062.

Liu H Z, Tzeng C, Teng H. 2002. Sequence variations in the mitochondrial DNA control region and their implications for the phylogeny of the *Cypriniformes*. Canadian Journal of Zoology, 80(3): 569 - 581.

Liu J X, Gao T X, Wang Y, et al. 20005. Sequence comparison of partial cytochrome b genes of two *Coilia* species. Journal of Ocean University of China, 4(1): 85 - 88.

Liu J X, Gao T X, Yokogawa K, et al. 2006. Differential population structuring and demographic history of two closely related fish species, Japanese sea bass (*Lateolabrax japonicus*) and spotted sea bass (*Lateolabrax maculatus*) in Northwestern Pacific. Molecular Phylogenetics and Evolution, 39(3): 799 - 811.

Liu J X, Gao T X, Zhuang Z M, et al. 2006. Late Pleistocene divergence and subsequent population expansion of two closely related fish species, Japanese anchovy (*Engraulis japonicus*) and Australian anchovy (*Engraulis australis*). Molecular Phylogenetics and Evolution, 40(3): 712 - 723.

Livak K J, Schmittgen T D. 2001. Analysis of relative gene expression data using real-time quantitative PCR and the $2^{-\Delta\Delta CT}$ method. Methods, 25(4): 402 - 408.

Lowe G, Gold G H. 1993. Nonlinear amplification by calcium-dependent chloride channels in olfactory receptor cells. Nature, 366: 283 - 286.

Luu P, Acher F, Bertrand H O, et al. 2004. Molecular determinants of ligand selectivity in a vertebrate odorant receptor. The Journal of Neuroscience, 24(45): 10128 - 10137.

Ma C Y, Cheng Q Q, Zhang Q Y, et al. 2010. Genetic variation of *Coilia ectenes*

(Clupeiformes：Engraulidae) revealed by the complete cytochrome b sequences of mitochondrial DNA. Journal of Experimental Marine Biology and Ecology，385（1）：14 – 19.

Ma C，Cheng Q，Zhang Q. 2012. Genetic diversity and demographical history of *Coilia ectenes* (Clupeiformes：Engraulidae) inferred from the complete control region sequences of mitochondrial DNA. Mitochondrial DNA，23(5)：396 – 404.

Man O，Gilad Y，Lancet D. 2004. Prediction of the odorant binding site of olfactory receptor proteins by human-mouse comparisons. Protein Science，13(1)：240 – 254.

Manzini I，Korsching S. 2011. The peripheral olfactory system of vertebrates：molecular，structural and functional basics of the sense of smell. E-Neuroforum，2(3)：68 – 77.

Marshall T C，Slate J，Kruuk L E B，et al. 1998. Statistical confidence for likelihood-based paternity inference in natural populations. Molecular Ecology，7(5)：639 – 655.

Mashukova A，Spehr M，Hatt H，et al. 2006. β – arrestin2 – mediated internalization of mammalian odorant receptors. The Journal of Neuroscience，26(39)：9902 – 9912.

McClintock B. 1950. The origin and behavior of mutable loci in maize. Proceedings of the National Academy of Sciences，36(6)：344 – 355.

McClintock B. 1984. The significance of responses of the genome to challenge. Science，1226：792 – 801

McClintock T S，Sammeta N. 2003. Trafficking prerogatives of olfactory receptors. Neuroreport，14(12)：1547 – 1552.

Meshorer E. 2007. Chromatin in embryonic stem cell neuronal differentiation. Histology Histopathology：Cellular and Molecular Biology，22(1 – 3)：311 – 319.

Migeotte I，Communi D，Parmentier M. 2006. Formyl peptide receptors：a promiscuous subfamily of G protein-coupled receptors controlling immune responses. Cytokine & Growth Factor Reviews，17(6)，501 – 519.

Milinski M，Griffiths S，Wegner K M，et al. 2005. Mate choice decisions of stickleback females predictably modified by MHC peptide ligands. Proceedings of the National Academy of Sciences of the United States of America，102(12)：4414 – 4418.

Mitamura H，Mukai Y，Nakamura K，et al. 2005. Role of olfaction and vision in homing behaviour of Black Rockfish，Sebastes inermis. Journal of Experimental Marine Biology and Ecology，322(2)：123 – 134.

Mombaerts P. 1999a. Molecular biology of odorant receptors in vertebrates. Annual Review Neuroscience，22：487 – 509.

Mombaerts P. 1999b. Seven-transmembrance protein as odorant and chemosensory receptors. Science，286 (5440)：707 – 711.

Mombaerts P. 2004. Genes and ligands for odorant，vomeronasal and taste receptors. Nature Reviews Neuroscience，5(4)：263 – 278.

Moon C，Jaberi P，Otto-Bruc A，et al. 1998. Calcium-sensitive particulate guanylyl cyclase as a modulator of cAMP in olfactory receptor neurons. The Journal of Neuroscience，18(9)：3195 – 3205.

Mori K，Sakano H. 2011. How is the olfactory map formed and interpreted in the mammalian brain? Annual Review Neuroscience, 34: 467 - 499.

Munroe T A, Nizinski M. 1999. The living marine resources of the WCP Vol. 3 Batoid fishes, chimaeras and bony fishes part 1 (Elopidae to Linophrynidae). *In*: Carpenter K E, Niem V H. FAO Species Identification Guide for Fishery Purposes. FAO, Rome Engraulidae Anchovies: 1698 - 1706.

Naito T, Saito Y, Yamamoto J, et al. 1998. Putative pheromone receptors related to the Ca^{2+}-sensing receptor in Fugu. Proceedings of the National Academy of Sciences of the United States of America, 95(9): 5178 - 5181.

Nakamura T, Gold G H. 1987. A cyclic nucleotide-gated conductance in olfactory receptor cilia. Nature, 325: 442 - 444.

Nakamura T. 2000. Cellular and molecular constituents of olfactory sensation in vertebrates. Comparative Biochemistry and Physiology Part A: Molecular & Integrative Physiology, 126(1): 17 - 32.

Nakatani Y, Takeda H, Kohara Y, et al. 2007. Reconstruction of the vertebrate ancestral genome reveals dynamic genome reorganization in early vertebrates. Genome Research, 17 (9): 1254 - 1265.

Nei M, Niimura Y, Nozawa M. 2008. The evolution of animal chemosensory receptor gene repertoires: roles of chance and necessity. Nature Reviews Genetics, 9(12): 951 - 963.

Nei M. 1978. Estimation of average heterozygosity and genetic distance from a small number of individuals. Genetics, 89(3): 583 - 590.

Neigel J E. 2002. Is FST obsolete? Conservation Genetics, 3(2): 167 - 173.

Ngai J, Dowling M M, Buck L, et al. 1993. The family of genes encoding odorant receptors in the channel catfish. Cell, 72(5): 657 - 666.

Nickell W T, Kleene N K, Kleene S J. 2007. Mechanisms of neuronal chloride accumulation in intact mouse olfactory epithelium. The Journal of Physiology, 583(3): 1005 - 1020.

Niimura Y, Nei M. 2005. Evolutionary dynamics of olfactory receptor genes in fishes and tetrapods. Proceedings of the National Academy of Sciences of the United States of America, 102(17): 6039 - 6044.

Niimura Y. 2009a. Evolutionary dynamics of olfactory receptor genes in chordates Interaction between environments and genomic contents. Human Genomics, 4(2): 107 - 118.

Niimura Y. 2009b. On the origin and evolution of vertebrate olfactory receptor genes: comparative genome analysis among 23 chordate species. Genome Biology and Evolution, 1: 34 - 44.

Niimura Y. 2012. Olfactory receptor multigene family in vertebrates: from the viewpoint of evolutionary genomics. Current Genomics, 13(2): 103 - 114.

Niimura Y. 2013. Identification of chemosensory receptor genes from vertebrate genomes. Methods in Molecular Biology, 1068: 95 - 105.

Nikaido M, Piskurek O, Okada N. 2007. Toothed whale monophyly reassessed by SINE insertion analysis: the absence of lineage sorting effects suggests a small population of a common ancestral species. Molecular Phylogenetics and Evolution, 43(1): 216 - 224.

Nikaido M, Suzuki H, Toyoda A, et al. 2013. Lineage-specific expansion of vomeronasal type 2 receptor-like (OlfC) genes in cichlids may contribute to diversification of amino acid detection systems. Genome Biology and Evolution, 5(4): 711 – 722.

Nordeng H. 1971. Is the local orientation of anadromous fishes determined by pheromones? Nature, 233: 411 – 413.

Oka Y, Saraiva L R, Korsching S I. 2012. Crypt neurons express a single V1R-related ora gene. Hemical Senses 37(3): 219 – 227.

Ota T, Nikaido M, Suzuki H, et al. 2012. Characterization of V1R receptor (ora) genes in Lake Victoria cichlids. Gene, 499(2): 273 – 279.

Pannella G. 1971. Fish otoliths: daily growth layers and periodical patterns. Science, 173 (4002): 1124 – 1127.

Peppel K, Boekhoff I, McDonald P, et al. 1997. G protein-coupled receptor kinase 3 (GRK3) gene disruption leads to loss of odorant receptor desensitization. Journal of Biochemistry, 272(41): 25425 – 25428.

Pfister P, Randall J, Montoya-Burgos J I, et al. 2007. Divergent evolution among teleost V1r receptor genes. PLoS One, 2(4): e379.

Pfister P, Rodriguez I. 2005. Olfactory expression of a single and highly variable V1r pheromone receptor-like gene in fish species. Proceedings of the National Academy of Sciences of the United States of America, 102(15): 5489 – 5494.

Pierce G J, Boyle P R. 1991. A review of methods for diet analysis in piscivorous marine mammals. Oceanography and Marine Biology, 29: 409 – 486.

Pilpel Y, Lancet D. 1999. The variable and conserved interfaces of modeled olfactory receptor proteins. Protein Science, 8: 969 – 977.

Plasterk R H A, Izsvák Z, Ivics Z. 1999. Resident aliens: the Tc1/mariner superfamily of transposable elements. Trends in Genetics, 15(8): 326 – 332.

Pleyte K A, Duncan S D, Phillips R B. 1992. Evolutionary relationships of the salmonid fish genus *Salvelinus* inferred from DNA sequences of the first internal transcribed spacer (ITS 1) of ribosomal DNA. Molecular Phylogenetics and Evolution, 1(3): 223 – 230.

Pocwierz-Kotus A, Burzynski A, Wenne R. 2007. Family of Tc1 – like elements from fish genomes and horizontal transfer. Gene, 390(1): 243 – 251.

Posada D, Crandall K A. 1998. Modeltest: testing the model of DNA substitution. Bioinformatics, 14(9): 817 – 818.

Post D M. 2002. Using stable isotopes to estimate trophic position: models, methods, and assumptions. Ecology, 83 (3): 703 – 718.

Presa P, Pardo B G, Martínez P, et al. 2002. Phylogeographic congruence between mtDNA and rDNA ITS markers in brown trout. Molecular Biology and Evolution, 19 (12): 2161 – 2175.

Putnam N H, Butts T, Ferrier D E, et al. 2008. The amphioxus genome and the evolution of the chordate karyotype. Nature, 453(7198): 1064 – 1071.

Qiao H, Cheng Q, Chen Y, et al. 2012. The complete mitochondrial genome sequence of *Coilia ectenes* (Clupeiformes: Engraulidae). Mitochondrial DNA, 24(2): 123 – 125.

Ray D A, Xing J, Hedges D J, et al. 2005. Alu insertion loci and platyrrhine primate phylogeny. Molecular Phylogenetics and Evolution，35(1)：117 - 126.

Reed K M. 1999. Tc1 - like transposable elements in the genome of Lake Trout (*Salvelinus namaycush*). Marine Biotechnology，1(1)：60 - 67.

Reisert J，Matthews H R. 1998. Na^+ - dependent Ca^{2+} extrusion governs response recovery in frog olfactory receptor cells. The Journal of General Physiology，112(5)：529 - 535.

Reusch T B，Häberli M A，Aeschlimann P B，et al. 2001. Female sticklebacks count alleles in a strategy of sexual selection explaining MHC polymorphism. Nature，414 (6861)：300 - 302.

Rivière S，Challet L，Fluegge D，et al. 2009. Formyl peptide receptor-like proteins are a novel family of vomeronasal chemosensors. Nature，459(7246)：574 - 577.

Romer A S. 1966. Vertebrate Palaeontology. Chicago：University of Chicago Press：63 - 65.

Rozas J，Sánchez-Delbarrio J C，Messeguer X，et al. 2003. DNASP，DNA polymorphism analyses by the coalescent and other methods. Bioinformatics，19(18)：2496 - 2497.

Ryba N J，Tirindelli R A. 1997. A new multigene family of putative pheromone receptors. Neuron，19(2)：371 - 379.

Saraiva L R，Korsching S I. 2007. A novel olfactory receptor gene family in teleost fish. Genome Research，17(10)：1448 - 1457.

Shi P，Zhang J Z. 2007. Comparative genomic analysis identifies an evolutionary shift of vomeronasal receptor gene repertoires in the vertebrate transition from water to land. Genome Research，17(2)：166 - 174.

Shoji I T，Yamamoto Y，Nishikawa D，et al. 2003. Amino acids in stream water are essential for salmon homing migration. Fish Physiology and Biochemostry，28：249 - 251.

Shoji T，Ueda H，Ohgami T. 2000. Amino acids disolved in stream water as possible home stream odorants for masu salmon. Chemical Senses，25(5)：533 - 540.

Sinnarajah S，Dessauer CW，Srikumar D，et al. 2001. RGS2 regulates signal transduction in olfactory neurons by attenuating activation of adenylyl cyclase Ⅲ. Nature，409 (6823)：1051 - 1055.

Slatkin M. 1985. Gene flow in natural populations. Annual Review of Ecology and Systematics，16：393 - 430.

Smith M K. 1992. Regional differences in otolith morphology of the deep slope red snapper *Etelis carbunculus*. Canadian Journal of Fisheries and Aquatic Sciences，49(4)：795 - 804.

Speca D J，Lin D M，Sorensen P W，et al. 1999. Functional identification of a goldfish odorant receptor. Neuron，23(3)：487 - 498.

Stoddart D M. 1980. The Ecology of Vertebrate Olfaction. London：Chapman and Hall：208 - 226.

Strauss R E，Bookstein F L. 1982. The truss：body form reconstructions in morphometrics. Systematic Biology，31(2)：113 - 135.

Swofford D L. 2002. PAUP：Phylogenetic Analysis Using Parsimony (version 4.0). Sinauer Associates，Sunderland，MA.

Takahashi K，Terai Y，Nishida M，et al. 2001. Phylogenetic relationships and ancient incomplete lineage sorting among cichlid fishes in Lake Tanganyika as revealed by analysis

335

of the insertion of retroposons. Molecular Biology and Evolution, 18(11): 2057 - 2066.

Takasaki N, Yamaki T, Hamada M, et al. 1997. The salmon SmaI family of short interspersed repetitive elements (SINEs): Interspecific and intraspecific variation of the insertion of SINEs in the genomes of chum and pink salmon. Genetics 146: 369 - 380.

Tamura K, Peterson D, Peterson N, et al. 2011. MEGA5: molecular evolutionary genetics analysis using maximum likelihood, evolutionary distance, and maximum parsimony methods. Molecular Biology and Evolution, 28(10): 2731 - 2739.

Tessarolo J A, Tabesh M J, Nesbitt M, et al. 2014. Genomic organization and evolution of the trace amine-associated receptor (TAAR) repertoire in *Atlantic salmon* (Salmo salar). G3 (Bethesda), 4(6): 1135 - 1141.

Thompson J D, Gibson T J, Plewniak F, et al. 1997. The Clustal X windows interface: flexible strategies for multiple sequence alignment aided by quality analysis tools. Nucleic Acids Research, 25(24): 4876 - 4882.

Tracey S R, Lyle J M, Duhamel G. 2006. Application of elliptical Fourier analysis of otolith form as a tool for stock identification. Fisheries Research, 77(2): 138 - 147.

Tsukamoto K. 2006. Spawning of eels near a seamount. Nature, 439(7079): 929.

Ueda H. 2011. Physiological mechanism of homing migration in Pacific salmon from behavioral to molecular biological approaches. General & Comparative Endocrinology, 170: 222 - 232.

Va D, De N, Broeck N, et al. 1998. Transposon display identifies individual transposable elements in high copy number lines. The Plant Journal, 13(1): 121 - 129.

Van O C, Hutchinson W F, Wills D P M, et al. 2004. MICRO - CHECKER: software for identifying and correcting genotyping errors in microsatellite data. Molecular Ecology Notes, 4(3): 535 - 538.

Van O J H, Wörheide G, Takabayashi M. 2000. Nuclear markers in evolutionary and population genetic studies of scleractinian corals and sponges In: In Proceedings 9th International Coral Reef Symposium. Bali: Indonesia. Volume 1: 131 - 138.

Vander Z M J, Rasmussen J B. 2001. Variation in δ^{15}N and δ^{13}C trophic fractionation: implications for aquatic food web studies. Limnology and Oceanography, 46 (8): 2061 - 2066.

Verheyen E, Salzburger W, Snoeks J, et al. 2003. Origin of the superflock of cichlid fishes from Lake Victoria, East Africa. Science, 300(5617): 325 - 329.

Vigdal T J, Kaufman C D, Izsvák Z, et al. 2002. Common physical properties of DNA affecting target site selection of sleeping beauty and other Tc1/mariner transposable elements. Journal of Molecular Biology, 323(3): 441 - 452.

Vizzini S, Mazzola A. 2006. The effects of anthropogenic organic matter inputs on stable carbon and nitrogen isotopes in organisms from different trophic levels in a southern Mediterranean coastal area. Science of the Total Environment, 368 (2): 723 - 731.

Vogler A P, DeSalle R. 1994, Evolution and phylogenetic information content of the ITS - 1 region in the tiger beetle *Cicindela dorsalis*. Molecular Biology and Evolution, 11(3): 393 - 405.

Wang S, Wang B, Hu M, et al. 2015a. The complete mitochondrial genome of *Coilia brachygnathus* (Clupeiformes: Engraulidae: Coilinae). Mitochondrial DNA *the* Journal of DNA Mapping Sequencing and Analysis: 2015: 1 – 2.

Wang Y, Lu Y, Zhang Y, et al. 2015b. The draft genome of the grass carp (*Ctenopharyngodon idellus*) provides insights into its evolution and vegetarian adaptation. Nature Genetics, 47(6): 625 – 631.

Ward R D, Hanner R, Hebert P D N. 2009. The campaign to DNA barcode all fishes, FISH - BOL. Journal of Fish Biology, 74(2): 329 – 356.

Wei J, Zhao A Z, Chan G C, et al. 1998. Phosphorylation and inhibition of olfactory adenylyl cyclase by CaM kinase Ⅱ in neurons: a mechanism for attenuation of olfactory signals. Neuron, 21(3): 495 – 504.

Wellerdieck C, Oles M, Pott L, et al. 1997. Functional expression of odorant receptors of the zebrafish *Danio rerio* and of the nematode *C. elegans* in HEK293cells. Chemical Senses, 22(4): 467 – 476.

Whitehead, P J P, Nelson G J, Wongratana T. 1988. FAO species catalogue. Vol. 7. Clupeoid fishes of the world (Suborder Clupeoidei). An annotated and illustrated catalogue of the herrings, sardines, pilchards, sprats, shads, anchovies and wolf-herrings. Part 2 – Engraulididae. FAO Fisheries Synopsis, 125(7/2): 305 – 579.

Wood S. 2006. Generalized additive models: an introduction with R. London: CRC Press: 119 – 265.

Worthington D O, Doherty P J, Fowler A J. 1995. Variation in the relationship between otolith weight and age: implications for the estimation of age of two tropical damselfish (*Pomacentrus moluccensis* and *P. wardi*). Canadian Journal of Fisheries and Aquatic Sciences, 52(2): 233 – 242.

Wright S. 1978. Evolution and the genetics of populations. Vol. 4 Variability within and among natural populations. Chicago: University of Chicago Press.

Wu C, Zhang D, Kan M, et al. 2014. The draft genome of the large yellow croaker reveals well-developed innate immunity. Nature Communications, 5: 5227.

Xu P, Zhang X, Wang X, et al. 2014. Genome sequence and genetic diversity of the common carp, *Cyprinus carpio*. Nature Genetics, 46(11): 1212 – 1219.

Yang J, Arai T, Liu H, et al. 2006. Reconstructing habitat use of *Coilia mystus* and *Coilia ectenes* of the Yangtze River estuary, and of *Coilia ectenes* of Taihu Lake, based on otolith strontium and calcium. Journal of Fish Biology, 69(4): 1120 – 1135.

Yang J, Chen X, Bai J, et al. 2016. The *Sinocyclocheilus* cavefish genome provides insights into cave adaptation. BMC biology, 14(1): 1.

Yang Q L, Gao T X, Miao Z Q, et al. 2011. Differentiation between populations of Japanese grenadier anchovy (*Coilia nasus*) in Northwestern Pacific based on ISSR markers: Implications for biogeography. Biochemical Systematics and Ecology, 39(4): 286 – 296.

Yang Q, Han Z, Sun D, et al. 2010. Genetics and phylogeny of genus *Coilia* in China based on AFLP markers. Chinese Journal of Oceanology and Limnology, 28: 795 – 801.

Ye J, Fang L, Zheng H, et al. 2006. WEGO: a web tool for plotting GO annotations.

Nucleic Acids Research，34(suppl 2)：W293 – W297.

Yu Z N，Kong X Y，Guo T H，et al. 2005. Mitochondrial DNA sequence variation of Japanese anchovy *Engraulis japonicus* from the Yellow Sea and East China Sea. Fisheries Science，71(2)：299 – 307.

Zhang H，Xian W. 2014. The complete mitochondrial genome of the larvae osbeck's grenadier anchovy *Coilia mystus* (Clupeiformes，Engraulidae) from Yangtze Estuary. Mitochondrial DNA：1 – 2.

Zhang N，Song N，Gao T. 2014. The complete mitochondrial genome of *Coilia nasus* (Clupeiformes：Engraulidae) from the coast of Ningbo in China. Mitochondrial DNA：1 – 2.

Zhang X H，Firestein S. 2009. Genomics of olfactory receptors. Results and Problems in Cell Differentiation，47(1 – 12)：25 – 36.

Zhao H Q，Firestein S J. 1999. Vertebrate odorant receptors. Cellular and Molecular Life Sciences，56：647 – 659.

Zhao L，Zhao Y，Zhang N，et al. 2014. The complete mitogenome of *Coilia nasus* (Clupeiformes，Engraulidae) from Poyang lake. Mitochondrial DNA：1 – 2.

Zhong L，Guo H，Shen H，et al. 2007. Preliminary results of Sr：Ca ratios of *Coilia nasus*，in otoliths by micro – PIXE. Nuclear Instruments & Methods in Physics Research，260：349 – 352.

Zhou Y，Yan X，Xu S，et al. 2011. Family structure and phylogenetic analysis of odorant receptor genes in the large yellow croaker (*Larimichthys crocea*). BMC Evolutionary Biology，11(1)：237.

Zhu D，Jamieson B G，Hugall A，et al. 1994. Sequence evolution and phylogenetic signal in control-region and cytochrome b sequences of rainbow fishes (Melanotaeniidae). Molecular Biology and Evolution，11(4)：672 – 683.

Zhu G L，Wang L J，Tang W Q，et al. 2014. De novo transcriptomes of olfactory epithelium reveal the genes and pathways for spawning migration in Japanese Grenadier Anchovy (*Coilia nasus*). PLoS ONE，9(8)：e103832.

图　版

图版Ⅰ　长江三鲜（图 a 和 c 引自中国科学院水生生物研究所和
上海自然博物馆，1982）

a.鲥鱼；b.刀鲚；c.河鲀

图版 II　刀鲚的烹饪方法

a.水晶刀鱼片；b.凤尾迎春；c.红烧刀鱼；d.燕菜刀鱼球；e.刀鱼面；f.清蒸刀鱼；g.别具特色的刀鱼宴(图 a—d 和 g 引自夏炳初,2006)

图版Ⅲ　长江刀鲚的捕捞

a. 开捕仪式；b. 发放捕捞证；c. 奔赴渔场；d. 放流刺网；e. 收网；f. 渔获物；
g. 20 世纪 70 年代的插网作业；h. 太湖定居型刀鲚的围网捕捞

图版Ⅳ　长江刀鲚的人工放流

　　a、b.体长5.5～6.5 mm的苗种；c.集约化培育的苗种；d.苗种出场前的检验；e.苗种打包运输；f.放流前的再检验；g.放流；h.进入长江母亲河(图 a 和 b 引自 Xu et al,2011)